普通高等教育"十二五"规划教材

CAXC

SolidWorks 2013
机械设计
基础及应用

U0743139

全国计算机辅助技术认证管理办公室 ◎ 组编

郭友寒 杨佳 原一峰 郭子琪 等 ◎ 编著

教育部CAXC项目指定教材

人民邮电出版社

北 京

图书在版编目（CIP）数据

SolidWorks2013机械设计基础及应用 ／ 郭友寒等编
著；全国计算机辅助技术认证管理办公室组编. -- 北京
：人民邮电出版社，2013.9
　教育部CAXC项目指定教材
　ISBN 978-7-115-32060-5

　Ⅰ. ①S… Ⅱ. ①郭… ②全… Ⅲ. ①机械设计－计算
机辅助设计－应用软件－教材 Ⅳ. ①TH122

中国版本图书馆CIP数据核字(2013)第215186号

内 容 提 要

　　本书是 SolidWorks 2013 的基础及应用书籍，内容包括 SolidWorks 2013 基础、草图绘制、特征建模、特征编辑、特征设置、曲线及曲面创建、装配体设计、渲染、动画制作、工程图生成、SolidWorks 2013 综合应用实例等。

　　本书章节安排由浅入深，语言通俗易懂，层次清晰，结构合理，基础知识详细，应用实例颇多，技法讲解系统。综合设计实例占本书 1/3 以上的篇幅，所用方法独特，令人耳目一新，既可使读者循序渐进、轻松、快捷地掌握 SolidWorks 软件的基本操作，又可使读者学会利用 SolidWorks 软件来设计机械产品。

　　本书可作为 SolidWorks 自学者及制造类企业工程技术人员的参考资料，也可作为高校机械类、近机类专业的教学用书及 CAD/CAM 课程和一些培训机构的培训教材。

◆ 组　　编　全国计算机辅助技术认证管理办公室
　　编　　著　郭友寒　杨　佳　原一峰　郭子琪　等
　　责任编辑　马小霞
　　执行编辑　刘　佳
　　责任印制　张佳莹　杨林杰

◆ 人民邮电出版社出版发行　　北京市丰台区成寿寺路 11 号
　　邮编　100164　　电子邮件　315@ptpress.com.cn
　　网址　http://www.ptpress.com.cn
　　北京中新伟业印刷有限公司印刷

◆ 开本：787×1092　1/16
　　印张：24.75　　　　　　　　2013 年 9 月第 1 版
　　字数：778 千字　　　　　　　2013 年 9 月北京第 1 次印刷

定价：65.00 元（附光盘）

读者服务热线：**(010)81055256**　印装质量热线：**(010)81055316**
反盗版热线：**(010)81055315**

全国计算机辅助技术认证项目专家委员会

党的十八大报告明确提出：“坚持走中国特色新型工业化、信息化、城镇化、农业现代化道路，推动信息化和工业化深度融合、工业化和城镇化良性互动、城镇化和农业现代化相互协调，促进工业化、信息化、城镇化、农业现代化同步发展”。

在我国经济发展处于由“工业经济模式”向“信息经济模式”快速转变时期的今天，计算机辅助技术（CAX）已经成为工业化和信息化深度融合的重要基础技术。对众多工业企业来说，以技术创新为核心，以工业信息化为手段，提高产品附加值已成为塑造企业核心竞争力的重要方式。

围绕提高产品创新能力，三维 CAD、并行工程与协同管理等技术迅速得到推广；柔性制造、异地制造与网络企业成为新的生产组织形态；基于网络的产品全生命周期管理（PLM）和电子商务（EC）成为重要发展方向。计算机辅助技术越来越深入地影响到工业企业的产品研发、设计、生产和管理等环节。

2010 年 3 月，为了满足国民经济和社会信息化发展对工业信息化人才的需求，教育部教育管理信息中心立项开展了“全国计算机辅助技术认证”项目，简称 CAXC 项目。该项目面向机械、建筑、服装等专业的在校学生和社会在职人员，旨在通过系统、规范的培训认证和实习实训等工作，培养学员系统化、工程化、标准化的理念，和解决问题、分析问题的能力，使学员掌握 CAD/CAE/CAM/CAPP/PDM 等专业化的技术、技能，提升就业能力，培养适合社会发展需求的应用型工业信息化技术人才。

立项 3 年来，CAXC 项目得到了众多计算机辅助技术领域软硬件厂商的大力支持，合作院校的积极响应，也得到了用人企业的热情赞誉，以及院校师生的广泛好评，对促进合作院校相关专业教学改革，培养学生的创新意识和自主学习能力起到了积极的作用。CAXC 证书正在逐步成为用人企业选聘人才的重要参考依据。

目前，CAXC 项目已经建立了涵盖机械、建筑、服装等专业的完整的人才培训与评价体系，课程内容涉及计算机辅助设计（CAD）、计算机辅助工程（CAE）、计算机辅助制造（CAM）、计算机辅助工艺计划（CAPP)、产品数据管理（PDM)等相关技术，并开发了与之配套的教学资源，本套教材就是其中的一项重要成果。

本套教材聘请了长期从事相关专业课程教学，并具有丰富项目工作经历的老师进行编写，案例素材大多来自支持厂商和用人企业提供的实际项目，力求科学系统地归纳学科知识点的相互联系与发展规律，并理论联系实际。

在设定本套教材的目标读者时，没有按照本科、高职的层次来进行区分，而是从企业的实际用人需要出发，突出实际工作中的必备技能，并保留必要的理论知识。结构的组织既反映企业的实际工作流程和技术的最新进展，又与教学实践相结合。体例的设计强调启发性、针对性和实用性，强调有利于激发学生的学习兴趣，有利于培养学生的学习能力、实践能力和创新能力。

　　希望广大读者多提宝贵意见,以便对本套教材不断改进和完善。也希望各院校老师能够通过本套教材了解并参与 CAXC 项目,与我们一起,为国家培养更多的实用型、创新型、技能型工业信息化人才!

教育部教育管理信息中心处长

高级工程师　　薛玉梅

2013 年 6 月

随着科学技术的发展，工程设计从二维向三维转变，计算机辅助绘图向计算机辅助设计转变，数字化设计向虚拟设计和智能设计发展。用三维模型表达产品设计理念，不仅更为直观和高效，而且包含了质量、材料、结构等物理、工程特性的三维功能模型，则可以实现真正的虚拟设计和优化设计。

三维 CAD 是新一代数字化、虚拟化和智能化设计平台的基础，是培育创新型人才的重要工具。在当前制造业全球化协作分工的大背景下，我国企业已广泛、深入的应用三维设计技术，院校加大三维创新设计方面的教育已是大势所趋。三维技术的普及是必然的趋势，三维技术的教育、培训也将全面铺开。

三维设计技术进入企业应用的速度非常惊人，从其诞生到广泛实用仅仅用了不到 20 年的时间。由于这项技术优势明显，世界上许多国家的制造企业都非常重视三维设计技术的应用。在欧美和日本等发达国家和地区，三维 CAD 技术不仅应用在航空、航天、汽车和船舶等高端制造业，而且在形形色色的民用消费品设计和制造中都得到了广泛的应用。

本书比较全面、翔实地介绍了 SolidWorks 2013 的基本知识，包括各种功能、草图绘制、特征建立、零件造型、装配体设计、渲染、爆炸图、动画和工程图生成、实例精解等基本知识和应用技巧；并精选了较多的产品设计实例，说明了这些实例各自的特点、设计构思、操作技巧。通过翔实、透彻、图文并茂的操作步骤，引领读者一步一步完成模型的创建。这样使读者既能直观、快速、深入地了解 SolidWorks 软件中的一些抽象的概念和复杂的命令及功能，又能迅速掌握操作技巧，从而大大提高学习效率。

本书易学、易懂，由简到繁，由易到难，内容翔实，实例丰富，与其他同类书籍相比，包括更多的产品设计实例。设计实例占本书 1/3 以上的篇幅，所用方法独特，令人耳目一新。同一个实例在零件造型、装配体设计、渲染、爆炸图、动画和工程图生成时使用，使得实例得到充分、合理的运用，对读者的实际设计有很好的指导和引鉴作用。

本书讲解详细，条理清晰，满足读者自学的需求。

本书由郭友寒（第 1 章、第 7 章的 7.4～7.10 节、第 11 章的 11.1～11.4 节、11.6～11.9 节）、杨佳（第 2 章、第 11 章的 11.5 节、11.10 节、11.11 节）、原一峰（第 3 章的 3.1～3.8 节）、郭子琪（第 3 章的 3.9～3.11 节、第 4 章的 4.1～4.2.4 节）、苗新政（第 4 章的 4.2.5～4.3 节、第 5 章、第 7 章的 7.1～7.3 节）、邓伟刚（第 6、8、9、10 章）编著。最后由郭友寒统稿和定稿。

本书由中国矿业大学江晓红教授审阅，在此谨表示衷心感谢。

本书在编写过程中，曾得到许多部门和同志的大力支持和帮助，在此一并表示衷心感谢。

由于时间仓促，加之编者水平有限，书中难免存在错误、疏漏等不足之处，敬请读者及同仁批评指正。

郭友寒

2013 年 4 月

1 SolidWorks 2013 基础

1.1 SolidWorks 软件简介

1.1.1 SolidWorks 软件应用

SolidWorks 是美国 SolidWorks 公司开发的基于 Windows 操作系统的设计软件，是一款功能强大的三维 CAD 设计软件。SolidWorks 2013 面向从事机械设计、消费品设计和模具设计的用户，在设计的创新性、易用性和高效性等多方面都比以前的版本有了显著的增强。它强大的辅助分析功能，已广泛应用于各个行业中，例如工业设计，电装设计，通信器材设计，汽车设计制造，航空、航天飞行器设计等。同时 SolidWorks 2013 可以根据需要方便地进行零部件设计、装配体设计、钣金设计和焊件设计等。

1.1.2 SolidWorks 功能概述

SolidWorks 是一套高度集成的 CAD/CAE/CAM 一体化软件，是一个产品级的设计和制造系统，其功能特点体现在以下几个方面：

1. 参数化尺寸驱动

SolidWorks 采用的是参数化尺寸驱动建模技术，即尺寸控制图形。当改变尺寸时，相应的模型、装配体、工程图的形状和尺寸将随之变化而变化，有利于新产品在设计阶段的反复修改。

2. 三维实体造型

SolidWorks 进行设计时直接从三维空间开始，创建设计者的产品模型、实体造型模型中包含精确的几何和质量等特性信息，可以方便、准确地计算零件或装配体的体积和重量，轻松地进行零件模型之间的干涉检查等。

3. 三个基本模块联动

SolidWorks 具有三个功能强大的基本模块，即零件模块、装配体模块和工程图模块，分别用于完成零件设计、装配体设计和工程图设计。基本模块之间完全关联，可以减少修改时间。

4. 特征管理器（设计树）

SolidWorks 采用了特征管理器（设计树）技术，可以详细地记录零件、装配体和工程图环境下的每一个操作步骤，有利于设计者在设计过程中进行修改与编辑。

5. 支持国标（GB）的智能化标准零件库 Toolbox

Toolbox 是同三维软件 SolidWorks 完全集成的三维标准零件库。SolidWorks 2013 中的 Toolbox 支持中国国家标准（GB），包含了机械设计中常用的型材和标准件，诸如：角钢、槽钢、紧固件、连接件、密封件和轴承等。

6．高效插件

SolidWorks 中包含 Simulation 系列插件，例如：有限元分析软件 COSMOSWorks、运动与动力学动态仿真软件 COSMOSMotion、流体分析软件 COSMOSFloWorks、动画模拟软件 MotionManager、高级渲染软件 PhotoWorks、数控加工控制软件 CAMWorks 等。

7．eDrawings

eDrawings 是一款网上设计交流工具，是一个通过电子邮件传递设计信息的工具，专门用于设计者在网上进行交流、沟通及共享设计信息。

8．API 开发工具接口

SolidWorks 提供了自由、开放和功能完整的 API 开发工具接口，用户可以选择 Visual C++、Visual Basic、VBA 等开发程序进行二次开发。同时，SolidWorks 支持众多三维数据标准，包括 IGES、STEP、SAT、STL、DWG、DXF、VDAFS、VRML 和 Parasolid 等，可直接与 Pro/E 和 UG 等软件的文件交换数据。

1.2　SolidWorks 2013 入门

1.2.1　启动及退出 SolidWorks 2013

1．启动 SolidWorks 2013

在 Windows 操作环境下，SolidWorks 2013 安装完成后，就可以通过以下两种方式进行启动。

① 选择【开始】|【所有程序】|"SolidWorks 2013"命令。

② 双击桌面上的 SolidWorks 2013 的快捷图标 。

图 1-1 所示是 SolidWorks 2013 的启动画面，九种启动画面循环出现。

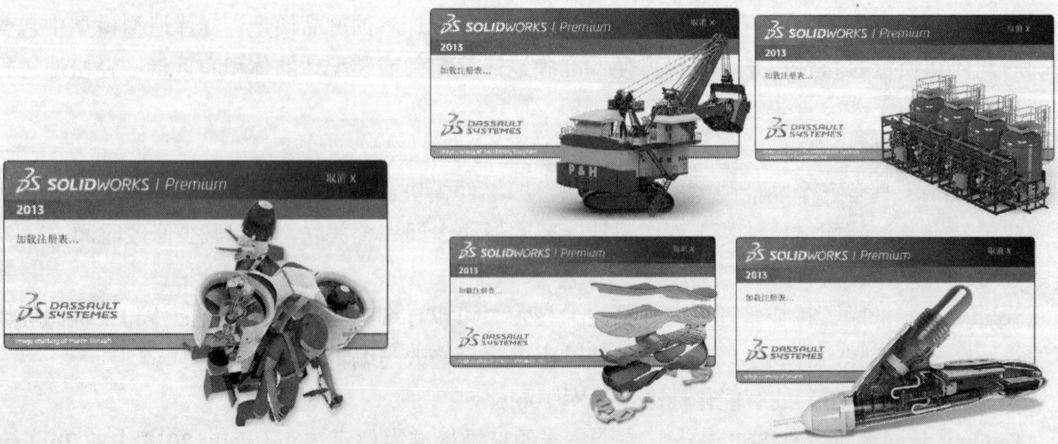

图 1-1　SolidWorks 2013 的启动画面

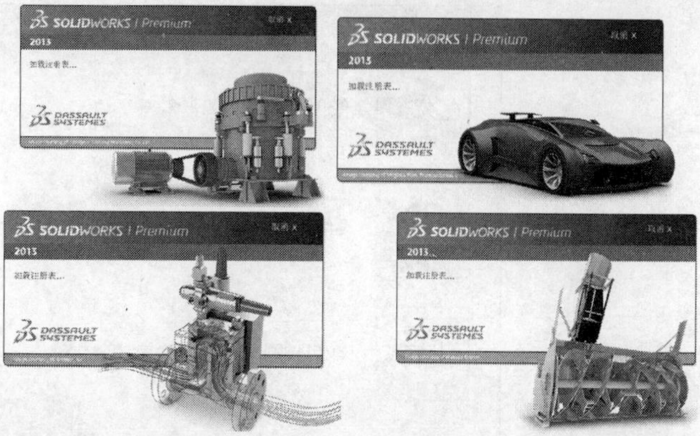

图 1-1 SolidWorks 2013 的启动画面（续）

启动画面持续一段时间后，系统将进入 SolidWorks 2013 初始界面，如图 1-2 所示。

图 1-2 SolidWorks 2013 初始界面

2．退出 SolidWorks 2013

退出 SolidWorks 2013 有以下两种方式。

① 选择【文件】|"退出"命令。

② 鼠标左键（以下简称"左键"）单击界面右上角的"关闭"命令按钮⊠。

1.2.2 新建文件

进入初始界面后，即可通过以下三种方式进行文件的新建。

① 选择【文件】|"新建"命令。

② 单击（如无特殊说明，"单击"均指"左键单击"）菜单工具栏中的"新建"命令按钮□。

③ 按键盘<Ctrl+N>快捷键。

随后弹出【新建 SolidWorks 文件】对话框，如图 1-3 所示。

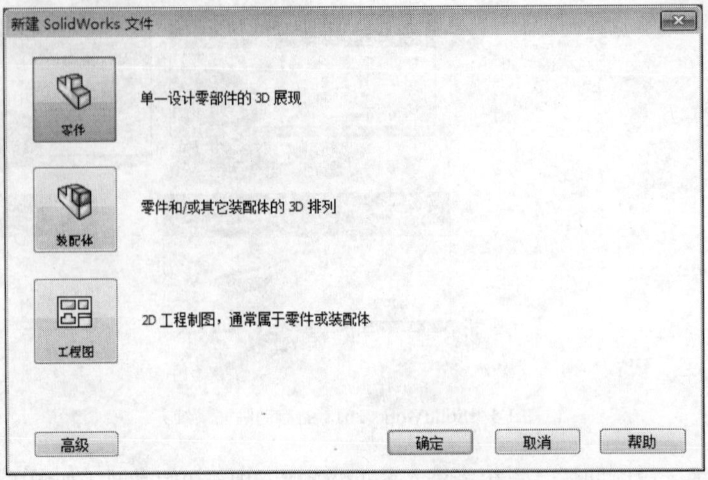

图 1-3　【新建 SolidWorks 文件】对话框

在【新建 SolidWorks 文件】对话框中可以进行文件类型的选择，3 个图标分别代表"零件"、"装配体"、"工程图"，文件类型说明见表 1-1。用户可根据创建需要自行选择，然后左键单击"确定"按钮，进入默认的工作环境。

表 1-1　　　　　　　　　　　　　　新建文件的三种类型说明

文 件 类 型	文件扩展名	说　　明
零件	.SLDPRT	创建零件模型
装配体	.SLDASM	建立装配体零件，生成部件或整体模型
工程图	.SLDDRW	生成工程图

1.2.3　打开及保存文件

1．打开文件

进入 SolidWorks 的工作环境后，可以通过两种方式打开文件。

① 选择【文件】|"打开"命令。

② 单击菜单工具栏中的"打开"命令按钮🖿，通过打开按钮还可以浏览最近的文档。

2．保存文件

设计完成 SolidWorks 模型后，可以通过两种方式保存文件。

① 选择【文件】|"保存"命令或者"另存为"命令。

② 单击菜单工具栏中的"保存"命令按钮🖫，输入文件名（中英文均可）。通过"保存"按钮还可以另存为、保存所有及出版 eDrawlings 文件。

1.3　用户界面

SolidWorks 2013 的操作界面是用户创建文件进行操作的基础，零件的操作界面如图 1-4 所示，包括菜单栏、工具栏、特征管理区、状态栏等。

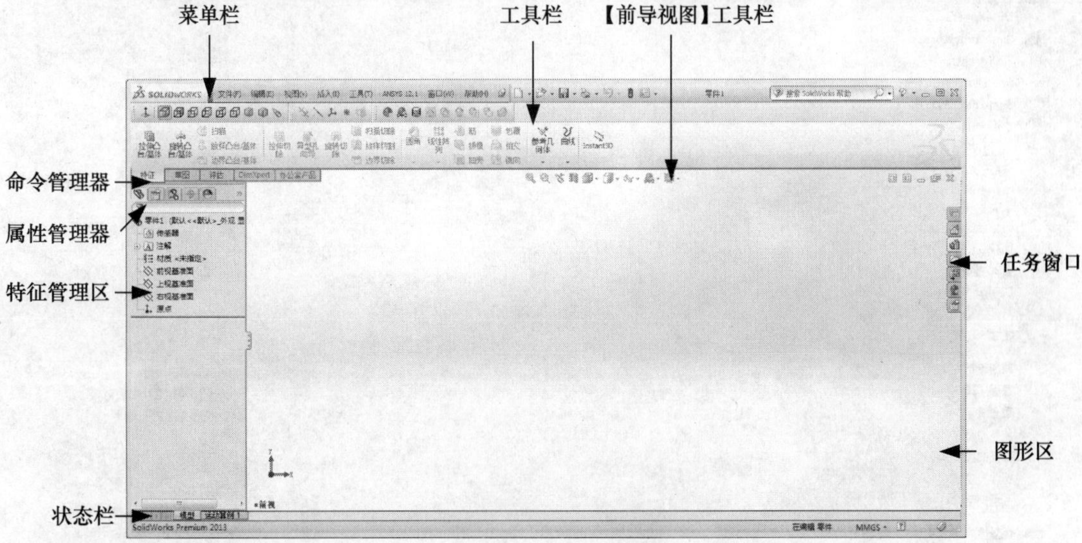

图 1-4　操作界面

1.3.1　菜单栏

SolidWorks 2013 的菜单栏包括【文件】、【编辑】、【视图】、【插入】、【工具】、【ANSYS 12.1】、【窗口】和【帮助】菜单，各菜单的操作界面如图 1-5 所示。

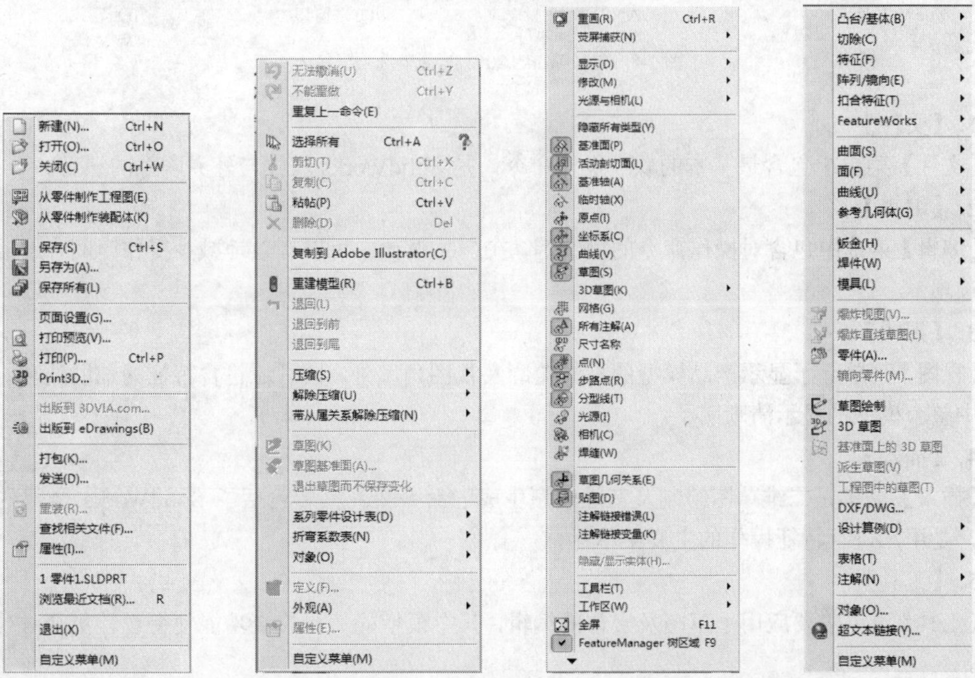

（a）文件　　　　（b）编辑　　　　（c）视图　　　　（d）插入

图 1-5　SolidWorks 2013 的菜单选项

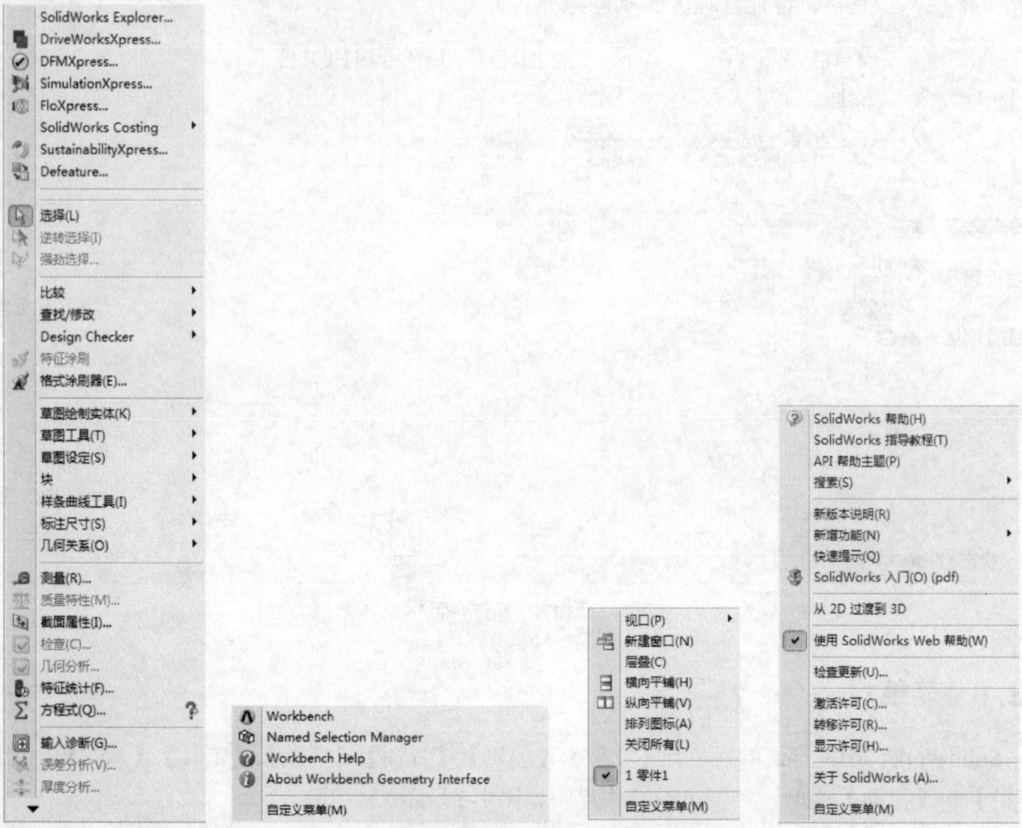

（e）工具　　　　　　（f）ANSYS 12.1　　　　　（g）窗口　　　　　　（h）帮助

图 1-5　SolidWorks 2013 的菜单选项（续）

1.【文件】

【文件】菜单中包含最基本的软件操作命令，是 SolidWorks 软件与外界联系的纽带。

2.【编辑】

【编辑】菜单中包含对操作命令的撤销等，在产品设计中可以有效地减少操作时间，是常用的菜单选项。

3.【视图】

【视图】菜单除了显示产品模型的不同轮廓及视图角度外，同时还包含特征的辅助选项，在图形区中整个模型的显示清晰明了。

4.【插入】

【插入】菜单是二维草图绘制及三维模型生成的命令集，其中包括了 SolidWorks 全部的设计功能，是用户进行特征操作的主要菜单栏。

5.【工具】

【工具】菜单主要应用于草图及实体的编辑，其中模型的信息检查功能使得设计更合理化、精确化。

6.【ANSYS 12.1】

【ANSYS 12.1】菜单与本身计算机上所安装的有限元软件版本相一致，即如果在安装

SolidWorks 2013 以前计算机已安装 ANSYS 12.1 软件，SolidWorks 2013 将自动加载已有的有限元软件，构成相关的链接。

7.【窗口】

【窗口】菜单可实现用户界面的单一、多窗口显示，用户通过多窗口可以直接观察各零件之间的联系，这对装配体的设计有极大的帮助。在窗口菜单中还可以进行零件与零件、零件与装配体、零件与工程图、装配体与工程图之间的切换，实现一个模型的全方位显示和编辑。

8.【帮助】

SolidWorks 帮助菜单中提供了关于 SolidWorks 的基本功能及 2013 版本的新增功能的帮助，是初学者快速掌握 SolidWorks 软件的基本教程。

1.3.2 工具栏

SolidWorks 2013 通过【命令管理器】控制工具栏的选项，主要分为【特征】、【草图】、【评估】、【DimXpert】、【办公室产品】界面，如图 1-6 所示。相对于 SolidWorks 以前的版本，SolidWorks 2013 的工具栏更人性化，操作更简便。

（a）特征

（b）草图

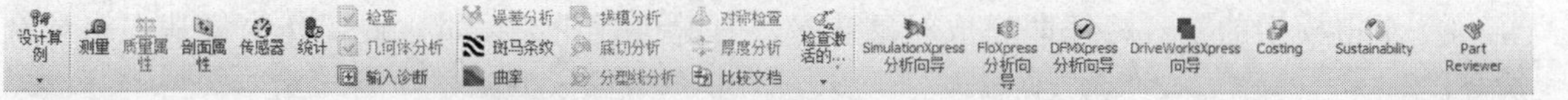

（c）评估

（d）DimXpert

（e）办公室产品

图 1-6 SolidWorks 2013 的工具选项

1.【特征】

特征工具栏分为基本特征建模及特征编辑，用户在产品设计中涉及的特征均可以在此工具栏实现。

2.【草图】

二维草图的生成命令在草图工具栏中都可以体现,包括基本的草图绘制命令及草图编辑命令。

3.【评估】

评估工具栏包括特征设置及模型的有限元分析,SolidWorks 2013 可对模型进行应力强度分析、流体模拟等,拥有有限元软件的基本功能。

4.【DimXpert】

DimXpert 工具可实现尺寸的自动添加、模具设计中的上下模尺寸模型的选择,主要实现尺寸的管理。

5.【办公室产品】

在安装了 SolidWorks Professional 或 SolidWorks Premium 后,办公室产品选项卡可以装入额外功能,额外功能将在整个产品用户界面出现,其中包含某些 ScanTo3D 和 Toolbox 插件的命令。

1.3.3 特征管理设计树

【特征管理设计树】中显示了模型的建模过程、基本特征的选择及其特征的编辑,图 1-7 所示为弹簧的特征设计树。按照设计思路,模型的生成特征之间有一定的关联性,特征下的子文件为特征的草图。对于二维或三维的编辑,可直接在特征管理设计树中选中将要编辑的特征,单击鼠标右键(以下简称"右键")进行编辑工作。特征管理器命令交替显示特征的基本信息,同时可进行外观设置。

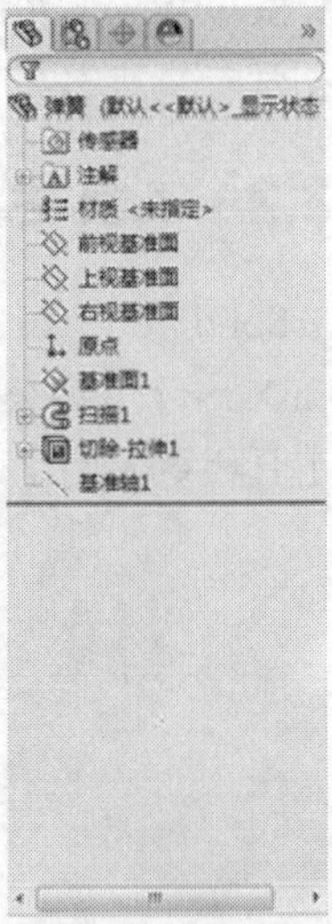

图 1-7 弹簧的特征设计树

1.3.4 对象选择

SolidWorks 2013 的对象选择有多种方式,主要为:

① 单击模型的某一特征即完成对象选择,右键进行相关编辑。此操作为最基本的对象选择。

② 选择过滤器。选择过滤器可以过滤掉对象选择中不必要的特征,如点、线、面、实体及参考几何体,过滤后的选择具有针对性,有效地避免了选择对象的交叉性,提高建模的效率,在零件、装配体和工程图中均有应用,界面如图 1-8 所示。

图 1-8 选择过滤器

1.3.5 鼠标及键盘快捷键

1. 常用快捷键

SolidWorks 软件是基于 Windows 操作系统的设计软件,快捷键与 Windows 的基本相同,如按住鼠标中键不放可旋转模型,<Ctrl+鼠标中键>可以自由移动模型,<Shift+鼠标中键>实现自由缩放模型,常用快捷键见表 1-2。

表 1-2　　　　　　　　　　　　　　常用快捷键

快 捷 键	功 能
	<Ctrl+N>	新建文件
	<Ctrl+O>	打开文件
文件菜单项	<Ctrl+W>	从 Web 文件夹打开
	<Ctrl+S>	保存
	<Ctrl+P>	打印
	方向键	水平或竖直
	<Shift+方向键>	水平或竖直旋转 90°
	<Alt+左或右方向键>	顺时针或逆时针
旋转模型	<Ctrl+方向键>	平移模型
	Z	放大
	Z	缩小
	F	整屏显示全图
	<Ctrl+ Shift+Z>	上一视图
	Space	视图定向菜单
	<Ctrl+1>	前视
	<Ctrl+2>	后视
视图定向	<Ctrl+3>	左视
	<Ctrl+4>	右视
	<Ctrl+5>	上视
	<Ctrl+6>	下视
	<Ctrl+7>	等轴图
	<Ctrl+B>	重建模型
	<Ctrl+Q>	强行重建模型及重建其所有特征
	<Ctrl+R>	重绘屏幕
	<Ctrl+Tab>	在打开的 SolidWorks 文件之间切换
	<Ctrl+Z>	撤销
辅助快捷键	<Ctrl+X>	剪切
	<Ctrl+C>	复制
	<Ctrl+V>	粘贴
	<Ctrl+F6>	下一窗口
	<Ctrl+F4>	关闭窗口
	<Delete>	删除

2．自定义快捷键

SolidWorks 为了方便操作，允许用户根据自己的习惯自定义快捷键，其方法如下：

左键单击菜单栏中的【工具】|"自定义"命令，弹出【自定义】对话框。选择"键盘"选项卡，在"命令"一栏中选择"关闭"，单击"移除快捷键"删除原来的快捷键，在"快捷键"栏中输入新的快捷键<E>，单击"确定"按钮完成，操作流程如图 1-9 所示。

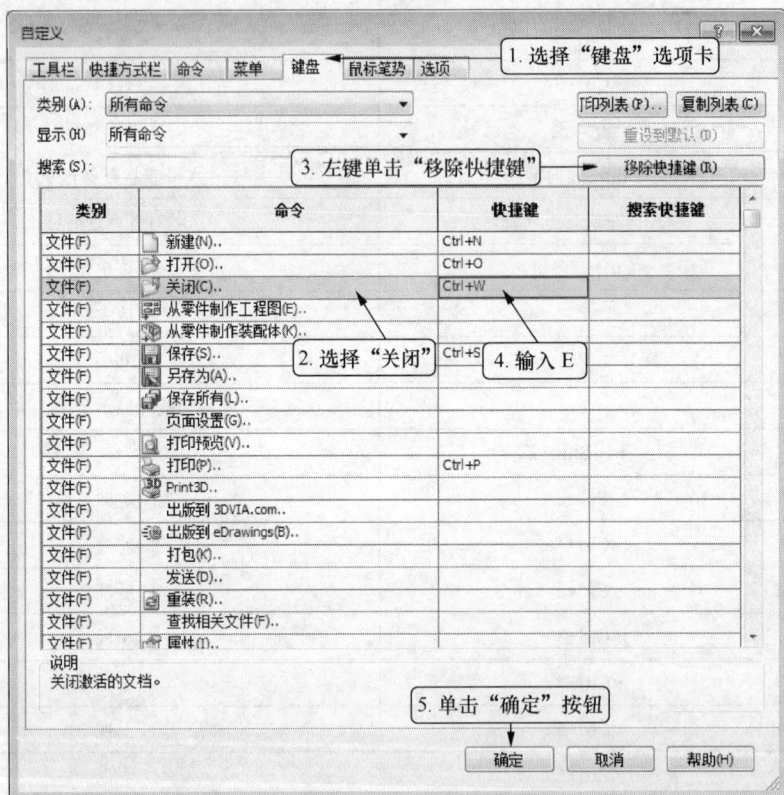

图 1-9　自定义快捷键

1.4　环境设置

1.4.1　背景设置

SolidWorks 软件有默认的背景颜色，但并不是一成不变的，用户可以根据自己的实际需求进行重新设置，如在截取零件模型图片时，要求白色背景。左键单击菜单栏中的【工具】|"选项"命令，弹出【系统选项】对话框。选择"系统选项"中的"颜色"选项卡，在颜色方案设置中分别设置视区背景、顶部渐变颜色及底部渐变颜色均为白色（例如选择"视区背景"，单击右侧"编辑"命令，进入颜色的改变），在"背景外观"选项中可以根据要求选择"素色"或"渐变"，单

击"确定"按钮实现界面颜色的改变，如图 1-10 所示。

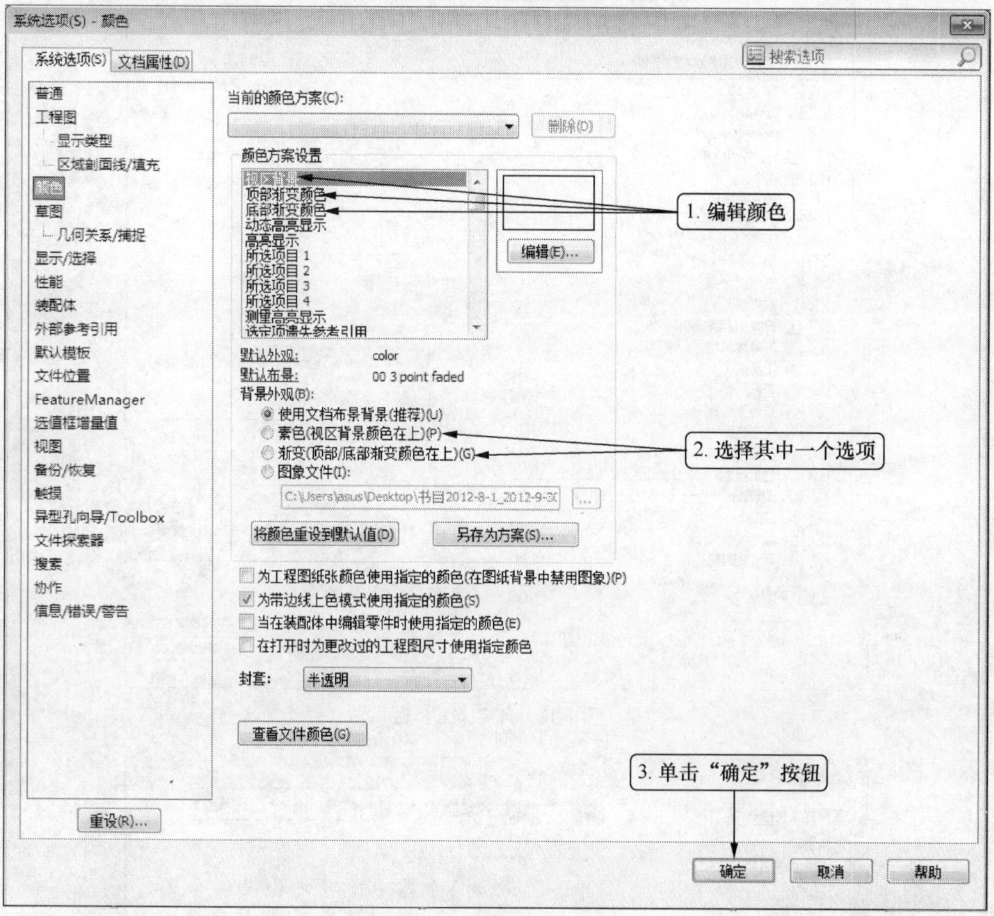

图 1-10　背景设置

1.4.2　工具栏设置

SolidWorks 2013 工具栏中除显示常用工具外，还可以对工具栏进行相应设置。

1．自定义工具栏

单击菜单栏中的【工具】|"自定义"命令，系统弹出【自定义】对话框。选择"工具栏"选项，在选择框中，勾选"曲线"选项卡，就可以显示曲线工具栏。单击"确定"按钮完成曲线工具栏的设置，如图 1-11 所示。

2．添加工具栏的工具命令

对于操作中的常用命令，可以将其快捷符号添加在工具栏中，如特征编辑中倒角命令的添加。单击菜单栏中的【工具】|"自定义"命令，系统弹出【自定义】对话框，选择"命令"选项，在选择框中，选择"特征"选项卡，右方出现"特征"所有的命令快捷符号。左键按住"倒角"命令快捷符号不放，拖到工具栏中松开左键，即完成了"倒角"命令快捷符号的添加，如图 1-12 所示，单击"确定"按钮退出。

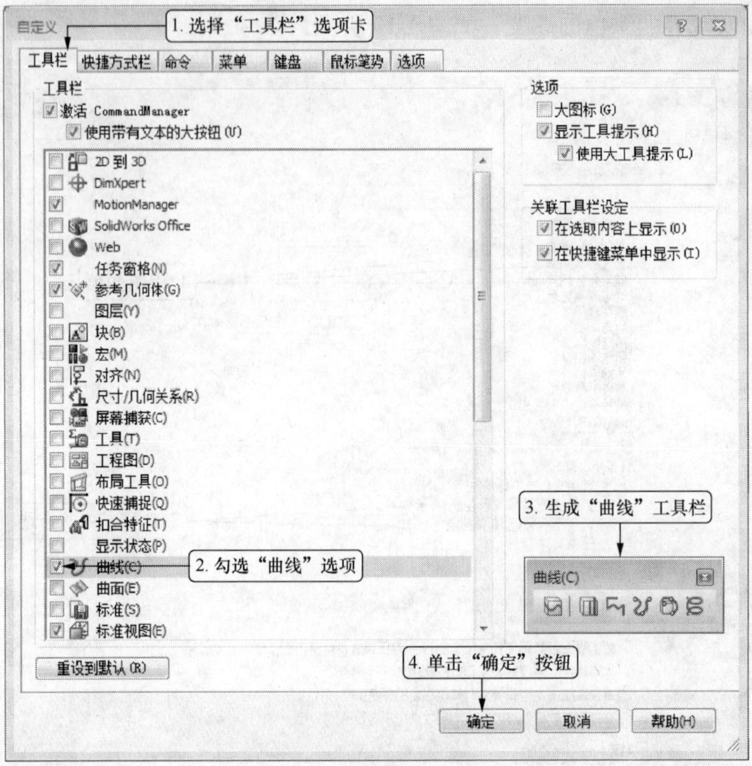

图 1-11　自定义工具栏

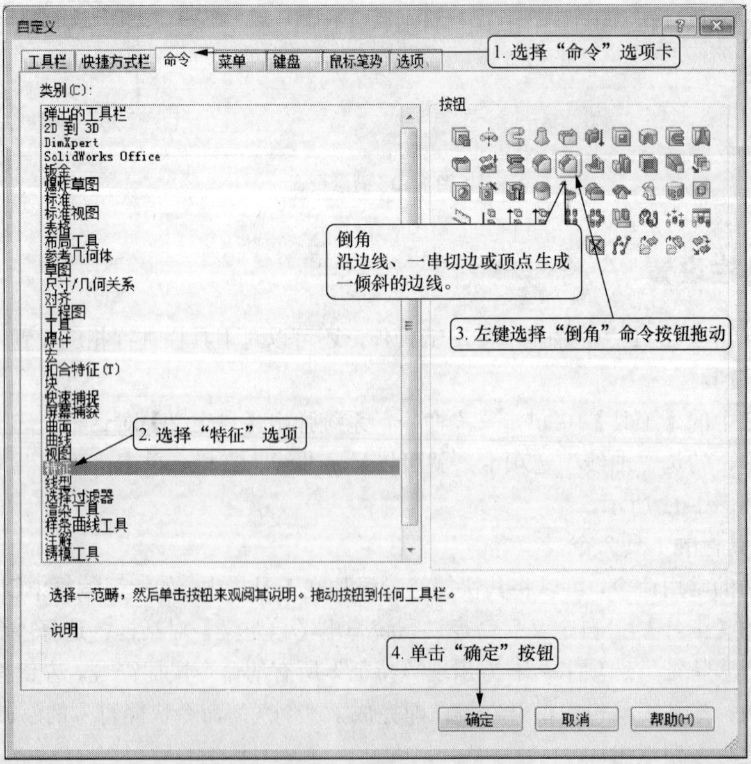

图 1-12　添加工具栏的工具图标

1.4.3 单位设置

在 SolidWorks 中进行单位设置的方法如下：

左键单击菜单栏中的【工具】|"选项"命令，系统弹出【系统选项】对话框，选择"文档属性"中的"单位"选项卡，可以进行单位的调整，同时可以自定义需要的单位，如图 1-13 所示。

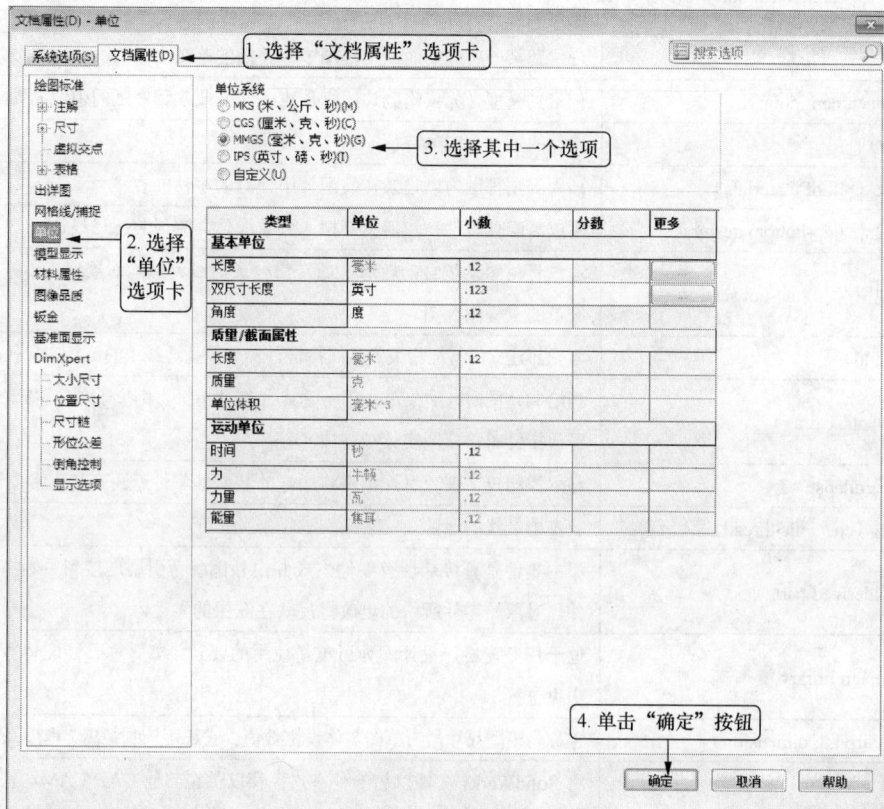

图 1-13 单位设置

1.4.4 实体设置

SolidWorks 2013 中的实体设置有两种方式。

① 单击菜单栏中的【编辑】|"外观"命令，可进行外观和材质等的设置。

② 右击特征管理区的零件名称，菜单中包含外观及材料的设置。

1.5 SolidWorks 术语

不同的三维软件拥有自身独特的术语，SolidWorks 中的术语有利于业内人士的交流与沟通，表 1-3 所示是 SolidWorks 的常用术语。

表 1-3　　　　　　　　　　　　　　　SolidWorks 术语

术 语 名 称	说 明
交替位置视图（alternate position view）	一个或多个视图以幻影线叠加于原有视图之上的工程视图。交替位置视图常用于显示装配体的运动范围
外观标注（appearance callouts）	在所选的项目下显示面、特征、实体及零件的颜色和纹理的标注，是一种编辑颜色和纹理的快捷方式
区域剖面线（area hatch）	应用到某一所选的面或工程图中一关闭的草图上的剖面线样式或填充
附加点（attachment point）	依附到模型（如依附到边线、顶点或面）或工程图纸的引线的端点
基体（base）	零件的第一个实体特征
材料明细表（bill of materials）	插入到工程图内以记录在装配体中使用的零件的表格
自上而下设计（up-bottom design）	生成装配体零件，然后将其插入到装配体，完成装配体设计
断开的剖视图（broken-out section）	通过将材料从闭合的轮廓（通常为样条曲线）移除而展现工程视图的内部细节的工程图视图
子特征（child）	与先前建立的特征相关的从属特征，例如，孔边线上的倒角为父孔的子特征
单击-拖动（click-drag）	当绘制草图时，如果单击第一个点并拖动指针，则位于单击-拖动模式；当释放指针时，草图实体被完成
解除爆炸（collapse）	与爆炸相反。解除爆炸操作将爆炸的装配体零件返回到其正常位置
装饰螺纹线（cosmetic thread）	代表螺纹线的注解
派生零件（derived part）	派生零件是直接从现有零件生成并由外部参考引用连接到原始零件的新零件。对原始零件所做的更改将反映在派生的零件内
设计库（design library）	位于任务窗格，设计库为可重新使用的要素（如零件、装配体等）提供一中央位置
驱动尺寸（driving dimension）	也称为模型尺寸，为草图实体设定数值。它还可控制距离、厚度及特征参数
输出（export）	将 SolidWorks 文档以另一种格式保存以供在其他 CAD/CAM、快速原型、Web 或图形软件应用程序里使用
Feature Manager 设计树（design tree）	位于 SolidWorks 窗口左边，提供激活零件、装配体或工程图的大纲视图
完全定义（fully defined）	草图中所有的直线和曲线及其位置由尺寸或几何关系说明，且不能被移动。完全定义的草图实体以黑色显示
引导线（guide curve）	2D 或 3D 曲线，用来引导扫描或放样
螺旋线（helix）	由螺矩、圈数和高度所定义的曲线。例如，螺旋线可用作切除螺栓螺纹线扫描特征的路径
关联特征（in-context feature）	对另一零部件几何体的外部参考引用的特征；如果所参考的模型几何体或特征发生变化，关联特征将自动发生变化
干涉检查（interference detection）	显示装配体中所选零部件之间干涉的工具
缝合（knit）	将两个或多个面或曲面合成为一个的工具。曲面的边线必须相邻并且不重叠，但绝不能是平面。缝合后，面或曲面的外观没有区别
放样（loft）	在轮廓之间进行过渡生成的基体、凸台、切除或曲面特征
质量属性（mass properties）	评估零件或装配体特性（如体积、曲面区域、重心等）的工具

续表

术 语 名 称	说　明
配合（mate）	装配体中零件之间的几何关系，如重合、垂直、相切等
模型（model）	零件或装配体文件中的 3D 实体几何体。如果零件或装配体文件包含多个配置，每个配置为单独的模型
尺寸链组（ordinate dimensions）	从工程图或草图中的零坐标开始测量的尺寸链组
投影视图（projected view）	从现有视图正交投影的工程图视图
参考几何体（reference geometry）	包括基准面、基准轴、坐标系和 3D 曲线。参考几何体用于协助生成特征，如放样、扫描、拔模、倒角及阵列
智能扣件（smart fasteners）	SolidWorks Toolbox 扣件库自动将扣件（螺栓和螺钉）添加到装配体
子装配体（sub-assembly）	为一大型装配体一部分的装配体。例如，汽车的转向装置为汽车的子装配体
欠定义（under defined）	当尺寸和几何关系不足，直线能移动或改变大小时，草图为欠定义

第2章

草图绘制

2.1 草图绘制基础

草图是进行三维造型的基础，可以分为二维和三维草图。三维草图由位于空间的点、线组合而成，可以作为扫描特征的扫描路径、放样或扫描的引导线、放样的中心线等。当无特别指明时，草图均指二维草图。二维草图必须在平面上绘制，这个平面可以是基准面，也可以是实体的特征表面。

2.1.1 进入草图绘制界面

SolidWorks 2013 有以下两种进入草图绘制界面的方式。

① 单击"命令管理器"中的"草图"，选择工具栏中的"草图绘制"命令按钮 ，然后选择特征设计树中的前视基准面作为草图绘制平面，进入草图绘制界面，如图 2-1 所示。

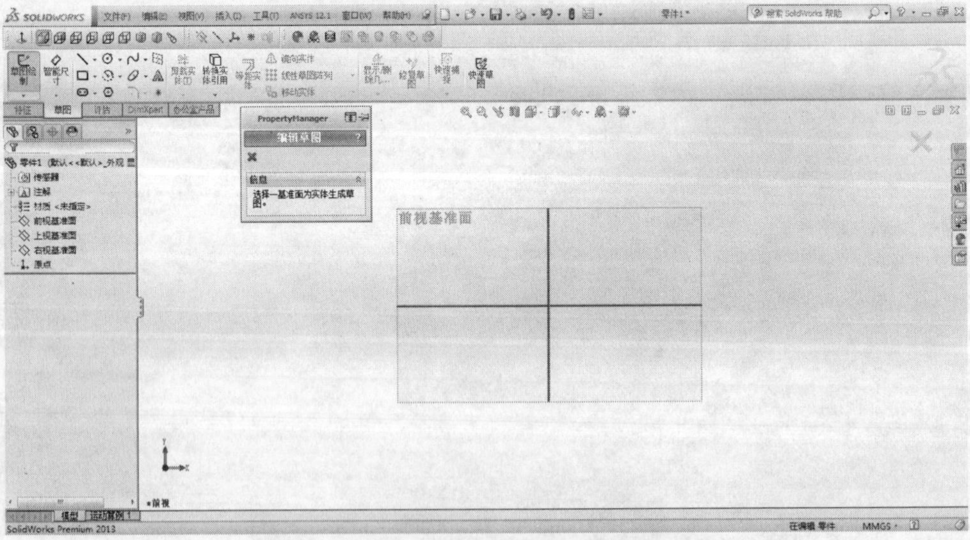

图 2-1 "草图绘制"命令按钮进入草图绘制界面

② 单击菜单栏中的【插入】|"草图绘制"命令，然后选择特征设计树中的前视基准面作为草图绘制平面，进入草图绘制界面，操作如图 2-2 所示。

注意：前视基准面、上视基准面、右视基准面分别对应国家标准《机械制图》中实体模型的主视图、俯视图、左视图的投影平面。

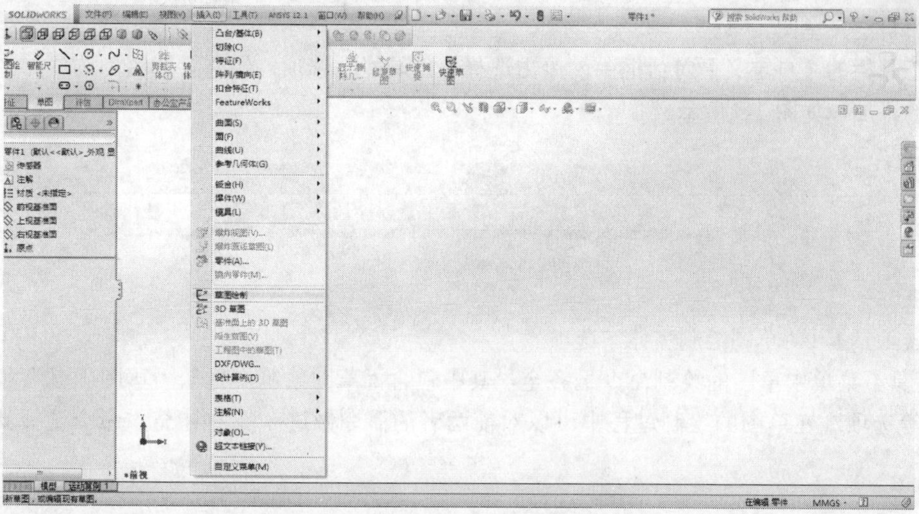

图 2-2 【插入】菜单栏进入草图绘制界面

2.1.2 草图绘制工具栏

草图绘制工具栏包含草图绘制的基本命令，SolidWorks 2013 中有 3 种形式的草图命令调用方式。

1. 工具栏选项

工具栏中包括了常用草图绘制命令，是草图绘制的最直接方式，命令选项如图 2-3 所示。

图 2-3 工具栏草图绘制命令选项

2. 自定义草图工具栏

（1）选择草图工具栏

在工具栏空白处单击鼠标右键，弹出常用工具选项，左键单击草图选项，显示草图绘制工具栏，如图 2-4 所示。

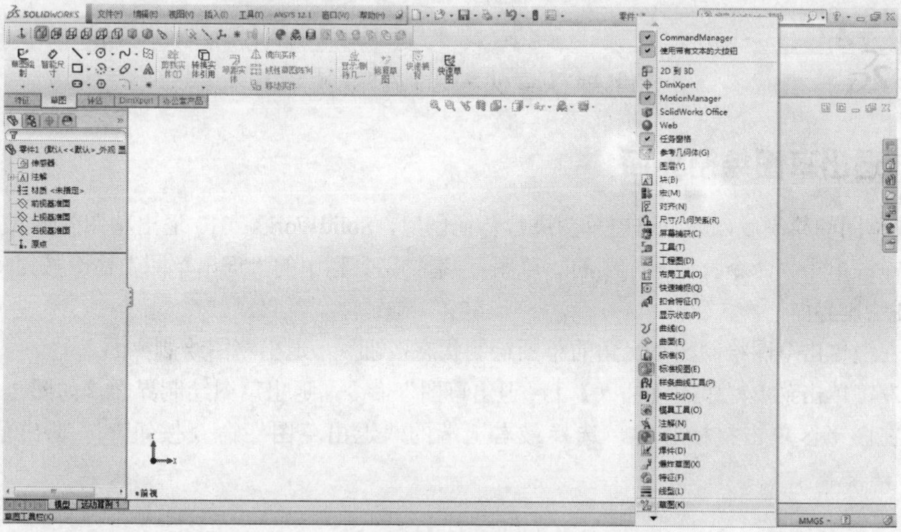

图 2-4 草图工具栏

（2）自定义草图工具栏

在工具栏的【自定义】对话框中，单击选择"工具栏"选项，勾选"草图"选项，完成草图工具栏的添加，如图 2-5 所示。

图 2-5　草图绘制工具栏

3.【工具】|"草图绘制实体"选项

【工具】菜单中草图的绘制命令最齐全，其中包含"草图绘制实体"、"草图工具"和"草图设定"等选项，在草图的绘制过程中可以对前两者的命令做进一步的补充，命令选择如图 2-6 所示。

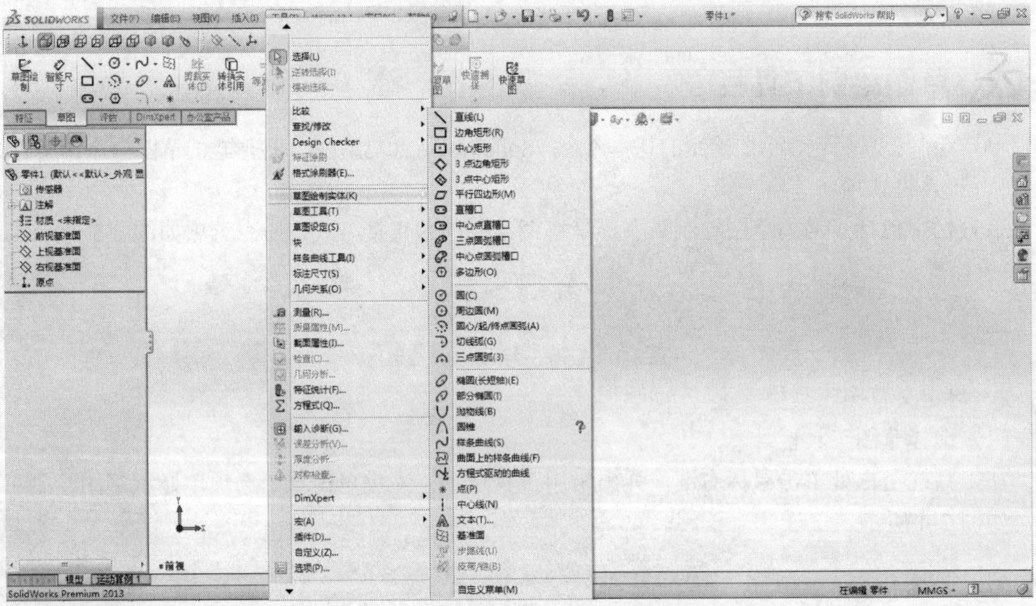

图 2-6　【工具】菜单中的草图绘制选项

2.1.3　退出草图绘制界面

完成草图的绘制后，即可退出草图进行特征创建，SolidWorks 2013 退出草图的方式有 3 种。

① 左键单击"命令管理器"中的"草图"，选择工具栏中的"退出草图"命令按钮，即可退出草图绘制界面。

② 左键单击草图绘制区右上角的草图绘制状态按钮，退出草图绘制界面。

③ 左键单击菜单栏中的【插入】|"退出草图"命令，退出草图绘制界面，如图 2-7 所示。

④ 在图形区单击鼠标右键，选择最右上端的"退出草图"命令按钮，退出草图绘制界面。

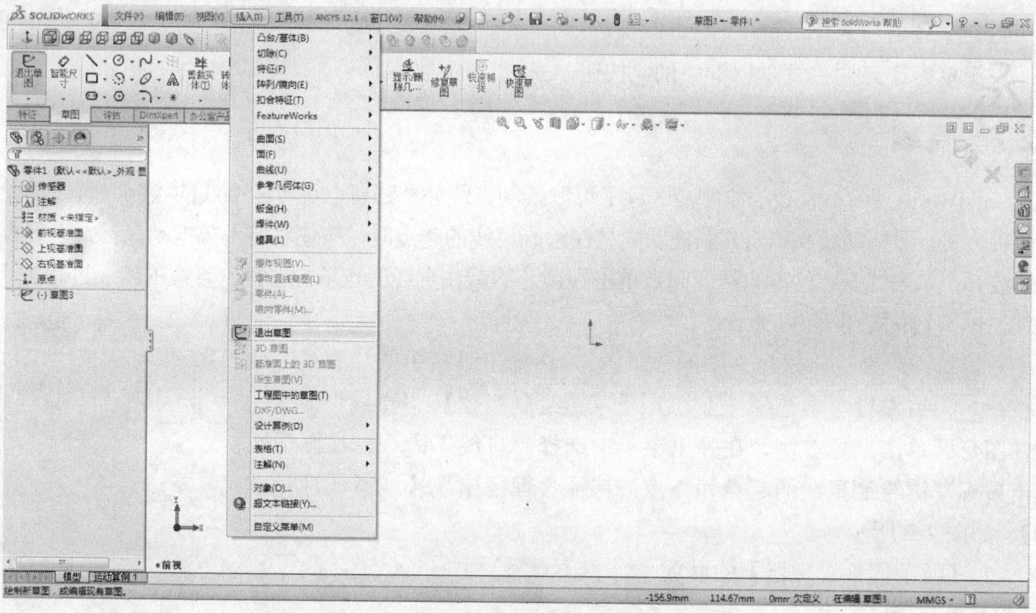

图 2-7 【插入】菜单栏中"退出草图"命令

2.2 草图绘制实体

草图绘制实体包括绘制点、直线、矩形、多边形、圆、槽口和文本等。

2.2.1 点

点是草图的最基本图形，可以作为绘制直线、曲线和矩形等的基本元素，也可作为参考几何体的构建元素。点的绘制过程如下：

（1）点的初步绘制

左键单击"命令管理器"中的"草图"，选择工具栏中的"点"命令按钮 *，或左键单击选择菜单栏中的【工具】|【草图绘制实体】|"点"命令，或在图形区单击鼠标右键并在弹出的菜单中选择"点"命令，在图形区单击左键绘制一个点，特征管理区出现【点属性管理器】，如图 2-8 所示。

（2）【点属性管理器】的设置

① 现有几何关系。

现有几何关系是在绘制点时软件自动生成的约束关系，是定位尺寸的基础。

② 添加几何关系。

点的几何关系只有"固定"一项，可以根据实际作图选择添加。

③ 参数。

参数栏中显示的是点的绝对直角坐标，可进行编辑修改，重新定位点的位置。

图 2-8 【点属性管理器】

（3）生成点

左键单击【点属性管理器】中的☑按钮，完成点的绘制。

2.2.2　直线

SolidWorks 2013 直线的绘制命令除了可以绘制直线外，还可以进行中心线的绘制。直线的绘制有两种方式，即拖动式和单击式。拖动式是在绘制直线的起点时，按住左键不放拖动鼠标，直到直线终点放开；单击式是在绘制直线的起点单击左键，然后在直线终点单击左键。直线的绘制过程如下：

（1）直线的初步绘制

左键单击"命令管理器"中的"草图"，选择工具栏中的"直线"命令按钮↘，或左键单击选择【工具】|【草图绘制实体】|"直线"命令，或在图形区单击鼠标右键，在弹出菜单中选择"直线"命令，在图形区单击鼠标左键绘制直线的起点和终点，特征管理区出现【线条属性管理器】，如图 2-9 所示。

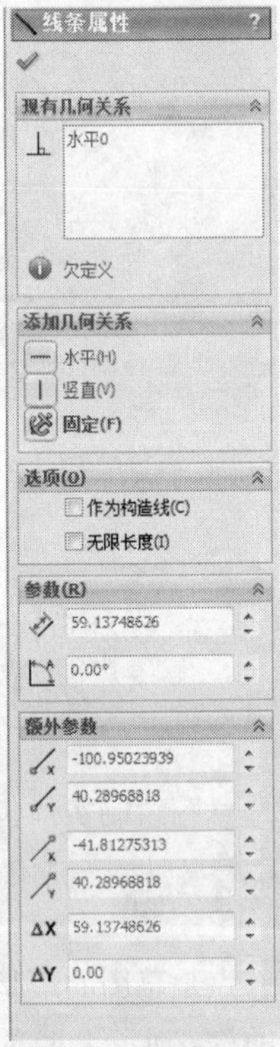

（2）【线条属性管理器】的设置

① 现有几何关系。

图 2-9 中的现有几何关系为水平，表示绘制的直线是水平直线。单击左键选中"水平"几何关系，单击右键，在菜单中选择"删除"命令，删除后直线目前没有约束关系。

② 添加几何关系。

直线的几何关系有水平、垂直和固定，根据绘制草图实际情况选择，这是直线最基本的几何约束条件，如均不符合实际要求，可以通过其他草图对直线进行约束。

③ 选项。

选项中选择"作为构造线"，绘制的直线转变成中心线；选择"无限长度"，直线的长度为无限长。

④ 参数。

直线的参数包括长度及角度，长度数值表示直线的实际长度，角度是绘制的直线与 X 轴的夹角，参数数据可进行修改。

⑤ 额外参数。

额外参数中详细显示了直线特征，起始点及终点的绝对直角坐标，X、Y 轴相对增量。数据可进行修改，这对与 X 轴有一定夹角的直线修改很方便。

图 2-9　【线条属性管理器】

（3）生成直线

左键单击【线条属性管理器】中的☑按钮，完成直线的绘制。

2.2.3　圆

圆是基本草图之一，圆的绘制过程如下：

（1）圆的初步绘制

左键单击【命令管理器】中的"草图"，选择工具栏中的"圆"命令按钮⊙，或左键单击选择【工具】|【草图绘制实体】|"圆"命令，或在图形区单击鼠标右键并在弹出菜单中选择"圆"命

令,在图形区单击左键绘制圆的圆点和圆上任意一点,特征管理区出现【圆属性管理器】,如图 2-10 所示。

(2)【圆属性管理器】的设置

① 圆类型。

圆的绘制中有两种:圆——确定圆心及圆上任意一点,周边圆——确定圆上任意三点的位置。

② 现有几何关系。

显示绘制的圆已经存在的几何约束关系。

③ 添加几何关系。

【圆属性管理器】中的"添加几何关系"选项不可用,圆的约束关系由定位尺寸或由其他草图确定。

④ 选项。

左键单击勾选"作为构造线"选项,圆转化为圆周中心线。

⑤ 参数。

参数选项中包括圆心的绝对直角坐标和半径大小,数据可以进行修改。

(3)生成圆

左键单击【圆属性管理器】中的✓按钮,完成圆的绘制。

图 2-10 【圆属性管理器】

2.2.4 圆弧

圆弧除了单独绘制外,还可以通过绘制直线时,在图形区单击鼠标右键,在弹出菜单中选择"转到圆弧"命令,绘制与直线之间相连的圆弧。圆弧分为三种形式,即圆心/起/终点圆弧、切线弧、三点圆弧。圆弧的绘制过程如下:

(1)圆弧的初步绘制

左键单击"命令管理器"中的"草图",选择工具栏中的"圆弧"命令按钮,或左键单击选择【工具】|【草图绘制实体】|"圆心/起/终点圆弧"、"切线弧"、"三点圆弧"任意一个命令,或在图形区单击右键并在弹出菜单中选择"圆心/起/终点圆弧"、"切线弧"、"三点圆弧"任意一个命令,如圆心/起/终点圆弧的绘制。在草图绘制界面单击左键绘制圆弧圆心,移动左键单击确定圆弧起点,旋转鼠标确定圆弧终点,特征管理区出现【圆弧属性管理器】,如图 2-11 所示。

(2)【圆弧属性管理器】的设置

① 圆弧类型。

图 2-11 中"圆弧类型"中从左到右依次是"圆心/起/终点圆弧"、"切线弧"和"三点圆弧"的快捷键,根据绘图需要选择。

② 现有几何关系。

显示绘制的圆弧已经存在的几何约束关系。

③ 添加几何关系。

【圆弧属性管理器】中的"添加几何关系"选项为固定,圆弧的约

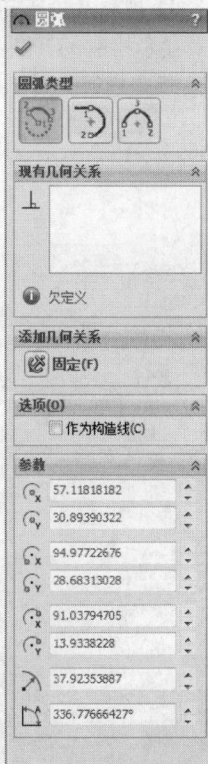

图 2-11 【圆弧属性管理器】

束关系还可由定位尺寸或由其他草图确定。

④ 选项。

左键单击勾选"作为构造线"选项，圆弧转化为圆弧中心线。

⑤ 参数。

图 2-11 中的圆心/起/终点类圆弧的参数包括圆弧圆心、起始点和终点的绝对直角坐标、圆弧半径、圆弧对应角度，修改参数改变圆弧形状。

（3）生成圆弧

左键单击【圆弧属性管理器】中的☑按钮，完成圆弧的绘制。

2.2.5 椭圆和部分椭圆

1．椭圆

椭圆的绘制跟圆的绘制方式类似，绘制过程如下：

（1）椭圆的初步绘制

左键单击"命令管理器"中的"草图"，选择工具栏中的"椭圆"命令按钮◯，或左键单击选择【工具】|【草图绘制实体】|"椭圆"命令，或在图形区单击鼠标右键并在弹出菜单中选择"椭圆"命令，在图形区单击左键绘制椭圆的中点、长轴点、短轴点，特征管理区出现【椭圆属性管理器】，如图 2-12 所示。

（2）【椭圆属性管理器】的设置

① 现有几何关系。

显示绘制的椭圆已经存在的几何约束关系。

图 2-12 【椭圆属性管理器】

② 添加几何关系。

【椭圆属性管理器】中的"添加几何关系"选项为固定，椭圆的约束关系可由定位尺寸或由其他草图确定。

③ 选项。

左键单击勾选"作为构造线"选项，椭圆转化为椭圆中心线。

④ 参数。

参数选项设定椭圆的中心直角坐标、长半轴长度及短半轴长度。

（3）生成椭圆

左键单击【椭圆属性管理器】中的☑按钮，完成椭圆的绘制。

2．部分椭圆

部分椭圆绘制时与椭圆相似，绘制过程如下：

（1）部分椭圆的初步绘制

单击"命令管理器"中的"草图"，选择工具栏中的椭圆下标中的"部分椭圆"命令按钮◯，或左键单击选择【工具】|【草图绘制实体】|"部分椭圆"命令，或在图形区单击右键并在弹出菜单中选择"部分椭圆"命令，在图形区单击左键绘制部分椭圆的中点、起点、终点，特征管理区出现【部分椭圆属性管理器】，如图 2-13 所示。

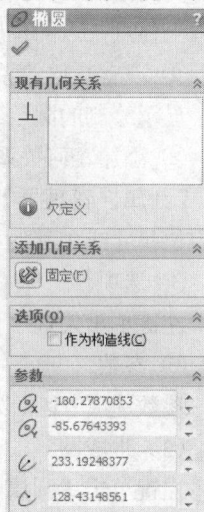

图 2-13 【部分椭圆属性管理器】

（2）【部分椭圆属性管理器】的设置

【部分椭圆属性管理器】与【椭圆属性管理器】中的设置选项基本相同，参数中设置有所不同，部分椭圆可以设置椭圆中心、起点、终点绝对直角坐标，半长轴长度及半短轴长度。

（3）生成部分椭圆

左键单击【部分椭圆属性管理器】中的☑按钮，完成部分椭圆的绘制。

2.2.6 矩形

SolidWorks 2013 提供多种矩形绘制命令，绘制过程如下：

（1）矩形的初步绘制

左键单击"命令管理器"中的"草图"，选择工具栏中的"矩形"命令按钮▢，或左键单击选择【工具】|【草图绘制实体】|"矩形"命令，或在图形区单击右键并在弹出菜单中选择"矩形"命令，在图形区单击左键绘制矩形的起点和终点，特征管理区出现【矩形属性管理器】，如图 2-14 所示。

（2）【矩形属性管理器】的设置

① 矩形类型。

矩形绘制过程中有五种类型，分别为边角矩形、中心矩形、三点边角矩形、三点中心矩形、平行四边形，从图 2-14 中可以很明显地看出五种矩形的绘制方法。

② 现有几何关系。

显示绘制的矩形已经存在的几何约束关系。

③ 添加几何关系。

矩形中可以添加"水平"、"竖直"、"共线"、"平行"、"相等"和"固定"的几何约束关系，可以任选一项也可多选。

④ 选项。

左键单击勾选"作为构造线"选项，矩形转化为矩形中心线。

⑤ 参数。

图 2-14 中为边角矩形的参数设置，可以进行矩形 4 个顶点坐标的灵活修改。

图 2-14 【矩形属性管理器】

（3）生成矩形

左键单击【矩形属性管理器】中的☑按钮，完成矩形的绘制。

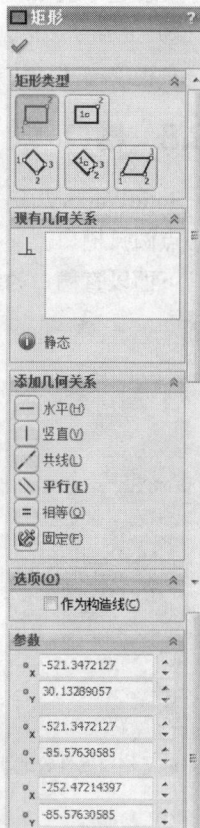

2.2.7 多边形

多边形是常见标准件的轮廓形状，如螺栓和螺母等。在 SolidWorks 2013 中，多边形的绘制简单，软件自动添加多边形自身约束。多边形的绘制过程如下：

（1）多边形的初步绘制

左键单击"命令管理器"中的"草图"，选择工具栏中的"多边形"命令按钮⬡，或左键单击选择【工具】|【草图绘制实体】|"多边形"命令，或在图形区单击鼠标右键并在弹出菜单中选择"多边形"命令，在图形区单击左键绘制多边形的中心和任意边的一个端点，特征管理区出现

【多边形属性管理器】，如图 2-15 所示。

（2）【多边形属性管理器】的设置

① 选项。

左键单击勾选"作为构造线"选项，多边形转化为多边形中心线。

② 参数。

设置多边形边数，选择控制多边形大小的内切圆或外切圆，并可以在下面的数据栏修改其数值，参数设置中还可以设置多边形的中心坐标及多边形最低边与 X 轴的夹角。

③ 生成多边形。

左键单击【多边形属性管理器】中的☑按钮，完成多边形的绘制。

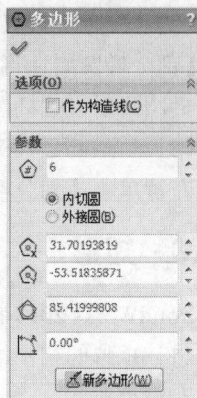

图 2-15　【多边形属性管理器】

2.2.8　槽口

SolidWorks 2013 草图绘制中添加槽口的绘制，包括直槽口、中心点直槽口、三点圆弧槽口、中心点圆弧槽口。

下面以直槽口的绘制为例。

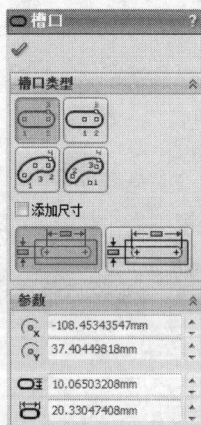

绘制直槽口通过拉伸凸台/基体可以创建圆头键，也可以通过拉伸切除创建圆头键形状的槽口，绘制过程如下：

（1）直槽口的初步绘制

左键单击选择【工具】|【草图绘制实体】|"直槽口"命令，或在图形区单击右键并在弹出菜单中选择"直槽口"命令，在图形区单击左键绘制直槽口中心线起点与终点，移动鼠标确定槽口宽度，单击左键确认，特征管理区出现【槽口属性管理器】，如图 2-16 所示。

（2）【槽口属性管理器】的设置

① 槽口类型。

左键单击"槽口类型"中的任意一个，直槽口、中心点直槽口、三点圆弧槽口、中心点圆弧槽口的绘制可任意切换，左键单击勾选"添加尺寸"，确定槽口的大小，有两种形式的尺寸标注方法。

图 2-16　【槽口属性管理器】

② 参数。

X、Y 数值分别代表槽口中心线中点坐标，同时设置槽口总长及总宽数值。

（3）生成槽口

左键单击【槽口属性管理器】中的☑按钮，完成槽口的绘制。

2.2.9　抛物线

抛物线的绘制与部分椭圆绘制类似，掌握最基本的草图绘制，复杂草图的绘制就相对简单。抛物线的绘制如下：

（1）抛物线的初步绘制

左键单击"命令管理器"中的"草图"，选择工具栏中的"椭圆"下标▾中的"抛物线"命令按钮∪，或左键单击选择【工具】|【草图绘制实体】|"抛物线"命令，或在图形区单击右键，在弹出菜单中选择"抛物线"命令，在图形区单击左键绘制抛物线的中心及其任意一点，然后左

键单击选择抛物线的起点和终点，特征管理区出现【抛物线属性管理器】，如图 2-17 所示。

（2）【抛物线属性管理器】的设置

① 现有几何关系。

显示绘制的抛物线已经存在的几何约束关系。

② 添加几何关系。

【抛物线属性管理器】中的"添加几何关系"选项为固定，抛物线的约束关系可由定位尺寸或由其他草图确定。

③ 选项。

左键单击勾选"作为构造线"选项，抛物线转化为抛物型中心线。

④ 参数。

参数设定抛物线的起点、终点、中心及线段中点的绝对直角坐标，改变抛物线的形状及位置。

（3）生成抛物线

左键单击【抛物线属性管理器】中的☑按钮，完成抛物线的绘制。

图 2-17 【抛物线属性管理器】

2.2.10 样条曲线

样条曲线是扫描及放样特征的基础曲线，常作为二者的引导线，构成复杂的曲面。绘制样条曲线的方式有：控制点、方程式、套合。其中，控制点样条曲线的绘制过程如下：

（1）样条曲线的初步绘制

左键单击"命令管理器"中的"草图"，选择工具栏中的"样条曲线"命令按钮，或左键单击选择【工具】|【草图绘制实体】|"样条曲线"命令，或在图形区单击鼠标右键并在弹出菜单中选择"样条曲线"命令，在图形区单击左键绘制样条曲线的控制点。绘制完成后，单击右键可结束，在弹出菜单中左键单击选择"选择"命令，特征管理区出现【样条曲线属性管理器】，如图 2-18 所示。

（2）【样条曲线属性管理器】的设置

① 现有几何关系。

显示绘制的样条曲线已经存在的几何约束关系。

② 添加几何关系。

【样条曲线属性管理器】中的"添加几何关系"选项为固定，样条曲线的约束关系可由定位尺寸或由其他草图确定。

③ 选项。

选项中包含"作为构造线"、"显示曲率"和"保持内部连续性"（软件默认勾选），左键单击勾选"作为构造线"选项，样条曲线转化为样条型中心线，勾选"显示曲率"选项，草图中显示样条曲线的曲率变化情况。

④ 参数。

图 2-18 【样条曲线属性管理器】

通过第一个数字框右端的上下键，自由选择样条曲线的控制点，

下面的数据依次改变。修改数据，改变样条曲线的曲率及形状，下面的"相切驱动"及"成比例"根据草图实际情况选择。

（3）生成样条曲线

左键单击【样条曲线属性管理器】中的☑按钮，完成样条曲线的绘制。

2.2.11　文本

插入文本是在曲线上插入文字，在实体上表示的一个修饰或者说明，绘制过程如下：

（1）文本的初步绘制

左键单击"命令管理器"中的"草图"，选择工具栏中的"文本"命令按钮🅰，或左键单击选择【工具】|【草图绘制实体】|"文本"命令，或在图形区单击鼠标右键并在弹出的菜单中选择"文本"命令，绘制文字之前首先绘制一条曲线，在曲线上插入文字，【草图文字属性管理器】如图 2-19 所示。

（2）【草图文字属性管理器】的设置

① 曲线。

选择插入文字的曲线，曲线选项框中出现曲线名称。

② 文字。

输入插入的文字，可以是英文也可以是中文。文字的常用设置在文字输入框下，文字的格式取消勾选"使用文档字体"前选框，左键单击"字体"命令，弹出【选择字体】对话框，如图 2-20 所示。

图 2-19 【草图文字属性管理器】　　　　图 2-20 【选择文字】对话框

（3）生成文本

左键单击【草图文字属性管理器】中的☑按钮，完成文本的绘制。

2.3　3D 草图绘制

3D 草图不受 2D 草图平面的限制，可以方便地绘制三维草图，创建特征实体，是 SolidWorks 2013 中快速建立特征的方式之一。

2.3.1　3D 草图绘制工具

3D 草图绘制工具与 2D 草图绘制工具基本相同，左键单击"草图"工具栏中的"草图绘制"下标▾中的"3D 草图"命令按钮，或左键单击选择【插入】|"3D 草图"命令，即可进入 3D 草图绘制平面，工具栏如图 2-2 所示。

2.3.2　3D 草图绘制应用——炉架框架

利用 3D 草图命令快速实现炉架框架的设计，有效地减少了设计时间。SolidWorks 2013 绘制 3D 直线，直线的几何条件及其长度可以在【线条属性管理器】中设置。绘制时指标显示草图所在平面，按 Tab 键切换绘制平面，同时软件自动显示坐标轴的捕捉位置，方便草图绘制。以下为炉架框架设计的过程。

① 启动 SolidWorks 2013，左键单击"新建"命令按钮，选择零件，单击"确定"按钮，进入零件的操作界面。

② 左键单击"命令管理器"中的"草图"，选择工具栏中的"草图绘制"下标▾中的"3D 草图"命令按钮，或左键单击选择【插入】|【草图绘制实体】|"3D 草图"命令，进入草图绘制平面，绘制如图 2-21 所示的炉架框架。

③ 左键单击"直线"命令，以原点为起点，在图形区点击任意点为终点，右键单击选择"选择"命令或按键盘 Esc 键结束直线的绘制。左键单击已绘制的直线，在【线条属性管理器】中设置直线几何条件及长度，如图 2-22（a）所示。单击【线条属性管理器】按钮，完成沿 X 轴方向的长为 150mm 直线 1 的绘制。

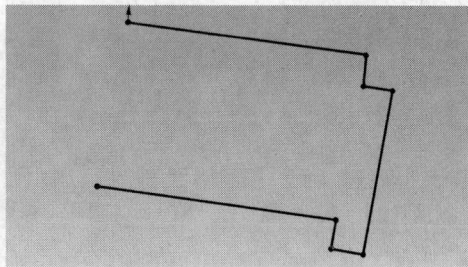

图 2-21　炉架外框的 3D 草图

④ 以直线 1 的终点为起点，在图形区点击任意点为终点，按键盘 Esc 键结束直线的绘制。左键单击已绘制的直线，【线条属性管理器】设置如图 2-22（b）所示（滚动鼠标中键可以适当调节草图显示大小）。单击【线条属性管理器】按钮，完成沿 Y 轴方向的长为 20mm 直线 2 的绘制。

⑤ 以直线 2 终点为起点，在图形区点击任意点为终点，按键盘 Esc 键结束直线的绘制。左键单击已绘制的直线，【线条属性管理器】设置如图 2-22（c）所示。左键单击【线条属性管理器】按钮，完成沿 X 轴方向的长为 20mm 的直线 3 的绘制。

⑥ 按键盘 Tab 键将 XY 绘制平面切换到 YZ 绘制平面，以直线 3 终点为起点，在图形区点击任意点为终点，按键盘 Esc 键结束直线的绘制。左键单击已绘制的直线，【线条属性管理器】

设置如图 2-22（d）所示，单击【线条属性管理器】✓按钮，完成沿 Z 轴方向长为 260mm 直线 4 的绘制。

（a）直线 1　　　　（b）直线 2　　　　（c）直线 3　　　　（d）直线 4

图 2-22　【线条属性管理器】

⑦ 按 Tab 键将直线绘制平面切换到 XY 平面，分别绘制沿 X 轴方向的长为 20mm 的直线 5、沿 Y 轴方向的长为 20mm 的直线 6、沿 X 轴方向的长为 150mm 的直线 7，【线条属性管理器】的设置同步骤 3、4、5。绘制的 3D 草图如图 2-23 所示。

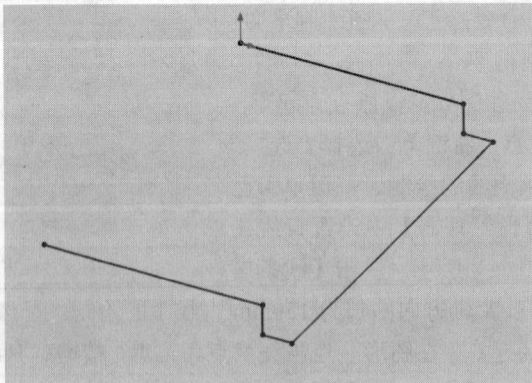

图 2-23　未约束的 3D 草图

⑧ 从图 2-23 可以看出炉架框架的 3D 草图欠定义，左键单击工具栏中的"显示/删除几何关系"下标 ▼ 中 ⊥ 添加几何关系，选择直线 1 的起点和直线 7 的终点，在"添加几何关系"下选择沿 Z，【添加几何关系属性管理器】设置如图 2-24 所示。

⑨ 【线条属性管理器】中设置的直线长度是临时数值，因此还应对直线添加尺寸。左键单击工具栏中的"智能尺寸"命令 ⊠，完成直线 1～5 尺寸的标注，如图 2-25 所示，实现草图的完全定义。

图 2-24 添加几何关系

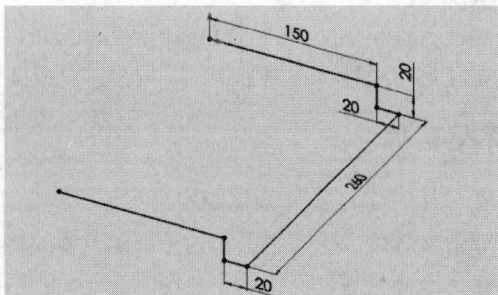

图 2-25 完全定义的 3D 草图

⑩ 左键单击图形区右上角的草图绘制状态按钮，退出草图绘制界面，完成炉架外框 3D 草图的绘制。

2.4 草图工具

草图工具是对草图的进一步编辑，是草图绘制过程中的实用命令，包括绘制圆角、绘制倒角、等距实体、转换实体引用、镜像、剪裁、阵列等。

2.4.1 圆角

圆角是机械零部件的必要特征，在草图绘制中绘制圆角，实现对圆角特征的直接创建。左键单击"命令管理器"中的"草图"，选择工具栏中的"圆角"命令按钮，或左键单击选择【工具】|【草图工具】|"圆角"命令，或在图形区单击鼠标右键在弹出菜单中选择"绘制圆角"命令，出现【圆角属性管理器】，如图 2-26 所示。

在"要圆角化的实体"选框中选择草图顶点或相邻的两条直线、曲线，在"圆角参数"中设置圆角的半径，左键单击【圆角属性管理器】中的按钮，完成圆角的绘制。

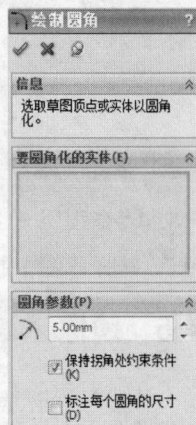

图 2-26 【圆角属性管理器】

2.4.2 倒角

倒角是回转体类零件常见的特征，在草图中完成倒角的绘制，生成倒角特征。左键单击"命令管理器"中的"草图"，选择工具栏中的"圆角"命令下标中的"倒角"命令按钮，或左键单击选择【工具】|【草图工具】|"倒角"命令，出现【倒角属性管理器】，如图 2-27 所示，选

取要生成倒角的两条边绘制倒角。

倒角的绘制包括"角度距离"倒角和"距离-距离"倒角。

1. "角度距离"倒角

倒角的尺寸由倒角的锐角及倒角的垂直高度决定，修改二者的值可改变倒角大小。

2. "距离-距离"倒角

距离分别表示倒角的水平与竖直距离，两者距离可以相等也可不等。

左键单击【倒角属性管理器】中的☑按钮，完成倒角的绘制。

图 2-27 【倒角属性管理器】

2.4.3   等距实体

在草图绘制中，等距实体是复制相同草图到一定距离的工具。在有一定壁厚的实体生成中，省去了内外壁的重复绘制。

左键单击"命令管理器"中的"草图"，选择工具栏中的"等距实体"命令按钮⊐，或左键单击选择【工具】|【草图工具】|"等距实体"命令，或在图形区单击右键在弹出菜单中选择"等距实体"命令，出现【等距实体属性管理器】，如图 2-28 所示。参数设置中修改草图等距偏离的数值，在草图的绘制中，根据情况左键单击勾选"添加尺寸"、"反向"、"选择链"、"双向"等，最后单击【等距实体属性管理器】中的☑按钮，完成等距实体的绘制。

图 2-28 【等距实体属性管理器】

2.4.4   转换实体引用

转换实体引用是指在打开的草图中，单击一个模型边线、环、面、曲线、外部草图轮廓线、一组边线或一组曲线，投影到草图基准面上形成一条或多条曲线。

左键单击"命令管理器"中的"草图"，选择工具栏中的"转换实体引用"命令按钮▢，或左键单击选择【工具】|【草图工具】|"转换实体引用"命令，或在图形区单击鼠标右键，在弹出菜单中选择"转换实体引用"命令，出现【转换实体引用属性管理器】，如图 2-29 所示。左键单击选择要投影的草图或勾选"选择链"，选择草图中的多条曲线。

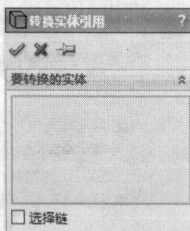

图 2-29 【转换实体引用属性管理器】

2.4.5   镜像

对于轴对称的草图，绘制草图时可仅绘制一半或四分之一，但需运用"镜像"命令完成全部草图。

左键单击"命令管理器"中的"草图"，选择工具栏中的"镜像"命令按钮⚠，或左键单击选择【工具】|【草图工具】|"镜像"命令，或在图形区单击右键在弹出的菜单中选择"镜像"命令，出现【镜像属性管理器】，如图 2-30 所示。左键单击"要镜像的实体"选择框，依次选择要镜像的草图。左键单击"镜像点"选择框，单击选择草图的对称轴，

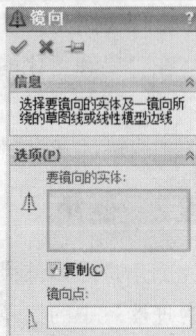

图 2-30 【镜像属性管理器】

单击【镜像属性管理器】中的☑按钮，完成草图的镜像。

2.4.6 线性草图阵列

对按照一定顺序排列的相同多个草图，如散热板上的散热孔的创建，在草图绘制时运用阵列命令可以缩短草图绘制的时间。

左键单击"命令管理器"中的"草图"，选择工具栏中的"线性草图阵列"命令按钮▦，或左键单击选择【工具】|【草图工具】|"线性草图阵列"命令，出现【线性阵列属性管理器】，如图2-31所示。【线性阵列属性管理器】的设置：

1. 方向1

软件默认情况下，方向1第一栏✎选项为X轴，也可选取草图阵列方向边，第二栏✎选项为相邻阵列实体之间的距离，第三栏✎为阵列的个数，第四栏✎为相对于阵列方向的夹角。

2. 方向2

软件默认情况下，方向2第一栏✎选项为Y轴，也可选取草图阵列方向边，其他选项与方向1相同。

3. 要阵列的实体

左键单击"要阵列的实体"下面的选项框，在草图中左键单击选择要阵列的实体。

图 2-31 【线性阵列属性管理器】

4. 可跳过的实体

"可跳过的实体"选项操作与"要阵列的实体"选项相同，选择此项后该阵列即为选择性线性阵列。

左键单击【线性阵列属性管理器】中的☑按钮，完成草图的线性阵列。

2.4.7 圆周草图阵列

圆周草图阵列的方式与线性草图阵列的方式不同，其阵列后草图呈圆周状。

左键单击"命令管理器"中的"草图"，选择工具栏中的"线性草图阵列"下标▾中的"圆周草图阵列"命令按钮❀，或左键单击选择【工具】|【草图工具】|"圆周草图阵列"命令，出现【圆周阵列属性管理器】，如图2-32所示。【圆周阵列属性管理器】的设置：

1. 参数

① 在参数选项中第一栏☉选择圆周阵列时的阵列圆心。

② 第二栏◉x、第三栏◉y、第四栏✎分别为圆心坐标及阵列实体组成的角度，圆周阵列时，阵列后的相邻实体可以是等距也可以是不同半径的阵列，左键单击勾选"等间距"、"标注半径"和"标注角间距"中的任意一个选项，实现上述功能。

③ 第五栏❀为阵列实体的数目，此数目包括源阵列实体。

图 2-32 【圆周阵列属性管理器】

④ 第六栏✎为源阵列草图上一点，如圆的圆心、矩形的一个顶点等，与阵列圆心之间的距离。

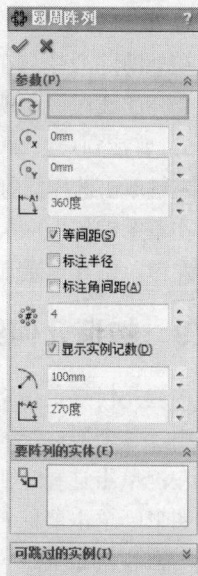

⑤ 第七栏 为上一步中两点组成的直线与 X 轴的夹角。

2．要阵列的实体

左键单击"要阵列的实体"下面的选项框，在图形区左键单击选择要阵列的草图实体。

3．可跳过的实体

"可跳过的实体"选项操作与"要阵列的实体"选项相同，选择此项后该阵列即为选择性圆周阵列。

左键单击【圆周阵列属性管理器】中的 按钮，完成草图的圆周阵列。

2.4.8　剪裁

在基本草图形状构建整个草图的过程中，剪裁实体是最常用的命令之一，SolidWorks 2013 中的剪裁命令操作简单快捷。

左键单击"命令管理器"中的"草图"，选择工具栏中的"剪裁实体"命令按钮 ，或左键单击选择【工具】|【草图工具】|"剪裁"命令，或在图形区单击右键在弹出菜单中选择"剪裁实体"命令，出现【剪裁属性管理器】，如图 2-33 所示。剪裁方式的选择有下面几种。

1．强劲剪裁

按住鼠标左键不放，移动鼠标划过要剪裁的草图，实现多余草图的删除。

2．边角

左键单击选择草图的交叉曲线或直线，在夹角处单击左键要剪裁掉的多余草图。

3．在内剪除

左键单击选择相互平行的曲线或直线，然后单击选择曲线或直线之间的线段，实现删除作用。

图 2-33　【剪裁属性管理器】

4．在外剪除

在外剪除命令与在内剪除命令相反，左键单击选择相互平行的曲线或直线，然后选择曲线或直线之外的线段，实现删除作用。

5．剪裁到最近端

左键单击选择要剪裁的草图实体，然后选择要剪裁的草图，草图只能剪裁到交叉线段的最近端。

在草图编辑中应灵活选择五种剪裁方式，实现草图的准确、快速的剪裁。

左键单击【剪裁属性管理器】中的 按钮，完成草图的剪裁。

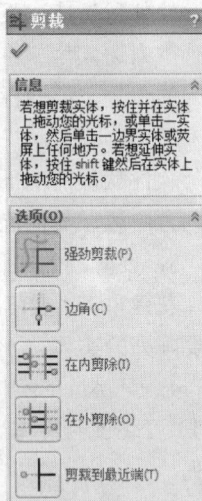

2.4.9　构造几何线

构造几何线是指将草图实体转化为中心线形式，转化后的草图不能创建特征。在基本草图的绘制中，各个属性管理器中的"选项"中即是草图实体与几何线的切换。

左键单击选择【工具】|【草图工具】|"构造几何线"命令，或在图形区单击鼠标右键在弹出菜单最上端左键单击选择"构造几何线"命令按钮 。左键单击图形区中的草图，实现其转换，【构造几何线属性管理器】如图 2-34 所示，左键单击【构造几何线属性管理器】中的 按钮，完成几何线的构造。

图 2-34　【构造几何线属性管理器】

2.4.10 复制

复制命令能够实现单个或多个草图的复制，是草图绘制的辅助功能。

左键单击"命令管理器"中的"草图"，选择工具栏中的"移动实体"命令下标 ▾ 的"复制实体"命令按钮 ，或左键单击选择【工具】|【草图工具】|"复制"命令，出现【复制属性管理器】，如图 2-35 所示。左键单击"要复制的实体"下面的选项框，将要复制的草图实体，左键单击"参数"下的"起点"选择框，选择复制草图的参考起点，起到定位的作用。单击【复制属性管理器】中的 按钮，完成草图的复制。

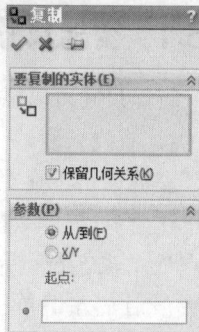

图 2-35 【复制属性管理器】

2.4.11 移动

移动命令与复制命令的操作相似，能够实现草图在图形区的自由挪动。

左键单击"命令管理器"中的"草图"，选择工具栏中的"移动实体"命令按钮 ，或左键单击选择【工具】|【草图工具】|"移动"命令，出现【移动属性管理器】，如图 2-36 所示。【移动属性管理器】中的操作参照【复制属性管理器】中的操作。

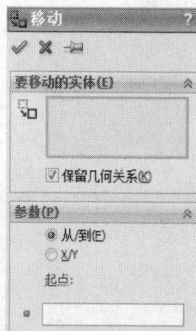

图 2-36 【移动属性管理器】

2.4.12 缩放比例

"缩放比例"可以自由按比例调整草图的大小，"命令管理器"中的"草图"，选择工具栏中的"移动实体"命令下标 ▾ 的"缩放实体比例"命令按钮 ，或左键单击选择【工具】|【草图工具】|"缩放比例"命令，出现【比例属性管理器】，如图 2-37 所示。

左键单击选择"要缩放比例的实体"下面的选项框，在草图中选择要缩放的实体，参数中第一栏 中选择缩放的参考点，第二栏 中选择要缩放的比例系数，左键勾选"复制"选项，可以保留源草图，否则源草图在缩放操作后消失。单击【比例属性管理器】中的 按钮，完成草图的按比例缩放。

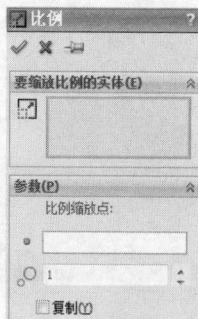

图 2-37 【比例属性管理器】

2.5 尺寸标注

尺寸标注是确定草图大小及位置的重要依据，SolidWorks 2013 中的尺寸标注包含智能尺寸、水平尺寸、竖直尺寸、尺寸链、水平尺寸链、竖直尺寸链，这些尺寸标注的命令可以将草图尺寸完全定义，各种草图尺寸标注中的【修改】对话框及属性管理器均相同。

2.5.1 智能尺寸

智能尺寸可以标注草图所有的形状尺寸。

1. 直线长度

左键单击"命令管理器"中的"草图",选择工具栏中的"智能尺寸"命令按钮 ⬦，或左键单击选择【工具】|【标注尺寸】|"智能尺寸"命令，左键单击直线起点，拖动鼠标在直线终点处单击左键，完成直线长度的标注，弹出长度数值【修改】对话框，如图 2-38 所示。修改数值后，左键单击【修改】对话框中的 ☑ 按钮确认，出现【尺寸属性管理器】，如图 2-39 所示。

图 2-38 直线长度数值【修改】对话框   图 2-39 【尺寸属性管理器】

【尺寸属性管理器】中可以设置尺寸最基本的组成部分，如数值公差、标注的样式、引线等，左键单击选项框右端下拉点选择标注样式。

2. 角度

角度的标注与直线的标注方式相同，左键依次单击两条相邻直线或曲线，拖动鼠标在空白处单击左键完成角度的标注，角度的修改与直线的修改过程相同，【尺寸属性管理器】的参数设置选项与直线相同。

3. 直径或半径

标注圆的直径或圆弧的半径，在图形区左键单击圆轮廓，拖动鼠标在空白处单击左键，标注圆的直径，弹出数值的【修改】对话框。修改圆的直径数值后，左键单击【修改】对话框中的 ☑ 按钮确认，【尺寸属性管理器】中参数设置选项与直线相同。

2.5.2　水平和垂直尺寸

水平和垂直尺寸只限制于水平和垂直反向尺寸的标注，在复杂草图中，可一次性连续标注草图的水平和垂直尺寸，避免草图自身的约束条件对标注尺寸的影响。

左键单击"命令管理器"中的"草图"，选择工具栏中的"智能尺寸"命令下标 ▼ 中的水平命令按钮 ⬚，或选择【工具】|【标注尺寸】|"水平尺寸"命令，在图形区中单击鼠标左键选择要标注的直线或曲线，弹出数值【修改】对话框。修改数值后，左键单击【修改】对话框中的 ☑ 按钮确认，在【尺寸属性管理器】中设置标注的样式。

垂直尺寸的标注过程与水平尺寸的标注相同，这里不重复介绍。

2.5.3　尺寸链

尺寸链标注尺寸常用于阶梯轴中不同轴段长度或多个草图相对位置的标注，尺寸链包括（智能）尺寸链 ⬚、水平尺寸链 ⬚、竖直尺寸链 ⬚，三者的标注方法相同，修改方法与线性尺寸的标注相同。下面以（智能）尺寸链为例讲解尺寸链的标注过程。

左键单击"命令管理器"中的"草图"，选择工具栏中的"智能尺寸"命令下标 ▼ 中的"尺寸链"命令按钮 ⬚，或选择【工具】|【标注尺寸】|"尺寸链"命令，左键单击图形区中草图的一边作为尺寸链的 0 点基准线，左键依次单击与基准线平行的线段，软件自动弹出标注的尺寸大小。当要进行数据修改时，左键双击标注的数值，弹出【修改】对话框，修改数值后，单击【修改】对话框中的 ☑ 按钮确认，在【尺寸属性管理器】中设置标注的样式。

2.6　几何关系

几何关系是草图的约束条件，添加适当的草图几何条件，可以减少草图中尺寸的标注，使得草图表示更简练、明了。

2.6.1　显示/删除几何关系

"显示/删除几何关系"命令不可以进行草图几何关系的编辑，只能用于查看草图的现有几何关系。

左键单击"命令管理器"中的"草图"，选择工具栏中的"显示/删除几何关系"命令按钮 ⬚，或左键单击选择【工具】|【几何关系】|"显示/删除几何关系"命令，或在图形区单击右键在弹出菜单中选择"显示/删除几何关系"命令，出现【显示/删除几何关系属性管理器】，如图 2-40 所示。

从"几何关系"的下标 ▼ 中可以选择草图不同类型的几何关系，如悬空、过定义/未解出、外部等。左键单击草图实体，几何关系显示于如图 2-39 所示的白色框区中，左键单击

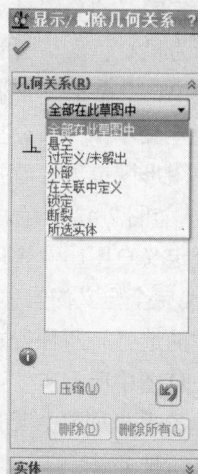

图 2-40　【显示/删除几何关系属性管理器】

选择其中一个几何条件，右键单击则实现对该几何条件的删除。删除全部几何条件时，在【几何条件属性管理器】中的几何条件显示框上单击右键选择"删除所有"，即删除了草图现有的全部几何条件。左键单击【显示/删除几何关系属性管理器】中的☑按钮确认，退出【显示/删除几何关系属性管理器】。

2.6.2　添加几何关系

添加几何关系可对草图进行约束条件的添加，如直线的水平或竖直约束、两个圆的相等约束等，明显地减少了草图的尺寸标注。

左键单击"命令管理器"中的"草图"，选择工具栏中的"显示/删除几何关系"命令下标⬛中的"添加几何关系"命令按钮⬛，或左键单击选择【工具】|【几何关系】|"添加几何关系"命令，或在图形区单击右键并在弹出菜单中选择"添加几何关系"命令，出现【添加几何关系属性管理器】，如图 2-41 所示。

在"所选实体"选择框中选择草图中的一条直线，"现有几何关系"框中显示该直线目前无任何几何关系。"添加几何关系"选项中，左键单击选择"水平"、"竖直"和"固定"中任意一项作为直线的几何约束条件。单击【添加几何关系属性管理器】中的☑按钮确认，完成对直线几何条件的添加。

图 2-41　【添加几何关系属性管理器】

2.7　完全定义草图

SolidWorks 2013 中绘制的草图要求完全定义，即草图最后的颜色变为黑色，表示该草图完全被定义，欠定义的草图显示为蓝色，过定义的草图显示为红色，草图无效则几何体为黄色，草图无解显示为桃红色。草图的定义对特征的创建影响较大，完全定义的草图保证了特征的稳定性。

左键单击"命令管理器"中的"草图"，选择工具栏中的"显示/删除几何关系"命令下标⬛中的"完全定义草图"命令按钮⬛，或左键单击选择【工具】|【标注尺寸】|"完全定义草图"命令，或在图形区单击右键并在弹出菜单中选择"完全定义草图"命令，出现【完全定义草图属性管理器】，如图 2-42 所示。

完全定义草图属性管理器的设置如下。

1. 要完全定义的实体

实体的选择有两种方式。

（1）草图中所有实体

左键单击"草图中所有实体"选项，实现图形区的所有草图的选择。

（2）所选实体

左键单击所选实体下的选择框，在图形区的草图中选择要定义的草图实体，实现草图不同实体的分别定义。

图 2-42 【完全定义草图属性管理器】

单击"计算"命令，软件开始对实体的几何条件进行计算，计算结果显示在所定义的草图上，包括尺寸和几何条件。

2．几何关系

几何关系的选择使用于定义部分草图实体时，根据草图形状选择不同的几何关系，在几何关系选择命令上单击鼠标左键，表示取消该几何条件。

3．尺寸

（1）水平尺寸方案

水平尺寸下的基准下标 中还包含链、尺寸链选项，在 中可以定义尺寸的基准点或链/尺寸链的起点。

（2）竖直尺寸方案

竖直尺寸方案与水平尺寸方案的设置相同。

（3）尺寸的放置

尺寸的放置位置主要为水平及竖直尺寸的放置位置，根据草图平面选择合适的尺寸放置位置。

4．已定义草图的撤销

要撤销对已选草图实体的定义，左键单击属性管理器上端的撤销命令按钮 ，重新定义草图。

5．完成完全定义草图

单击【完全定义草图属性管理器】中的 按钮确认，完成对草图的完全定义。

第3章 特征建模

3.1 特征建模基础

特征建模是以草图绘制为基础的，然后通过拉伸、旋转、扫描和放样等操作，从而将 2D 草图转换为 3D 实体造型，实现二维到三维的转换。SolidWorks 2013 中的特征建模包括拉伸特征、旋转特征、扫描特征、放样特征、孔特征和圆角特征等，各个特征的创建不是孤立的，彼此之间存在一定的关联性。同一种产品模型可以采用多种建模方式，SolidWorks 2013 简便的建模操作使得产品设计过程更加容易实现。

3.2 参考几何体

参考几何体贯穿于 SolidWorks 2013 的各个模块，如草图的绘制、零件的建模、装配体的生成等。参考几何体包括基准面、活动剖切面、基准轴和坐标系等，合理设置不同的参考几何体，可以有效地减小产品设计中的复杂程度。

参考几何体的选择有两种方式。

① 单击选择界面左端"命令管理器"中的"特征"，在工具栏中选择"参考几何体"命令按钮 。

② 自定义工具栏：左键单击选择【工具】|【自定义】，或在工具栏空白处单击鼠标右键在在弹出菜单中选择"自定义"，弹出【自定义】对话框，左键单击勾选"工具栏"中的"参考几何体"，出现参考几何体工具栏，如图 3-1 所示，从而实现参考几何体工具栏的添加。

图 3-1 参考几何体工具栏

3.2.1 基准面

基准面的添加是为草图绘制选择一个合理的绘制平面，在装配体中实现零件的准确定位。

左键单击"命令管理器"中的"特征"，选择工具栏中"参考几何体"命令 下标 中的"基准面"命令 ，出现【基准面属性管理器】，如图 3-2 所示，进行基准面的创建。

【基准面属性管理器】的设置如下。

1．参考的选取

【基准面属性管理器】中三个参考的选择可以是点、线、面中任意一个元素，根据选取元素的不同，基准面的生成位置不同。

2．参考点的设置

在第一参考 ⬚ 中选取实体中一点，出现点的设置对话框，如图 3-3（a）所示。在基准面中，参考点可以和基准面重合，也可以是基准面上投影的一点，生成基准面时参考点是与参考边或者参考面联合使用的。

3．参考线的设置

垂直、重合、投影是参考线的三种设置方式，如图 3-3（b）所示。基准面的创建过程中，参考线既可以与参考点联合使用，也可与参考面联合使用，实现基准面的灵活创建。

图 3-2 【基准面属性管理器】

4．参考面的设置

基准面中常用的生成方式是参考面的选取，基准面平行于参考面或与参考面成一定的夹角，如图 3-3（c）所示。

左键单击【基准面属性管理器】中的 ✅ 按钮，完成基准面的创建。

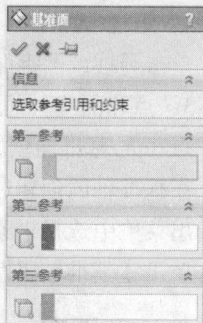

（a）点参考的设置　　　　（b）线参考的设置　　　　（c）面参考的设置

图 3-3　参考设置

3.2.2　基准轴

SolidWorks 2013 特征的建模及编辑中，基准轴常作为圆周阵列实体的参数和装配体零件定位的配合选项，合理地创建基准轴能够为零件建模及装配体生成带来便利。

单击"命令管理器"中的"特征"，选择工具栏中"参考几何体"命令 ⬚ 下标 ▾ 中的"基准轴"命令 ⬚，出现【基准轴属性管理器】，如图 3-4 所示。基准轴的生成方式如下：

1．一直线/边线/轴

单击选择框 ⬚，在特征实体中左键单击选择一条直线或边线（不可以为曲线）或轴作为基准轴的参考线，基准轴与这些参考线重合，这是创建基准轴最简单的方式。

图 3-4 【基准轴属性管理器】

2．两平面

将两个相交平面的交线作为基准轴，选取特征实体中任意两个相交平面，生成基准轴。

3．两点/顶点

在特征实体中选取任意两点或两个顶点，生成基准轴。

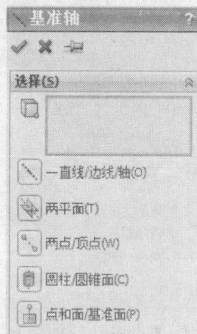

4．圆柱/圆锥面

单击圆柱或圆锥面，出现其黄色中心线，该中心线即为生成的基准轴。

5．点和面/基准面

点和面/基准面生成的基准轴是通过点的面/基准面的法线，而该法线即为生成的基准轴。

在基准轴的创建过程中，如需撤销选择框中已选择的实体，则指向实体名称，单击鼠标右键，在弹出菜单中选择"删除"，单击"消除选择"将会删除选择框中所有的选项。

单击【基准轴属性管理器】中的☑按钮，完成基准轴的创建。

3.2.3 坐标系

坐标系是将软件默认的坐标系进行位置的调整，更方便模型的建立或装配体的配合。

单击"命令管理器"中的"特征"，选择工具栏中"参考几何体"命令 ⬚ 下标 ⏷ 中的"坐标系"命令 ⬚，出现【坐标系属性管理器】，如图 3-5 所示。

参考系的创建选项有参考系原点、X 轴及 Y 轴，按钮 ⬚ 可以调整方向，在已生成的特征中选择坐标系的原点、X 轴、Y 轴，生成坐标系，方便新特征的生成。

单击【坐标系属性管理器】中的☑按钮，完成坐标系的创建。

图 3-5 【坐标系属性管理器】

3.2.4 点

点是参考几何体中最基本的几何体，创建过程也相对简单。左键单击"命令管理器"中的"特征"，选择工具栏中"参考几何体"命令 ⬚ 下标 ⏷ 中的"点"命令 ⬚，出现【点属性管理器】，如图 3-6 所示，此时的点是特征点，与草图点不同。点的创建方式如下。

1．圆弧中心

单击"圆弧中心"选项 ⬚，在图形区实体特征中左键单击圆弧边线，自动生成圆弧中心。

2．面中心

单击"面中心"选项 ⬚，在图形区实体特征中左键单击一个面，将自动生成面的中心。

3．交叉点

单击"交叉点"选项 ⬚，在图形区实体特征中左键单击两条相交的直线或曲线，系统即会自动选择二者的交叉点。

4．投影

单击"投影"选项 ⬚，在图形区实体特征中左键单击一个点及一个面，实现点在面上的投影。

图 3-6 【点属性管理器】

5．沿曲线距离或多个参考点

左键单击"沿曲线距离或多个参考点"选项 ⬚，在图形区实体特征中左键单击一条直线或曲线，输入要创建点的个数及其之间的距离，完成直线或曲线上参考几何体点的设置。

左键单击【点属性管理器】中的☑按钮，完成参考几何体点的创建。

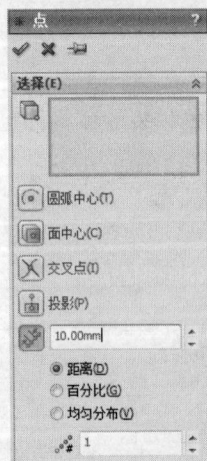

3.3 拉伸特征

拉伸是特征生成的常用命令之一，是模型的基本特征。

3.3.1 拉伸凸台/基体

草图绘制完之后，退出草图。左键单击"命令管理器"中的"特征"，在工具栏中左键单击"拉伸"命令按钮 ，或左键单击选择【插入】|【凸台/基体】|"拉伸"命令，特征管理区中弹出【凸台—拉伸属性管理器】，如图 3-7 所示，进行拉伸参数的设置。

1. 从（F）

拉伸凸台/基体的起始点可以是草图基准面，也可以是曲面/面/基准面、顶点、等距。在草图特征生成中，草图基准面作为拉伸的起点。

2. 方向 1

方向 1 定义拉伸的终止位置，拉伸方向通过按钮 调整，拉伸终止选项有"给定深度"、"完全贯穿"、"成形到一顶点"、"成形到下一面"、"成形到一面"、"到离指定面指定的距离"、"成形到实体"、"两侧对称"。不同终止条件适用于不同的成形场合，出现不同的拉伸结果，见表 3-1。

图 3-7 【拉伸属性管理器】

表 3-1　　　　　　　　　　不同终止选项下的拉伸结果

终 止 选 项	拉 伸 过 程	参　　数	拉 伸 结 果
给定深度			
完全贯穿			
成形到一顶点			
成形到下一面			

续表

终 止 选 项	拉 伸 过 程	参　　数	拉 伸 结 果
成形到一面		 成形到一面 面<1> ☑合并结果(M)	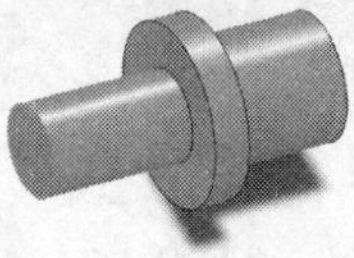
到离指定面指定的距离	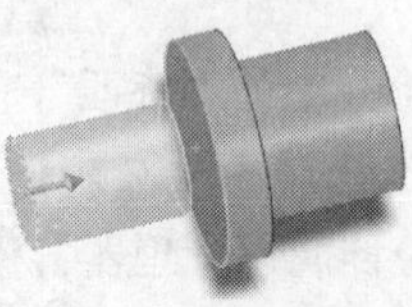	 到离指定面指定的距离 面<1> D1　10.00mm ☐反向等距(V) ☐转化曲面(U) ☑合并结果(M)	
成形到实体		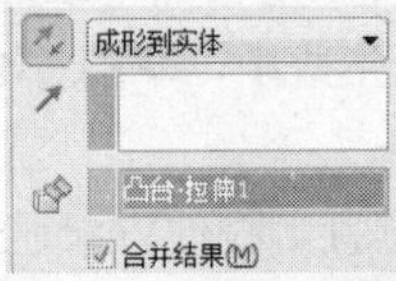 成形到实体 凸台-拉伸1 ☑合并结果(M)	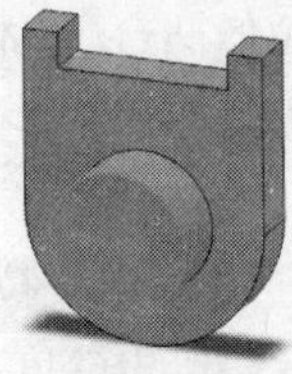
两侧对称		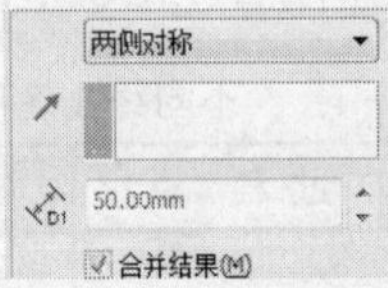 两侧对称 D1　50.00mm ☑合并结果(M)	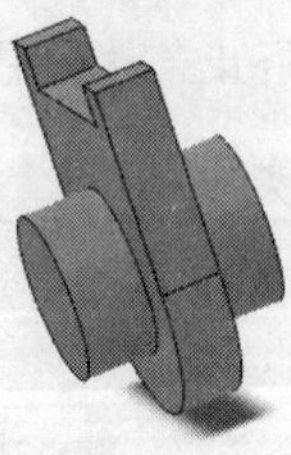

3．方向 2

左键单击勾选"方向 2"，为拉伸特征定义第 2 个成形方向，选择项目与方向 1 的相同。

4．薄壁特征

左键单击勾选"薄壁特征"，草图会被拉伸成一定厚度的薄壁，厚度可以自由设定。

5．所选轮廓

在 SolidWorks 2013 中可以任意地选择要进行拉伸的草图轮廓，在草图实体比较复杂时，实现部分草图的拉伸特征。

拉伸中常用选项的设置如下。

① 中选取拉伸的方向，软件默认情况下拉伸方向已经给出，重新定义拉伸方向时左键选中方向选择框，在草图或参考几何体中选取拉伸方向。

② 为拉伸的距离，数值可以修改。

③ 为拔模选项，左键单击此按钮，出现拔模角度及方向（向内或向外）的设置，软件默认为向内。

④ 合并结果是将生成的特征进行布尔求和，特征转化为一个实体。

⑤ 左键单击【凸台—拉伸属性管理器】中的☑按钮，完成拉伸特征的创建。

3.3.2 拉伸凸台/基体建模应用——螺栓毛坯件

螺栓是装配体中常用到的标准件，在固定连接方面起着重要的作用，以下为 M12 螺栓毛坯件的建模过程。

1. 新建零件

左键单击选择菜单栏的"新建"命令按钮，弹出【新建 SolidWorks 文件】对话框，选择零件，左键单击"确定"按钮。

2. 螺杆毛坯特征

螺杆毛坯为直径 12mm 的圆柱体，公称长度为 80mm。

① 单击选择前视基准面为草图绘制平面，单击"草图"工具栏中的"草图绘制"命令按钮 进入草图绘制界面，绘制圆心在坐标原点、直径为 12mm 的圆，如图 3-8（a）所示。

② 单击图形区右上角 按钮，退出草图。

③ 单击"命令管理器"中的"特征"，在工具栏中选择"拉伸凸台/基体"命令按钮，"终止选项"为"给定深度"，距离为 80mm，如图 3-8（b）所示，完成【凸台—拉伸属性管理器】的设置。

④ 单击【凸台—拉伸属性管理器】中的 按钮，完成螺杆毛坯特征的创建。

3. 螺栓毛坯头部

① 单击选取螺栓的任意一个圆端面为草图绘制平面，单击"草图"工具栏中的"草图绘制"命令按钮 进入草图绘制界面，以圆端面的圆心为六边形的中心，六边形上、下两条直线的几何条件为水平，六边形内切圆直径为 18mm，草图绘制如图 3-8（c）所示。

② 单击图形区右上角 按钮，退出草图。

③ 单击"命令管理器"中的"特征"，在工具栏中选择"拉伸凸台/基体"命令按钮，"终止选项"为"给定深度"，距离为 7.5mm，如图 3-8（d）所示，完成【凸台—拉伸属性管理器】的设置。

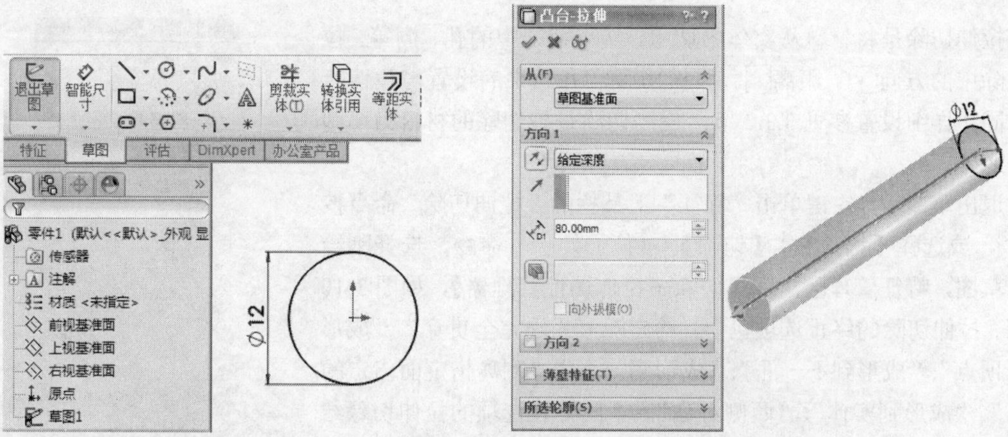

（a）螺杆毛坯草图　　　　　　　　　　　　（b）螺杆毛坯特征

图 3-8　螺栓毛坯件特征的创建

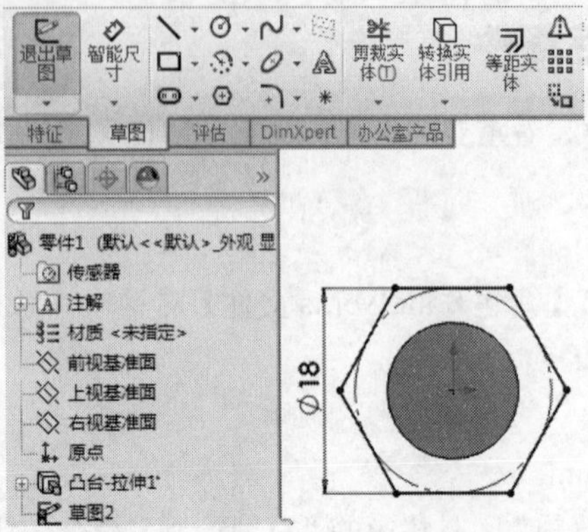

（c）螺栓毛坯头部草图

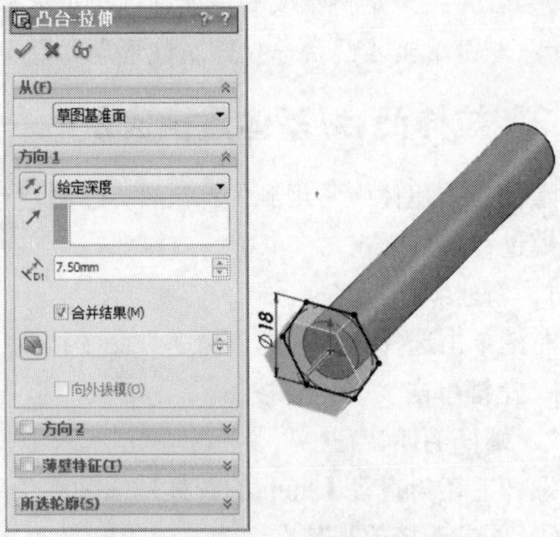

（d）螺栓毛坯头部特征

图 3-8 螺栓毛坯件特征的创建（续）

④ 单击【凸台—拉伸属性管理器】中的☑按钮，完成螺栓毛坯件头部特征的创建。螺栓毛坯件的模型如图 3-9 所示。

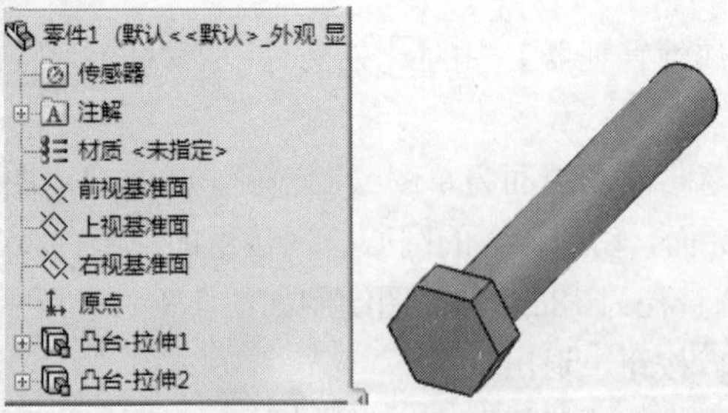

图 3-9 螺栓毛坯件模型

3.3.3 拉伸切除

拉伸切除是将材料从实体中切除，实现特征中的孔、洞等。拉伸切除中的方向、距离、拔模及合并结果的设置与拉伸特征相同，详细设置参见 3.3.2 节。反侧切除是指切除的材料为草图轮廓之外。

退出草图后，左键单击"特征"工具栏的"拉伸切除"命令按钮，或选择【插入】|【切除】|"拉伸切除"命令，选择刚绘制的草图，特征管理区出现【切除—拉伸属性管理器】，如图 3-10 所示。拉伸切除的终止选项包含"给定深度"、"完全贯穿"、"成形到一顶点"、"成形到下一面"、"成形到一面"、"到离指定面指定的距离"、"成形到实体"、"两侧对称"，不同终止选项的拉伸切除结果不同。最后左键单击【切除—拉伸属性管理器】中的☑按钮，完成拉伸切除特征的创建，见表 3-2。

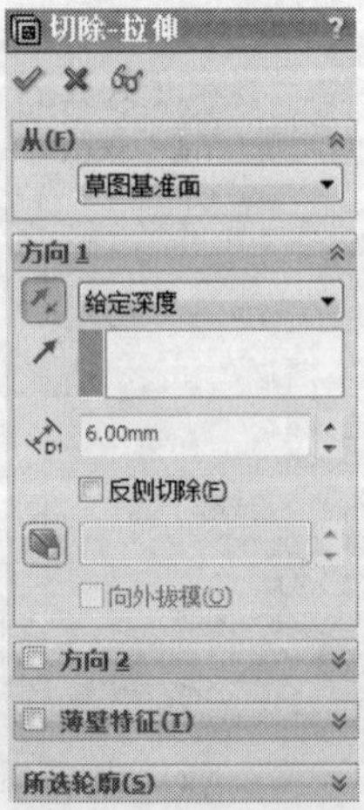

图 3-10 【切除—拉伸属性管理器】

表 3-2　　　　　　　　　　　　不同终止选项的拉伸切除结果

拉伸切除终止选项	拉伸切除过程	参　　数	拉伸切除结果
给定深度		给定深度 D1 6.00mm 反侧切除(F)	
完全贯穿		完全贯穿 反侧切除(F)	
成形到下一面		成形到下一面 反侧切除(F)	
成形到一顶点		成形到一顶点 顶点<1> 反侧切除(F)	
成形到一面		成形到一面 面<1> 反侧切除(F)	
到离指定面指定的 距离		到离指定面指定的距离 面<1> 20.00mm 反向等距(V) 转化曲面(U) 反侧切除(F)	
成形到实体		成形到实体 凸台-拉伸2 反侧切除(F)	
两侧对称		两侧对称 D1 60.00mm 反侧切除(F)	

3.3.4　拉伸切除建模应用———螺母基体

螺母与螺栓配套使用也是标准件之一，通过拉伸切除的方法创建螺母基体的螺纹孔。M12 螺母基体建模过程如下。

① 左键单击选择菜单栏的"新建"命令按钮■，弹出【新建 SolidWorks 文件】对话框，选择零件■，单击"确定"按钮。

② 左键单击选择前视基准面作为草图绘制平面，单击"草图"工具栏中的"草图绘制"命令按钮■进入草图绘制界面，绘制内切圆直径为 18mm 的六边形，如图 3-11（a）所示。

③ 左键单击图形区右上角■按钮，退出草图。

④ 左键单击"命令管理器"中的"特征"，在工具栏中选择"拉伸凸台/基体"命令按钮■，"终止选项"为"给定深度"，距离为 12mm，如图 3-11（b）所示，完成【凸台—拉伸属性管理器】的设置。

⑤ 左键单击选取拉伸特征的任意一个六边形端面为草图绘制平面，单击"草图"工具栏中的"草图绘制"命令按钮■进入草图绘制界面，绘制圆心在六边形中心、半径为 12mm 的圆，草图如图 3-11（c）所示。

⑥ 左键单击"特征"工具栏的"拉伸切除"命令按钮■，"终止选项"为"成形到下一面"，如图 3-11（d）所示，完成【切除—拉伸属性管理器】的设置。

（a）螺母基体外轮廓草图　　　　　　　（b）螺母基体外轮廓特征

（c）螺母基体螺纹圆　　　　　　　　（d）螺母基体螺纹孔特征

图 3-11　螺母基体特征的创建

⑦ 左键单击【切除-拉伸属性管理器】中的■按钮，完成螺母基体特征的创建，模型如图 3-12 所示。

3.3.5　拉伸切除建模应用二——键槽

键槽是轴与其他零件连接的特征，采用拉伸切除的命令创建。

1. 建立基准面 1

图 3-12　螺母基体模型

在已建立的传动轴零件中创建键槽特征，如图 3-13 所示。左键单击"特征"工具栏中"参考几何体"下标■中的"基准面"命令按钮■，选取 Φ28 轴表面为第一参考，前视基准面为第二参考，建立与圆柱面相切并垂直于前视基准面的基准面 1，【基准面属性管理器】设置如图 3-14 所示。

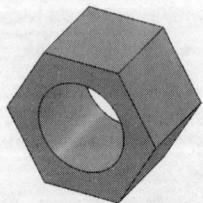

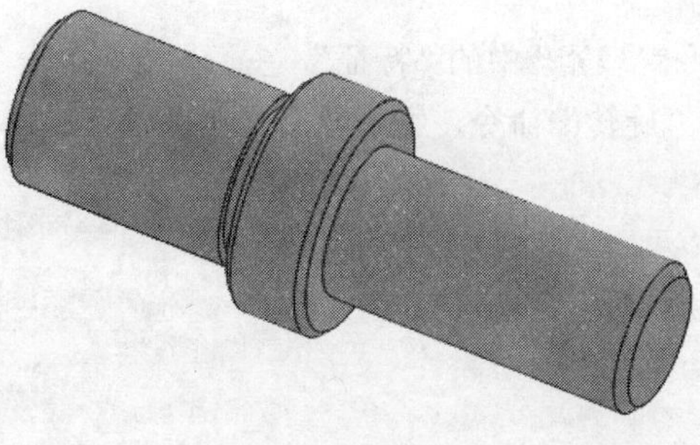

图 3-13　传动轴零件

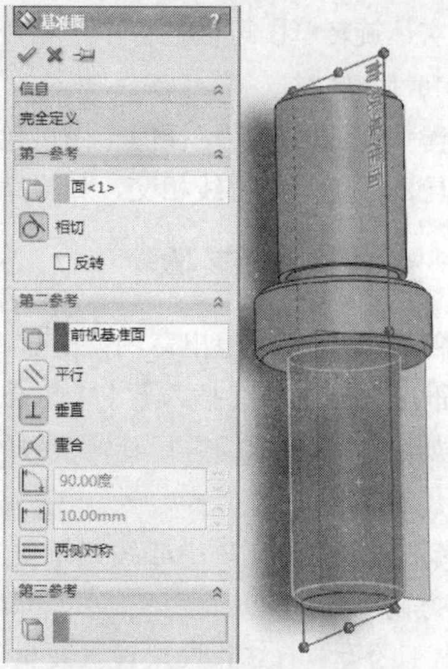

图 3-14　建立基准面 1

2．键槽特征的创建

以基准面 1 为草图绘制平面，左键单击选中基准面 1，单击"草图"工具栏中的"草图绘制"命令按钮进入草图绘制界面，绘制键槽草图，如图 3-15（a）所示。左键单击"草图"工具栏中"显示/删除几何关系"下标中的添加几何关系命令，分别添加草图中圆弧直线相切、直线相对于中心线对称的几何关系，单击图形区右上角按钮退出草图。左键单击"命令管理器"中的"特征"，单击"特征"工具栏的"拉伸切除"命令按钮，设置属性管理器如图 3-15（b）所示。单击【切除—拉伸属性管理器】中的按钮，完成键槽特征的创建。

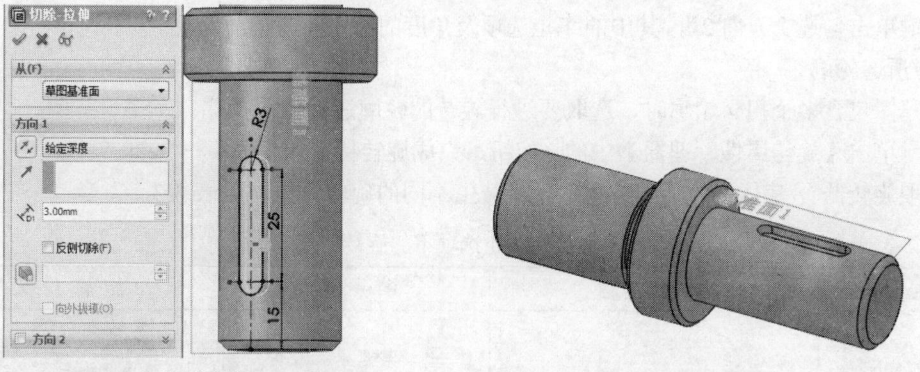

（a）【切除—拉伸属性管理器】的设置

（b）传动轴模型

图 3-15　创建键槽

3.4　旋转特征

回转体类模型的创建方式多采用旋转特征，使得模型的建立更加方便快捷。生成旋转特征应遵循以下准则。

① 实体旋转草图可以包含多个相交轮廓,可使用所选轮廓指针选择一个或多个交叉或非交叉草图来生成旋转特征。

② 薄壁或曲面旋转特征的草图可包含多个开环或闭环的相交轮廓。

③ 轮廓不能与中心线相交,如果草图包含一条以上中心线,选择要作为旋转轴的中心线。

3.4.1　旋转凸台/基体

草图绘制完之后,退出草图,左键单击"命令管理器"中的"特征",在工具栏中单击"旋转"命令按钮,或选择【插入】|【凸台/基体】|"旋转"命令,特征管理区中弹出【旋转属性管理器】,如图 3-16 所示,进行旋转参数的设置。

1. 旋转轴

旋转轴可以是草图的中心线或草图上的一条直线。

2. 方向 1

方向 1 的设置有终止选项设置及角度设置。

(1) 终止选项设置

终止选项有"给定深度"、"成形到一顶点"、"成形到一面"、"到离指定面指定的距离"、"两侧对称",选取不同的终止选项将产生不同的旋转结果。

(2) 角度设置

旋转角度需根据模型的实际形状确定,可以是 65°、90°、180° 和132° 等。

图 3-16　【旋转属性管理器】

3. 方向 2

左键单击勾选"方向 2",其中的终止选项及角度的设置与方向 1 相同。

4. 所选轮廓

当草图包含多个相交轮廓时,选取要进行旋转的轮廓进行特征操作。

左键单击【旋转属性管理器】中的按钮,完成旋转特征的生成。

选取旋转凸台/基体中的不同终止选项将产生不同的旋转结果,见表 3-3。

表 3-3　　　　　　　　　　　　　不同旋转终止选项下的旋转结果

旋转终止选项	旋 转 过 程	参　　数	旋 转 结 果
给定深度			
成形到一顶点			
成形到一面			

续表

旋转终止选项	旋转过程	参　数	旋转结果
到离指定面指定的距离		到离指定面指定的距 上视基准面 D1　15.00mm □反向等距(R)	
两侧对称		两侧对称 A1　180.00度 ☑合并结果(M)	

3.4.2　旋转凸台/基体建模应用——阶梯轴

旋转特征在轴类零件中的应用较多，相对于拉伸特征，旋转使得轴类零件的创建更加简单。下面以阶梯轴为例说明旋转特征的创建过程。

① 左键单击选择菜单栏的"新建"命令按钮，弹出【新建 SolidWorks 文件】对话框，选择零件，单击"确定"按钮。

② 左键单击选择前视基准面作为草图绘制平面，单击"草图"工具栏中的"草图绘制"命令按钮进入草图绘制界面，绘制阶梯轴的纵向截面草图，如图 3-17（a）所示。

③ 左键单击图形区右上角按钮，退出草图。

④ 左键单击"命令管理器"中的"特征"，在工具栏中单击"旋转"命令按钮，设置【旋转属性管理器】中的"终止选项"为"给定深度"，角度为 360°，如图 3-17（b）所示。

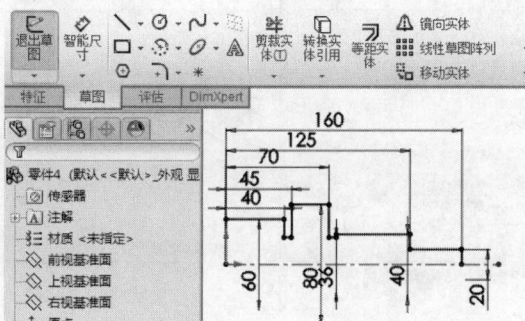

（a）阶梯轴的纵向截面草图

（b）阶梯轴旋转特征

图 3-17　阶梯轴的创建

⑤ 左键单击【旋转属性管理器】中的按钮，完成阶梯轴模型的创建，如图 3-18 所示。

图 3-18　阶梯轴模型

3.4.3　旋转切除

旋转切除常常用来成形阶梯孔。

草图绘制完之后，退出草图。左键单击"命令管理器"中的"特征"，在工具栏中单击"旋转切除"命令按钮🔲，或选择【插入】|【凸台/基体】菜单中的"旋转切除"命令，特征管理区中弹出【切除—旋转属性管理器】，如图 3-19 所示，进行旋转切除参数的设置。

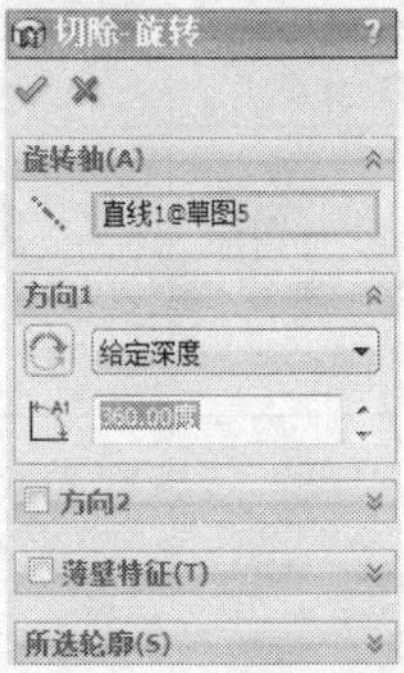

【切除—旋转属性管理器】与【旋转属性管理器】的参数设置相同，旋转切除的"终止选项"有"给定深度"、"成形到一顶点"、"成形到一面"、"到离指定面指定的距离"、"两侧对称"，对应的说明见表 3-4。

图 3-19　【切除—旋转属性管理器】

表 3-4　　　　　　　　　　不同旋转切除终止选项下的旋转切除结果

终止选项	旋转切除过程	参数	旋转切除结果
给定深度	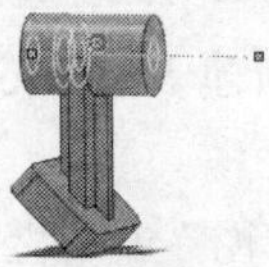	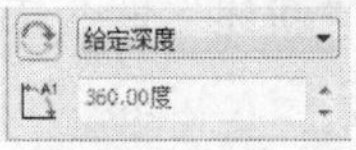 给定深度 360.00度	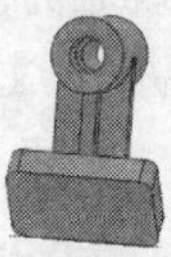
成形到一顶点	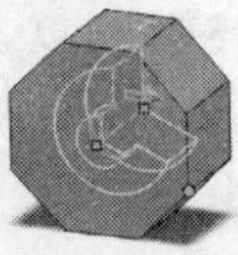	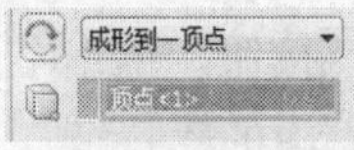 成形到一顶点 顶点<1>	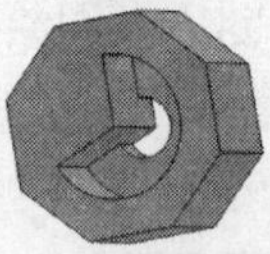
成形到一面	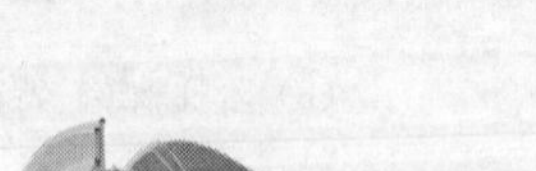	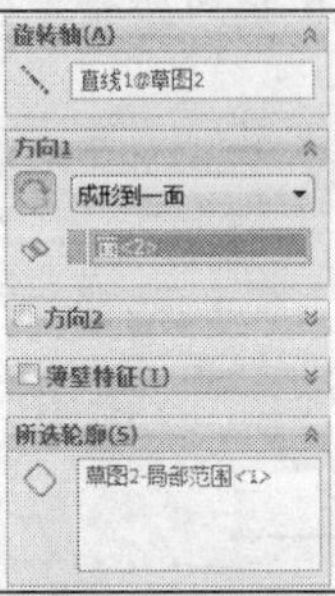 旋转轴(A) 直线1@草图2 方向1 成形到一面 面<2> 方向2 薄壁特征(1) 所选轮廓(S) 草图2-局部范围<1>	
到离指定面指 定距离	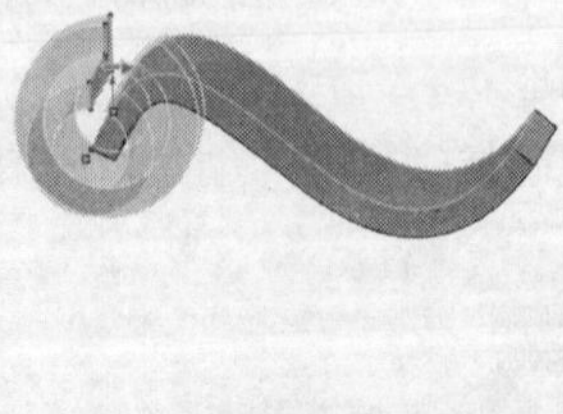	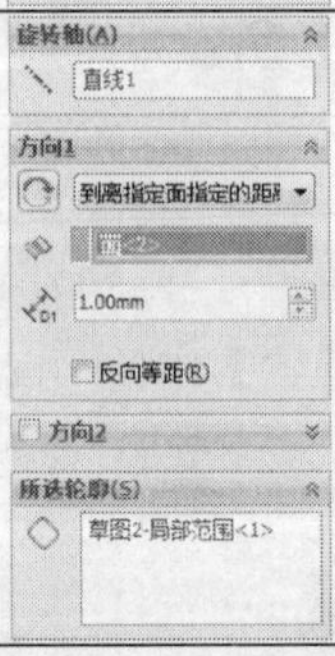 旋转轴(A) 直线1 方向1 到离指定面指定的距 1.00mm 反向等距 方向2 所选轮廓(S) 草图2-局部范围<1>	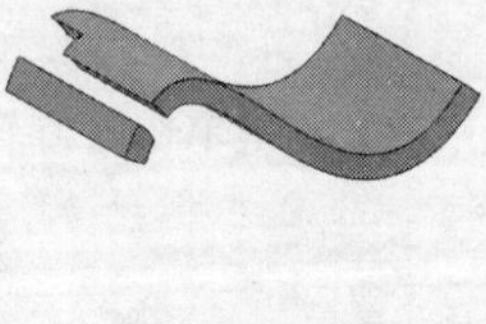
两侧对称	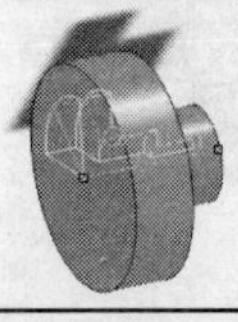	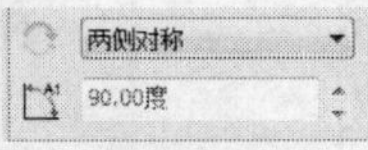 两侧对称 90.00度	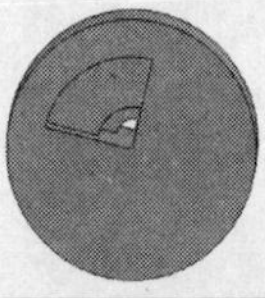

3.4.4 旋转切除建模应用——千斤顶底座

在千斤顶底座内腔阶梯孔的创建过程中，相对于拉伸切除命令，采用旋转切除命令省去了多余的步骤，使得模型创建速度更快。千斤顶底座模型的创建如下。

① 左键单击选择菜单栏的"新建"命令按钮，弹出【新建 SolidWorks 文件】对话框，选择零件，单击"确定"按钮。

② 左键单击选择前视基准面作为草图绘制平面，单击"草图"工具栏中的"草图绘制"命令按钮进入草图绘制界面，绘制千斤顶底座外轮廓，单击图形区右上角按钮，退出草图。

③ 左键单击"命令管理器"中的"特征"，在工具栏中单击"旋转"命令按钮，设置【旋转属性管理器】中的"终止选项"为"给定深度"，角度为360°，如图 3-20（a）所示。

④ 左键单击【旋转属性管理器】中的按钮，完成千斤顶底座外形的创建，如图 3-20（b）所示。

⑤ 左键单击选择右视基准面作为草图绘制平面，单击"草图"工具栏中的"草图绘制"命令按钮进入草图绘制界面，绘制千斤顶内腔阶梯孔，单击图形区右上角按钮，退出草图。

⑥ 左键单击"命令管理器"中的"特征"，在工具栏中单击"旋转切除"命令按钮，设置【切除—旋转属性管理器】中的"终止选项"为"给定深度"，角度为360°，如图 3-20（c）所示。

⑦ 左键单击【切除—旋转属性管理器】的按钮，完成千斤顶底座模型的创建，如图 3-20（d）所示。

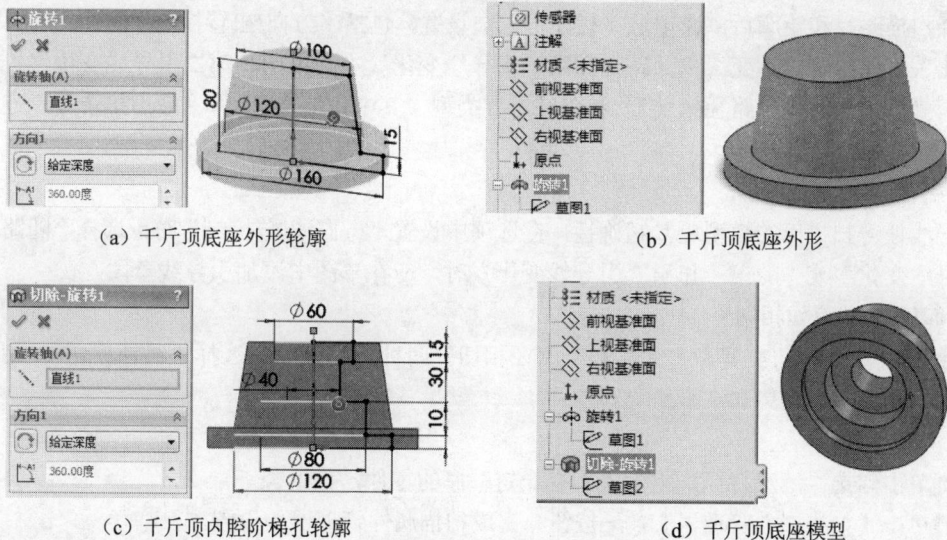

（a）千斤顶底座外形轮廓　　　　（b）千斤顶底座外形

（c）千斤顶内腔阶梯孔轮廓　　　　（d）千斤顶底座模型

图 3-20　千斤顶底座模型

3.5 扫描特征

扫描特征是指草图轮廓沿一定路径移动来生成实体的方法。扫描特征可以使用引导线来辅助生成实体，也可以用多轮廓生成特征。

3.5.1　扫描

分别绘制扫描的轮廓和路径，退出草图后，左键单击"命令管理器"中的"特征"，选择"扫描"命令按钮 或选择【插入】|【凸台/基体】菜单中的"扫描"命令，特征管理区中弹出【扫描属性管理器】，如图 3-21 所示，进行扫描参数的设置。

1．轮廓和路径

轮廓和路径是扫描特征的最基本元素，缺少一个元素就不能完成扫描特征。注意轮廓与路径是在不同的草图中完成的，不能同时绘制在一个草图中。

（1）轮廓

扫描特征中的轮廓为封闭的环，纯粹的构造几何体或开环不能构成扫描的轮廓。

（2）路径

图 3-21　【扫描属性管理器】

扫描特征的路径可以是闭环也可是开环，但要注意扫描路径不能有自相交情况，否则会导致扫描路径不能垂直于截面。

2．选项

选择扫描路径和轮廓后，选项这一栏才可以被设置，包括"方向/扭转控制"（其中包括："随路径变化"、"保持法向不变"、"随路径和第一引导线变化"、"随第一和第二引导线变化"、"沿路径扭转"、"以法向不变沿路径扭转"）和路径对齐类型（其中包括："无"、"最小扭转"、"方向向量"、"所有面"）。

3．引导线

引导线使得扫描后的模型更具精确性，在选项中设置"方向/扭转控制"时，选择"随路径和第一引导线变化"或"随第一和第二引导线变化"时，应在草图中添加引导线草图。

4．起始处/结束处相切

起始处/结束处相切类型为"无"和"路径相切"两种，左键单击选择"路径相切"，则扫描模型在起始和终止位置更加平滑。

5．薄壁特征

左键单击勾选"薄壁特征"将生成具有一定壁厚的零件，如管类。

左键单击【扫描属性管理器】的 按钮，完成扫描属性管理器的设置。

3.5.2　扫描建模应用——弹簧

弹簧是一种利用弹性来工作的机械零件，用以控制机件的运动，缓和冲击或震动，储蓄能量，测量力的大小等，广泛用于机器、仪表中。

A 型、线径为 6mm、弹簧中径为 38mm、自由高度为 60mm 的弹簧的创建过程如下。

1．新建零件

左键单击选择菜单栏的"新建"命令按钮 ，弹出【新建 SolidWorks 文件】对话框，选择零件 ，单击"确定"按钮。

2．扫描路径即螺旋线/涡状线的创建

（1）螺旋线/涡状线横断面的绘制

左键单击选择【插入】|【曲线】|"螺旋线/涡状线"命令，系统提示选择一个草图基准面绘制圆，进行螺旋线/涡状线横断面的定义。单击选择前视基准面作为草图绘制平面，单击"草图"工具栏中的"草图绘制"命令按钮 进入草图绘制界面，绘制圆心在原点、直径为 38mm 的圆。

（2）【螺旋线/涡状线属性管理器】的设置

【螺旋线/涡状线属性管理器】的设置如图 3-22（a）所示，根据 GB/T 2089-2009 规定，该弹簧为恒定螺距，螺距为 11.9mm，有效圈数为 4 圈，起始角度设为 0°，螺旋线的旋向为顺时针。左键单击【螺旋线/涡状线属性管理器】中的 按钮，单击图形区右上角 按钮，退出草图并生成扫描路径。

3．扫描轮廓的创建

单击选择上视基准面，单击"草图"工具栏中的"草图绘制"命令按钮 进入草图绘制界面，绘制一个圆，添加约束使得圆心和螺旋线的几何关系为穿透，标注圆直径为 6mm，如图 3-22（b）所示。左键单击图形区右上角 按钮，完成扫描轮廓的创建。

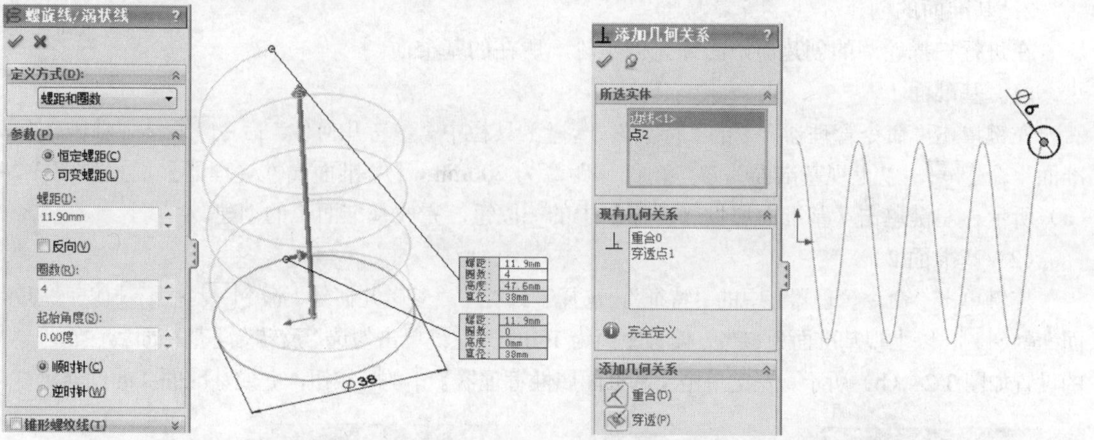

（a）扫描路径　　　　　　　　　　　　（b）扫描轮廓

图 3-22　弹簧扫描路径和轮廓

4．弹簧的创建

左键单击"命令管理器"中的"特征"，选择"扫描"命令按钮 ，属性管理区出现【扫描属性管理器】，设置如图 3-23（a）所示。

① 轮廓选择圆。

② 路径选择螺旋线。

左键单击【扫描属性管理器】中的 按钮，生成的弹簧模型如图 3-23（b）所示。

3.5.3　扫描建模应用二——电筒盒

扫描中不仅仅可以创建基体或者凸台特征，同时也可以创建曲面特征，只是操作命令有所差别。建立弹簧模型是扫描基体的过程，接下来用扫描曲面命令创建电筒盒模型，具体操作过程如下。

1．新建零件

左键单击选择菜单栏的"新建"命令按钮 ，弹出【新建 SolidWorks 文件】对话框，选择零

件 🖐 ，单击 "确定" 按钮。

(a) 扫描属性管理器的设置　　　　　　　　　　　　(b) 弹簧模型

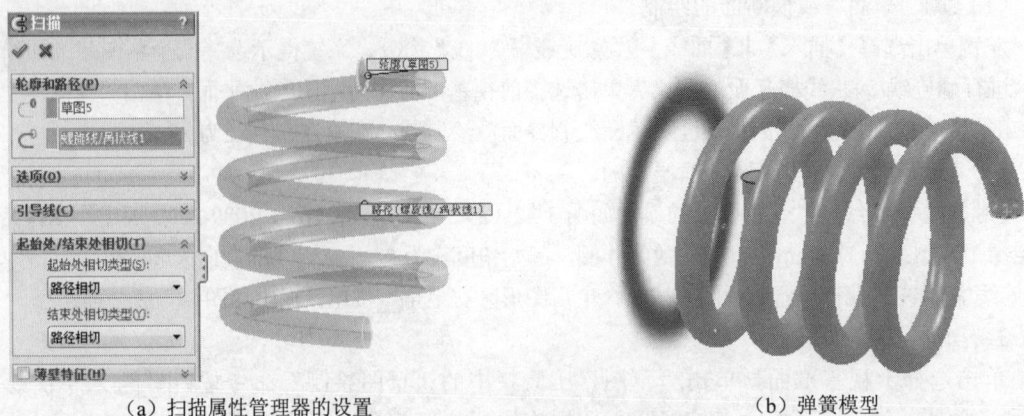

图 3-23　弹簧模型的创建

2．基准面的创建

在进行扫描轮廓的创建前，必须先创建轮廓所在的基准面。

（1）基准面 1

左键单击 "命令管理器" 中的 "特征"，选择工具栏中 "参考几何体" 命令 🗔 下标 ▾ 中的 "基准面" 命令 🗔 。以上视基准面为参考，偏移距离为 200mm，【基准面属性管理器】设置如图 3-24（a）所示。左键单击【基准面属性管理器】中的 ✓ 按钮，完成基准面 1 的创建。

（2）基准面 2

左键单击 "命令管理器" 中的 "特征"，选择工具栏中 "参考几何体" 命令 🗔 下标 ▾ 中的 "基准面" 命令 🗔 ，以上视基准面为参考，偏移距离为 10mm，左键单击勾选 "反转"，【基准面属性管理器】的设置如图 3-24（b）所示。左键单击【基准面属性管理器】中的 ✓ 按钮，完成基准面 2 的创建。

(a) 基准面 1 的创建　　　　　　　　　　　　(b) 基准面 2 的创建

图 3-24　建立扫描轮廓基准面

3．绘制扫描轮廓草图

分别在上视基准面、基准面 1 和基准面 2 上绘制扫描轮廓草图。

（1）绘制草图 1

在特征管理设计树中单击左键选中上视基准面，单击"草图"工具栏中的"草图绘制"命令按钮 ⏣ 进入草图绘制界面，绘制草图 1，如图 3-25（a）所示。这里圆不指定半径大小的原因是扫描命令是按照引导线进行轮廓生成的，草图 1 的形状尺寸不会影响扫描结果。绘制完草图后，左键单击图形区右上角 ⏣ 按钮，退出草图。

（2）绘制草图 2

在特征管理设计树中单击左键选中基准面 1，单击"草图"工具栏中的"草图绘制"命令按钮 ⏣ 进入草图绘制界面，绘制草图 2，如图 3-25（b）所示。其中运用"显示/删除几何关系"命令 ⏣ 下标 ⏷ 中的"添加几何关系"命令 ⏣，为六边形顶点和原点添加"竖直"的几何关系。左键单击【添加几何关系属性管理器】中的 ✓ 按钮，完成六边形几何关系的添加。绘制完草图后，左键单击图形区右上角 ⏣ 按钮，退出草图。

（3）绘制草图 3

在特征管理设计树中单击左键选中基准面 2，单击"草图"工具栏中的"草图绘制"命令按钮 ⏣ 进入草图绘制界面，绘制草图 3，如图 3-25（c）所示。绘制完草图后，左键单击图形区右上角 ⏣ 按钮，退出草图。

| （a）草图 1 | （b）草图 2 | （c）草图 3 |

图 3-25 绘制扫描轮廓草图

从图 3-25 中可以看出扫描的每个草图与其他草图不是同时绘制的，当显示其中一个草图时其他草图为灰色，不可编辑。

4．绘制扫描引导线

在特征管理设计树中单击左键选中右视基准面，单击"草图"工具栏中的"草图绘制"命令按钮 ⏣ 进入草图绘制界面，绘制引导线草图 4。其中在引导线的起点和终点，如图 3-26 所示，运用"显示/删除几何关系"命令 ⏣ 下标 ⏷ 中的"添加几何关系"命令 ⏣，添加点与边线的"穿透"关系。绘制完草图后，单击图形区右上角 ⏣ 按钮，退出草图。

5．创建电筒盒模型

左键单击菜单栏【插入】|【曲面】|"扫描曲面"命令 ⏣，属性管理区出现【曲面-扫描属性管理器】，设置如图 3-27（a）所示。

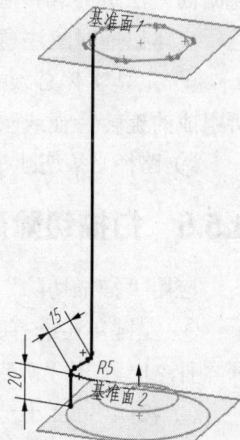

图 3-26 草图 4

① 轮廓选择草图 4。

② 路径选择草图 1。

③ 引导线选择草图 2 和草图 3。

左键单击【曲面-扫描属性管理器】中的 ✓ 按钮，生成电筒盒模型，如图 3-27（b）所示。

（a）【曲面-扫描属性管理器】　　　　　　　　（b）电筒盒模型

图 3-27　电筒盒模型的创建

3.5.4　扫描切除

扫描切除利用扫描路径和轮廓去除材料，在实际中的应用如模具流道的设计、螺纹的创建等。

左键单击"命令管理器"中的"特征"，选择"扫描切除"命令按钮 ，或选择【插入】|【凸台/基体】|"扫描切除"命令，特征管理区中弹出【切除—扫描属性管理器】，如图 3-28 所示，进行扫描切除参数的设置。

从图 3-28 中可以看出，在进行轮廓和路径扫描时，【切除—扫描属性管理器】的设置与【扫描属性管理器】的设置相同，按照前面的方法进行属性管理器的设置，这里不再赘述。扫描切除在进行实体扫描时应注意以下两点。

① 工具实体必须凸起，且必须由分析几何体（如直线和圆弧）所组成的旋转特征或圆柱形拉伸特征组成。

② 路径必须连续相切并从工具实体轮廓之上或之内的点开始。

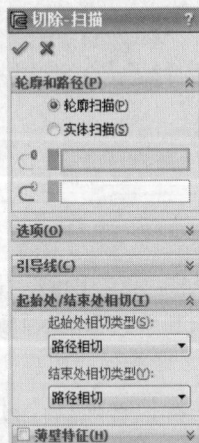

图 3-28　【切除—扫描属性管理器】

3.5.5　扫描切除建模应用——螺纹

应用"扫描切除"命令创建真实螺纹，创建过程如下。

① 左键单击选择菜单栏的"新建"命令按钮 ，弹出【新建 SolidWorks 文件】对话框，选择零件 ，单击"确定"按钮。

② 按照 3.3.2 小节"拉伸凸台/基体建模应用——螺栓毛坯件"过程，创建 M12 螺栓毛坯件。

③ 左键单击选择【插入】|【曲线】|"螺旋线/涡状线"命令，选择螺杆端面为螺旋线断面图的绘制平面。单击"草图"工具栏中的"草图绘制"命令按钮 进入草图绘制界面，绘制与端

面圆直径全等的草图圆。左键单击图形区右上角[图]按钮，退出草图。

④ 在弹出的【螺旋线/涡状线属性管理器】中，设置螺旋线的参数，如图 3-29（a）所示，左键单击【螺旋线/涡状线属性管理器】中的[✓]按钮完成设置。

⑤ 左键单击选择上视基准面作为草图绘制平面，单击"草图"工具栏中的"草图绘制"命令按钮[图]进入草图绘制界面，绘制螺纹实际形状，如图 3-29（b）所示。左键单击图形区右上角[图]按钮，退出草图。

⑥ 左键单击"命令管理器"中的"特征"，选择"扫描切除"命令按钮[图]，属性管理区出现【切除-扫描属性管理器】，设置如图 3-29（c）所示，左键单击【切除-扫描属性管理器】中的[✓]按钮完成扫描切除特征的操作。

⑦ 真实螺栓模型如图 3-29（d）所示。

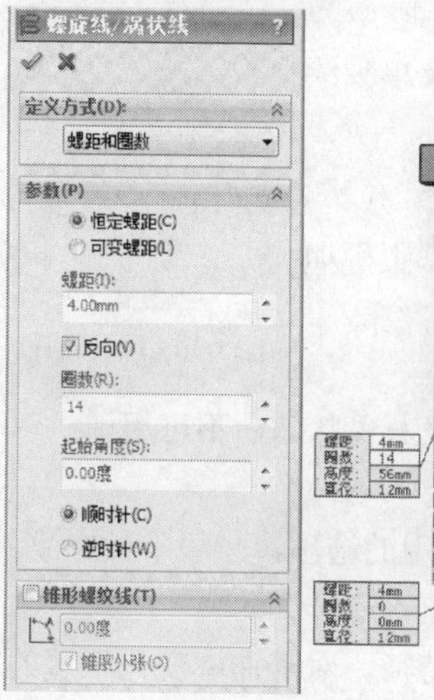

（a）螺旋线的创建

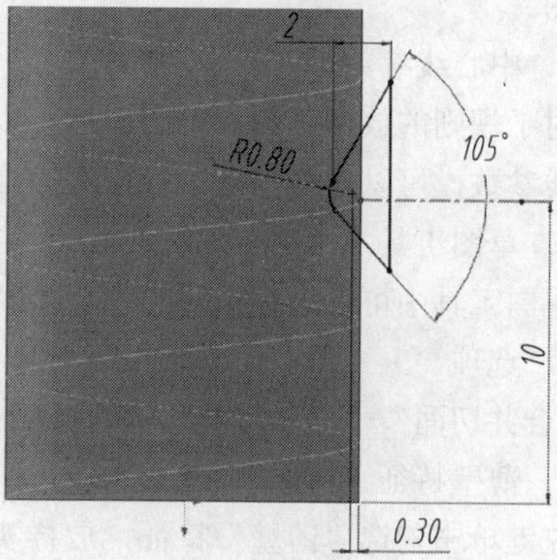

（b）扫描切除轮廓草图的绘制

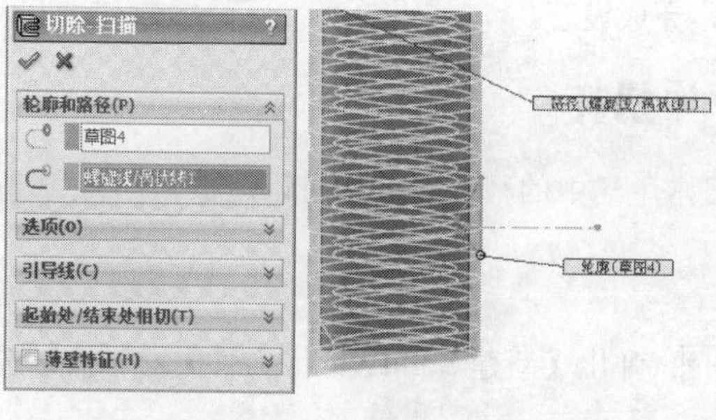

（c）"扫描切除"属性管理器的设置

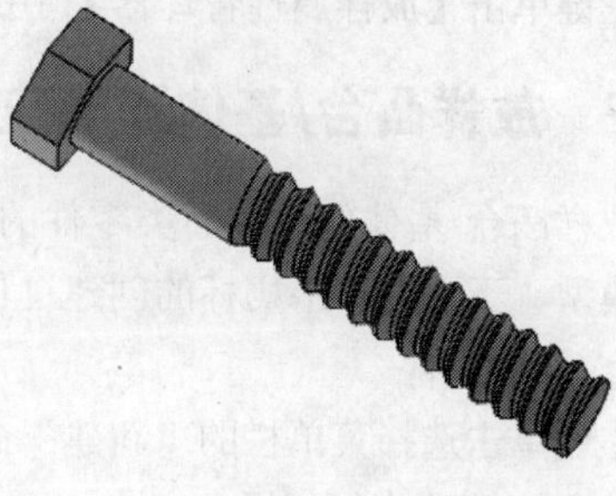

（d）螺纹特征

图 3-29 螺纹特征的创建

3.6 放样特征

放样特征是由若干个草绘平面连接而成的实体的特征，需要多个截面草图，可加或不加引导线。

3.6.1　放样凸台/基体

左键单击"命令管理器"中的"选项"，选择工具栏中的"放样"命令按钮，或选择【插入】|【凸台/基体】|"放样"命令，特征管理区中弹出【放样属性管理器】，如图 3-30 所示，进行放样参数的设置。

1．轮廓

放样特征中轮廓的选取按照从上到下或从下到上的顺序依次选取，不可随意选择。

2．起始/结束约束

放样特征没有起始/结束约束，无需设置。

3．引导线

引导线的引入增加了放样特征模型轮廓的精确性，引导线要单独绘制草图。

4．中心线参数

对于规则的放样草图，中心连接可以生成中心线。放样过程中添加中心线参数，可以省略一定数量轮廓的绘制。

图 3-30　【放样属性管理器】

5．草图工具

草图工具中可以进行草图的拖动，默认情况下，草图工具呈灰色状态，不可用。

6．选项

"合并切面"、"显示预览"、"合并结果"选项是放样特征常用的选项，一般不做修改。

7．薄壁特征

左键单击勾选"薄壁"特征，放样实体为具有一定厚度的特征。对于曲率变化平缓的实体，勾选此项较为实际，可以取代后续的抽壳特征操作。

左键单击【放样属性管理器】中的按钮，完成设置。

3.6.2　放样凸台/基体建模应用——牛奶杯

放样凸台/基体便于曲面类零件的创建，日常生活中的很多器件均可以用放样凸台/基体特征生成模型。下面介绍牛奶杯的创建过程。

1．新建零件

左键单击选择菜单栏的"新建"命令按钮，弹出【新建 SolidWorks 文件】对话框，选择零件，单击"确定"按钮。

2．绘制放样草图

（1）创建 4 个基准面

左键单击"命令管理器"中的"特征"，选择工具栏中"参考几何体"命令下标中的"基准面"命令，以上视基准面为参考，偏移距离为 6mm，个数为 4，【基准面属性管理器】的设置如图 3-31 所示。左键单击【基准面属性管理器】中的按钮，完成基准面 1~4 的创建。

（2）绘制草图

分别选择上视基准面、基准面 1、基准面 2、基准面 3、基准面 4 为草图绘制平面，单击"草图"工具栏中的"草图绘制"命令按钮进入草图绘制界面，绘制草图，如图 3-32 所示。

从图 3-32 中可以看出放样的每个草图与其他草图不是同时绘制的，当显示其中一个草图时其他草图为灰色，不可编辑。每次绘制完草图后，左键单击图形区右上角 ![按钮] 按钮，退出草图。

图 3-31 【基准面属性管理器】

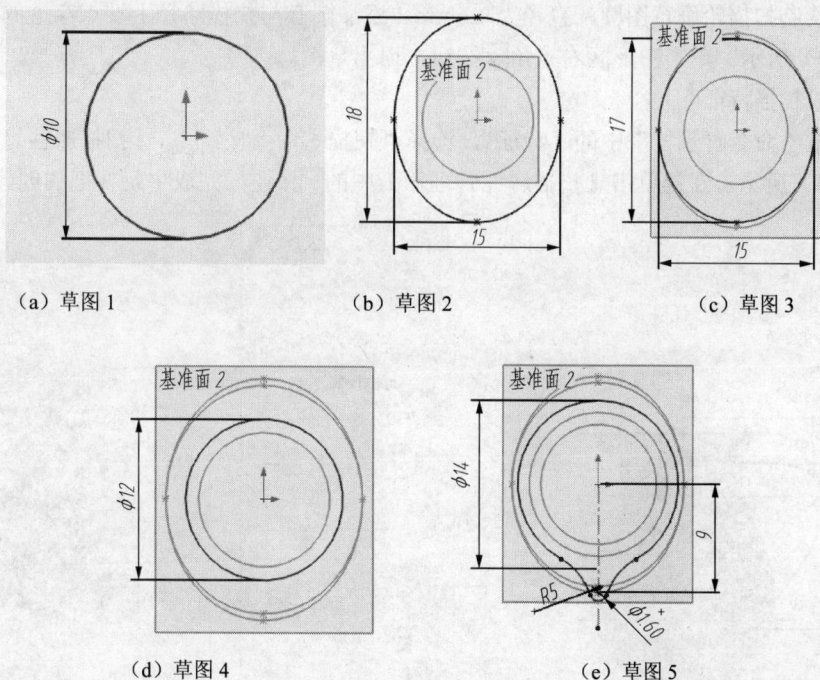

（a）草图 1　　　　　　（b）草图 2　　　　　　（c）草图 3

（d）草图 4　　　　　　　　（e）草图 5

图 3-32 放样草图

3. 放样特征的创建

左键单击"命令管理器"中的"特征"，选择"放样凸台/基体"命令按钮 ![图标]，属性管理区出现【放样属性管理器】。轮廓中依次选择草图 1～5，其他选项为系统默认，不用修改，放样特征的设置如图 3-33 所示。左键单击【放样属性管理器】中的 ✅ 按钮，生成放样特征。

4．牛奶杯杯把

通过放样特征生成牛奶杯的杯身，扫描特征生成牛奶杯的杯把。

（1）扫描路径

左键单击选择右视基准面作为草图绘制平面，单击工具栏中的"草图绘制"命令按钮 进入草图绘制界面，绘制如图 3-34（a）所示的扫描路径草图。左键单击图形区右上角 按钮，退出草图。

图 3-33　放样特征

（2）建立基准面

左键单击"命令管理器"中的"特征"，选择工具栏中"参考几何体"命令 下标 中的"基准面"命令 ，在"第一参考"选项卡下选择前视基准面，在"第二参考"选项卡下选择扫描路径草图的上端点，【基准面属性管理器】设置如图 3-34（b）所示。左键单击 ✅ 按钮，完成基准面 5 的创建。

（3）扫描轮廓

左键单击选择基准面 5 为草图绘制平面，单击工具栏中的"草图绘制"命令按钮 进入草图绘制界面，绘制扫描轮廓草图圆，直径为 1.6mm。添加圆心与扫描路径上端点穿透的几何关系，如图 3-34（c）所示。单击图形区右上角 按钮，退出草图。

（4）生成扫描特征

左键单击"命令管理器"中的"特征"，选择"扫描"命令按钮 ，【扫描属性管理器】设置如图 3-34（d）所示。左键单击【扫描属性管理器】中的 ✅ 按钮，完成牛奶杯把的创建。

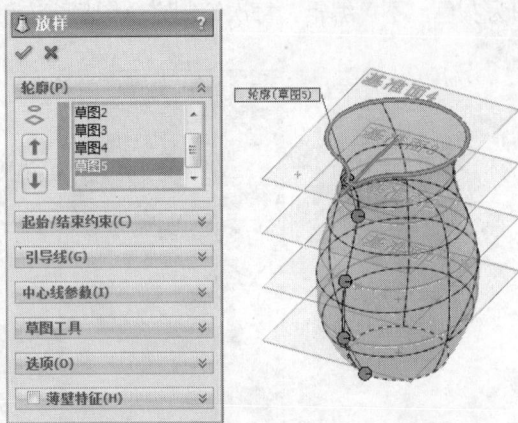

（a）扫描路径草图

（b）基准面的创建

图 3-34　牛奶杯杯把的创建

（c）扫描轮廓草图 （d）扫描特征的创建

图 3-34 牛奶杯杯把的创建（续）

5．抽壳特征

左键单击工具栏中的"抽壳"命令按钮 ▢，【抽壳属性管理器】的设置如图 3-35 所示。

6．牛奶杯模型

最终创建的牛奶杯模型如图 3-36 所示。

图 3-35 【抽壳属性管理器】的设置

图 3-36 牛奶杯模型

3.6.3 放样切割

放样切割成形内部复杂曲面，单击"命令管理器"中的"特征"，选择"放样切割"命令按钮 ▢，或选择【插入】|【凸台/基体】|"放样切割"命令，特征管理区中弹出【切除—放样属性管理器】，如图 3-37 所示。

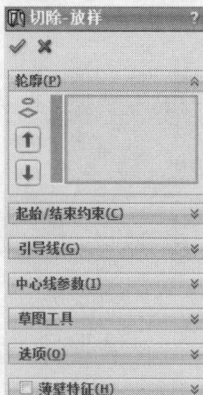

图 3-37 【切除—放样属性管理器】

对比图 3-30 所示的【放样属性管理器】,【切除-放样属性管理器】的设置与其相同。在轮廓选项中依次选择放样切割草图,设置其他选项完成放样切割特征的创建。

3.7 孔特征

孔特征是在实体上绘制一般孔或螺纹等其他异形国标孔,通过选择孔的类型,标注尺寸,限制位置来生成孔。

3.7.1 异型孔向导

SolidWorks 2013 中的"异型孔向导"包含各种国标形式的螺纹,装饰螺纹线简化了孔特征,孔的成形速度更快。

左键单击"命令管理器"中的"特征",选择"异型孔向导"命令按钮 ,或选择【插入】|【特征】|【孔】|"向导",特征管理区出现【异型孔向导属性管理器】,如图 3-38 所示,对其进行相应的设置。

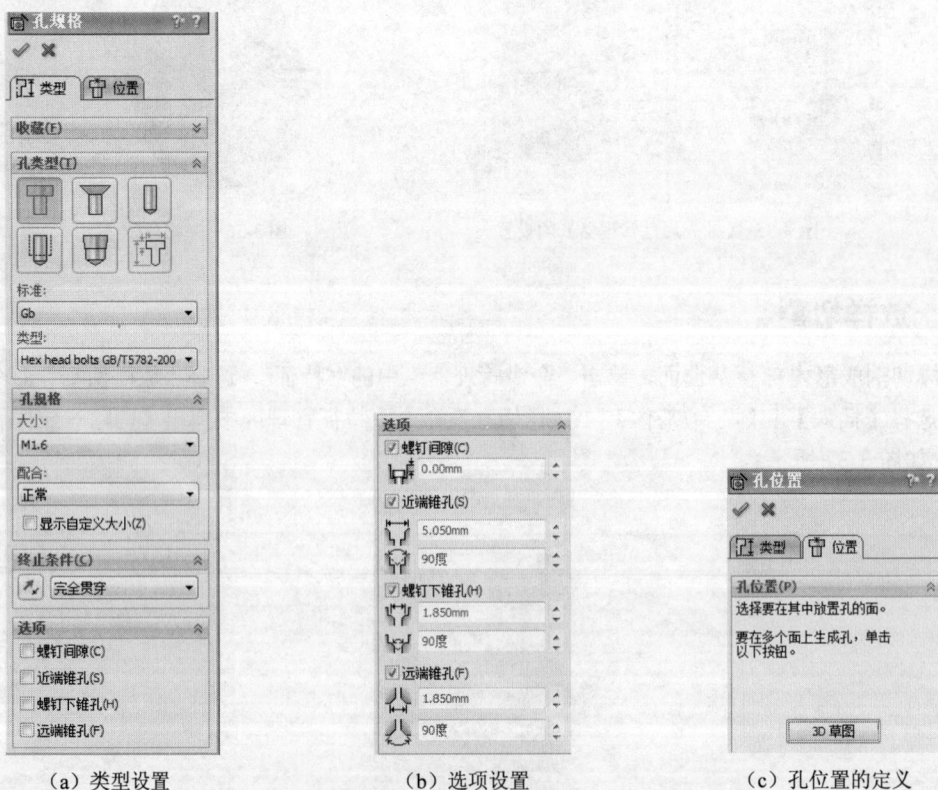

(a) 类型设置　　　　　　(b) 选项设置　　　　　　(c) 孔位置的定义

图 3-38

1. 类型

类型属性的设置如图 3-38 (a) 所示。

（1）孔类型

孔类型主要有柱形沉头孔、锥形沉头孔、孔、直螺纹孔、锥形螺纹孔、旧制孔，六种类型孔所采用的标准和类型多样。SolidWorks 2013 针对中国用户的需求，设计了具有 GB 标准的孔类型，如六角头螺栓 C 级、内六角花形半沉头螺钉 GB/T2674-2004、螺纹钻孔、底部螺纹孔、锥形管螺纹等。左键单击"标准"或"类型"选项右边下标 ，选择需要的孔类型。

（2）孔规格

孔规格按照孔类型设置，"大小"表示孔的实际成形大小，"配合"中包含"紧密"、"正常"和"松弛"。

（3）终止条件

孔的"终止条件"与拉伸成形的"终止选项"类似，包括"给定深度"、"完全贯穿"、"成形到下一面"、"成形到一顶点"、"成形到一面"、"到离指定面指定的距离"。

（4）选项

选项的设置如图 3-38（b）所示。

① 螺钉间隙。

螺钉间隙是螺钉与螺纹孔配合时，螺钉上表面与孔上端面之间的距离。

② 近端锥孔。

近端锥孔定义锥孔的尺寸及角度，从而确定近端锥孔的特征。

③ 螺钉下锥孔。

定义螺钉开口大小和角度。

④ 远端锥孔。

定义锥形孔的最大开口尺寸及角度。

2. 位置

左键单击"位置"选项，定义生成孔的位置，如图 3-38（c）所示。

（1）选择面

选择孔所在面，单击左键定义孔位置，然后添加定位尺寸，或者在生成孔特征之前，绘制草图确定孔的位置。

（2）3D 草图

多个面生成孔时，利用 3D 草图可以快速地确定孔的位置，无需进行草图的切换。

左键单击【异型孔向导属性管理器】中的 按钮完成设置，生成孔特征。

3.7.2 孔建模应用——轴承端盖

孔是被紧固的零件必备的特征，在机械零件的连接中起着重要的作用，不同的零件选择不同的孔特征。以下为轴承端盖孔的创建过程。

① 单击选择菜单栏的"新建"命令按钮 ，弹出【新建 SolidWorks 文件】对话框，选择零件 ，单击"确定"按钮。

② 单击前视基准面作为草图绘制平面，单击工具栏中的"草图绘制"命令按钮 进入草图绘制界面，绘制旋转特征草图，如图 3-39（a）所示，左键单击图形区右上角 按钮，退出草图。

③ 单击"命令管理器"中的"特征"，左键单击选择工具栏的"旋转"命令按钮 ，属性管

理区出现【旋转属性管理器】，设置如图 3-39（a）所示。左键单击【旋转属性管理器】中的☑按钮，完成旋转特征的创建。

④ 以轴承端盖的第二个表面（从左向右数）为草图绘制平面，绘制孔的位置，如图 3-39（b）所示。

⑤ 单击工具栏中“异型孔向导”命令按钮，“孔类型”选择“锥形沉头孔”，“大小”为“M6”，“配合”为“正常”，“终止条件”为“完全贯穿”，其他选项为软件默认，如图 3-39（c）所示。单击“位置”，选择图 3-39（b）所示的草图位置，如图 3-39（d）所示。左键单击【异型孔向导属性管理器】中的☑按钮，完成孔特征的创建。

⑥ 单击工具栏中“线性阵列”下标中的“圆周阵列”命令，【圆周阵列属性管理器】的设置如图 3-39（e）所示。左键单击【圆周阵列属性管理器】中的☑按钮，完成孔的阵列。

⑦ 最终创建的轴承端盖模型如图 3-39（f）所示。

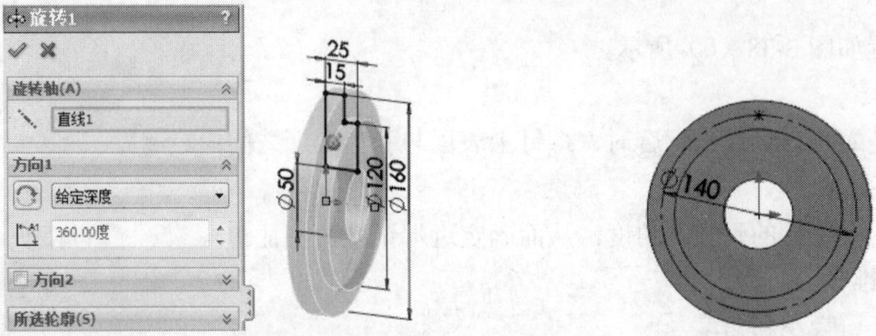

（a）【旋转属性管理器】的设置　　（b）孔位置的草图

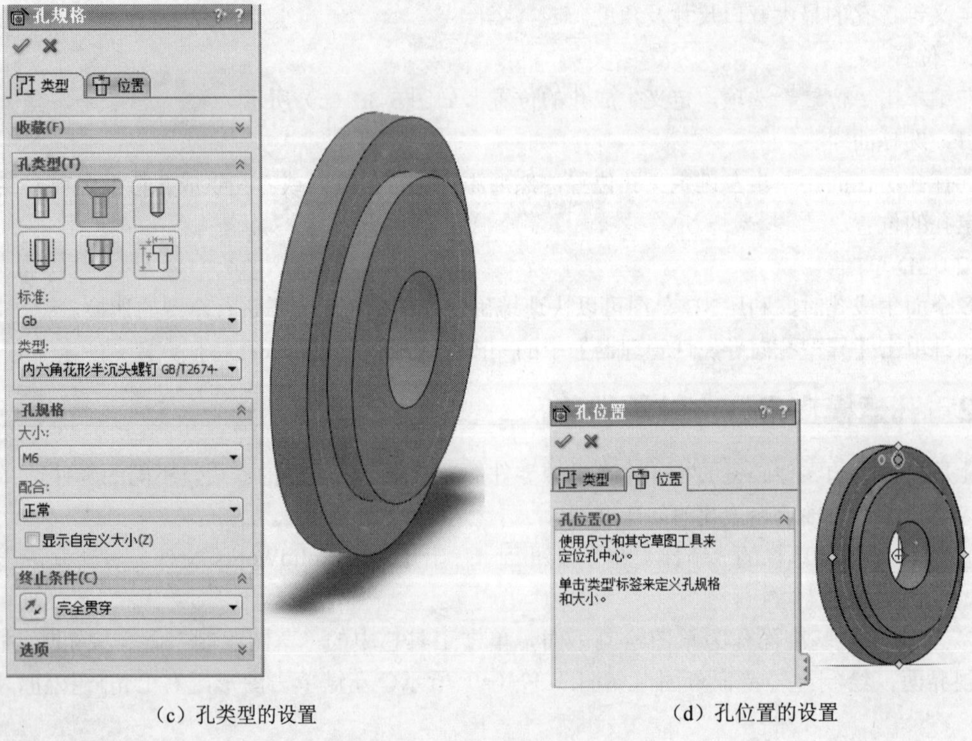

（c）孔类型的设置　　（d）孔位置的设置

图 3-39　轴承端盖模型的创建

（e）【圆周阵列属性管理器】的设置   （f）轴承端盖模型

图 3-39　轴承端盖模型的创建（续）

3.8　圆角特征

使用圆角特征可以在零件上生成一个内圆角或者外圆角，起到造型、平滑过渡、美观等效果。用户可以为一个面的边线、所选的多面组、所选的边线或者边线环添加圆角。

圆角特征分为以下几种。

① 等半径圆角：生成整个圆角的长度都有等半径的圆角。

② 多半径圆角：生成多条边线的半径值可以有不同的圆角。

③ 变半径圆角：生成带可变半径值的圆角。

④ 面圆角：混合非相邻、非连续的面。

⑤ 完整圆角：生成相切于三个相邻面组的（一个或多个面相切）圆角。

左键单击"命令管理器"中的"选项"，选择工具栏中的"圆角"命令按钮 或选择【插入】|【特征】菜单中的"圆角"命令，特征管理区中弹出【圆角属性管理器】，如图 3-40 所示。

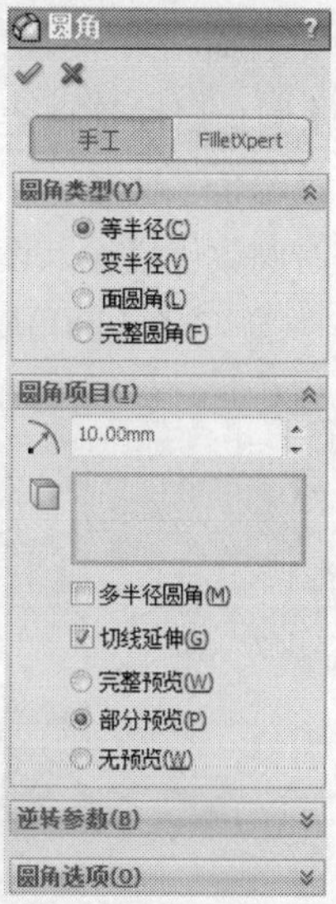

3.8.1　等半径圆角

选择特征中一条直线或曲线，生成的圆角半径一致。

创建等半径圆角过程如下。

① 单击"命令管理器"中的"选项"，选择工具栏中的"圆角"命令按钮 ，属性管理区出现【圆角属性管理器】。左键单击选择"圆角类型"下的"等半径"，"圆角半径" 栏输入"8mm"， 中选择要创建圆角的四条边，如图 3-41（a）所示。

② 单击【圆角属性管理器】中的 按钮，完成等半径圆角创建，结果如图 3-41（b）所示。

图 3-40　【圆角属性管理器】

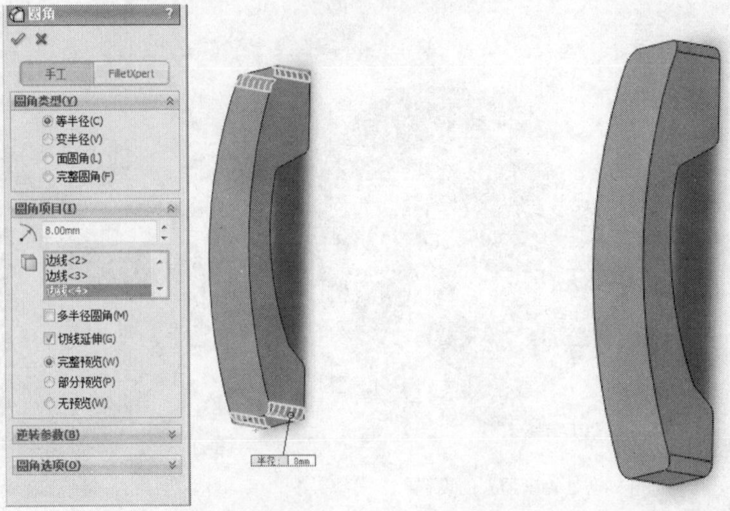

（a）"等半径"【圆角属性管理器】的设置   （b）等半径圆角创建结果

图 3-41   等半径圆角的创建

3.8.2   多半径圆角

多半径圆角是等半径圆角的细化，选择的多条曲线或直线的半径之间没有关联性，可以任意修改其中一条或多条圆角的半径值。

多半径圆角的创建如下。

① 单击"命令管理器"中的"选项"，选择工具栏中的"圆角"命令按钮 🔘，属性管理区出现【圆角属性管理器】。左键单击选择"圆角类型"下的"等半径"，在"圆角项目"下，勾选"多半径圆角"选项。在图形区中，左键双击模型中任意一条直线上的圆角半径数值框 半径：20mm，在右侧数值栏输入设定数值，按 Enter 键确认，如图 3-42（a）所示。

② 单击【圆角属性管理器】中的 ✅ 按钮，完成多半径圆角的创建，结果如图 3-42（b）所示。

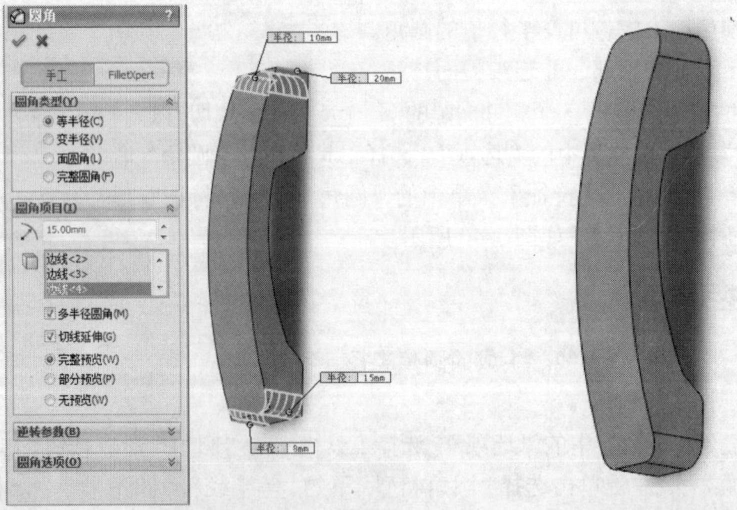

（a）"多半径"【圆角属性管理器】的设置   （b）多半径圆角创建结果

图 3-42   多半径圆角的创建

3.8.3 变半径圆角

特征上的一条直线或曲线的圆角可以有不同半径值，变半径圆角的创建可以实现该结果。变半径圆角的创建如下：

① 单击"命令管理器"中的"选项"，选择工具栏中的"圆角"命令按钮，属性管理区出现【圆角属性管理器】。选择"圆角类型"下的"变半径"，定义若干个圆角控制点，这里定义 6 个圆角控制点。左键单击控制点，弹出数值修改框，左键双击右上端数值栏修改圆角半径值，分别修改后如图 3-43（a）所示。

② 单击【圆角属性管理器】中的按钮，完成设置。用同样的方法创建对边的圆角，变半径圆角创建结果如图 3-43（b）所示。

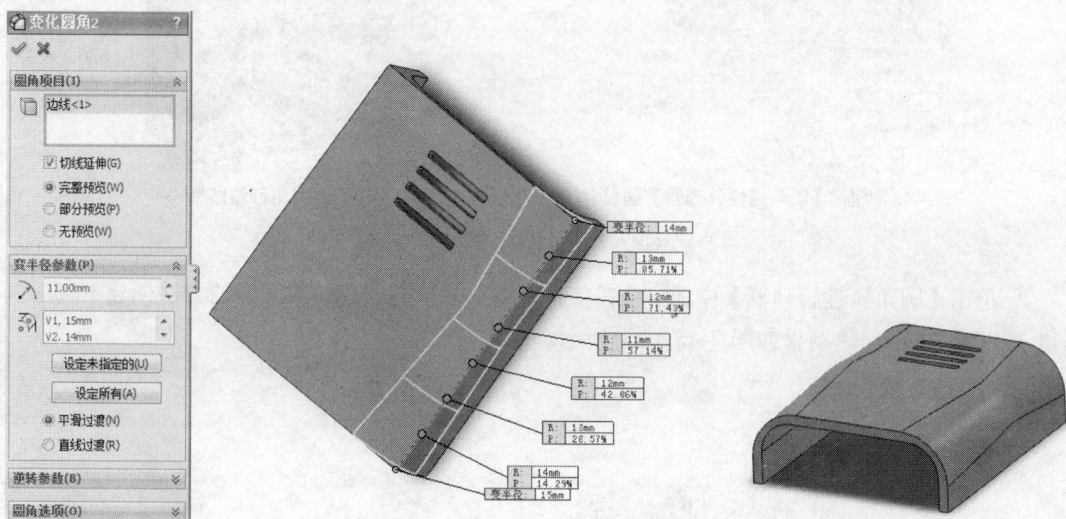

（a）"变半径"【圆角属性管理器】的设置　　　　　　（b）变半径圆角创建结果

图 3-43　变半径圆角的创建

3.8.4 面圆角

应用面圆角可以在相邻或不相邻的两面组之间生成圆角，面圆角的创建过程如下。

① 单击"命令管理器"中的"选项"，选择工具栏中的"圆角"按钮，属性管理区出现【圆角属性管理器】。选择"圆角类型"下的"面圆角"，"圆角项目"下设置圆角半径为 6mm，面选择框中依次左键单击选择模型中不相邻的两个面，如图 3-44（a）所示。

② 单击【圆角属性管理器】中的按钮，完成面圆角创建，如图 3-44（b）所示。

3.8.5 完整圆角

完整圆角生成相切于三个相邻面组的圆角，完整圆角可以省略草图中圆弧（圆弧尺寸未知）的绘制，特征的创建容易实现。完整圆角的创建如下：

① 单击"命令管理器"中的"选项"，选择工具栏中的"圆角"按钮，属性管理区出现【圆角属性管理器】。选择"圆角类型"下的"完整圆角"，分别左键单击"圆角项目"下的面选取框，

在模型中依次选择相邻的三个面，如图 3-45（a）所示。

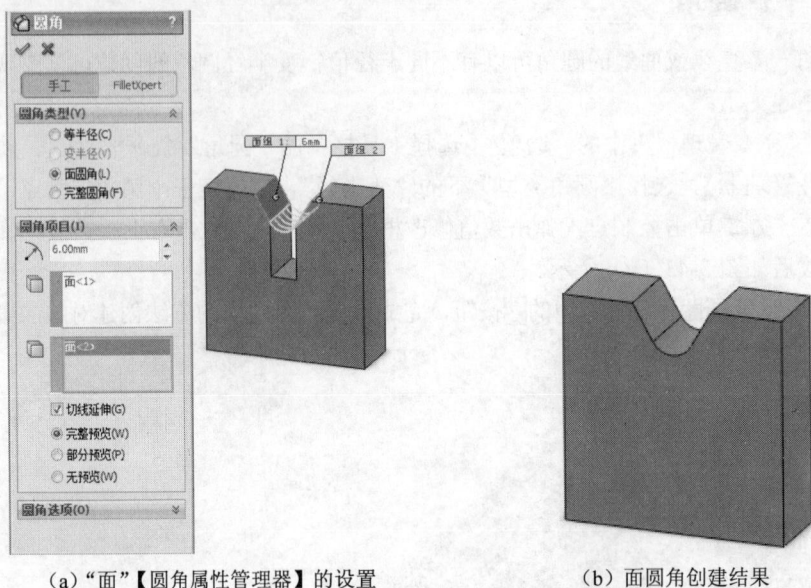

（a）"面"【圆角属性管理器】的设置　　　　　　（b）面圆角创建结果

图 3-44　面圆角的创建

② 单击【圆角属性管理器】中的☑️按钮，完成完整圆角的创建。用同样的方法创建下端面的圆角，完整圆角的创建结果如图 3-45（b）所示。

（a）"完整"【圆角属性管理器】的设置　　　　（b）完整圆角的创建结果

图 3-45　完整圆角的创建

3.8.6　圆角建模应用——鼠标

鼠标模型中应用的圆角类型较多，是圆角应用的一个综合实例，以下为鼠标模型的创建过程。

1．新建零件

单击选择菜单栏的"新建"命令按钮🗋，弹出【新建 SolidWorks 文件】对话框，选择零件📄，单击"确定"按钮。

2．拉伸鼠标实体

（1）绘制鼠标外形轮廓草图

左键单击选择前视基准面为草图的绘制平面，单击工具栏中的"草图绘制"命令按钮 进入草图绘制界面，绘制鼠标外形轮廓如图 3-46（a）所示。单击图形区右上角 按钮，退出草图。

（2）创建鼠标外轮廓实体

左键单击"命令管理器"中的"特征"，选择工具栏的"拉伸凸台/基体"命令按钮 ，属性管理区出现【凸台—拉伸属性管理器】，设置如图 3-46（a）所示。左键单击【凸台—拉伸属性管理器】中的 按钮，完成拉伸特征的创建。

3．创建圆角特征

（1）等半径圆角

左键单击"命令管理器"中的"特征"，选择工具栏的"圆角"命令按钮 。鼠标模型中，垂直底面的四条直线处的圆角为等半径圆角，"圆角半径"设为 2mm，属性管理器的设置如图 3-46（b）所示。左键单击【圆角属性管理器】中的 按钮，完成拉伸特征的创建。

（2）变半径圆角

左键单击"命令管理器"中的"特征"，选择工具栏的"圆角"命令按钮 。鼠标模型上轮廓线处的圆角为变半径圆角，【圆角属性管理器】的设置如图 3-46（c）所示。左键单击【圆角属性管理器】中的 按钮，完成变半径圆角的创建。

4．创建倒角特征

左键单击"命令管理器"中的"特征"，选择工具栏的"圆角"命令按钮小标 中的"倒角"命令按钮 ，属性管理区出现【倒角属性管理器】。左键单击"角度距离"倒角类型，"倒角距离"为 1mm，设置如图 3-46（d）所示。左键单击 按钮，完成倒角的创建。

5．鼠标滚轮的创建

（1）建立基准面 1

左键单击工具栏中"参考几何体"下标 中的"基准面"命令按钮 ，以上视基准面为第一参考，建立距离为 25mm 的平行基准面 1，设置如图 3-46（e）所示。

（2）创建滚轮槽

在基准面 1 上绘制滚轮槽草图，左键单击选中基准面 1，单击工具栏中的"草图绘制"命令按钮 进入草图绘制界面。绘制完草图后，左键单击图形区右上角 按钮退出草图。单击"命令管理器"中的"特征"，选择工具栏的"拉伸切除"命令按钮 ，设置属性管理器，如图 3-46（f）所示。左键单击【切除 拉伸属性管理器】中的 按钮，完成滚轮槽的创建。

（3）建立基准面 2

左键单击工具栏中"参考几何体"下标 中的"基准面"命令按钮 ，分别以鼠标模型的左右端面为第一、第二参考，生成中心基准面 2，如图 3-46（g）所示。

（4）创建滚轮

在基准面 2 上绘制滚轮的草图，左键单击选中基准面 2，单击工具栏中的"草图绘制"命令按钮 进入草图绘制界面。绘制完草图后，左键单击图形区右上角 按钮退出草图。单击"命令管理器"中的"特征"，选择工具栏的"拉伸"命令按钮 ，设置属性管理器，如图 3-46（h）所示。左键单击【凸台—拉伸属性管理器】中的 按钮，完成滚轮的创建。

（5）创建等半径圆角

给滚轮边线创建等半径的圆角，设置如图 3-46（i）所示。左键单击【圆角属性管理器】中的 ☑ 按钮，完成圆角的创建。

最终的鼠标模型如图 3-46（j）所示。

（a）创建鼠标外轮廓实体

（b）创建等半径圆角

（c）创建变半径圆角

（d）创建倒角特征

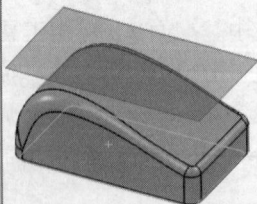

（e）建立基准面 1

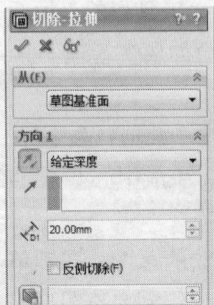

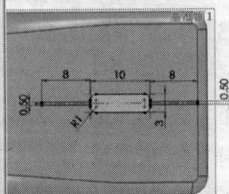

（f）创建滚轮槽

图 3-46　鼠标模型的创建

（g）建立基准面 2　　　　　　　　　　　（h）创建滚轮

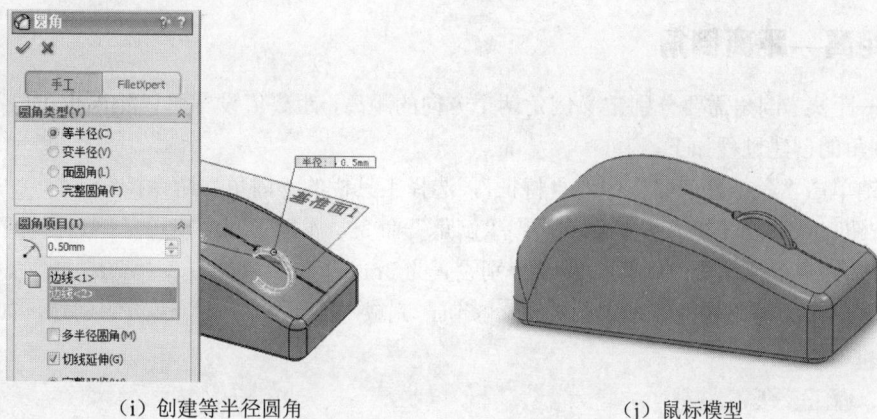

（i）创建等半径圆角　　　　　　　　　　（j）鼠标模型

图 3-46　鼠标模型的创建（续）

3.9　倒角特征

倒角特征是在所选的边线或者顶点上生成一个倾斜面的特征造型方法，在工程上一般是为了满足装配的需要或去除零件的毛边。生成倒角特征有以下三种方式：角度距离、距离—距离、顶点。

3.9.1　角度距离倒角

"角度距离"倒角定义倒角夹角及到一个方向的距离。"角度距离"倒角的创建如下。

① 左键单击"命令管理器"中的"特征"，选择工具栏的"圆角"命令按钮下标 ▼ 中的"倒

角"命令按钮 或选择【插入】|【特征】|"倒角"命令，属性管理区出现【倒角属性管理器】。选择"角度距离"倒角类型，倒角距离为 2mm，角度为 45°，如图 3-47（a）所示。

② 左键单击【倒角属性管理器】中的 按钮，完成"角度距离"倒角的创建，如图 3-47（b）所示。

| （a）"角度距离"【倒角属性管理器】的设置 | （b）"角度距离"倒角特征 |

图 3-47　"角度距离"倒角的创建

3.9.2　距离—距离倒角

"距离—距离"倒角需要分别定义倒角两个方向的距离，距离值设置可以相同也可以不同。距离—距离倒角的创建过程如下。

① 左键单击"命令管理器"中的"特征"，选择工具栏的"圆角"命令按钮下标 中的"倒角"命令按钮 或选择【插入】|【特征】|"倒角"命令，属性管理区出现【倒角属性管理器】。选择"距离—距离"倒角类型，倒角距离分别设置为 3mm、5mm，如图 3-48（a）所示。

② 左键单击【倒角属性管理器】中的 按钮，完成"距离—距离"倒角的创建，如图 3-48（b）所示。

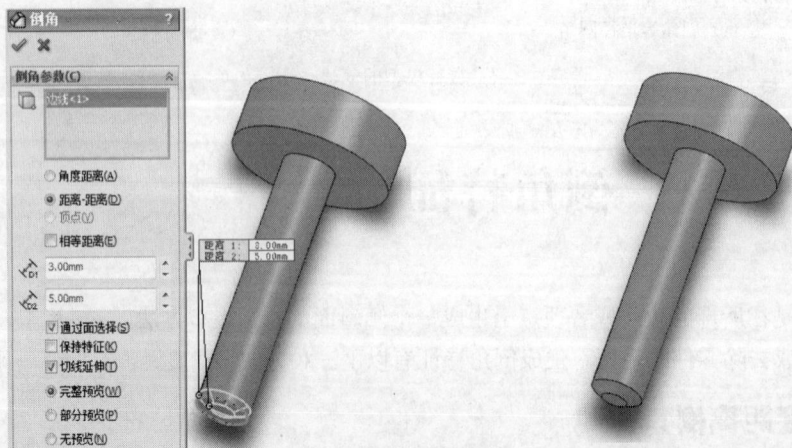

| （a）"距离—距离"【倒角属性管理器】的设置 | （b）倒角特征 |

图 3-48　距离—距离倒角的创建

3.9.3 顶点倒角

顶点倒角定义一个顶点三个方向的距离，距离值可以相同也可以不同。顶点倒角的创建如下。

① 左键单击"命令管理器"中的"特征"，选择工具栏的"圆角"命令按钮下标 ▾ 中的"倒角"命令按钮 或选择【插入】|【特征】|"倒角"命令，属性管理区出现【倒角属性管理器】。选择"顶点"倒角类型，距离分别设置为 4mm、3mm、2mm，如图 3-49（a）所示。

② 左键单击【倒角属性管理器】中的 按钮，完成顶点倒角的创建，如图 3-49（b）所示。

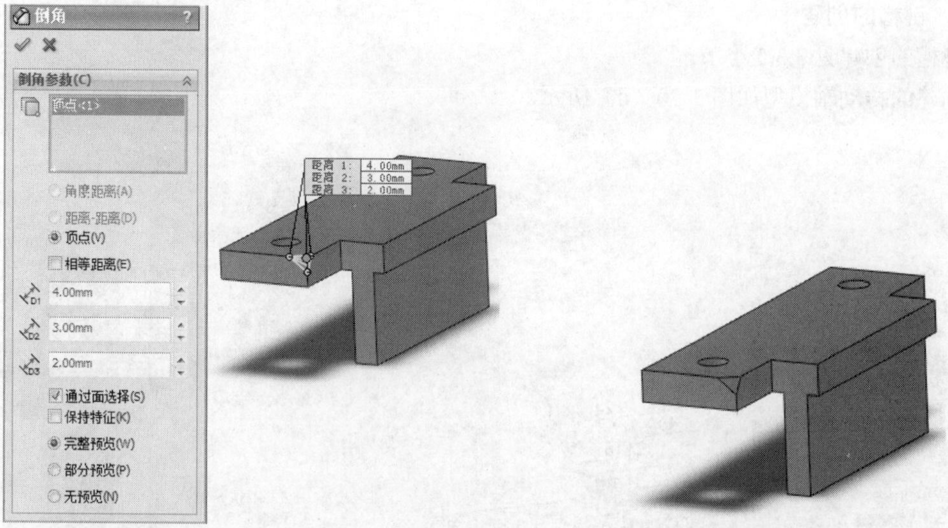

（a）"顶点"【倒角属性管理器】的设置 （b）顶点倒角特征

图 3-49 顶点倒角的创建

3.9.4 倒角建模应用——传动轴

轴类零件倒角的创建是加工过程中必不可少的步骤。传动轴中倒角的创建如下：

1. 新建零件

左键单击选择菜单栏的"新建"命令按钮，弹出【新建 SolidWorks 文件】对话框，选择零件，单击"确定"按钮。

2. 传动轴轮廓的创建

① 传动轴是多截面圆形零件，成形方法可以选择拉伸特征或旋转特征，考虑到成形效率，采用旋转特征成形。

② 左键选择前视基准面作为草图绘制平面，单击工具栏中的"草图绘制"命令按钮 进入草图绘制界面，绘制传动轴纵向截面形状，如图 3-50（a）所示，单击图形区右上角 按钮退出草图。左键单击"命令管理器"中的"特征"，选择工具栏的"旋转"命令按钮，设置属性管理器如图 3-50（a）所示。左键单击【旋转属性管理器】中的 按钮，完成传动轴轮廓的创建。

3. 倒角的创建

① Φ44 圆轴两端的倒角为 C1.5，即角度为 45°、距离为 1.5mm 的角度距离倒角。左键单击

"命令管理器"中的"特征",选择工具栏的"圆角"命令按钮下标 ▾ 中的"倒角"命令按钮 🗗,
【倒角属性管理器】设置如图 3-50(b)所示。左键单击【倒角属性管理器】中的 ☑ 按钮,完成 C1.5
倒角的创建。

② 传动轴两端的倒角为 C2,即角度为 45°、距离为 2mm 的角度距离倒角,也可以设置为距
离均为 2mm 的距离—距离倒角。左键单击"命令管理器"中的"特征",选择工具栏的"圆角"
命令按钮下标 ▾ 中的"倒角"命令按钮 🗗,【倒角属性管理器】的设置如图 3-50(c)所示。左键
单击【倒角属性管理器】中的 ☑ 按钮,完成 C2 倒角的创建。

4. 键槽的创建

键槽的创建见 3.3.5 小节。

创建的传动轴模型如图 3-50(d)所示。

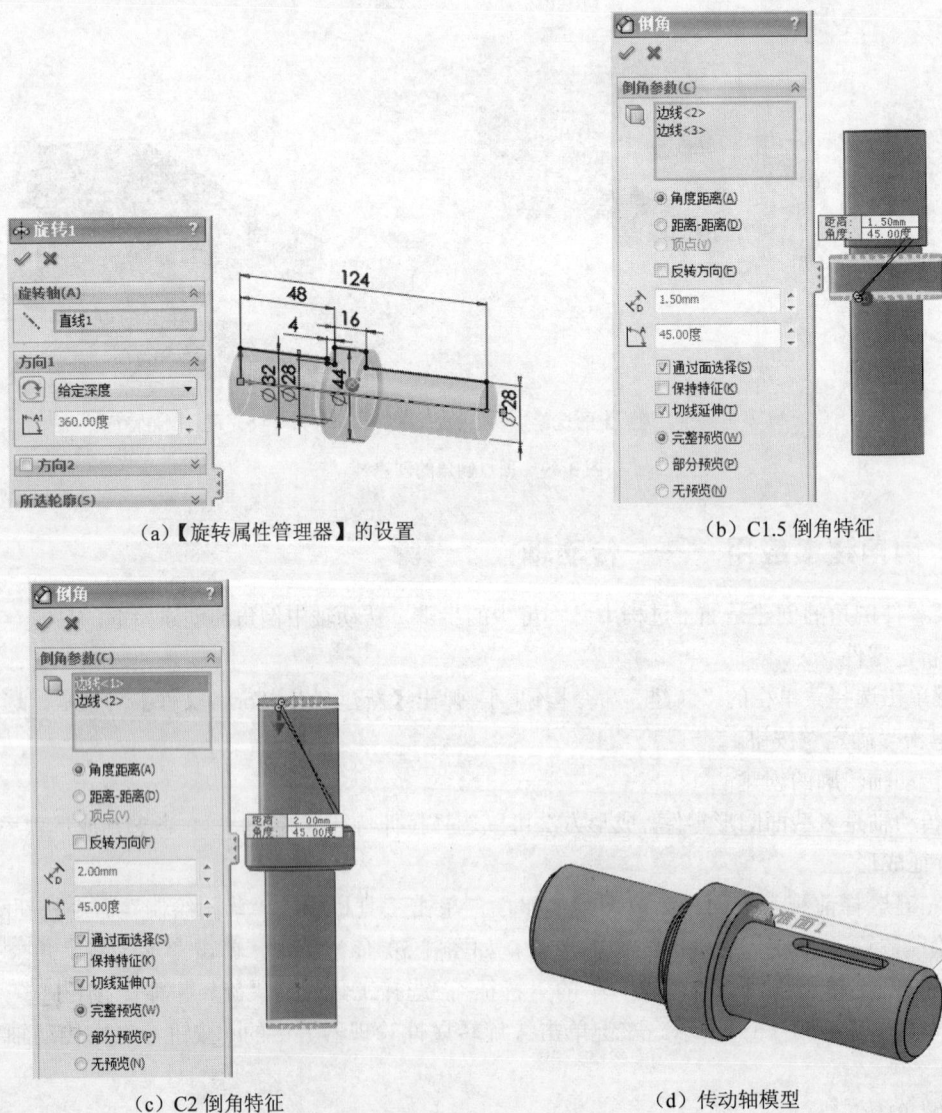

（a）【旋转属性管理器】的设置

（b）C1.5 倒角特征

（c）C2 倒角特征

（d）传动轴模型

图 3-50　传动轴模型的创建

3.9.5　倒角建模应用二——复合型倒角实例

将角度距离、距离—距离、顶点 3 种倒角综合在一个实例中进行练习，创建过程如下。

1．新建零件

左键单击选择菜单栏的"新建"命令按钮□，弹出【新建 SolidWorks 文件】对话框，选择零件█，单击"确定"按钮。

2．基体的创建

利用"拉伸凸台/基体"命令创建正方形基体，如图 3-51 所示。在草图的绘制中，用户可以自定义尺寸。

3．倒角的创建

（1）角度距离

为基体上端矩形周边添加"角度距离"倒角，左键单击"命令管理器"中的"特征"，选择工具栏的"圆角"命令按钮下标▾中的"倒角"命令按钮◈，【倒角属性管理器】设置如图 3-52 所示。左键单击【倒角属性管理器】中的☑按钮，即完成 C2 倒角的创建。

图 3-51　基体

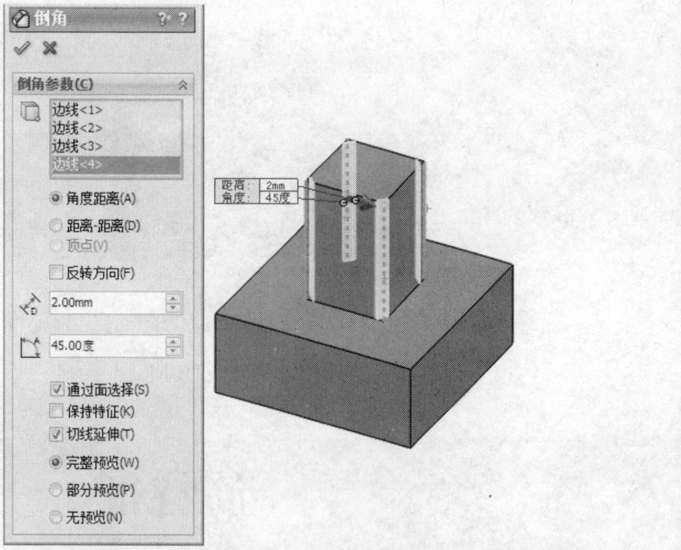

图 3-52　"角度距离"【倒角属性管理器】

（2）距离—距离

为基体下端矩形周边添加"距离—距离"倒角，左键单击"命令管理器"中的"特征"，选择工具栏的"圆角"命令按钮下标▾中的"倒角"命令按钮◈，勾选"距离—距离"选项，分别设置倒角的距离 1 和距离 2，如图 3-53 所示。左键单击【倒角属性管理器】中的☑按钮，即完成"距离—距离"倒角的创建。

（3）顶点

为基体下端矩形 8 个顶点添加"顶点"倒角，左键单击"命令管理器"中的"特征"，选择工具栏的"圆角"命令按钮下标▾中的"倒角"命令按钮◈，勾选"顶点"选项，分别设置倒角的距离 1、距离 2 和距离 3，如图 3-54 所示。左键单击【倒角属性管理器】中的☑按钮，即完成"顶点"倒角的创建。用相同的方法创建其他 7 个顶点的倒角特征，创建全部倒角后的基体模型如图 3-55 所示。

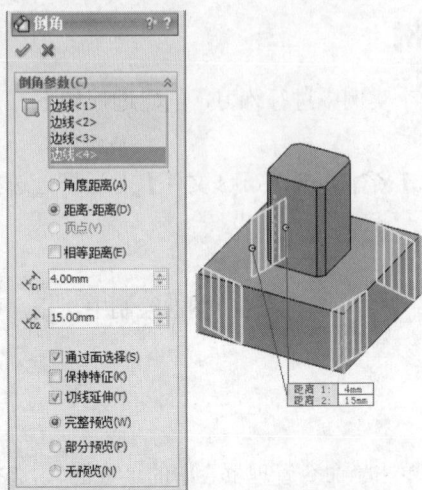

图 3-53 "距离—距离"【倒角属性管理器】

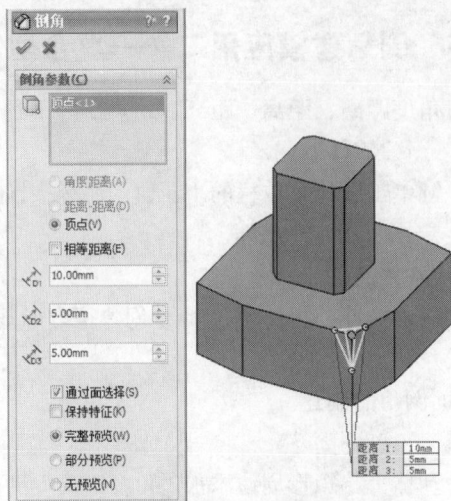

图 3-54 "顶点"【倒角属性管理器】

图 3-55 基体倒角的创建

图 3-56 【筋属性管理器】

3.10 筋特征

    筋是从开环或闭环绘制的轮廓生成的特殊类型的拉伸特征，它在轮廓与现有零件之间添加指定方向和厚度的材料。可使用单个或多个草图生成筋，也可使用拔模特征生成筋。

3.10.1 筋的生成

    左键单击"命令管理器"中的"特征"，选择工具栏的"筋"命令按钮 或选择【插入】|【特征】|"筋"命令，属性管理区出现【筋属性管理器】，如图 3-56 所示。【筋属性管理器】的设置如下。

    1．参数

    （1）厚度

    筋的"厚度"选项分别为"第一边"、"两侧"、"第二边"。第一边和第二边是沿筋草图一侧成形的，两侧是沿筋草图对称成形的， 表示筋的厚度数值。

（2）拉伸方向

拉伸方向分为平行于草图<icon>和垂直于草图<icon>，根据情况选择下面的"反转材料方向"，使得筋的成形方向指向实体材料。

（3）拔模

左键按下<icon>按钮，在右侧数值框修改拔模角度值。

2．所选轮廓

筋的生成可以选择轮廓，在草图中左键选择要成形筋的草图。

左键单击【筋属性管理器】中的<icon>按钮，完成属性管理器上的设置。

3.10.2 筋建模应用——轴承座

轴承座中的筋起加固作用，是模型承重特征之一。轴承座的创建如下：

1．新建零件

左键单击选择菜单栏的"新建"命令按钮<icon>，弹出【新建 SolidWorks 文件】对话框，选择零件<icon>，单击"确定"按钮。

2．创建轴承座轮廓

左键单击前视基准面作为草图绘制平面，单击工具栏中的"草图绘制"命令按钮<icon>进入草图绘制界面，绘制轴承座的旋转草图，如图 3-57（a）所示，单击图形区右上角<icon>按钮退出草图。左键单击"命令管理器"中的"特征"，选择工具栏的"旋转"命令按钮<icon>，设置属性管理器，如图 3-57（a）所示。左键单击【旋转属性管理器】中的<icon>按钮，完成轴承座轮廓的创建。

3．创建底盘孔

（1）草图绘制孔位置

左键单击选择轴承座的第二个平面（图中从下往上数）为草图绘制平面，单击工具栏中的"草图绘制"命令按钮<icon>进入草图绘制界面，绘制孔放置位置点如图 3-57（b）所示。左键单击图形区右上角<icon>按钮，退出草图。

（2）创建孔

左键单击"命令管理器"中的"特征"，选择工具栏中的"异型孔向导"命令按钮<icon>，命令管理区出现【孔属性管理器】。设置"孔类型"为"柱形沉头孔"，"标准"为"Gb"，"类型"为"六角头螺栓 C 级 GB/T5780-2000"，"大小"为"M6"，"配合"为"正常"，"终止条件"为"完全贯穿"，其他为软件默认。

左键单击<icon>位置<icon>项，在图形区单击左键确定孔位置草图，【孔属性管理器】设置如图 3-57（c）所示。左键单击【孔属性管理器】中的<icon>按钮，完成轴承座底盘孔的创建。

（3）圆周阵列孔

底盘的柱形沉头孔为 3 个且呈均匀圆周分布，相邻孔的夹角为 120°。左键单击线性阵列下标<icon>中的"圆周阵列"命令按钮<icon>，单击阵列参数中的阵列轴<icon>选择轴承座圆柱体的轴线（左键单击图形区上端"隐藏/显示项目"按钮<icon>下标<icon>中的"观阅临时轴"命令按钮<icon>，同时根据需要在"隐藏/显示项目"按钮<icon>下设置需要的选项），角度<icon>为 120°，实例数<icon>为 3 个，【阵列（圆周）属性管理器】的设置如图 3-57（d）所示，左键单击【阵列（圆周）属性管理器】中的<icon>按钮，完成圆周阵列孔的创建。

4．筋的创建

（1）筋草图

左键单击选择前视基准面为草图绘制平面，单击工具栏中的"草图绘制"命令按钮<icon>进入草图界面，绘制筋的草图直线，如图 3-57（e）所示，单击图形区右上角![按钮]按钮退出草图。

（2）创建筋

左键单击工具栏中的"筋"命令按钮![图标]，设置厚度为两侧，数值为 6mm，拉伸方向为平行于草图，成形箭头指向材料，【筋属性管理器】设置如图 3-57（e）所示。左键单击【筋属性管理器】中的![按钮]按钮，完成筋的创建。

（3）圆周阵列筋

轴承座筋为 3 个且呈均布圆周分布，相邻筋的夹角为 120°，左键单击"线性阵列"命令下标![图标]中的"圆周阵列"命令按钮![图标]，单击阵列轴按钮![图标]选择轴承座圆柱体的轴线，角度![图标]为 120°，实例数![图标]为 3 个。【阵列（圆周）属性管理器】的设置如图 3-57（f）所示，左键单击【阵列（圆周）属性管理器】中的![按钮]按钮，完成圆周阵列筋的创建。

5．圆角的创建

轴承座的圆角均为等半径圆角，半径为 2mm。【圆角属性管理器】的设置如图 3-57（g）所示，圆角形状由软件自动生成。左键单击【圆角属性管理器】中的![按钮]按钮，完成圆角的创建。

带有加强筋的轴承座模型如图 3-57（h）所示。

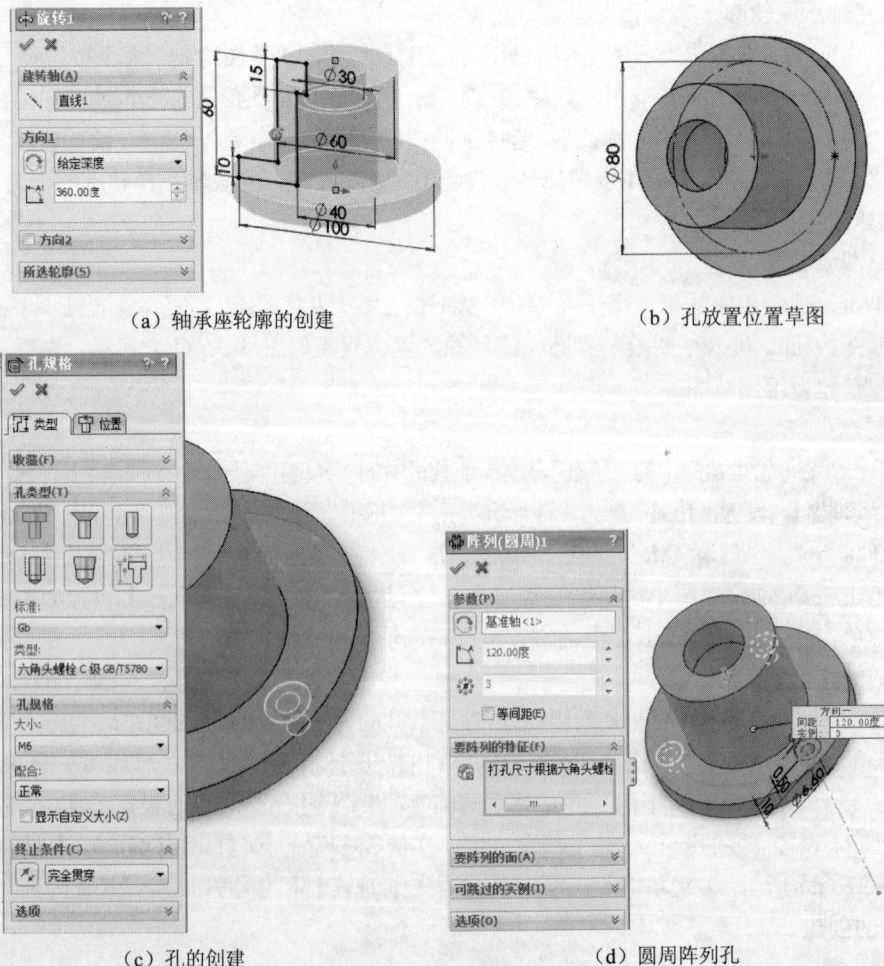

（a）轴承座轮廓的创建

（b）孔放置位置草图

（c）孔的创建

（d）圆周阵列孔

图 3-57　轴承座模型的创建

（e）筋的创建　　　　　　　　　　　　（f）圆周阵列筋

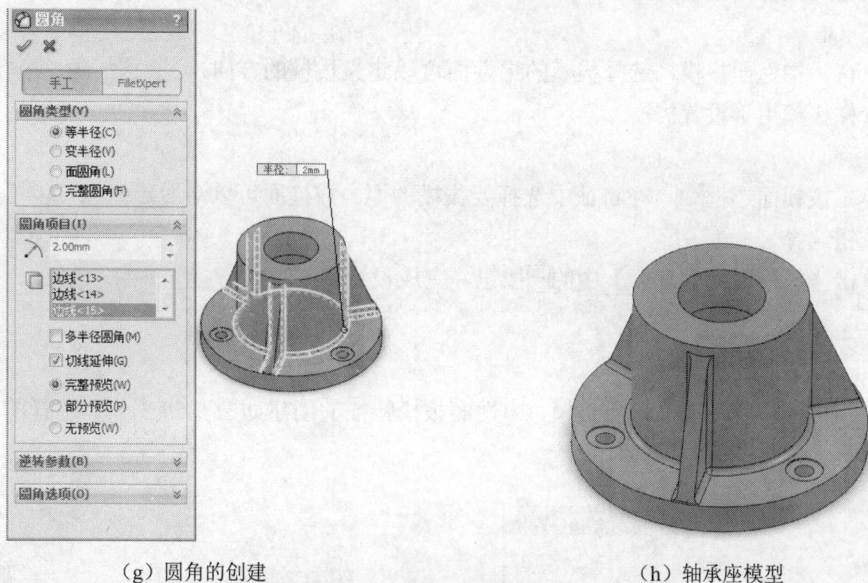

（g）圆角的创建　　　　　　　　　　　（h）轴承座模型

图 3-57　轴承座模型的创建（续）

3.11 拔模特征

拔模特征在铸造中比较常见，增加拔模角度模型在成形后更易脱模，是成形工艺之一。拔模特征应用于其他特征之后，在拉伸凸台/基体、筋等特征的属性管理器中均有拔模选项，可以添加拔模特征。

左键单击"命令管理器"中的"特征"，选择工具栏中的"拔模"命令按钮，属性管理区出现【拔模属性管理器】，如图 3-58 所示。拔模特征的设置如下。

1．拔模类型

拔模类型分为中性面、分型线、阶梯拔模。中性面拔模是指使用一个中性面（该面在拔模前后形状、大小均不发生改变）来生成所选零件相关面特定角度的特征。分型线拔模是指对分型线周围的曲面进行拔模，分型线也可以是空间线条。在分型线上进行拔模时，插入一条分割线或使用现有的零件边线分离要拔模的面，然后指定拔模方向，完成分型线上的拔模。阶梯拔模会生成一个绕基准面旋转的面，该面即为拔模的方向。每种类型的拔模特征中均有形状、大小不变的元素，如面、线等。三种拔模类型可以实现同样的拔模结果，互相补充。

2．拔模角度

拔模角度定义特征拔模的程度，修改数值达到设计要求。

3．中性面

软件默认为中性面拔模，选择拔模的中性面可以定义拔模的方向，分型线和阶梯拔模用于设置拔模方向。

图 3-58 【拔模属性管理器】

4．拔模面

左键单击拔模面选框□，在特征中选择要拔模的面。拔模面可以沿面延伸也可以不延伸，点击下三角按钮选择。

左键单击【拔模属性管理器】中的☑按钮，完成设置。

3.11.1　中性面拔模

中性面拔模沿一个不变面进行拔模，中性面拔模特征的创建如图 3-59 所示，选择的拔模面拔模后发生明显的倾斜变化。

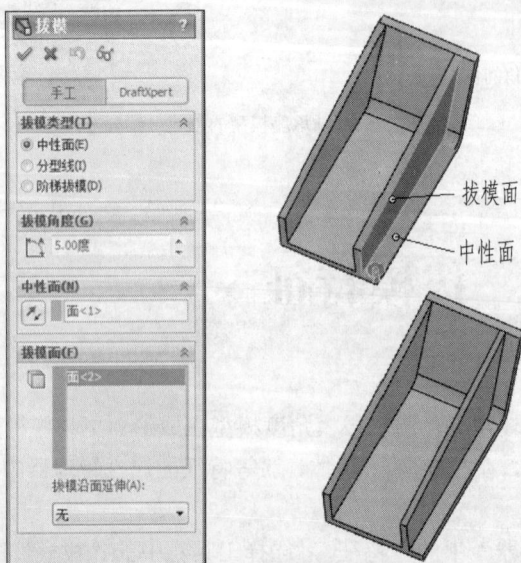

图 3-59　中性面拔模的创建

3.11.2 分型线拔模

分型线拔模定义拔模方向及分型线，二者均是边线，其成形过程与中性面拔模相似，图 3-60 所示为分型线【拔模属性管理器】的设置。

图 3-60 分型线拔模的创建

3.11.3 阶梯拔模

阶梯拔模定义的也是拔模方向及分型线，拔模方向为一个平坦的面，分型线是一条边线，阶梯【拔模属性管理器】的设置如图 3-61 所示。

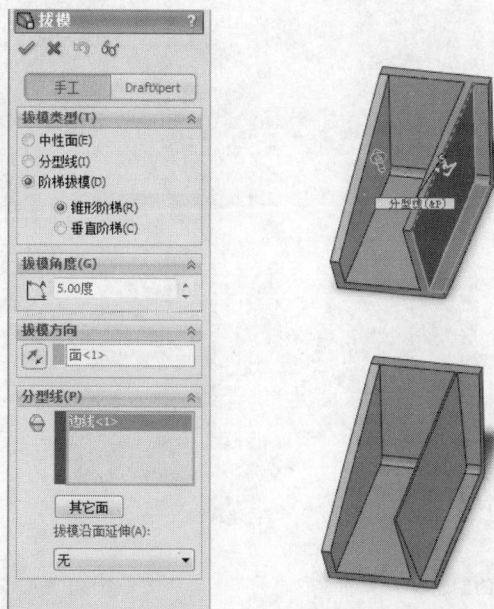

图 3-61 阶梯拔模的创建

3.11.4　拔模建模应用——咖啡杯

在某些特征成形过程中，不能直接创建拔模特征，此时需要单独进行拔模特征的创建，如咖啡杯的拔模特征，应用旋转凸台/基体属性管理器中无拔模选项来实现其效果。以下为咖啡杯模型的创建过程。

1．新建零件

左键单击选择菜单栏的"新建"命令按钮 ，弹出【新建 SolidWorks 文件】对话框，选择零件 ，单击"确定"按钮。

2．咖啡杯实体的创建

（1）咖啡杯草图的绘制

左键单击前视基准面作为草图绘制平面，单击工具栏中的"草图绘制"命令按钮 进入草图绘制界面，绘制咖啡杯草图，如图 3-62（a）所示。左键单击图形区右上角 按钮，退出草图。

（2）咖啡杯实体的创建

左键单击"命令管理器"中的"特征"，选择工具栏中的"旋转"命令按钮 ，设置属性管理器，如图 3-62（a）所示。左键单击【旋转属性管理器】中的 按钮，完成咖啡杯实体的创建。

3．拔模特征的创建

左键单击选择"中性面"拔模类型，拔模角度为 20°，中性面为上端面，拔模面为上端圆柱面，【拔模属性管理器】的设置如图 3-62（b）所示。左键单击【拔模属性管理器】中的 按钮，完成咖啡杯实体的创建。

4．抽壳特征

抽壳特征将咖啡杯实体变成一定壁厚、上端开口的空心杯体。左键单击工具栏中的"抽壳"命令按钮 ，壁厚距离 为 2mm，面 选择咖啡杯的上表面，如图 3-62（c）所示。左键单击【抽壳属性管理器】中的 按钮，完成抽壳特征的创建。

创建的咖啡杯模型如图 3-62（d）所示。

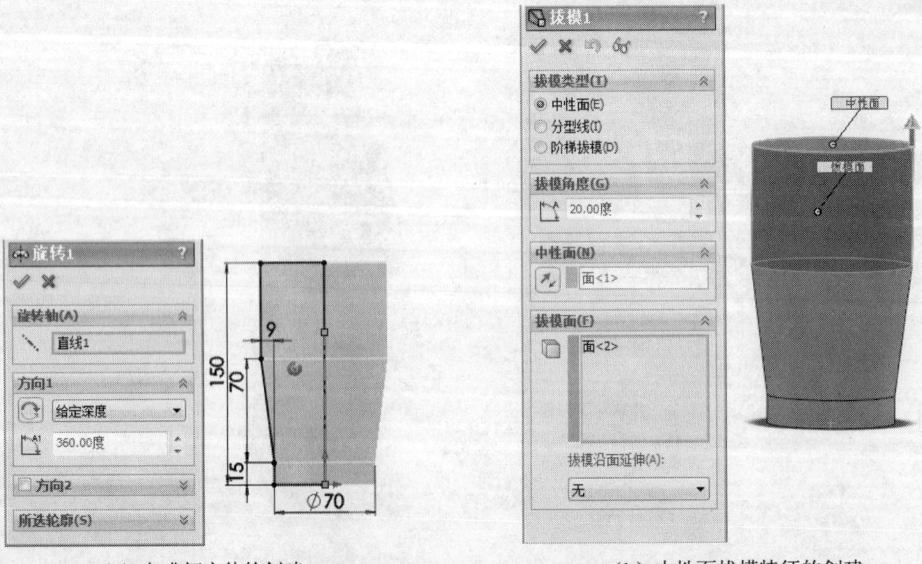

（a）咖啡杯实体的创建　　　　　　　　　（b）中性面拔模特征的创建

图 3-62　咖啡杯模型的创建

（c）抽壳特征的创建　　　　　　　　　　　（d）咖啡杯模型

图 3-62　咖啡杯模型的创建（续）

3.12　抽壳特征

抽壳会掏空零件，除去所选面的同时去除零件内部的材料，并在剩余的其他面上生成薄壁的特征造型方法。假如未选择任何面，则会生成一个闭合、掏空的模型特征。也可以对某些面单独指定厚度，可以使用多个厚度来创建不同厚度的模型零件。

3.12.1　抽壳

抽壳可以分为等厚度抽壳和多厚度抽壳两种类型，二者的参数设定在同一个属性管理器中，如图 3-63 所示。左键单击工具栏中的"抽壳"命令按钮■或选择【插入】|【特征】|"抽壳"命令，属性管理区出现【抽壳属性管理器】。设置如下：

1. 参数

该参数的设置为等厚度抽壳，■为抽壳后实体的壁厚，在■选项选择面时，此面将在抽壳后被剔除。"壳厚朝外"可以用来设置以零件外轮廓线为边界，抽壳后的壁在外轮廓线外还是内。

2. 多厚度设定

多厚度抽壳是多厚度的设定，多厚度抽壳中选定的面将不会被剔除。左键选择面框■，在图形区中单击左键选择要剔除的面，在■中设置厚度值。

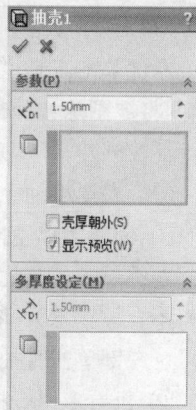

图 3-63　【抽壳属性管理器】

3.12.2　抽壳建模应用——双 U 槽

抽壳特征创建双 U 槽，减少了用拉伸、旋转等基本建模方式创建该模型的复杂性。双 U 槽的创建过程如下。

1．新建零件

左键单击选择菜单栏的"新建"命令按钮，弹出【新建 SolidWorks 文件】对话框，选择零件，单击"确定"按钮。

2．拉伸特征创建双 U 形实体

（1）绘制双 U 形实体草图

左键单击选择前视基准面作为草图绘制平面，单击工具栏中的"草图绘制"命令按钮进入草图绘制界面。双 U 形实体草图由两个 R 为 12.5mm 的圆弧组成，圆弧之间相距 23mm，如图 3-64（a）所示。左键单击图形区右上角按钮，退出草图。

（2）创建双 U 形实体

左键单击"命令管理器"中的"特征"，选择工具栏的"拉伸"命令按钮，属性管理区出现【凸台—拉伸属性管理器】。设置拉伸方向 1 中的终止条件为"给定深度"，拉伸距离为 20mm，如图 3-64（a）所示。左键单击【凸台—拉伸属性管理器】中的按钮，完成设置。

（3）拉伸切除

左键单击选择双 U 形实体下底面为草图绘制平面，单击工具栏中的"草图绘制"命令按钮进入草图绘制界面，绘制一个矩形，作为拉伸切除草图，如图 3-64（b）所示。左键单击图形区右上角按钮，退出草图。

左键单击工具栏中的"拉伸切除"命令按钮，方向 1 中的终止条件为"成形到下一面"，属性管理器的设置如图 3-64（b）所示。左键单击【切除—拉伸属性管理器】中的按钮，完成双 U 形实体的创建。

3．创建圆角特征

两个圆弧的相交处呈尖角，创建圆角修饰实体，左键单击工具栏中的"圆角"命令按钮，圆角半径输入 0.1mm，选择中选择实体圆弧交叉直线，如图 3-64（c）所示。左键单击【圆角属性管理器】中的按钮，完成圆角的创建。

4．创建抽壳特征

（1）等厚度抽壳

左键单击工具栏中的"抽壳"命令按钮，中输入厚度 0.5mm，中选择双 U 形实体底面（该面将被剔除），如图 3-64（d）所示。左键单击【抽壳属性管理器】中的按钮，完成等厚度抽壳特征的创建，双 U 槽模型如图 3-64（e）所示。

（2）多厚度抽壳

① 创建多厚度抽壳特征。

左键单击工具栏中的"抽壳"命令按钮，中分别选择双 U 形实体底面、两个侧面（这些面将不会被剔除），依次单击选择的面，在中分别输入厚度 0.5mm、1mm、2mm，如图 3-64（f）所示。左键单击【抽壳属性管理器】中的按钮，完成多厚度抽壳特征的创建。

② 查看多厚度抽壳结果。

左键单击图形区上方的"剖面视图"命令按钮，在参考剖面中左键单击选择右视基准面，在等距距离中输入 10mm，【剖面视图属性管理器】的设置如图 3-64（g）所示。左键单击【剖面视图属性管理器】中按钮，显示多厚度抽壳后双 U 槽内部结构，如图 3-64（h）所示，再次左键单击命令按钮可以取消剖面显示。

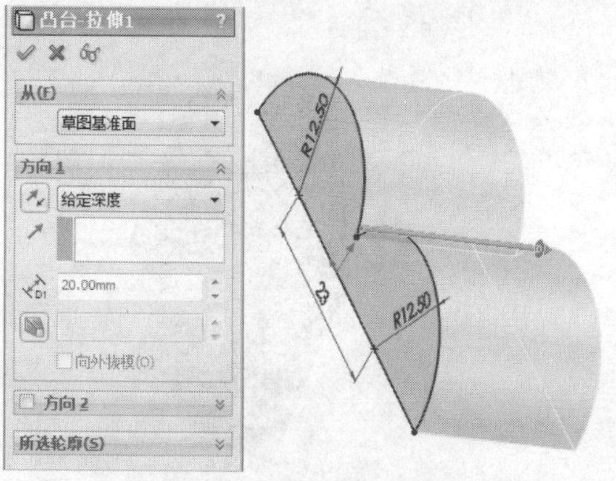

（a）【凸台—拉伸属性管理器】的设置

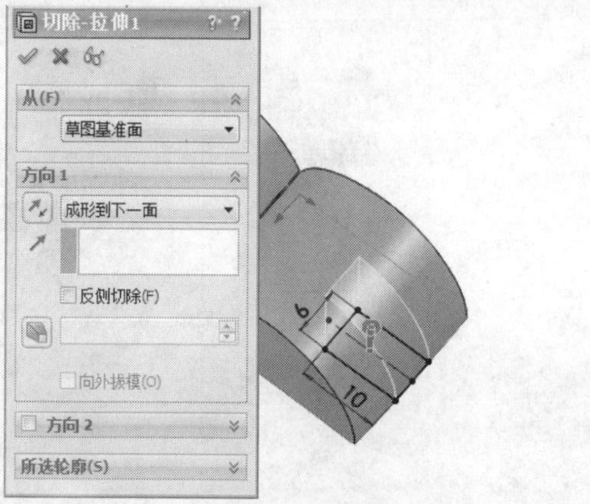

（b）【切除—拉伸属性管理器】的设置

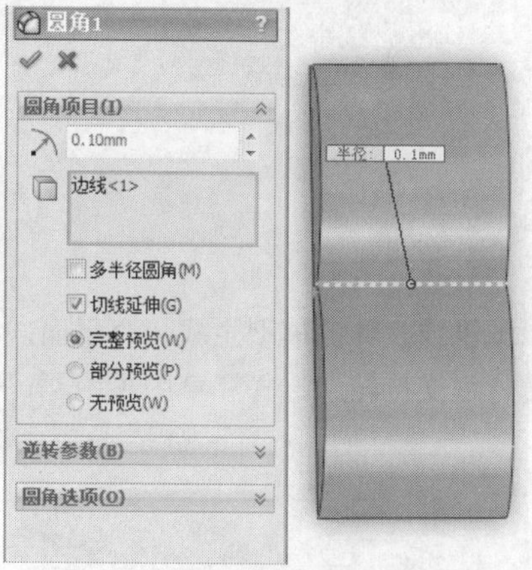

（c）圆角特征的创建

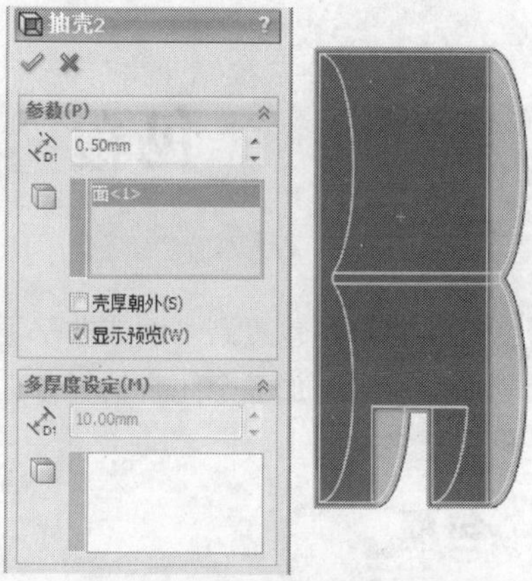

（d）等厚度抽壳特征的创建

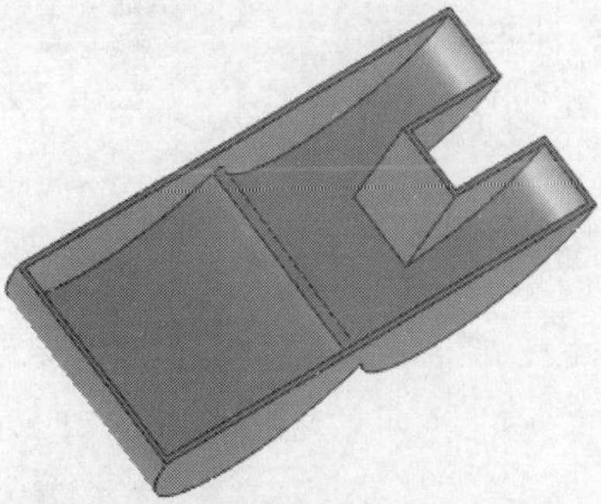

（e）等厚度抽壳的双 U 槽模型

（f）多厚度抽壳特征的创建

图 3-64 双 U 槽模型的创建

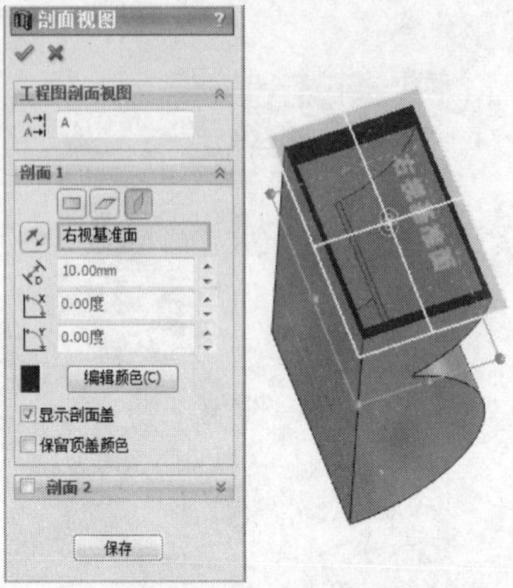

（g）多厚度抽壳特征的查看 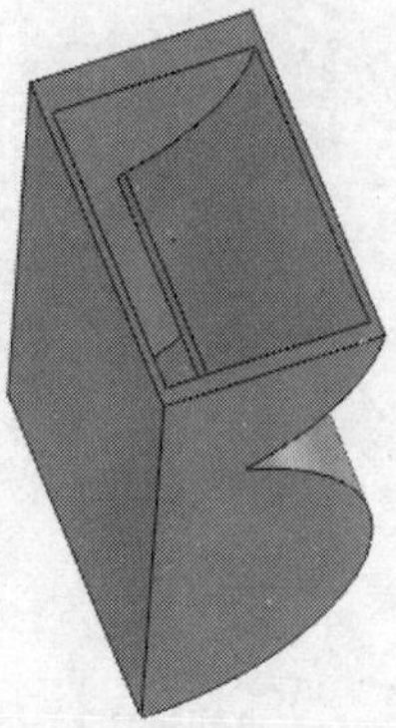　　　　　　（h）多厚度抽壳的双 U 槽模型

图 3-64　双 U 槽模型的创建（续）

3.13　包覆

包覆特征是将草图包裹到平面或非平面。可从圆柱、圆锥或拉伸的模型生成一个平面，也可选择一个平面轮廓来添加多个闭合的样条曲线草图。包覆特征支持轮廓选择和草图再用，可以将包覆特征投影至多个面上。

3.13.1　包覆

左键单击"命令管理器"中的"特征"，选择工具栏的"包覆"命令按钮 ▥ 或选择【插入】|【特征】|"包覆"命令，属性管理区出现【包覆属性管理器】，如图 3-65 所示，设置如下。

1．包覆参数

① 包覆类型分为浮雕（在面上生成一个突起特征）、蚀雕（在面上生成一个缩进特征）、刻划（在面上生成一个草图轮廓的压印）。

② ▣ 中选择要进行包覆的面或基准面。

③ ⟋ 中输入包覆特征的距离数值，左键单击勾选"反向"可以设定包覆的方向指向材料或者背离材料。

2．拔模方向

拔模方向可以选择一条边线也可以选择一个面。

3．源草图

源草图是包覆特征必备的选项，包覆后的特征轮廓与源草图形状相同或相似。

图 3-65　【包覆属性管理器】

左键单击【包覆属性管理器】中的 ☑ 按钮完成设置。

3.13.2　包覆建模应用——文字包覆

在模型上创建文字包覆,可以是浮雕、蚀雕、刻划中的任意一种。"机械设计 SolidWorks 2012"文字包覆特征创建如下。

1．新建零件

左键单击选择菜单栏的"新建"命令按钮[图],弹出【新建 SolidWorks 文件】对话框,选择零件[图],单击"确定"按钮。

2．圆柱实体的创建

（1）拉伸凸台/基体特征创建圆柱实体

左键单击前视基准面作为草图绘制平面,单击工具栏中的"草图绘制"命令按钮[图]进入草图绘制界面,绘制圆心在原点、直径为 60mm 的圆,如图 3-66（a）所示。左键单击图形区右上角[图]按钮退出草图,单击"命令管理器"中的"特征",选择工具栏中的"拉伸凸台/基体"命令按钮[图],方向 1 中的成形终止条件为"给定深度",拉伸距离为 50mm,如图 3-66（a）所示,左键单击【凸台—拉伸属性管理器伸】中的[图]按钮完成设置。

（2）创建倒角

在圆柱体两端边线创建角度距离倒角,距离为 2mm,角度为 45°。左键单击工具栏中"圆角"下标[图]下的"倒角"命令按钮[图],【倒角属性管理器】如图 3-66（b）所示。左键单击【倒角属性管理器】中的[图]按钮完成设置,创建的圆柱实体如图 3-66（c）所示。

3．包覆特征的创建

在创建的圆柱体上包覆"机械设计 SolidWorks 2012"文字。

（1）文字绘制

左键单击选择上视基准面为草图绘制平面,单击工具栏中的"草图绘制"命令按钮[图]进入草图绘制界面,绘制两条作为构造线的曲线,在曲线上添加文字。左键单击选择工具栏中的"文本"命令按钮[图],上下两条曲线上分别输入"机械设计"、"SolidWorks 2012",【文本属性管理器】的设置如图 3-66（d）、（e）所示,取消"使用文档字体",点击"字体"对文字进行设置。左键单击【文本属性管理器】中的[图]按钮完成设置,单击图形区右上角[图]按钮退出草图。

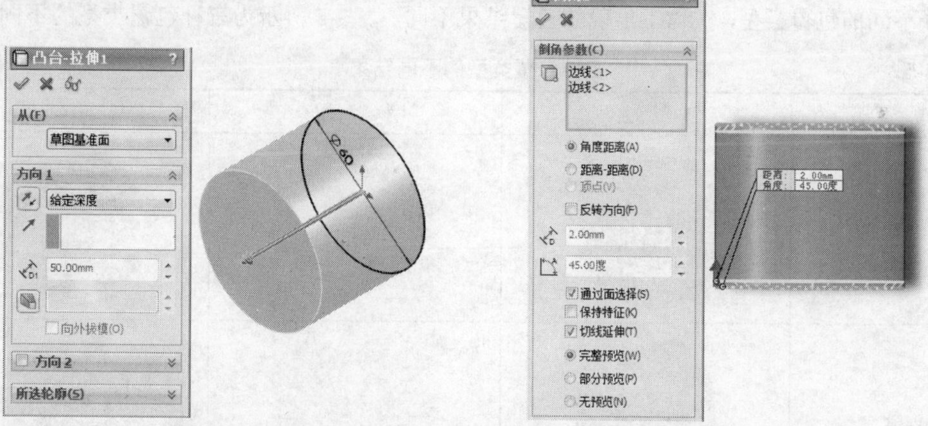

（a）圆柱实体的创建　　　　（b）倒角的创建

图 3-66　文字包覆模型的创建

（c）圆柱实体模型　　　　（d）"机械设计"文字的绘制

（e）"机械设计 SolidWorks 2012"文字的绘制

图 3-66　文字包覆模型的创建（续）

（2）创建包覆特征

选择不同的包覆类型，实体上出现的包覆结果不同，表 3-5 所示为三种包覆类型的不同结果。

表 3-5　　　　　　　　　　　　三种包覆类型的不同结果

包覆类型	包覆过程	参　　数	包覆结果
浮雕			
蚀雕			

续表

包覆类型	包覆过程	参　数	包覆结果
刻划		○ 浮雕(M) ○ 蚀雕(D) ● 刻划(S) 面<1> □ 反向(R)	

3.14 圆顶特征

在同一模型中可同时生成一个或多个圆顶特征，圆顶在电子产品外壳中的应用较多。

3.14.1 圆顶

单击"命令管理器"中的"特征"，选择工具栏中的"圆顶"命令按钮🔘或选择【插入】|【特征】|"圆顶"命令，属性管理区中出现【圆顶属性管理器】，如图 3-67 所示。设置如下：

1. 选择面🔘

面的选择框中可以选择一个或多个面进行圆顶的创建。

2. 距离

距离表示创建的圆顶高度，单击🔘可以生成一凹陷圆顶（软件默认为凸起）。

3. 约束点或草图😀

选择一包含点的草图来约束草图的形状以控制圆顶，当使用一包含点的草图为约束时，距离设置选项被禁用。

4. 方向↗

图 3-67 【圆顶属性管理器】

单击↗按钮，从图形区域选择一个方向向量，以垂直于面以外的方向拉伸圆顶，可使用线性边线或由两个草图点生成的向量作为方向向量。

单击【圆顶属性管理器】中的✓按钮，完成设置。

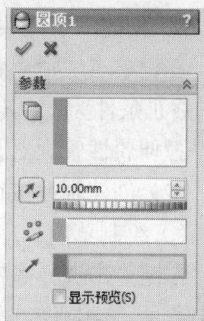

3.14.2 圆顶建模应用——游戏机遥控板

应用圆顶特征创建游戏机遥控板按钮，特征生成更快捷。以下为游戏机遥控板的创建过程。

1. 创建游戏机遥控板底板

（1）绘制草图

左键单击前视基准面作为草图绘制平面，单击工具栏中的"草图绘制"命令按钮🔘进入草图绘制界面。由于游戏机遥控板是轴对称类零件，所以，草图可以只绘制一半，如图 3-68（a）所示。利用草图编辑工具"镜像"🔘完成草图，左键单击图形区右上角🔘按钮，退出草图。

（2）创建游戏机遥控板底板实体

采用拉伸凸台/基体创建游戏机遥控板底板，左键单击"命令管理器"中的"特征"，选择工具栏的"拉伸凸台/基体"命令按钮，方向 1 的终止条件为"给定深度"，距离为 20mm，属性管理器的设置如图 3-68（a）所示。左键单击【凸台—拉伸属性管理器】中的按钮，完成设置。

（3）去除多余材料

① 绘制草图。

用"拉伸切除"命令去除底板实体多余材料，左键单击选择底板上表面为草图绘制平面，单击工具栏中的"草图绘制"命令按钮进入草图绘制界面，采用"转换实体引用"命令绘制草图轮廓，如图 3-68（b）所示。左键单击图形区右上角按钮，退出草图。

② "拉伸切除"命令去除多余材料。

左键单击"命令管理器"中的"特征"，选择工具栏的"拉伸切除"命令按钮，方向 1 的终止条件为"给定深度"，距离为 5mm，属性管理器的设置如图 3-68（b）所示。左键单击【切除—拉伸属性管理器】中的按钮，完成游戏机遥控板底板实体的创建。

2．创建游戏机按钮

（1）创建主按钮

① 绘制草图。

左键单击选择底板上表面左半部分平面，单击工具栏中的"草图绘制"命令按钮进入草图绘制界面，绘制游戏机主按钮草图如图 3-68（c）所示，左键单击图形区右上角按钮退出草图。

② 创建主按钮实体。

左键单击"命令管理器"中的"特征"，选择工具栏的"拉伸凸台/基体"命令按钮，方向 1 的终止条件为"给定深度"，距离为 3mm，属性管理器的设置如图 3-68（c）所示。左键单击【凸台—拉伸属性管理器】中的按钮，完成主按钮实体的创建。

（2）创建辅助按钮

① 绘制草图。

左键单击选择底板上表面右半部分平面，单击工具栏中的"草图绘制"命令按钮进入草图绘制界面，绘制游戏机辅助按钮草图如图 3-68（d）所示。左键单击图形区右上角按钮，退出草图。

② 创建辅助按钮实体。

左键单击"命令管理器"中的"特征"，选择工具栏的"拉伸凸台/基体"命令按钮，方向 1 的终止条件为"给定深度"，距离为 3mm，属性管理器的设置如图 3-68（d）所示。左键单击【凸台—拉伸属性管理器】中的按钮，完成设置。

③ 线性阵列辅助按钮特征。

左键单击工具栏中的"线性阵列"命令按钮，选择游戏机遥控板上表面左右部分的交线为阵列方向，距离为 15mm，实例数为 3，属性管理器的设置如图 3-68（e）所示。左键单击【线性阵列属性管理器】中的按钮，完成辅助按钮特征的线性阵列。

④ 按照步骤①～③，创建第二排辅助按钮，如图 3-68（f）所示。

3．创建按钮凹槽

（1）主按钮凹槽的创建

① 绘制草图。

左键单击选择底板上表面左半部分平面，单击工具栏中的"草图绘制"命令按钮进入草图绘制界面。单击"转换实体引用"命令按钮囗，分别单击左键选择两个主按钮外轮廓线，生成实体草图，然后单击"等距实体"命令按钮囝，依次选择两个主按钮外轮廓线草图，生成方向向外，距离为1mm的等距实体草图，如图3-68（g）所示。左键单击图形区右上角按钮，退出草图。

②　创建主按钮凹槽。

单击"命令管理器"中的"特征"，选择工具栏的"拉伸切除"命令按钮囻，方向1的终止条件为"给定深度"，距离为3mm，属性管理器的设置如图3-68（h）所示。左键单击【切除—拉伸属性管理器】中的按钮，完成主按钮凹槽的创建。

（2）辅助按钮凹槽的创建

按照主按钮凹槽的创建步骤①～②创建辅助按钮凹槽，草图绘制利用"转换实体引用"命令囗及"等距实体"命令囝，实现草图的快速绘制。

创建的按钮凹槽如图3-68（i）所示。

4．创建圆角

（1）创建按钮凹槽圆角

单击工具栏中的"圆角"命令按钮囵，分别选择主、辅按钮凹槽上边线，设置圆角半径为1mm。属性管理器的设置如图3-68（j）所示，左键单击【圆角属性管理器】中的按钮，完成按钮凹槽圆角的创建。

（2）创建底板圆角

单击工具栏中的"圆角"命令按钮囵，选择底板边线，设置圆角半径为2mm。属性管理器的设置如图3-68（k）所示，单击【圆角属性管理器】中的按钮，完成底板圆角的创建。

5．创建圆顶

（1）球状圆顶

为游戏机遥控板上的右端辅助按钮创建球状圆顶，左键单击工具栏中的"圆顶"命令按钮囿，分别选择六个辅助按钮上表面，圆顶距离为3mm，属性管理器的设置如图3-68（l）所示。左键单击【圆顶属性管理器】中的按钮，完成球状圆角的创建。

（2）草图圆顶

对主按钮中的长方体按钮创建草图圆顶，草图约束圆顶形状。

①　建立草图基准面1。

单击"参考几何体"下标中的基准面，属性管理区中出现【基准面属性管理器】，"第一参考"选项卡中左键单击选取长方体上表面，偏移距离输入2mm，设置如图3-68（m）所示。左键单击【基准面属性管理器】中的按钮，完成基准面1的创建。

②　绘制草图。

在基准面1上绘制圆顶约束草图，左键单击选中基准面1，绘制长方体上表面的中心点，如图3-68（n）所示。左键单击图形区右上角按钮，退出草图。

③　创建草图圆顶。

单击工具栏中的"圆顶"命令按钮囿，在【圆顶属性管理器】中，单击按钮选择长方体上表面，在约束点或草图选项中选择第②步中绘制的草图，设置如图3-68（n）所示。左键单击【圆顶属性管理器】中的按钮，完成草图圆顶的创建。

（3）椭圆圆顶

在主按钮圆柱体上表面创建椭圆圆顶，左键单击选中主按钮圆柱体上表面，单击工具栏中的

"圆顶"命令按钮，在【圆顶属性管理器】中，单击按钮选择主按钮圆柱体上表面，设置如图 3-68（o）所示。左键单击【圆顶属性管理器】中的按钮，完成椭圆圆顶的创建。

创建的游戏机遥控板模型如图 3-68（p）所示。

（a）创建游戏机遥控板底板

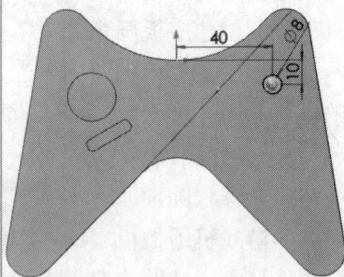

（b）去除游戏机遥控板多余材料

（c）创建游戏机遥控板主按钮

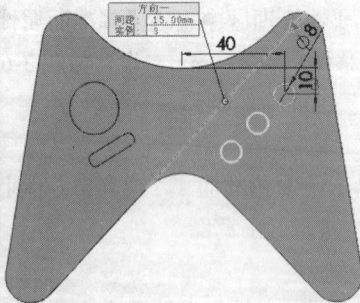

（d）创建游戏机遥控板辅助按钮

（e）辅助按钮阵列 1

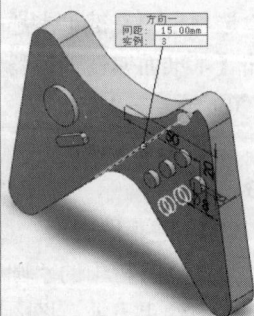

（f）辅助按钮阵列 2

图 3-68　游戏机遥控板模型的创建

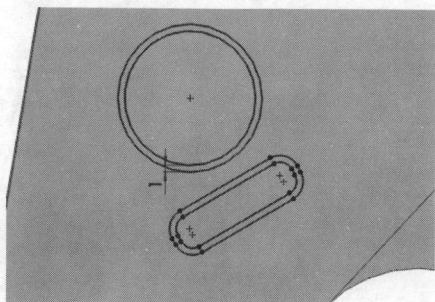

（g）主按钮凹槽草图

（h）创建主按钮凹槽

（i）按钮凹槽

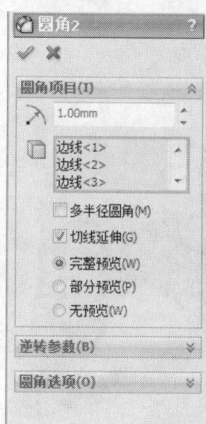

（j）创建按钮圆角

（k）创建底板圆角

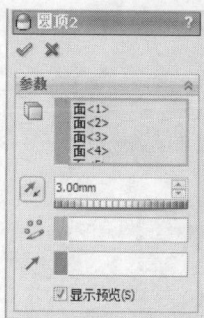

（l）创建球形圆顶

图 3-68　游戏机遥控板模型的创建（续）

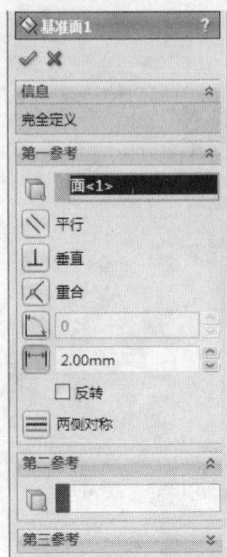

（m）建立基准面 1

（n）创建草图圆顶

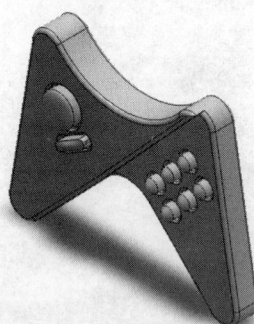

（o）创建椭圆圆顶

（p）游戏机遥控板模型

图 3-68　游戏机遥控板模型的创建（续）

第4章 特征编辑

4.1 特征编辑基础

创建单个特征后，利用特征编辑工具实现多个特征的成形，如特征的阵列、镜像等，从而省略掉相同特征实体的重复创建，特征之间由软件自动进行合并。

4.2 特征阵列

应用阵列特征可以创建同一个文件中的多个实体，阵列特征是三维设计软件中常用的特征编辑之一。阵列特征不仅可以提高建模效率，保持特征的统一，而且常常应用在装配体中。

4.2.1 线性阵列

线性阵列能够实现沿一个或两个线性路径阵列一个或多个特征。线性阵列特征在其他特征建立后才可以使用。

1.【阵列（线性）属性管理器】的设置

单击"命令管理器"中的"特征"，选择工具栏的"线性阵列"命令按钮 或选择【插入】|【阵列/镜像】|"线性阵列"命令，属性管理区出现【阵列（线性）属性管理器】，如图 4-1 所示。设置如下：

（1）方向 1

① 阵列方向。

线性"阵列方向"选择特征中的一条边线或基准轴，单击 按钮可以改变线性阵列的方向，根据特征实体，单击选择阵列的方向。

② 间距。

阵列"间距" 定义阵列特征中相邻特征之间的距离。

③ 实例数。

"实例数" 为将要阵列的特征个数，其中包括源阵列特征。

图 4-1 【阵列（线性）属性管理器】

（2）方向 2

方向 2 的设置与方向 1 的设置相同，设置方向 2 的参数，线性阵列将沿两个不同方向进行阵列，阵列特征组成的是一个面；不设置方向 2 时，阵列特征组成的是一条线。

（3）要阵列的特征

单击"要阵列的特征" 选项框，在图形区单击选择要阵列的特征，如拉伸凸台/基体、拉伸切除、旋转凸台/基体、旋转切除、扫描等。

（4）要阵列的面

在"要阵列的面" 选项中可以选择特征中的一个面，也可选择特征的所有面，选择所有面时阵列的结果与选择要阵列的特征相同。

（5）要跳过的实例

单击"要跳过的实例" 选项框，在图形区单击已经选择的阵列特征，在线性阵列中该特征将被取消，实现选择性的阵列。

（6）选项

单击勾选"选项"中的项目，对线性阵列起到补充的作用，一般选择软件默认。

① 随行变化。

"随行变化"允许阵列在复制时更改其尺寸。

② 几何体阵列。

使用源特征的完全副本生成阵列，源特征的单个实例将不参与阵列，终止条件和计算将被忽略，该选项可以加速阵列的生成和重建。

③ 延伸视像属性。

将 SolidWorks 中的颜色、纹理和装饰螺纹数据延伸给所有的阵列实例。

④ 完全预览。

预览特征生成后所有的细节。

⑤ 部分预览。

预览特征生成后的轮廓特征，作为特征生成的参考。

单击【阵列（线性）属性管理器】中的 按钮，完成设置。

2．线性阵列的应用——弯板

线性阵列同时完成弯板的孔与槽的阵列，特征实现过程如下。

（1）新建零件

单击选择菜单栏的"新建"命令按钮 ，弹出【新建 SolidWorks 文件】对话框，选择零件 ，单击"确定"按钮。

（2）创建弯板实体

① 绘制草图。

单击选择前视基准面为草图绘制平面，单击"草图"工具栏中的"草图绘制"命令按钮 进入草图绘制界面，弯板壁厚为 2mm，草图命令使用等距实体命令 ，绘制拉伸凸台/基体草图，如图 4-2（a）所示。单击图形区右上角 按钮，退出草图。

② 创建弯板实体。

应用"拉伸凸台/基体"命令创建弯板实体，单击"命令管理器"中的"特征"，选择工具栏的"拉伸凸台/基体"命令按钮 ，属性管理区出现【凸台—拉伸属性管理器】，方向 1 的终止条件为"给定深度"，深度为 70mm，设置如图 4-2（a）所示。单击【凸台—拉伸属性管理器】中的按钮，完成弯板实体的创建。

（3）创建弯板孔

① 绘制草图。

单击选择图 4-2（a）中的下端折弯外表面为草图绘制平面，单击"草图"工具栏中的"草图绘制"命令按钮进入草图绘制界面，绘制直径为 4mm 的圆，圆心距离边线 5mm，并与左边线中点共线，如图 4-2（b）所示。单击图形区右上角按钮，退出草图。

② 创建孔。

单击选择"命令管理器"中的"特征"，单击工具栏的"拉伸切除"命令按钮，属性管理区出现【切除—拉伸属性管理器】，方向 1 的终止条件为"成形到下一面"，设置如图 4-2（b）所示。单击【切除—拉伸属性管理器】中的按钮，完成弯板孔的创建。

（4）创建弯板槽

① 绘制草图。

单击选择图 4-2（a）中的上端折弯外表面为草图绘制平面，单击"草图"工具栏中的"草图绘制"命令按钮进入草图绘制界面，绘制与孔草图对齐的槽型草图，如图 4-2（c）所示。单击图形区右上角按钮，退出草图。

② 创建弯板槽。

单击选择"命令管理器"中的"特征"，单击工具栏的"拉伸切除"命令按钮，属性管理区出现【切除—拉伸属性管理器】，方向 1 的终止条件为"成形到下一面"，设置如图 4-2（c）所示。单击【切除—拉伸属性管理器】中的按钮，完成弯板槽的创建。

（5）线性阵列弯板孔和槽

单击工具栏的"线性阵列"命令按钮，属性管理区出现【阵列（线性）属性管理器】，在方向 1 中的"边线"单击左键选择弯板表示长度的一条直线，间距为 15mm，实例数为 5，不进行方向 2 的设置，其他选项为软件默认，如图 4-2（d）所示。单击【阵列（线性）属性管理器】中的按钮完成弯板孔和槽的创建。

创建的弯板模型如图 4-2（e）所示。

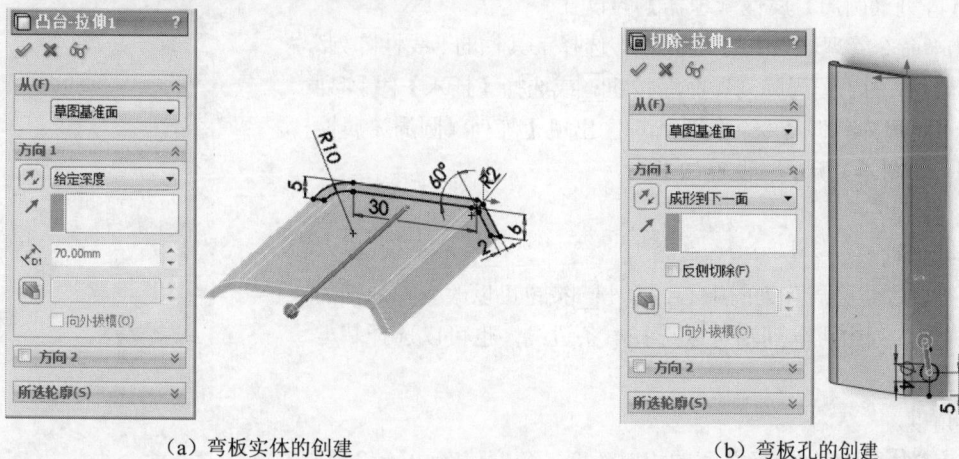

（a）弯板实体的创建　　　　（b）弯板孔的创建

图 4-2　弯板模型的创建

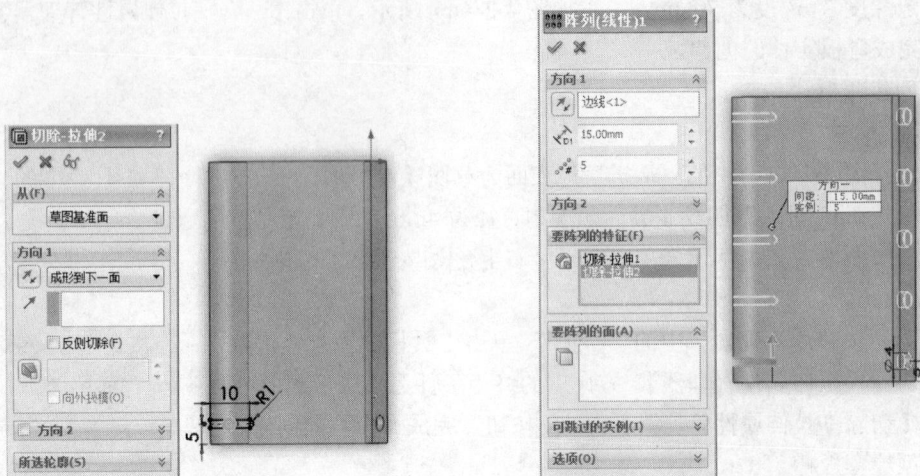

（c）弯板槽的创建　　　　　　　　　　　（d）弯板孔和槽的线性阵列

（e）弯板模型

图 4-2　弯板模型的创建（续）

4.2.2　圆周阵列

圆周阵列是指绕一轴心阵列一个或多个特征，圆周阵列常见于回转体类零件特征建模中。

1.【阵列（圆周）属性管理器】的设置

单击"命令管理器"中的"特征"，选择工具栏的"线性阵列"命令下标 ▼ 中的"圆周阵列"命令按钮 ⊕ 或选择【插入】|【阵列/镜像】|"圆周阵列"命令，属性管理区出现【阵列（圆周）属性管理器】，如图 4-3 所示。设置如下：

（1）参数

① 阵列轴。

"阵列轴"是圆周阵列的中心，单击 ⟳ 按钮可以改变阵列轴的方向。圆周阵列中，阵列轴可以选择一条边线，也可以选择基准轴或临时轴。

② 角度。

"角度" ⬚ 是阵列元素之间的相对角度，角度值在 $0°\sim360°$ 之间选取。

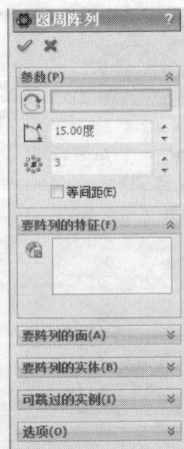

图 4-3　【阵列（圆周）属性管理器】

③ 实例数

"实例数" 🔲为阵列的数目，该数目包含阵列源。

（2）其他选项

圆周阵列中要阵列的特征、面、实体，可跳过的实体及选项与线性阵列中的设置相同，可以根据具体实例进行设置。

单击【阵列（圆周）属性管理器】✅按钮，完成设置。

2. 圆周阵列的应用——齿轮

齿轮是最常见的传动零件之一，是典型的圆周类零件。齿轮中轮齿的创建采用圆周阵列的方式，减少了齿轮草图绘制的复杂性。齿轮的创建如下：

（1）新建零件

单击选择菜单栏的"新建"命令按钮🔲，弹出【新建 SolidWorks 文件】对话框。单击选择零件🔲，单击"确定"按钮。

（2）创建齿轮基体

① 绘制草图。

单击选择前视基准面作为草图绘制平面，单击"草图"工具栏中的"草图绘制"命令按钮🔲进入草图绘制界面，绘制圆心在原点的一个圆和一个圆弧，圆直径为 120mm，圆弧半径为15mm，轮毂上的键槽宽 8mm，如图 4-4（a）所示。单击图形区右上角🔲按钮，退出草图。

② 创建齿轮基体。

单击"命令管理器"中的"特征"，选择工具栏的"拉伸凸台/基体"命令按钮🔲，终止选项为"给定深度"，深度为 30mm，如图 4-4（a）所示。单击【凸台—拉伸属性管理器】中的✅按钮，完成齿轮基体的创建。

（3）创建齿轮的齿形

齿轮的单个齿形由"拉伸切除特征"完成，应用"圆周阵列"命令实现多个齿轮齿形的创建。

① 绘制草图。

单击选择齿轮基体的任意一个侧面作为草图的绘制平面，单击"草图"工具栏中的"草图绘制"命令按钮🔲进入草图绘制界面，绘制圆弧形的齿形凹槽，如图 4-4（b）所示。单击图形区右上角🔲按钮，退出草图。

② 创建单个齿形。

单击"命令管理器"中的"特征"，选择工具栏的"拉伸切除"命令按钮🔲，属性管理区出现【切除—拉伸属性管理器】，方向 1 的终止条件为"成形到下一面"，设置如图 4-4（b）所示。单击【切除—拉伸属性管理器】中的✅按钮，完成齿轮单个齿形的创建。

③ 创建齿轮的整个齿形。

单击选择工具栏中的"圆周阵列"命令按钮🔲，属性管理区出现【阵列（圆周）属性管理器】，在"阵列轴"中单击左键选择齿轮圆柱孔的临时轴（可在图形区上方单击"隐藏/显示项目"按钮🔲的下标🔽中的"观阅临时轴"🔲命令按钮），角度为 12°，实例数为 30，设置如图4-4（c）所示。单击【阵列（圆周）属性管理器】中的✅按钮，完成整个齿轮的齿形创建。

创建的齿轮模型如图 4-4（d）所示。

（a）齿轮基体的创建

（b）齿轮单个齿形的创建

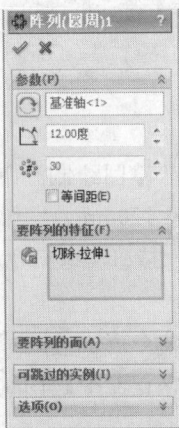

（c）圆周阵列创建整个齿形

（d）齿轮模型

图 4-4 齿轮模型的创建

4.2.3 草图驱动的阵列

草图阵列是使用草图点来指定特征的阵列，在整个阵列中
源特征复制到草图中的每个点。对于孔或其他特征，可以运用
由草图驱动的阵列。

1.【由草图驱动的阵列属性管理器】的设置

单击"命令管理器"中的"特征"，选择工具栏的"线性
阵列"命令下标 ▾ 中的"草图驱动的阵列"命令按钮 ▦ ，或
选择【插入】|【阵列/镜像】|"草图驱动的阵列"命令，属性
管理区出现【由草图驱动的阵列属性管理器】，如图 4-5 所示。
设置如下：

（1）选择

在"参考草图" ▦ 中选择已绘制的草图，参考点可以选取
草图的重心或自由选择草图中的点。

（2）要阵列的特征或面

图 4-5 【由草图驱动的阵列属性管理器】

要阵列的特征和面与线性阵列中的设置相同，选取模型特征中要阵列的特征或面。

（3）要阵列的实体

在草图驱动的阵列中单击左键选择"要阵列的实体" 选项，对应的"要阵列的特征"和"要阵列的面"两个选项将不可选。

（4）选项

软件默认下选择延伸视像属性和部分预览，选项中一般不做修改。

单击【由草图驱动的阵列属性管理器】中的 按钮，完成设置。

2．草图驱动的阵列的应用——喷泉灯

喷泉灯由旋转凸台/基体特征和草图驱动的阵列孔组成，阵列特征使得喷泉灯的创建更加快捷。以下为喷泉灯的创建过程：

（1）新建零件

单击选择菜单栏的"新建"命令按钮 ，弹出【新建 SolidWorks 文件】对话框。单击选择零件 ，单击"确定"按钮。

（2）创建喷泉灯实体

喷泉灯实体由旋转凸台/基体特征创建。

① 绘制草图。

单击选择前视基准面作为草图绘制平面，单击"草图"工具栏中的"草图绘制"命令按钮 进入草图绘制界面，绘制喷泉灯实体草图，圆弧与圆弧、圆弧与直线之间的几何关系为相切，如图 4-6（a）所示。单击图形区右上角 按钮，退出草图。

② 创建喷泉灯实体。

运用"旋转凸台/基体"命令创建喷泉灯实体，单击"命令管理器"中的"特征"，选择工具栏的"旋转凸台/基体"命令按钮 ，属性管理区出现【旋转属性管理器】，旋转轴选择中心线，方向 1 的旋转类型选择"给定深度"，角度为 360°，设置如图 4-6（a）所示。单击【旋转属性管理器】中的 按钮，完成设置。

③ 去除多余材料。

喷泉灯顶部有安装支座的弧形凹槽，采用"拉伸切除特征"创建。

单击选择前视基准面作为草图绘制平面，单击"草图"工具栏中的"草图绘制"命令按钮 进入草图绘制界面，绘制喷泉灯弧形凹槽草图，如图 4-6（b）所示。单击图形区右上角 按钮，退出草图。

单击"命令管理器"中的"特征"，单击工具栏的"拉伸切除"命令按钮 ，属性管理区出现【切除—拉伸属性管理器】，方向 1 的终止条件为"两侧对称"，设置如图 4-6（b）所示。单击【切除—拉伸属性管理器】中的 按钮，完成设置。

④ 镜像弧形凹槽。

单击选择工具栏的"镜像"命令按钮 ，属性管理区出现【镜像属性管理器】，"镜像面/基准面" 为"右视基准面"，"要镜像的特征" 为"切除—拉伸 1"，即弧形凹槽，属性管理器的设置如图 4-6（c）所示。单击【镜像属性管理器】中的 按钮，完成镜像弧形凹槽的创建，即完成喷泉灯实体的创建。

（3）创建圆角

为喷泉灯底部创建多半径圆角，单击工具栏的"圆角"命令按钮 ，依次选择底部三条圆边线，半径分别为 2mm、1mm、1mm，设置如图 4-6（d）所示。单击【圆角属性管理器】中的 按钮，完成圆角的创建。

（4）创建单个灯孔

单个灯孔即为喷泉灯的源孔，是圆周阵列的源特征。

① 绘制草图。

单击选择底部凹陷平面为草图绘制平面，单击"草图"工具栏中的"草图绘制"命令按钮![按钮]进入草图绘制界面，绘制圆心在原点，直径为 3mm 的圆如图 4-6（e）所示，单击图形区右上角![按钮]按钮，退出草图。

② 创建单个灯孔。

单击"命令管理器"中的"特征"，选择工具栏的"拉伸切除"命令按钮![按钮]，属性管理区出现【切除—拉伸属性管理器】，方向 1 的终止条件为"给定深度"，深度为 10mm，设置如图 4-6（e）所示。单击【切除—拉伸属性管理器】中的![按钮]按钮，完成单个灯孔的创建。

（5）草图驱动的阵列创建喷泉灯孔

草图驱动的阵列创建喷泉灯孔，首先绘制阵列特征的位置草图点，然后进行喷泉灯孔的草图驱动的阵列。

① 绘制草图。

单击选择底部凹陷平面为草图绘制平面，单击"草图"工具栏中的"草图绘制"命令按钮![按钮]进入草图绘制界面，分别绘制圆心在原点、直径为 12mm、25mm 的圆。在【圆属性管理器】的选项中勾选"作为构造线"，分别绘制与原点竖直的两个构造圆的象限点。单击"草图"工具栏中的"线性草图阵列"下标![标]中的"圆周草图阵列"，【圆周阵列属性管理器】中单击选项框，变为红色才可以进行设置，阵列点选择原点，实例数为 9，设置如图 4-6（f）所示。单击【圆周阵列属性管理器】中的![按钮]按钮，完成草图的圆周阵列，单击图形区右上角![按钮]按钮，退出草图。

② 圆周阵列喷泉灯单孔。

单击"命令管理器"中的"特征"，选择工具栏的"线性阵列"下标![标]中的"草图驱动的阵列"命令按钮![按钮]，属性管理区中出现【由草图驱动的阵列属性管理器】，在"参考草图"![按钮]中单击左键选择上一步绘制的草图，在"要阵列的实体"中单击左键选择"切除—拉伸 2"即喷泉孔单孔，设置如图 4-6（g）所示。单击【由草图驱动的阵列属性管理器】中的![按钮]按钮，完成喷泉灯孔的创建。

创建的喷泉灯模型如图 4-6（h）所示。

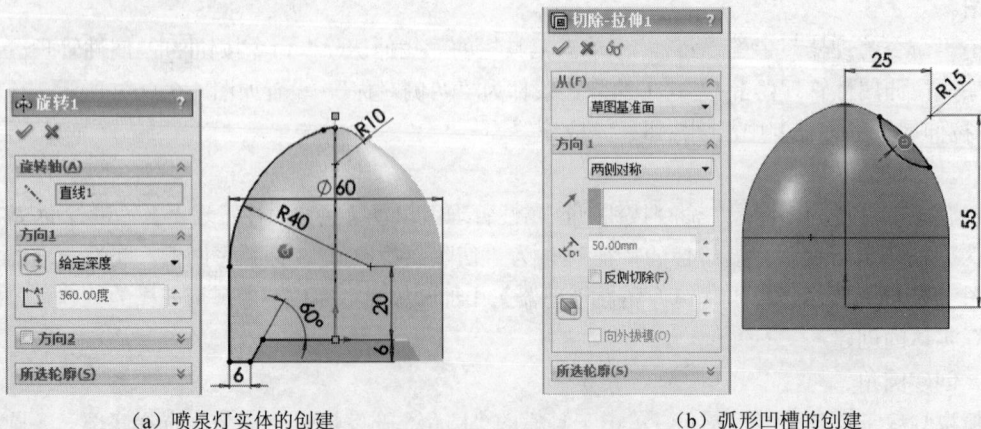

（a）喷泉灯实体的创建　　　　　　　　　　（b）弧形凹槽的创建

图 4-6　喷泉灯模型的创建

（c）镜像弧形凹槽

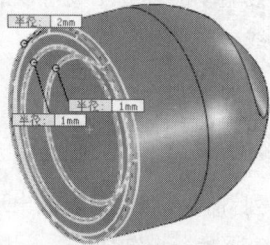

（d）圆角的创建

（e）喷泉灯单孔的创建

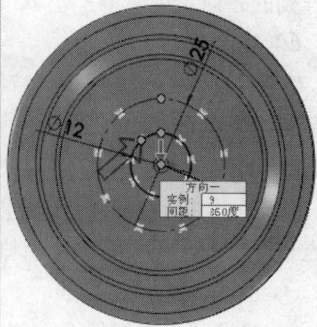

（f）草图驱动的阵列的草图绘制

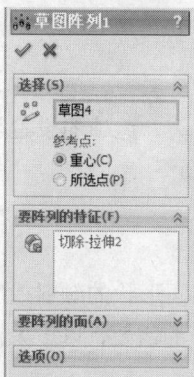

（g）草图驱动的阵列喷泉灯孔

（h）喷泉灯模型

图 4-6　喷泉灯模型的创建（续）

4.2.4 曲线驱动的阵列

曲线驱动的阵列工具可以沿平面或 3D 曲线生成阵列,可以使用任何草图线段,或沿平面的面的边线(实体或曲线)。

1.【曲线驱动的阵列属性管理器】的设置

单击"命令管理器"中的"特征",单击工具栏的"线性阵列"命令下标 中的"曲线驱动的阵列"命令按钮 ,或选择【插入】|【阵列/镜像】|"曲线驱动的阵列"命令,属性管理区出现【曲线驱动的阵列属性管理器】,如图 4-7 所示。设置如下:

(1)方向 1

"方向 1"中包含曲线驱动的阵列的最基本设置,即阵列方向、实例数、间距、曲线方法、对齐方法和面法线。

① 阵列方向。

"阵列方向"定义阵列特征放置的位置,单击 按钮可以改变阵列的方向。

② 实例数。

"实例数" 定义要阵列特征的数目,其中包括源阵列特征,数目可以修改。

③ 间距。

"间距" 为相邻阵列特征之间的距离,数值根据模型形状特点进行修改,不设置间距值则等间距使用。

④ 曲线方法。

"转换曲线"是指每个实例从所选曲线原点到源特征的 X 和

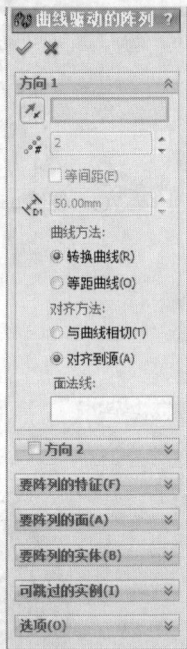
图 4-7 【曲线驱动的阵列属性管理器】

Y 的距离均得以保留,"等距曲线"是指每个实例从所选曲线原点到源特征的垂直距离得以保留。

⑤ 对齐方法。

"与曲线相切"表示实体的阵列方向与曲线相切,"对齐到源"表示实例与源特征的对齐方式相同。

⑥ 面法线。

面法线只针对 3D 曲线,选取 3D 所在的面来生成曲线驱动的阵列。

(2)其他选项的设置

方向 2:要阵列的特征、要阵列的面、要阵列的实体、可跳过的实例、选项的设置与线性阵列中的相同,此处不再赘述。

单击【曲线驱动的阵列属性管理器】中的 按钮完成设置。

2.曲线驱动的阵列应用——油画调色板

油画调色板中的颜料槽的位置人性化因素很大,布置相对随意,相同形状的颜料槽应用"曲线驱动的阵列"创建,对齐方式中选择"与曲线相切",结果更满足建模的需要,以下为油画调色板的创建过程。

(1)新建零件

单击选择菜单栏的"新建"命令按钮 ,弹出【新建 SolidWorks 文件】对话框。单击选择零件，单击"确定"按钮。

（2）创建调色板基体

① 绘制草图。

单击选择前视基准面作为草图绘制平面，单击"草图"工具栏中的"草图绘制"命令按钮进入草图绘制界面，绘制油画调色板草图，圆弧与圆弧、圆弧与直线之间的几何关系为相切，如图 4-8（a）所示。单击图形区右上角按钮，退出草图。

② 创建调色板基体。

单击"命令管理器"中的"特征"，单击工具栏的"拉伸凸台/基体"命令按钮，终止选项为"给定深度"，深度为 10mm，如图 4-8（a）所示。单击【凸台—拉伸属性管理器】中的按钮，完成调色板基体的创建。

（3）创建调色板槽 1

调色板槽分为槽 1 和槽 2，槽 1 处于槽 2 的上方。

① 绘制草图。

单击选择调色板的上表面作为草图绘制平面，单击"草图"工具栏中的"草图绘制"命令按钮进入草图绘制界面，调色板槽 1 是长轴为 50mm、短轴为 30mm 的椭圆，定位尺寸由原点确定，如图 4-8（b）所示。绘制完草图后，单击图形区右上角按钮，退出草图。

② 创建调色板槽 1。

应用"拉伸切除"命令创建调色板槽 1，单击"命令管理器"中的"特征"，单击工具栏的"拉伸切除"命令按钮，属性管理区出现【切除—拉伸属性管理器】，方向 1 的终止条件为"给定深度"，深度为 5mm，设置如图 4-8（b）所示。单击【切除—拉伸属性管理器】中的按钮，完成调色板槽 1 的创建。

③ 创建圆角 1。

单击工具栏的"圆角"命令按钮，半径输入 5mm，边线选择调色板槽 1 的外边线，设置如图 4-8（c）所示。单击【圆角属性管理器】中的按钮，完成圆角 1 的创建，即完成调色板槽 1 的创建。

（4）曲线驱动的阵列调色板槽 1

① 绘制草图。

单击选择调色板的上表面作为草图绘制平面，单击"草图"工具栏中的"草图绘制"命令按钮进入草图绘制界面，绘制三点控制的样条曲线 1，起点与椭圆中心同心，其他点由原点定位，如图 4-8（d）所示。绘制完草图后，单击图形区右上角按钮，退出草图。

② 曲线驱动的阵列。

单击"命令管理区"中的"特征"，单击工具栏的"线性阵列"命令下标中的"曲线驱动的阵列"命令按钮，属性管理区中出现【曲线驱动的阵列属性管理器】，在"阵列方向"中单击左键选择样条曲线 1，方向背离调色板槽 1 特征，实例数为 2，间距为 60mm，在"要阵列的特征"选项中单击左键选择"切除—拉伸 1"即调色板槽 1 和"圆角 1"，设置如图 4-8（e）所示。单击【曲线驱动的阵列属性管理器】中的按钮，完成调色板槽 1 的曲线驱动的阵列。

（5）创建调色板槽 2

① 绘制草图。

单击选择调色板的上表面作为草图绘制平面，单击"草图"工具栏中的"草图绘制"命令按钮进入草图绘制界面，绘制直径为 20mm、与原点水平中心线成 60°、距离为 65mm 的调色板槽 2，如图 4-8（f）所示。单击图形区右上角按钮，退出草图。

② 创建调色板槽 2。

应用"拉伸切除"命令创建调色板槽 2，单击"命令管理器"中的"特征"，单击工具栏的"拉伸切除"命令按钮，属性管理区出现【切除—拉伸属性管理器】，方向 1 的终止条件为"给定深度"，深度为 5mm，设置如图 4-8（f）所示。单击【切除—拉伸属性管理器】中的按钮，完成调色板槽 2 的创建。

③ 创建圆角 2。

单击工具栏的"圆角"命令按钮，半径输入 5mm，边线选择调色板槽 2 的外边线，设置如图 4-8（g）所示。单击【圆角属性管理器】中的按钮，完成圆角 2 的创建，即完成调色板槽 2 的创建。

（6）曲线驱动的阵列调色板槽 2

① 绘制草图。

单击选择调色板的上表面作为草图绘制平面，单击"草图"工具栏中的"草图绘制"命令按钮进入草图绘制界面，绘制六点控制的样条曲线 2，起点与槽 2 圆的圆心重合，其他点由原点定位，如图 4-8（h）所示。绘制完草图后，单击图形区右上角按钮，退出草图。

② 曲线驱动的阵列。

单击"命令管理器"中的"特征"，单击工具栏的"线性阵列"命令下标中的"曲线驱动的阵列"命令按钮，属性管理区中出现【曲线驱动的阵列属性管理器】，在"阵列方向"中单击左键选择样条曲线 2，方向背离调色板槽 2 特征，实例数为 6，间距为 40mm，在"要阵列的特征"选项中单击左键选择"切除—拉伸 2"即调色板槽 2 和"圆角 2"，设置如图 4-8（i）所示。单击【曲线驱动的阵列属性管理器】中的按钮，完成调色板槽 2 的曲线驱动的阵列。

创建的油画调色板模型如图 4-8（j）所示。

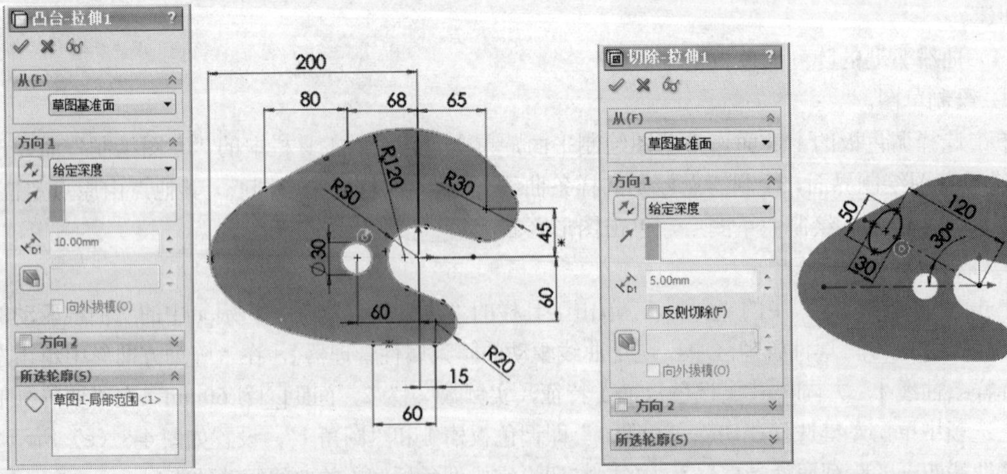

（a）调色板基体的创建 　　　　　　　　　　（b）调色板槽 1 的创建

图 4-8　调色板模型的创建

（c）槽 1 圆角的创建

（d）槽 1 的曲线驱动的阵列草图

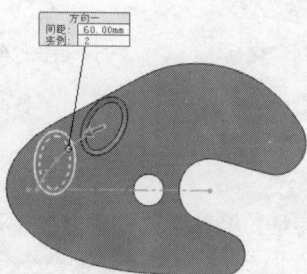

（e）槽 1 的曲线驱动的阵列

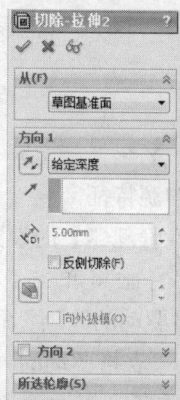

（f）调色板槽 2 的创建

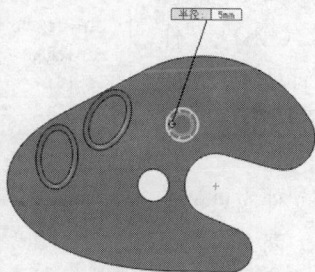

（g）槽 2 圆角的创建

（h）槽 2 的曲线驱动的阵列草图

图 4-8　调色板模型的创建（续）

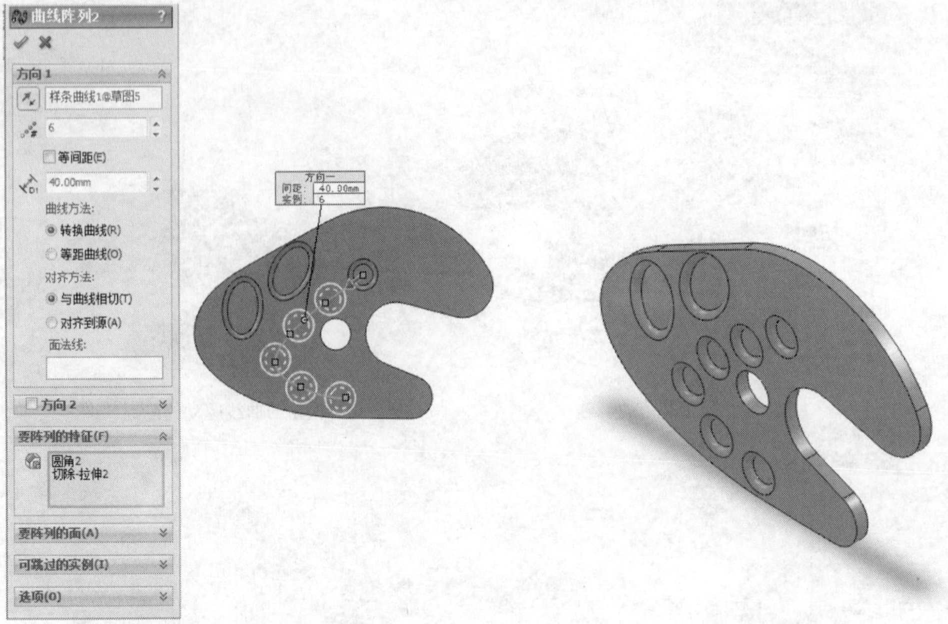

(i) 槽 2 的曲线驱动的阵列　　　　　　(j) 调色板模型

图 4-8　调色板模型的创建（续）

4.2.5　表格驱动的阵列

表格驱动的阵列是利用 X、Y 坐标指定阵列特征，孔特征的阵列是表格驱动的阵列中最常见的应用，也可以阵列如凸台等的源特征。

1.【由表格驱动的阵列属性管理器】的设置

单击"命令管理器"中的"特征"，单击工具栏的"线性阵列"命令下标■中的"表格驱动的阵列"命令按钮■，或选择【插入】|【阵列/镜像】|"表格驱动的阵列"命令，属性管理区出现【由表格驱动的阵列属性管理器】，如图 4-9 所示。设置如下：

（1）读取文件

输入带 X、Y 坐标的阵列表或文字文件，单击"浏览"可以读取一个阵列表（*.sldptab）文件或文字（*.txt）文件来输入现有的 X、Y 坐标，同时也可在属性管理器的最底栏输入点 X、Y 的坐标值，单击"保存"或"另存为"，保存为阵列表（*.sldptab）文件。

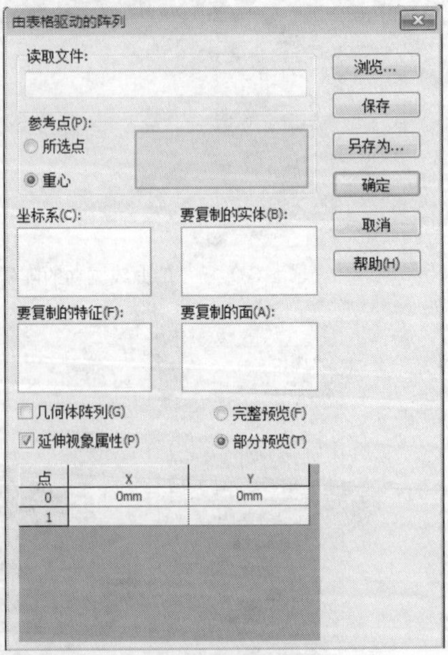

图 4-9　【由表格驱动的阵列属性管理器】

其中注意，用于表格驱动的阵列的文本文件应只包含两个列：左列用于 X 坐标，右列用于 Y 坐标。两个列应由一个分隔符分开，如空格、逗号或制表符，可在同一文本文件中使用不同分隔符组合。不要在文本文件中包括任何其他信息，避免引发输入失败。

（2）参考点

"参考点"是放置在阵列实例上的一点，参考点可以在草图中选取，也可以指定为源特征的重心。

（3）坐标系

进行表格驱动的阵列时，"坐标系"是必须创建的特征，它决定了阵列特征的 X、Y 坐标值。

（4）要复制的实体、特征及面

三者的选项与线性阵列时的设置相同，在图形区选择需要的实体、特征或面。

（5）其他选项

几何体阵列、延伸视像属性、完全预览和部分预览的设置与线性阵列相同，根据实际需要勾选相应选项。

（6）阵列表

阵列表第一行的数值表示参考点的坐标值，此项不可被修改。分别双击点 1 的 X-Y 坐标值框，修改坐标数值，按键盘 Enter 键可以添加点 2 的坐标值，数值设置同点 1。创建更多的点时，在前一个点的坐标设置完后，按 Enter 键即可。阵列表是阵列特征相对于源阵列的位置，在图形区可以预览表格驱动的阵列结果。

（7）保存或另存为

单击【由表格驱动的阵列属性管理器】的右端，点击"保存"或"另存为"按钮，可以将新输入的阵列表保存为"*.sldptab"文件，以后可以直接调用。

单击 确定 按钮，完成【由表格驱动的阵列属性管理器】的设置。

2．表格驱动的阵列应用——端盖孔

特征中孔的创建方式较多，"拉伸切除"、"线性阵列"、"圆周阵列"等命令，"表格驱动的阵列"也是常用的方式之一。当已知各个孔的相对坐标值时，表格驱动的阵列使其孔特征的创建更加简单。

以端盖孔的创建为例，说明表格驱动的阵列应用。

（1）新建零件

单击选择菜单栏的"新建"命令按钮，弹出【新建 SolidWorks 文件】对话框。单击选择零件，单击"确定"按钮。

（2）创建端盖基体

端盖基体是典型的回转体类零件，运用"旋转凸台/基体"命令进行基体的创建。

① 绘制草图。

单击选择前视基准面作为草图绘制平面，单击"草图"工具栏中的"草图绘制"命令按钮进入草图绘制界面，绘制端盖的纵向截面形状，如图 4-10（a）所示。单击图形区右上角按钮，退出草图。

② 创建端盖基体。

单击"命令管理器"中的"特征"，单击工具栏的"旋转凸台/基体"命令按钮，属性管理区出现【旋转属性管理器】，"旋转轴"选择"中心线"，方向 1 的旋转类型选择"给定深度"，角度为 360°，设置如图 4-10（a）所示。单击【旋转属性管理器】中的按钮，完成端盖基体的创建。

③ 创建圆角。

单击"特征"工具栏中的"圆角"命令按钮，勾选"多半径圆角"选项，设置端盖基体的外边线圆角半径为 4mm，内边线圆角半径为 2mm，设置如图 4-10（b）所示。单击【圆角属性管理器】中的☑按钮，完成圆角的创建，即完成端盖基体的创建。

（3）创建端盖单孔

① 单孔的创建方式。

简单直孔的创建方式有："拉伸切除"命令、"异型孔向导"、"简单直孔"等，此处选择"简单直孔"的创建方法。

② 创建单孔形状。

单击菜单栏中的【插入】|【特征】|【孔】|"简单直孔"🔘命令，软件提示为孔中心选择平面上的一个位置，点击端盖上表面边缘，确定孔的中心位置。在属性管理区出现的【孔属性管理器】中设置孔的成形终止条件为"成形到下一面"，直径大小为 10mm，其他选项为软件默认，设置如图 4-10（c）所示。单击【孔属性管理器】中的☑按钮，完成设置。

③ 确定单孔位置。

在第②步中创建出单孔的形状及大致位置，对于校准孔位置，单击特征设计树中的孔特征的十字按钮⊞，孔特征下面出现孔的草图，单击左键，在出现的编辑框中选择"编辑草图"命令，如图 4-10（d）所示。给孔的圆心添加尺寸及几何约束，孔中心与原点的水平距离为 50mm，几何条件为水平，孔的位置被完全定义，如图 4-10（e）所示。单击图形区右上角⚲按钮，退出草图，完成单孔的创建。

（4）创建坐标系 1

坐标系是"表格驱动的阵列"中不可或缺的选项，单击"特征"工具栏中的"参考几何体"下标⚬中的"坐标轴"命令⚲，属性管理区出现【坐标系属性管理器】。在图形区上端单击"隐藏/显示项目"按钮⚲下标⚬中的"观阅原点"命令⚲和"观阅临时轴"命令⚲，图形区中显示临时原点及临时轴。【坐标系属性管理器】中的原点⚲选取临时原点，单击 Z 轴选项框，在图形区中选择临时轴，单击⚲按钮调整 Z 轴的方向使得 Y 轴的方向指向上，设置如图 4-10（f）所示。单击【坐标系属性管理器】中的☑按钮，完成坐标轴 1 的创建。

（5）表格驱动的阵列端盖孔

单击"特征"工具栏中"线性阵列"命令下标⚬中的"表格驱动的阵列"命令按钮⚲，出现【由表格驱动的阵列属性管理器】，如图 4-10（g）所示。属性管理器的设置如下。

① 参考点。

"参考点"选取"所选点"选项，单击选项框，在图形区单击选择原点。

② 坐标系。

单击"坐标系"选项框，在图形区选择创建的坐标系 1。

③ 要复制的特征。

单击"要复制的特征"选项框，在图形区选择孔特征。

④ 阵列表。

"阵列表"中依次输入点 1～5 的坐标值，注意各点的坐标值是相对于源阵列孔中心坐标而言的，想要撤销上一次数值的输入，可以单击【由表格驱动的阵列属性管理器】右端的⚲按钮。

⑤ 其他选项采取软件默认，单击"确定"按钮完成属性管理器的设置，即完成端盖孔的表格

驱动的阵列。

创建的端盖孔的模型如图 4-10（h）所示。

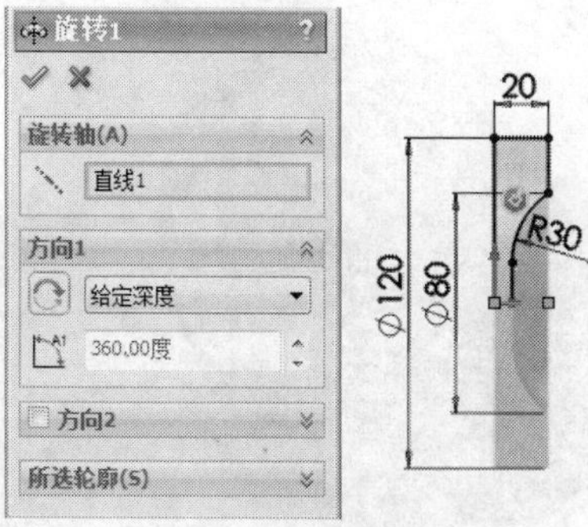

（a）端盖基体的创建

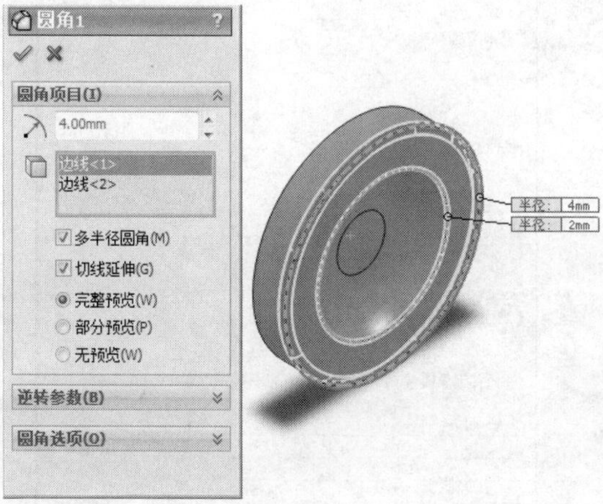

（b）圆角的创建

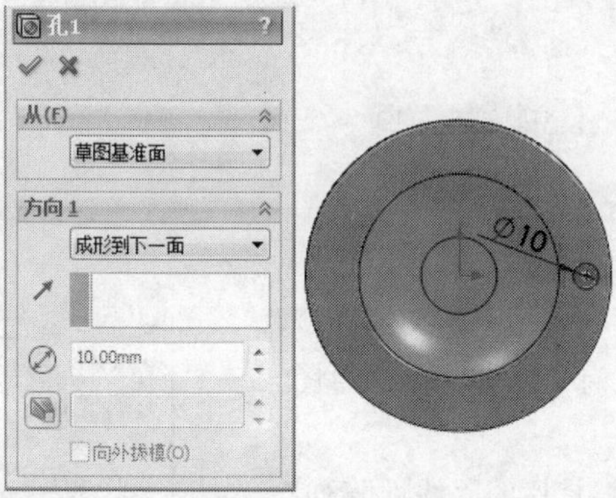

（c）单孔的创建

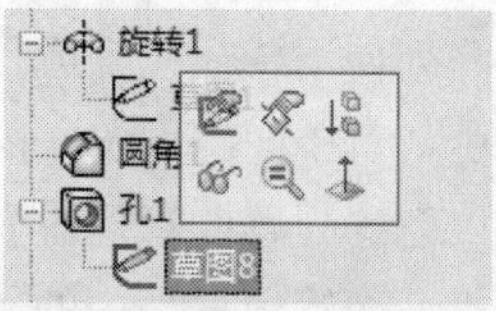

（d）孔位置草图的编辑

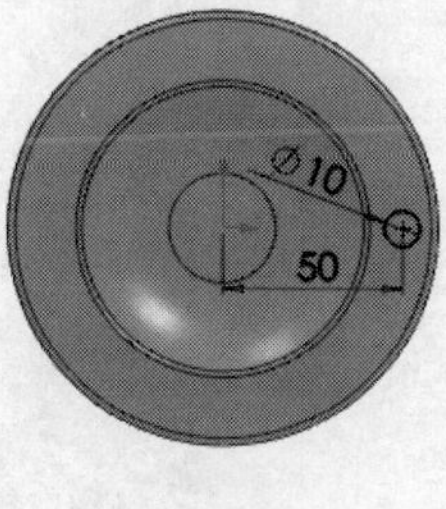

（e）单孔的定位

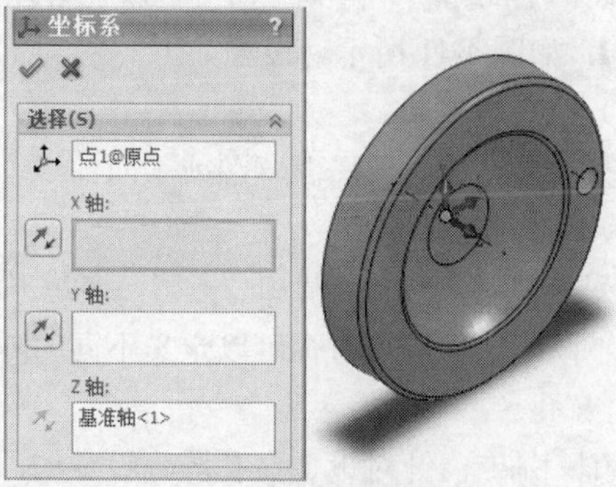

（f）坐标轴 1 的创建

图 4-10 端盖孔模型的创建

点	X	Y
0	0mm	0mm
1	-100mm	0mm
2	-50mm	50mm
3	-15mm	35mm
4	-85mm	35mm
5	-50mm	-50mm
6		

（g）【由表格驱动的阵列属性管理器】的设置　　　　　　　　　　　　（h）端盖孔模型

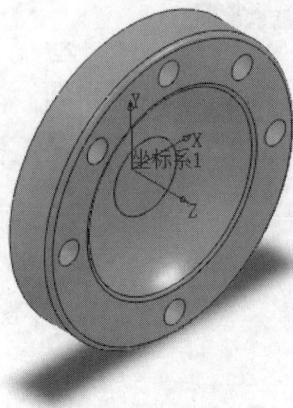

图 4-10　端盖孔模型的创建（续）

4.2.6　填充阵列

填充阵列使用特征阵列或预定义的切割形状来填充定义的区域，可以选择由共有平面的面定义的区域或位于共有平面的面上的草图。

1.【填充阵列属性管理器】的设置

单击"命令管理器"中的"特征"，单击工具栏的"线性阵列"命令下标 ▼ 中的"填充阵列"命令按钮 ，或选择【插入】|【阵列/镜像】菜单中的"填充阵列"命令，属性管理区出现【填充阵列属性管理器】，如图 4-11 所示。设置如下：

（1）填充边界

填充边界选择面或平面草图或平面曲线。

（2）阵列布局

阵列布局包含穿孔、圆周、方形、多边形等，各个布局的设置选项略有不同，选择顶点与否可以定义不同的阵列结果。

① 穿孔。

穿孔 是专门针对钣金穿孔阵列设计的，穿孔定义实例间距 、交错断续角度 、边距 、阵列方向 ，参数的设置将阵列特征完全定义，创建更快捷。

② 圆周。

圆周 以同心网格上重复的图案填充任意区域，定义环间距 、

图 4-11 【填充阵列属性管理器】

实例间距🔲、边距🔲、阵列方向🔲。

③ 方形。

方形🔲同样是以同心网格上重复的图案填充任意区域，定义环间距🔲、实例间距🔲、边距🔲、阵列方向🔲。

④ 多边形。

多边形🔲与圆周、方形相同，以同心网格上重复的图案填充任意区域，定义环间距🔲、多边形边🔲、实例间距🔲、边距🔲、阵列方向🔲。

（3）要阵列的特征

① 所选特征。

单击勾选"所选特征"，单击要阵列的特征选项框，在图形区选择要阵列的特征。

② 生成源切。

单击勾选"生成源切"，出现预定义的切割形状，如圆🔲、方形🔲、菱形🔲、多边形🔲，单击其中的一个命令按钮，可以进行形状和位置尺寸的定义。

（4）其他选项

要阵列的面、要阵列的实体、可跳过的实体、选项均与线性阵列中的设置相同，可以参见 4.2.1 节。

单击【填充阵列属性管理器】中的🔲按钮，完成设置。

2．填充阵列应用——电视遥控器

（1）新建零件

单击选择菜单栏的"新建"命令按钮🔲，弹出【新建 SolidWorks 文件】对话框。单击选择零件🔲，单击"确定"按钮。

（2）创建电视遥控器基体

① 绘制草图。

单击选择前视基准面作为草图绘制平面，单击"草图"工具栏中的"草图绘制"命令按钮🔲进入草图绘制界面，绘制长 170mm、宽 40mm 并关于原点中心对称的长方形电视遥控器基体草图，如图 4-12（a）所示。单击图形区右上角🔲按钮，退出草图。

② 创建电视遥控器基体。

应用"拉伸凸台/基体"命令创建电视遥控器基体，单击"特征"工具栏中的"拉伸凸台/基体"命令按钮🔲，属性管理区出现【凸台—拉伸属性管理器】，方向 1 设为"两侧对称"，深度为 15mm，设置如图 4-12（a）所示。单击【凸台—拉伸属性管理器】中的🔲按钮，完成电视遥控器基体的创建。

③ 绘制圆角。

单击"特征"工具栏中的"圆角"命令按钮🔲，选择等半径圆角，半径值为 3mm，边线选择电视遥控器基体的四条竖直线，设置如图 4-12（b）所示。单击【圆角属性管理器】中的🔲按钮，完成电视遥控器基体的创建。

（3）创建填充阵列 1 的凸台—拉伸 2

① 绘制草图。

单击选择电视遥控器上表面作为草图绘制平面，单击"草图"工具栏中的"草图绘制"命令按钮🔲进入草图绘制界面，凸台—拉伸 2 的草图为长 5mm，宽为 3mm 的长方形，其四周圆角半径为 1mm，长方形的下边线距离原点 65mm，中心与原点的几何关系为竖直，绘制的草图如图 4-12

（c）所示。单击图形区右上角![按钮]按钮，退出草图。

② 创建凸台—拉伸 2。

用"拉伸凸台/基体"命令创建凸台—拉伸 2，单击"特征"工具栏中的"拉伸凸台/基体"命令按钮![图标]，属性管理区出现【凸台—拉伸属性管理器】，方向 1 设为"给定深度"，深度为 2mm，方向背离材料，设置如图 4-12（c）所示。单击【凸台—拉伸属性管理器】中的![按钮]按钮，完成凸台—拉伸 2 的创建。

（4）创建填充阵列 1

单击"特征"工具栏中"线性阵列"命令下标![下标]中的"填充阵列"命令按钮![图标]，属性管理区出现【填充阵列属性管理器】，填充边界选择电视遥控器上表面，阵列布局选择穿孔![图标]，实例间距![图标]为 15mm，交错断续角度![图标]为 90°，边距![图标]为 0，阵列方向![图标]为边线 1，即上表面右端竖直线。在"要阵列的特征"选项中单击勾选"所选特征"，图形区选择"凸台—拉伸 2"，单击"可跳过的实体"选项框，在图形区单击阵列特征的红色中心，"可跳过的实体"选项框中出现该特征的中心坐标值，依次选择其他特征，设置如图 4-12（d）所示。单击【填充阵列属性管理器】中的![按钮]按钮，完成填充阵列 1 的创建。

（5）创建填充阵列 2 的凸台—拉伸 3

① 绘制草图。

单击选择电视遥控器上表面作为草图绘制平面，单击"草图"工具栏中的"草图绘制"命令按钮![图标]进入草图绘制界面，凸台—拉伸 3 的草图为直径为 6mm 的圆，圆心距离原点 20mm，圆心与原点的几何关系为竖直且在原点的下端，绘制的草图如图 4-12（e）所示。单击图形区右上角![按钮]按钮，退出草图。

② 创建凸台—拉伸 3。

用"拉伸凸台/基体"命令创建凸台—拉伸 3，单击"特征"工具栏中的"拉伸凸台/基体"命令按钮![图标]，属性管理区出现【凸台—拉伸属性管理器】，方向 1 设为"给定深度"，深度为 2mm，方向背离材料，设置如图 4-12（e）所示。单击【凸台—拉伸属性管理器】中的![按钮]按钮，完成凸台—拉伸 3 的创建。

（6）创建填充阵列 2

单击"特征"工具栏中"线性阵列"命令下标![下标]中的"填充阵列"命令![图标]，属性管理区出现【填充阵列属性管理器】，在"填充边界"选项中单击选择电视遥控器上表面，阵列布局选择方形![图标]，环间距![图标]为 12mm，实例间距![图标]为 12mm，边距![图标]为 0，阵列方向![图标]为边线 1，即上表面右端竖直线，在"要阵列的特征"选项中单击勾选"所选特征"，在图形区左键选择"凸台—拉伸 3"，单击"可跳过的实体"选项框，在图形区单击阵列特征的红色中心，"可跳过的实体"选项框中出现该特征的中心坐标值，依次选择其他特征，设置如图 4-12（f）所示。单击【填充阵列属性管理器】![按钮]按钮，完成填充阵列 2 的创建。

（7）创建填充阵列 3

依照步骤（3）～（4）创建填充阵列 3，填充阵列的凸台—拉伸 4，如图 4-12（g）所示，填充阵列 3 的属性管理器设置如图 4-12（h）所示。

（8）其他电视遥控器按钮的创建

① 绘制草图。

单击选择电视遥控器上表面作为草图绘制平面，单击"草图"工具栏中的"草图绘制"命令

按钮 🖳 进入草图绘制界面，绘制其他按钮的草图，绘制的草图如图 4-12（i）所示。单击图形区右上角 🖳 按钮，退出草图。

② 创建其他按钮。

单击"特征"工具栏中的"拉伸凸台/基体"命令按钮 🖳，属性管理区出现【凸台—拉伸属性管理器】，方向 1 设定"给定深度"，深度为 2mm，设置如图 4-12（i）所示。单击【凸台—拉伸属性管理器】中的 ✅ 按钮，完成按钮的创建。

创建的电视遥控器模型如图 4-12（j）所示。

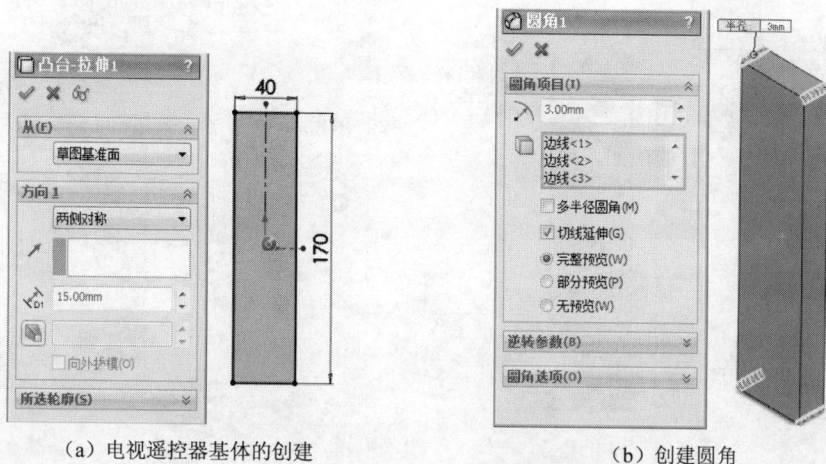

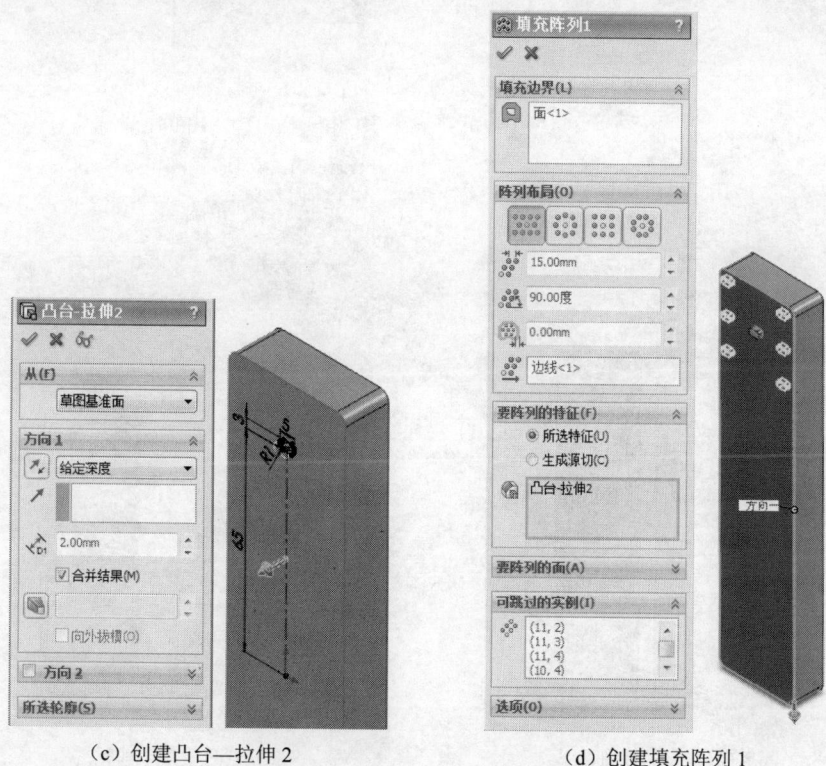

（a）电视遥控器基体的创建

（b）创建圆角

（c）创建凸台—拉伸 2

（d）创建填充阵列 1

图 4-12　电视遥控器模型的创建

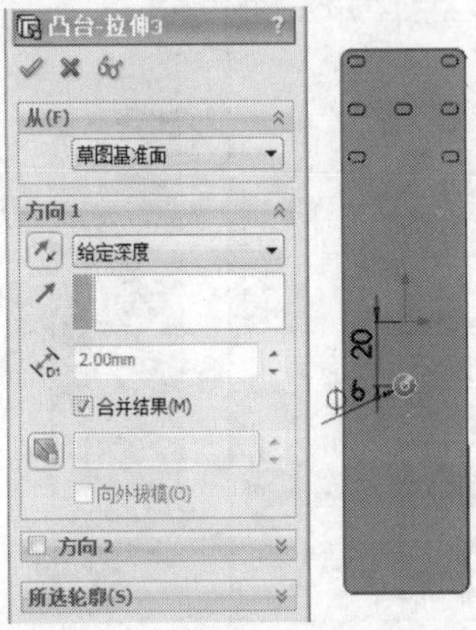

（e）创建凸台—拉伸 3

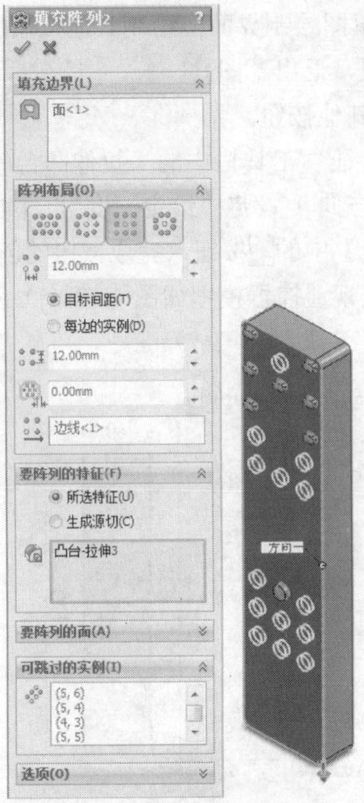

（f）创建填充阵列 2

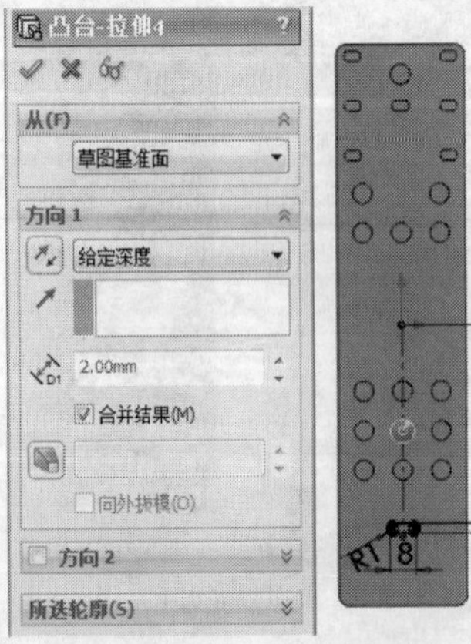

（g）创建凸台—拉伸 4

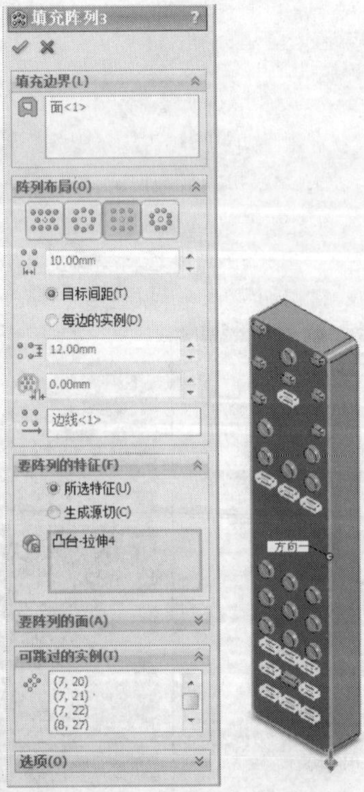

（h）创建填充阵列 3

图 4-12　电视遥控器模型的创建（续）

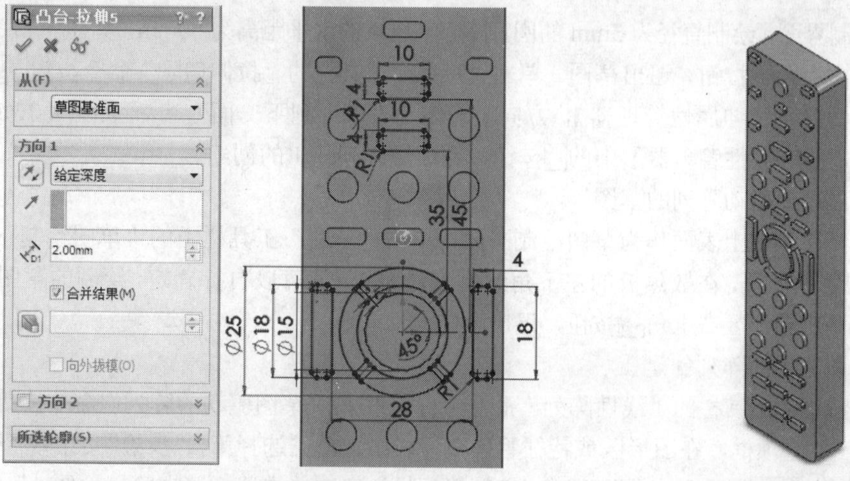

（i）创建其他按钮

（j）电视遥控器模型

图 4-12 电视遥控器模型的创建（续）

4.2.7 特征阵列建模应用——散热板

特征阵列使得建模的效率明显提高，散热板中的阵列特征较多，以下为特征阵列创建散热板的步骤。

1．新建零件

单击选择菜单栏的"新建"命令按钮 ，弹出【新建 SolidWorks 文件】对话框。选择零件 ，单击"确定"按钮。

2．创建散热板基体

（1）绘制草图

单击选择前视基准面作为草图绘制平面，单击"草图"工具栏中的"草图绘制"命令按钮 进入草图绘制界面，绘制带有槽的散热板基体。基体是关于 Y 轴对称的几何体，可以绘制一半草图，利用草图的镜像工具完成整个草图的绘制。在草图的绘制过程中，充分利用几何关系，添加适合的几何约束，减少不必要尺寸的标注，如图 4-13（a）所示。单击图形区右上角 按钮，退出草图。

（2）创建散热板基体

单击"特征"工具栏中的"拉伸凸台/基体"命令按钮 ，属性管理区出现【凸台—拉伸属性管理器】，方向 1 设定为"给定深度"，深度为 5mm，设置如图 4-13（a）所示。单击【凸台—拉伸属性管理器】中的 按钮，完成散热板基体的创建。

（3）创建圆角

在散热器的夹角处添加圆角特征，单击"特征"工具栏中的"圆角"命令按钮 ，选择等半径圆角，分别添加 5mm、3mm 的圆角特征，设置如图 4-13（b）所示。单击【圆角属性管理器】中的 按钮，完成散热板基体的创建。

3．草图驱动的阵列散热孔

（1）创建源阵列孔 1（切除—拉伸 1）

单击选择散热板上表面作为草图绘制平面，单击"草图"工具栏中的"草图绘制"命令按钮进入草图绘制界面，绘制直径为 3mm 的圆，圆心与原点的水平距离为 50mm，如图 4-13（c）所示。单击图形区右上角 🔄 按钮，退出草图。单击"特征"工具栏的"拉伸切除"命令按钮 🔲，属性管理区出现【切除—拉伸属性管理器】，方向 1 设定为"成形到下一面"，设置如图 4-13（c）所示。单击【切除—拉伸属性管理器】中的 ☑ 按钮，完成源阵列孔 1 的创建。

（2）绘制草图驱动阵列的草图

单击选择散热板上表面作为草图绘制平面，单击"草图"工具栏中的"草图绘制"命令按钮 🖊 进入草图绘制界面，在散热板的左下角绘制点，点的位置可以自行确定，绘制的草图如图 4-13（d）所示。单击图形区右上角 🔄 按钮，退出草图。

（3）草图驱动的阵列创建孔

单击"特征"工具栏的"线性阵列"命令下标 ▾ 中的"草图驱动的阵列"命令按钮 🔳，单击"参考草图" 📐 选项框，在图形区或特征管理设计树中，单击选择第 2 步绘制的阵列草图。单击"要阵列的特征" 🖼 选项框，在图形区或特征管理设计树中单击选择"切除—拉伸 1"（即源阵列孔 1），设置如图 4-13（e）所示。单击【草图阵列属性管理器】中的 ☑ 按钮，完成草图驱动的阵列孔创建。

4．线性阵列的散热板孔

（1）创建源阵列孔 2（切除—拉伸 2）

单击选择散热板上表面作为草图绘制平面，单击"草图"工具栏中的"草图绘制"命令按钮 🖊 进入草图绘制界面，绘制直径为 3mm 的圆，圆心与原点的竖直距离为 15mm，绘制的草图如图 4-13（f）所示。单击图形区右上角 🔄 按钮，退出草图。单击"特征"工具栏的"拉伸切除"命令按钮 🔲，属性管理区出现【切除—拉伸属性管理器】，方向 1 设定为"成形到下一面"，设置如图 4-13（f）所示。单击【切除—拉伸属性管理器】中的 ☑ 按钮，完成源阵列孔 2 的创建。

（2）线性阵列创建孔

线性阵列孔分为两步完成：线性阵列 1 和线性阵列 2。

① 线性阵列 1。

单击"特征"工具栏中的"线性阵列"命令按钮 🔳，方向 1 中的阵列方向选择水平边线 1，间距为 6mm，实例数为 8；方向 2 中的阵列方向选择竖直边线 2，间距为 6mm，实例数为 3。单击"要阵列的特征"选项框，在图形区或特征管理设计树中选择"切除—拉伸 2"，设置如图 4-13（g）所示。单击【阵列（线性）属性管理器】中的 ☑ 按钮，完成线性阵列 1 中孔的创建。

② 线性阵列 2。

单击"特征"工具栏中的"线性阵列"命令按钮 🔳，方向 1 中的阵列方向选择水平边线 1，间距为 6mm，实例数为 8；方向 2 中的阵列方向选择竖直边线 2，间距为 6mm，实例数为 2。单击"要阵列的特征"选项框，在图形区或特征管理设计树中选择"阵列（线性）1"，设置如图 4-13（h）所示。单击【阵列（线性）属性管理器】中的 ☑ 按钮，完成线性阵列 2 孔的创建。

5．填充阵列的散热板孔

单击"特征"工具栏中"线性阵列"命令下标 ▾ 中的"填充阵列"命令按钮 🔳，属性管理区出现【填充阵列属性管理器】，填充边界选择电视遥控器上表面，"阵列布局"选项中选择方形 🔳，环间距为12mm，实例间距为10mm，阵列方向为水平边线1，在"要阵列的特征"中单击勾选"生成源切"，选择菱形◎，尺寸为2mm，其他选项为软件默认，设置如图4-13（i）所示。单击【填充阵列属性管理器】中的☑按钮，完成填充阵列孔的创建。

创建的散热板模型如图4-13（j）所示。

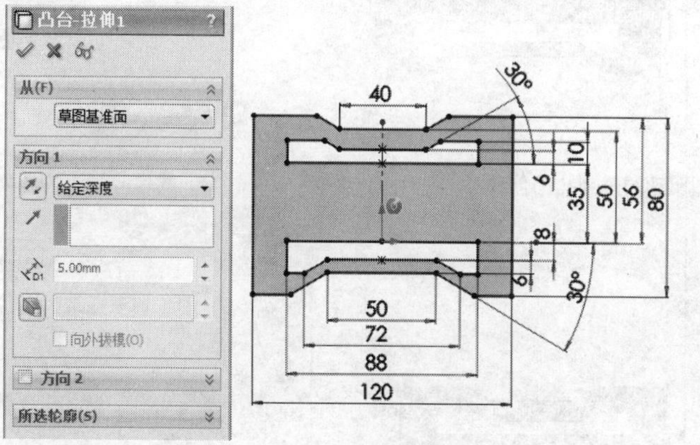

（a）散热板基体的创建

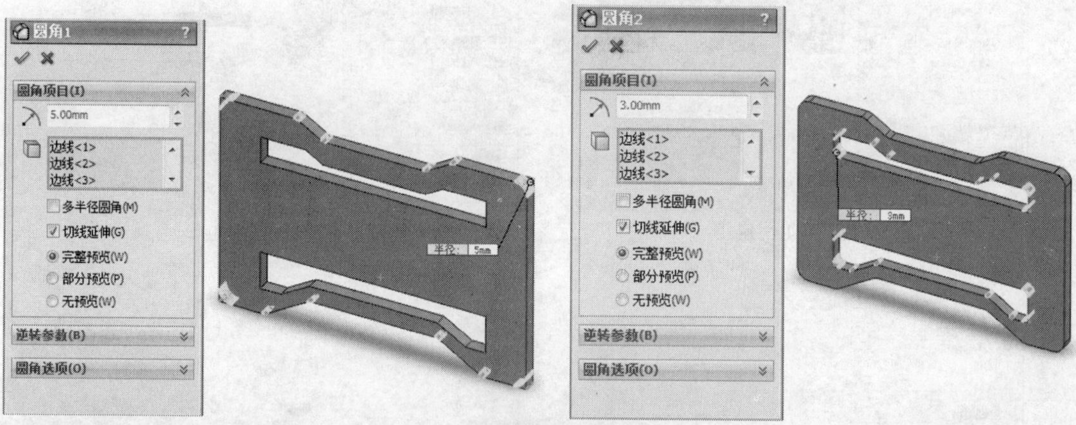

（b）圆角的创建

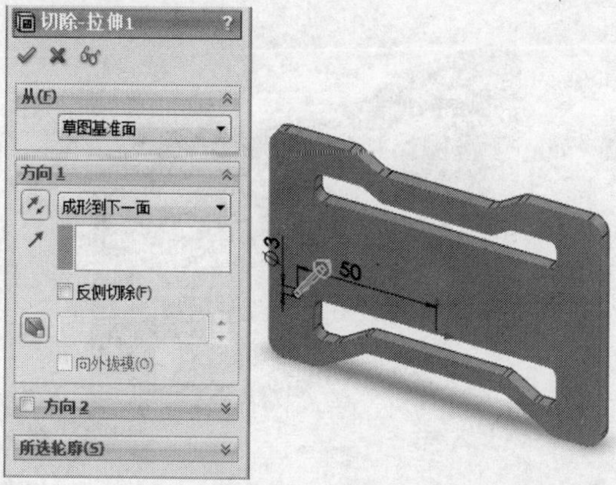

（c）草图驱动阵列的源阵列孔的创建 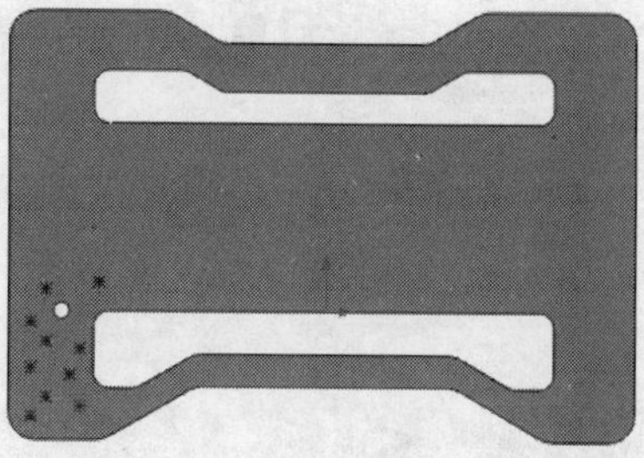   （d）草图驱动阵列的草图绘制

图4-13　散热板模型的创建

（e）草图驱动的阵列孔的创建

（f）线性阵列 1 的源阵列孔的创建

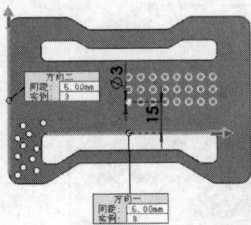

（g）线性阵列 1 创建孔

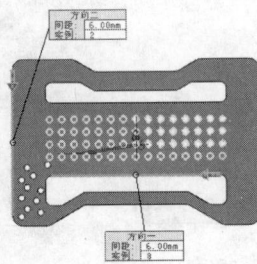

（h）线性阵列 2 创建孔

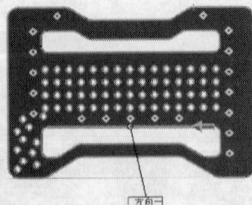

（i）填充阵列菱形孔的创建

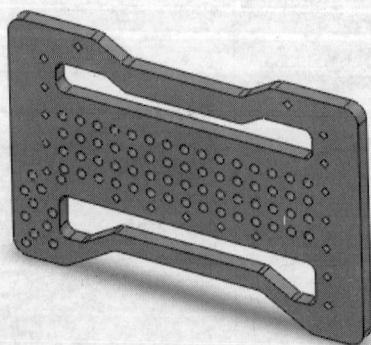

（j）散热板模型

图 4-13 散热板模型的创建（续）

4.3 特征镜像

特征镜像是沿面或基准面镜像，生成一个或多个特征的复制，可以选择特征或构成特征的面。

4.3.1 特征镜像基础

镜像是特征编辑的常用工具之一，在特征编辑中占据重要的地位。

单击"命令管理器"中的"特征"，选择工具栏中的"线性阵列"下标 ▾ 中的"镜像"命令按钮 ，或选择【插入】|【阵列/镜像】菜单中的"镜像"命令，属性管理区出现【镜像属性管理器】，如图 4-14 所示。设置如下：

1. 镜像面/基准面

"镜像面/基准面" 可以选择已经成形的特征的一个面或已建立的基准面，特征将以选择的镜像面/基准面复制特征。

2. 要镜像的特征

单击"要镜像的特征" 选项框，在图形区中选择一个或多个特征，该特征为源镜像特征。

3. 要镜像的面

单击"要镜像的面" 选项框，在图形区中选择一个或多个面，该面为源镜像面。

4. 要镜像的实体

单击"要镜像的实体" 选项框，在图形区选择整个实体，该实体将沿镜像面/基准面生成一相同的实体。

5. 选项

图 4-14 【镜像属性管理器】

"选项"中包含"几何体阵列"、"延伸视像属性"、"完整预览"和"部分预览"等，在选择要镜像的实体选项时，选项将合并实体或缝合曲面，各个选项的作用不同。

（1）几何体阵列

使用源特征的完全副本生成阵列，源特征的单个实例将不参与阵列，终止条件和计算将被忽略，该选项可以加速阵列的生成和重建，但只可用于要镜像的特征或要镜像的面。

（2）延伸视像属性

将 SolidWorks 中的颜色、纹理和装饰螺纹数据延伸给所有的阵列实例。

（3）完全预览

预览特征生成后所有的细节。

（4）部分预览

预览特征生成后的轮廓特征，作为特征生成的参考。

（5）合并实体

单击勾选"合并实体"选项，原有的零件和镜像的特征成为单一的实体，取消"合并实体"

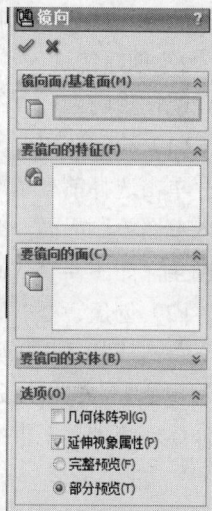

选项，将生成附加到原有实体但为单独的镜像实体。

（6）缝合曲面

单击勾选"缝合"曲面，源曲面与镜像的曲面将缝合在一起，取消缝合曲面，镜像曲面与源曲面单独存在，无关联性。

单击【镜像属性管理器】中的☑按钮，完成设置。

4.3.2　特征镜像建模应用——眼镜

特征镜像应用于创建轴对称特征中，创建 1/2 或 1/4 特征更能节约建模时间，利用"镜像"命令完成整个特征的创建。眼镜是一个对称零件，创建一半的特征，利用"镜像"命令创建出另一半特征，从而完成整个眼镜的创建。以下为应用镜像命令创建眼镜的过程：

1．新建零件

单击选择菜单栏的"新建"命令按钮☐，弹出【新建 SolidWorks 文件】对话框。单击选择零件🔧，单击"确定"按钮。

2．创建镜框

镜框影响到镜片的切割和眼镜的外形，镜框的创建采用"拉伸凸台/基体"命令。

（1）绘制草图

单击选择前视基准面作为草图绘制平面，单击"草图"工具栏中的"草图绘制"命令按钮🗏进入草图绘制界面，绘制镜框草图，其中有效利用草图圆角命令，给镜框的三个夹角处绘制适合的圆角，如图 4-15（a）所示。草图绘制完成，单击图形区右上角🗗按钮，退出草图。

（2）创建镜框

单击"特征"工具栏中的"拉伸凸台/基体"命令按钮🗐，属性管理区出现【凸台—拉伸属性管理器】，方向 1 设定为"给定深度"，深度为 5mm，设置如图 4-15（a）所示。单击【凸台—拉伸属性管理器】中的☑按钮，完成镜框的创建。

3．创建鼻梁

鼻梁的创建同样采用"拉伸凸台/基体"命令。

（1）绘制草图

单击选择镜框的前表面作为草图的绘制平面，单击"草图"工具栏中的"草图绘制"命令按钮🗏进入草图绘制界面，绘制圆心与原点的竖直距离为 7mm 的圆弧，圆弧的半径为 20mm，圆弧的起始点和终止点关于竖直中心线对称，单击"等距实体"命令，圆弧向上偏移 8mm，绘制直线，连接两个圆弧的端点，如图 4-15（b）。草图绘制完成，单击图形区右上角🗗按钮，退出草图。

（2）创建鼻梁

单击"特征"工具栏中的"拉伸凸台/基体"命令按钮🗐，属性管理区出现【凸台—拉伸属性管理器】，方向 1 设定为"给定深度"，深度为 5mm，方向指向镜框材料，设置如图 4-15（b）所示。单击【凸台—拉伸属性管理器】中的☑按钮，完成鼻梁的创建。

4．创建桩头

桩头连接镜圈与镜脚，为曲面结构，桩头的创建采用"扫描"命令。

（1）绘制扫描轮廓

单击选择镜框右端面作为草图绘制平面，单击"草图"工具栏中的"草图绘制"命令按钮🗏进入草图绘制界面，绘制长 20mm、与右端面同宽的矩形，矩形上边线与右端面上顶点重合，如

图 4-15（c）所示。单击图形区右上角█按钮，退出草图。

（2）建立基准面 1

单击"特征"工具栏中的"参考几何体"下标▾中的"基准面"命令按钮█，属性管理区出现【基准面属性管理器】，单击"第一参考"中的█按钮选择"前视基准面"，单击偏移距离按钮█，输入 20mm，基准面的方向沿 Z 轴负向，设置如图 4-15（d）所示。单击【基准面属性管理器】中的█按钮，完成基准面 1 的创建。

（3）绘制扫描路径

扫描路径应用 3D 草图工具绘制，绘制一条曲线。

① 绘制 3D 曲线终点。

单击选择基准面 1 作为草图绘制平面，单击"草图"工具栏中的"草图绘制"命令按钮█进入草图绘制界面，绘制距离原点的水平和竖直距离分别为 135mm、15mm，如图 4-15（e）所示。单击图形区右上角█按钮，退出草图。

② 绘制 3D 曲线。

单击"草图"工具栏中的"草图绘制"命令下标▾中的"3D 草图"命令按钮█，点击"直线"命令█，以扫描轮廓即矩形下边线中点为起点，在 XY 平面绘制一条直线，单击平面内任意点作为直线终点，再选择第①步中绘制的 3D 曲线终点，单击左键选中，按键盘 Esc 键完成直线绘制。单击"圆角"命令按钮█，在两条直线夹角处添加半径为 5mm 的圆角。单击"智能尺寸"按钮█，设置圆角圆心与 3D 草图起点距离为 7mm，如图 4-15（f）所示。单击图形区右上角█按钮，退出草图，即完成扫描路径的绘制。

（4）创建桩头

单击"特征"工具栏中的"扫描"命令按钮█，属性管理区出现【扫描属性管理器】，单击"扫描轮廓"█选项框，在图形区或特征管理设计树中选择"草图 4"，单击"扫描路径"█选项框，在图形区或特征管理设计树中选择"3D 草图 1"，其他选项的设置为软件默认，如图 4-15（g）所示。单击【扫描属性管理器】█按钮，完成扫描属性管理器的设置，即完成桩头的创建。

5．创建镜脚

镜脚的创建采用"拉伸凸台/基体"命令。

（1）绘制草图

单击选择桩头右端面为草图绘制平面，单击"草图"工具栏中的"草图绘制"命令按钮█进入草图绘制界面，绘制镜脚草图如图 4-15（h）所示。单击图形区右上角█按钮，退出草图。

（2）创建镜脚

单击选择"特征"工具栏中的"拉伸凸台/基体"命令按钮█，属性管理区出现【凸台—拉伸属性管理器】，方向 1 设定为"给定深度"，深度为 5mm，方向指向镜框材料，设置如图 4-15（h）所示。单击【凸台—拉伸属性管理器】中的█按钮，完成设置。

（3）创建圆角

单击"特征"工具栏中的"圆角"命令█，选择等半径圆角，圆角半径为 50mm，边线选择镜脚弯曲折线处上下两条边线，设置如图 4-15（i）所示。单击【圆角属性管理器】中的█按钮，完成圆角的创建，即完成镜脚的创建。

6. 镜像命令创建整个眼镜

单击"特征"工具栏的"线性阵列"命令下标中的"镜像"命令，属性管理区出现【镜像属性管理器】，在"镜像面/基准面"选项中选择"右视基准面"，在"要镜像的特征"中选择镜框、桩头、镜脚和圆角，设置如图 4-15（j）所示。单击【镜像属性管理器】按钮，完成整个眼镜模型的创建。

创建的眼镜模型如图 4-15（k）所示。

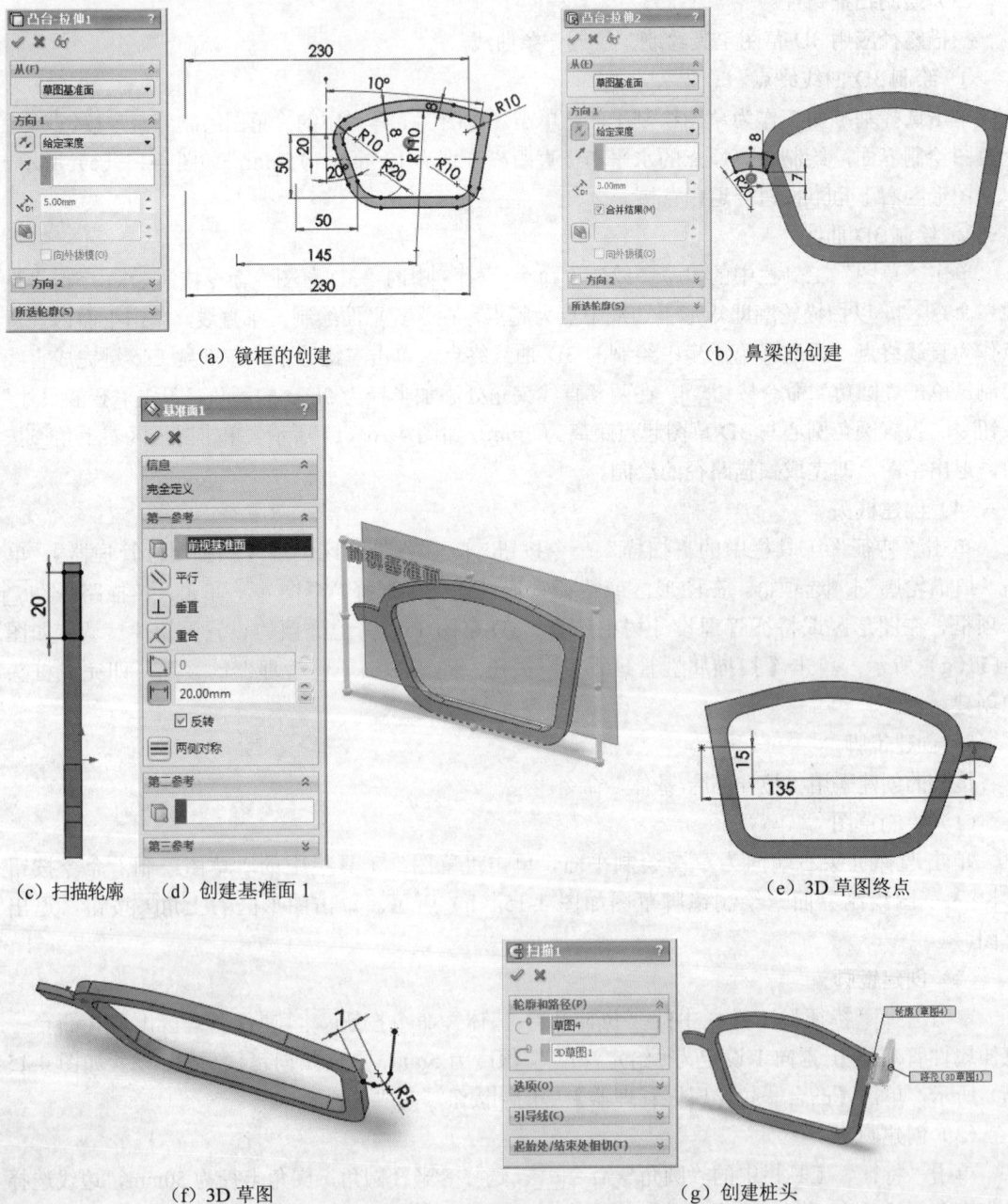

（a）镜框的创建

（b）鼻梁的创建

（c）扫描轮廓 （d）创建基准面 1

（e）3D 草图终点

（f）3D 草图

（g）创建桩头

图 4-15 眼镜模型的创建

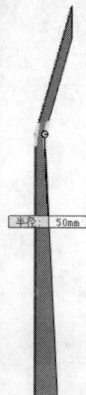

（h）创建镜脚

（i）创建圆角

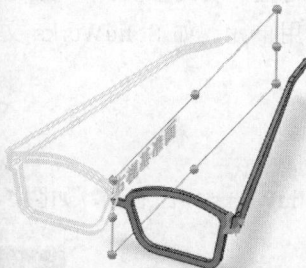

（j）"镜像"命令创建整个眼镜

（k）眼镜模型

图 4-15　眼镜模型的创建（续）

第5章

特征设置

5.1 设计库

设计库的引入省略了标准零部件的创建。SolidWorks 2013 设计库中的标准零部件更符合中国国家标准，对机械设计的过程更具有针对性，实用性更强。设计库提供了可重用的单元，如草图、零件或装配体等，它不识别不可重用单元，如 SolidWorks 文件、SolidWorks 工程图或文本文件。

5.1.1 设计库简介

启动 SolidWorks 2013 后，设计库位于 SolidWorks 界面右端，如图 5-1 所示。

1. 设计库内容简介

SolidWorks 2013 设计库中存储的文件使 SolidWorks 软件的建模功能更加强大，各个内容部分体现不同的功能作用。

（1）Design Library

Design Library 即为设计库，是由 SolidWorks 繁衍的子文件夹，带有可重用的项目，如零件、块及注解，可添加文件夹和内容。

图 5-1 设计库

如图 5-2（a）所示，设计库中的 annotations（注解）引用，左键选中图 5-2（a）下框中"sf0.8-1.6g"表面粗糙度符号，按住左键不放拖动到图形区，单击完成注解符号的放置，软件自动配置表面粗糙度数值。特征管理区出现【插入注解属性管理器】，继续单击左键可以继续添加，单击 按钮完成注解的插入。要编辑插入的注解符号，图形区中选中符号，特征管理区出现该符号的属性管理器，如图 5-2（b）所示。对其数值等进行编辑，单击【表面粗糙度属性管理器】中的 按钮，完成表面粗糙度的编辑。

（2）Toolbox

Toolbox 是标准零部件库，在使用 Toolbox 工具前，安装并插入 SolidWorks Toolbox 浏览器，如图 5-3（a）所示。左键单击"现在插入"，软件自动添加 Toolbox 工具内容，选择常用 GB 标准，下框中选择要添加的标准件，如图 5-3（b）所示。选择 Gb/bearing/滚动轴承/角接触球滚动轴承，按住鼠标左键不放，在图形区松开，软件弹出确认建立派生零件对话框，单击"是"按钮开始插入零件，特征管理区出现【插入零件属性管理器】。单击【插入零件属性管理器】中的 按钮，完成角接触球滚动轴承的插入，如图 5-3（c）所示。

（a）设计库注解的添加　　　　　（b）表面粗糙度符号编辑

图 5-2　设计库的应用

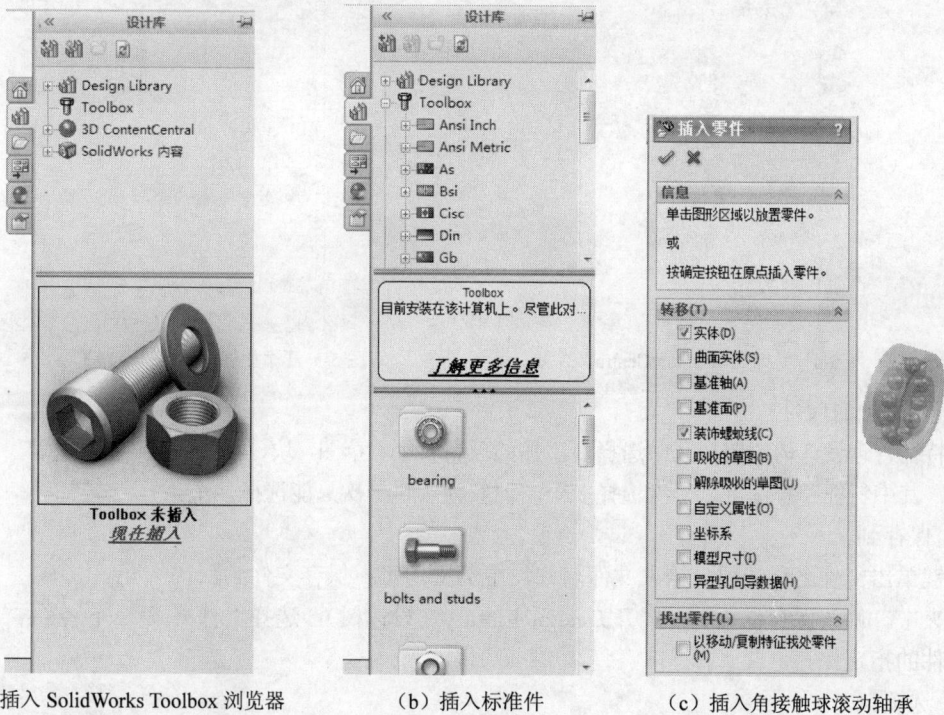

（a）插入 SolidWorks Toolbox 浏览器　　　（b）插入标准件　　　（c）插入角接触球滚动轴承

图 5-3　Toolbox 应用

（3）3D ContentCentral

3D ContentCentral 中包含了所有主要 CAD 格式的零部件供应商和个人的 3D 模型，如图 5-4 所示。

左键单击 3D ContentCentral 进行供应商内容和用户库的访问，单击图标，图形区显示加载的网页。

（4）SolidWorks 内容

SolidWorks 内容■包括块、Routing、CircuitWorks 及焊件等，按<Ctrl+左键>可以下载.zip 文件。

2．设计库工具简介

在设计库的使用过程中，可以将零部件添加到库，添加文件夹位置，将文件夹添加到设计库中等。设计库的工具包括添加到库■、添加文件位置■、生成新文件夹■、刷新■。

（1）添加到库

左键单击"添加到库"命令按钮■，特征管理区出现【添加到库属性管理器】，如图 5-5 所示，设置如下：

图 5-4　访问 3D ContentCentral

图 5-5　【添加到库属性管理器】

① 要添加的项目。

在特征管理设计树或图形区中选择要添加的项目特征、草图、块、零件或装配体，其中特征和草图可以一次选择多个，但其他项目一次只能选择一个。

② 保存到。

左键单击文件名称选项，输入文件名称，中英文均可；保存文件到默认的文件夹中，修改保存位置时，展开 Design Library（设计树），选择文件夹作为文件的指定保存位置。

③ 选项。

SolidWorks 2013 中提供了多种文件类型，如图 5-6 所示，左键单击选择文件要保存的类型，选择一个与所选项类型对应的文件类型；说明栏中键入要在项目的工具提示中显示的说明信息。

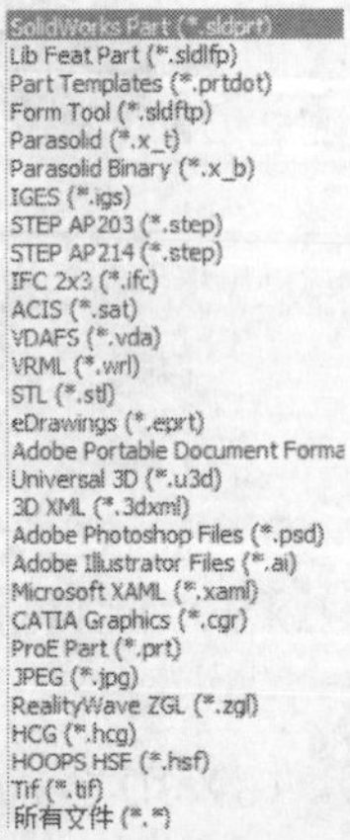

图 5-6　文件保存类型

④ 左键单击【添加到库属性管理器】中的☑按钮，完成设置。

（2）添加文件位置

左键单击"添加文件位置"命令按钮🖼，添加现有文件夹到设计库。在 SolidWorks 2013 机械设计中将常用的零部件文件夹添加到设计库中，方便零部件在装配体中的调用，节约设计时间，避免重复设计。

（3）生成新文件夹

在设计库中生成新文件夹🗂，存储个人设计过程中的资料。

（4）刷新

刷新🗔按钮用来刷新设计库标签的视图。

5.1.2 设计库零件的调用

在 SolidWorks 2013 机械设计中对标准件的调用比较常见，可省略标准件的建模过程；调用设计库中零部件，可进行编辑和保存。以下为六角头螺栓 C 级的调用过程。

1．六角头螺栓 C 级的选择

六角头螺栓 C 级从 Toolbox 中调用，选择"Toolbox/Gb/bolts and studs/六角头螺栓"，在 Toolbox 下框中选择"六角头螺栓 C 级"，如图 5-7（a）所示。

2．派生零件的创建

左键单击选择六角头螺栓 C 级并按住左键不放，将六角头螺栓 C 级拖动到图形区，弹出【确认建立派生零件】对话框，单击"是"按钮开始插入零件，如图 5-7（b）所示。进行插入零件的属性设置，单击【插入零件属性管理器】中的☑按钮，完成六角头螺栓 C 级的插入。

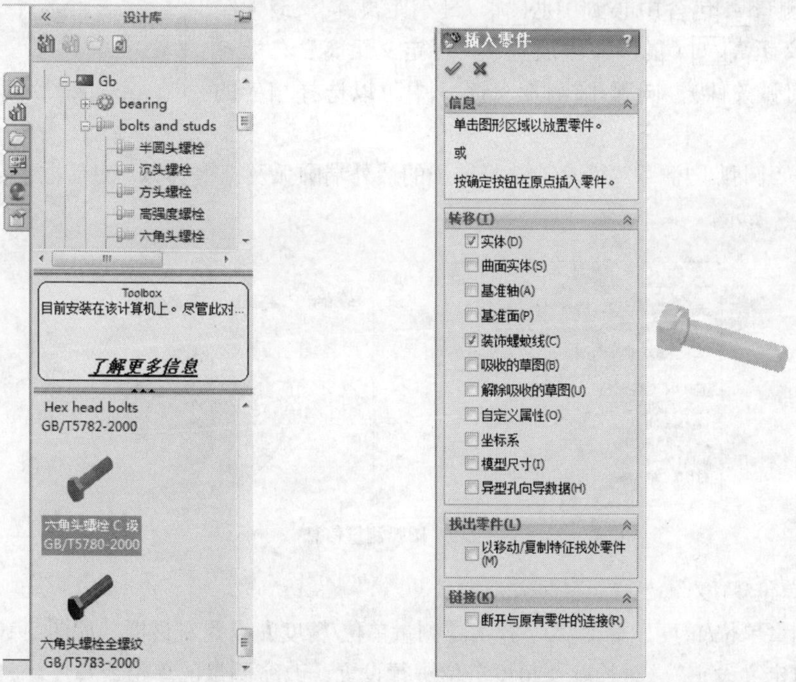

（a）六角头螺栓 C 级的选择　　　（b）六角头螺栓 C 级零件的创建

图 5-7　六角头螺栓 C 级的调用

3．保存文件

单击菜单栏中的"保存"命令按钮 ，在"另存为"对话框中设置文件保存的文件夹，输入文件名称，单击"保存"按钮，完成六角头螺栓 C 级零件的保存，此时螺栓可以进行任意的编辑、调用等。

5.2 特征查询

特征查询查看创建的特征的基本信息，检查特征创建过程。在未知零部件信息的情况下，进行必要的查询，有利于零部件的设计。

5.2.1 测量

"测量"工具可以测量草图、3D 模型、装配体，或工程图中直线、点、曲面、基准面的距离、角度、半径以及大小，以及它们之间的距离、角度、半径或尺寸。当选择一个顶点或草图点时，会显示其 x、y 和 z 坐标值。

打开"转子.SLDPRT"文件，左键单击选择菜单栏中的【工具】|"测量"命令，弹出【测量】对话框，如图 5-8 所示。鼠标在图形区显示为，测量对话框中的工具使用方式如下。

1．圆弧/圆测量

圆弧/圆测量包含中心到中心、最小距离、最大距离和自定义距离（鼠标左键放置在"自定义距离"右标中可以设定圆弧条件），圆弧/圆测量下标中可以选择相应的命令。

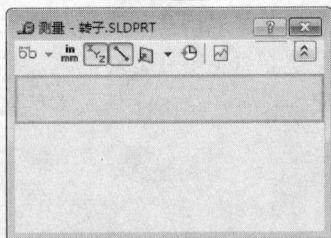

图 5-8　测量工具的使用

左键单击"圆弧/圆测量"命令，选择转子的最外端圆弧及键槽圆弧，对话框中自动列出测量信息，如图 5-9 所示。

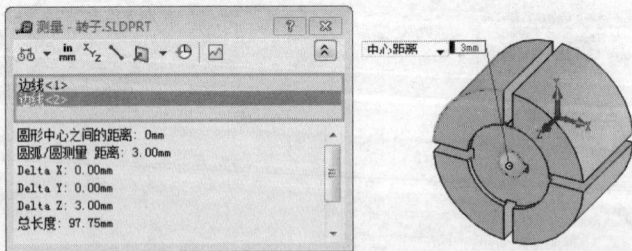

图 5-9　圆弧测量信息

2．测量单位/精度

单击"测量单位/精度"命令，弹出【测量单位/精度】设置对话框，如图 5-10（a）所示。选择"使用自定义设定"，对长度及角度单位进行设置，改变测量的单位或精度。将【测量单位/精度】对话框中的长度单位更改为米，勾选"科学记号"，小数位数输入 3，如图 5-10（b）所示。单击"确定"按钮，重新测量转子圆弧，结果如图 5-10（c）所示。

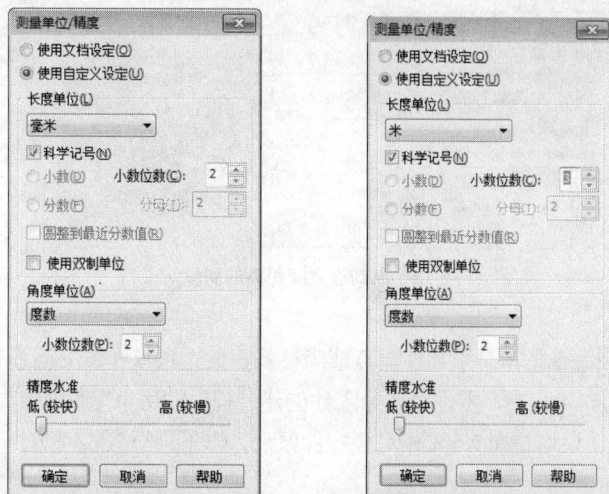

(a)【测量单位/精度】对话框　　　　(b)【测量单位/精度】对话框设置

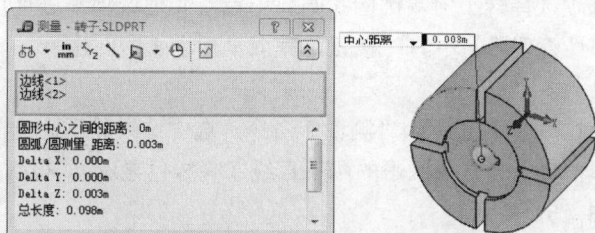

(c)【测量单位/精度】对话框设置后的转子圆弧测量结果

图 5-10　测量单位/精度

3．显示 XYZ 测量

左键单击"显示 XYZ 测量"命令 ，在图形区域中显示所选实体之间 dX、dY 及 dZ 的测量值，消除只显示所选实体之间的最小距离。

在结果显示蓝色框中单击鼠标右键，左键单击选择"消除选择"或在图形区任意空白位置单击左键，重新测量其他选项。左键单击转子竖直及水平的两条直线（亮绿色显示），选中"显示 XYZ 测量"按钮，测量结果如图 5-11 所示。

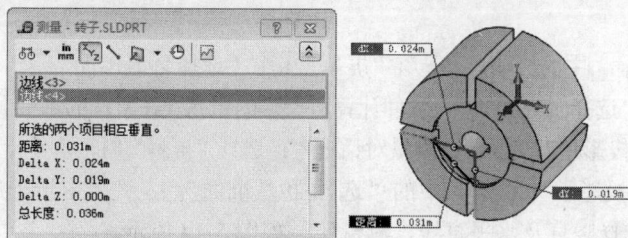

图 5-11　显示 XYZ 测量结果

4．点到点

"点到点" 是测量模型上任意两点之间的距离，左键单击选择该命令时，"圆弧/圆测量"命令不可用。单击"点到点"命令 ，在转子零件右下部分选择两段圆弧中的一点，这两点之间的距离测量如图 5-12 所示。

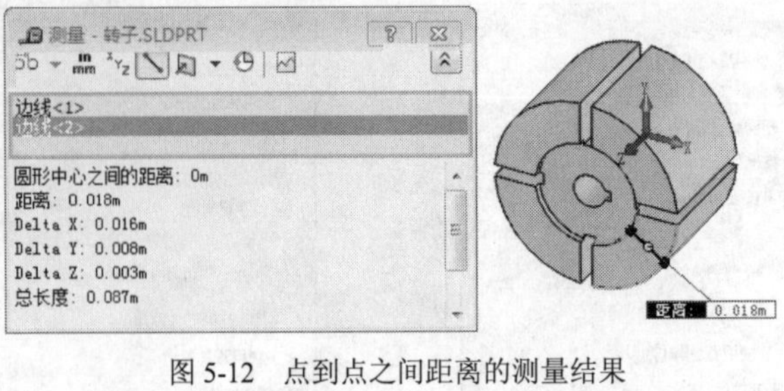

图 5-12　点到点之间距离的测量结果

5．XYZ 相对于

"XYZ 相对于" 命令是相对于零件原点或坐标系，此选项仅在该文档下有多个坐标系时可用，在下标 中选择不同的参考标准，零件原点为零件创建过程中默认坐标系原点，坐标系为新建坐标系。以上圆弧或直线的测量结果均是在 XYZ 相对于零件原点，以下列举 XYZ 相对于坐标系的测量结果。

（1）创建坐标系 1

左键单击选择"特征"工具栏中的"参考几何体"下标 中的"坐标系"命令按钮 ，在属性管理器中"原点"选项选择转子前端键槽孔圆弧中点，其他选项不进行设置，如图 5-13（a）所示。单击【坐标系属性管理器】中的 按钮，完成坐标系 1 的创建。

（2）测量直线距离

左键单击选择菜单栏中的【工具】|"测量"命令，选中结果显示蓝色框中的坐标系 1，右键单击消除选择，左键单击转子竖直及水平的两条直线（亮绿色显示），得到 XYZ 相对于坐标系 1 的测量结果，如图 5-13（b）所示。

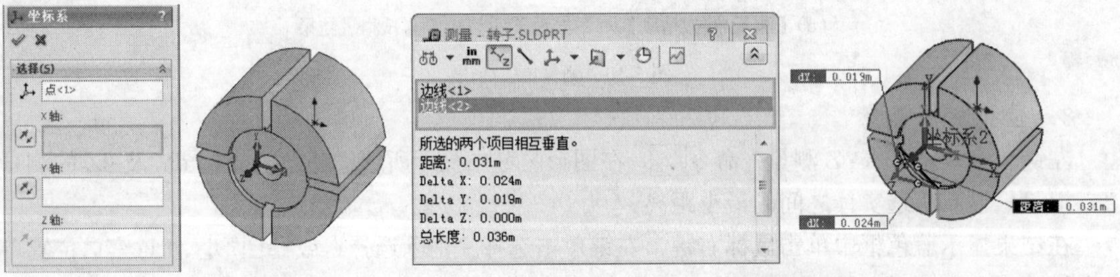

（a）创建坐标系 1　　　　　　　　（b）XYZ 相对于坐标系 1 的测量结果

图 5-13　改变坐标系 XYZ 的测量结果

6．投影于

"投影于" 下标 中的选项有"无"、"屏幕" 、"选择面/基准面" 。选择"无"时，投影和正交不计算；选择"选择面/基准面"，软件计算所投影的距离（在所选的基准面上）及正交距离（与所选的基准面正交），投影和正交显示在测量对话框中；选择"屏幕"时，软件计算投影、法线等距离。

左键单击选择"投影于"下标 中的"选择面/基准面"，左键单击转子后端面，对话框中出现"投影于面 1"，选择竖直及水平直线，测量结果如图 5-14 所示。

7．测量历史记录

"测量历史记录" 中记录 SolidWorks 进程期间进行的所有测量，是快速查看测量结果的简便方式。

8．创建传感器

"创建传感器" ，选择该命令时设置【传感器属性管理器】，以设置软件在测量值改变时提醒用户。

图 5-14　投影于面的测量结果

5.2.2　质量属性

"质量属性"输出框中包含所选零部件、实体，或装配体的质量、体积、表面积、重心、惯性主轴、惯性张量等。SolidWorks 界面仍为转子零件界面，左键单击选择菜单栏中【工具】|"质量特性"命令，转子的质量特性如图 5-15（a）所示，可以看出转子所有的质量属性指标，左键单击"选项"按钮可以设置"质量/剖面属性选项"，如图 5-15（b）所示。单击"确定"按钮完成选项设置，单击"重算"按钮进行质量属性的重新计算。单击 按钮，完成质量属性的查看。

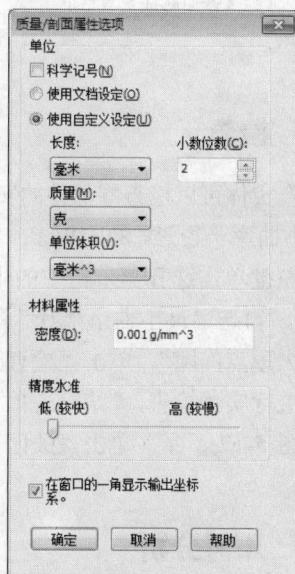

（a）【质量属性】对话框　　　（b）质量/剖面属性选项设置

图 5-15　质量属性的查看

5.2.3　截面属性

截面属性可以显示零件上一个或多个模型面，剖面上的面、工程图中剖视图的剖面或草图的属性。SolidWorks 界面仍为转子零件界面，左键单击选择菜单栏中的【工具】|"截面属性"命令，【截面属性】对话框如图 5-16（a）所示。

左键单击所选项目选项框，在图形区中左键单击选择转子前一端面，单击"重算"按钮计算截面属性，结果如图 5-16（b）所示。单击 按钮，完成截面属性的查看。

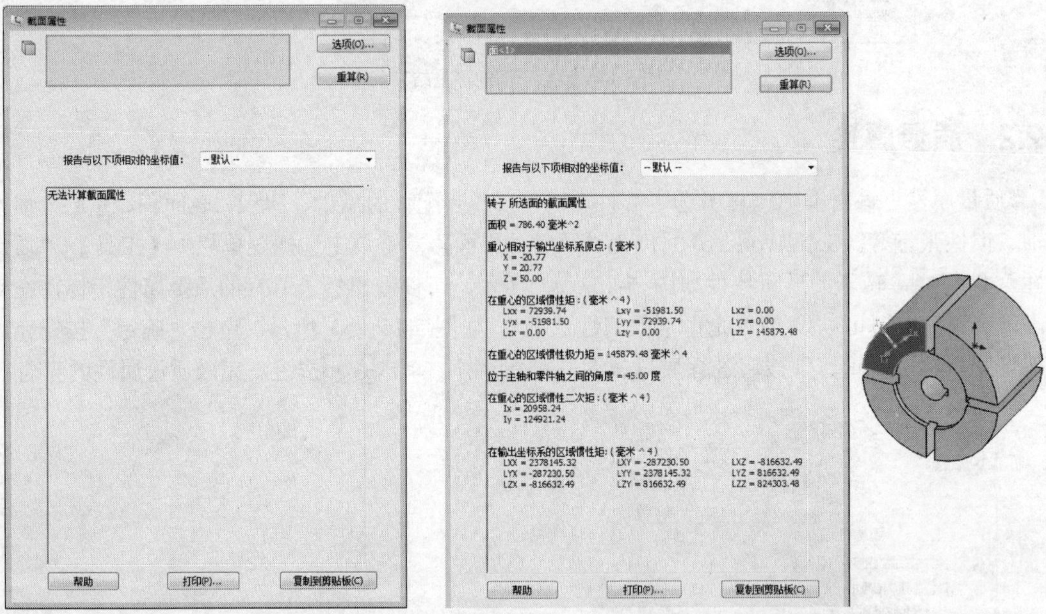

（a）【截面属性】对话框　　　　　（b）计算所选截面属性结果

图 5-16　截面属性查看

5.2.4　检查

检查实体可以检查零部件的实体、曲面、无效的面、最小曲率半径等。SolidWorks 界面仍为转子零件界面，左键单击选择菜单栏中的【工具】|"检查"命令，勾选"最小曲率半径"、"最大边线间隙"及"最大顶点间隙"。单击"检查"按钮，软件开始对转子进行实体检查，"结果清单"中列出检查的结果，如图 5-17 所示。单击"关闭"按钮，关闭检查对话框。

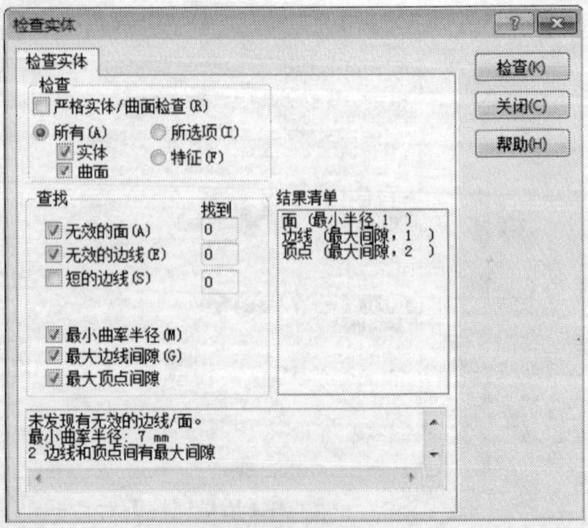

图 5-17　检查实体结果

5.2.5　几何分析

在零部件或装配体中，常有短边线、小面、细薄面、锐边线等元素，这些元素是零部件或装配体中容易出现应力集中或疲劳损坏的常见部位，对这些元素进行几何分析可及时避免结构缺陷。

SolidWorks 界面仍为转子零件界面，单击选择菜单栏中的【工具】|"几何分析"命令 ☑，设置【几何分析属性管理器】中短边线、小面等的数值，如图 5-18（a）所示。单击"计算"按钮，开始计算转子的几何元素信息，如图 5-18（b）所示。单击"保存报告"，弹出【几何体分析保存报告】对话框，如图 5-18（c）所示，输入报告名称，浏览报告文件夹路径，单击"保存"按钮完成报告的保存。

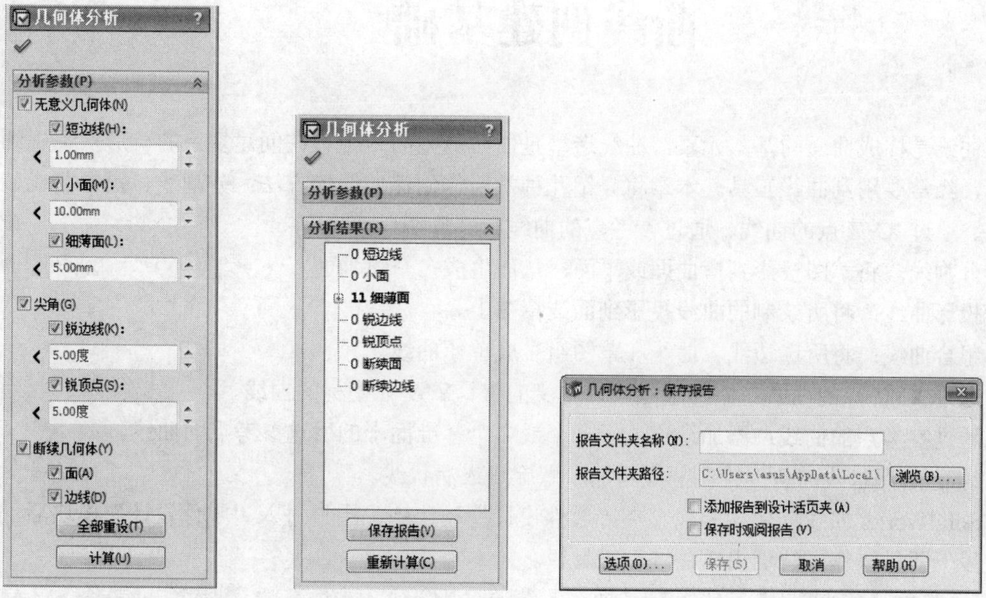

（a）【几何分析属性管理器】　　（b）转子几何分析结果　　（c）【几何体分析保存报告】对话框

图 5-18　几何分析

5.2.6　特征统计

"特征统计"显示零部件或装配体建模过程中应有的所用特征名称及其草图，描述了零部件或装配体创建的时间分配。

SolidWorks 界面仍为转子零件界面，左键单击选择菜单栏中的【工具】|"特征统计"命令 ，弹出转子【特征统计】对话框，显示转子的基本特征信息，如"特征 11"、"实体 1"、"总重建时间秒数 0.22"等，下框中列出了所有特征及其草图名称、重建时间及时间分配百分比，如图 5-19 所示。单击"关闭"按钮，完成转子特征查看。

图 5-19　转子特征统计

6 曲线及曲面创建

6.1 曲线创建基础

  曲线是构成曲面的基本元素，曲线造型是曲面造型的基础。在创建复杂的、形状不规则的零件时，经常要用到曲线工具。本章将介绍几种常用的创建曲线的方法：分割线、投影曲线、组合曲线、通过 XYZ 点的曲线、通过参考点的曲线和螺旋线/涡状线等。

  分割线：将草图投影到弯曲面或平面，从而生成多个单独面。

  投影曲线：将所绘制的曲线投影到面或草图上。

  组合曲线：将所选边线、曲线和草图组合成单一曲线。

  通过 XYZ 点的曲线：添加通过用户定义的 X、Y 及 Z 坐标的曲线。

  通过参考点的曲线：添加通过位于一个或多个基准面上的所选参考点的曲线。

  螺旋线/涡状线：从一绘制的圆添加一螺旋线或涡状线。

SolidWorks 曲线创建功能包含在"零件设计"模块中，用户进入"零件设计"模块后，可以通过以下两种操作方法调出"曲线"工具栏。

  ① 选择【视图】|【工具栏】|【曲线】菜单，则
SolidWorks 工具栏区域将出现"曲线"工具栏，其图标及名称如图 6-1 所示。

  ② 在工具栏上空白处单击右键，从弹出的快捷菜单中，选择【曲线】命令，即可调出"曲线"工具栏。

  此外，用户也可以通过【插入】|【曲线】菜单来单独调用某个曲线创建命令。

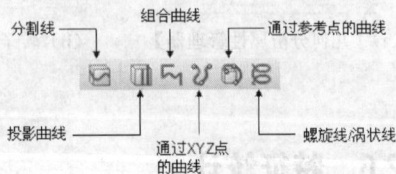

图 6-1 曲线工具栏及名称

6.2 曲线创建

6.2.1 分割线

  通过"分割线"可将草图投影到曲面或平面，它可以将所选的面分割为多个分离的面，也可将草图投影到曲面实体。下面举例说明分割线创建的一般过程。

  ① 打开光盘文件中的"分割线.SLDPRT"文件，如图 6-2 所示。

  ② 单击工具栏上的"分割线" 命令按钮，在窗口左侧弹出【分割线】属性对话框，如图 6-3 所示。

③ 在"分割类型"栏中选择"投影"单选按钮，然后选择图6-2中的"六边形草图"作为投影草图，选择图6-2中的曲面作为要分割的面，如图6-4所示。

图6-2 创建"分割线"初始模型　　　　图6-3 "分割线"属性对话框　　图6-4 定义"分割线"属性

④ 单击"确定" ✓ 按钮，完成分割线的创建。曲面被分割后的结果如图6-5所示。

在【分割线】属性对话框中，提供了三种分割类型：轮廓、投影、交叉点。

轮廓：用基准平面、模型表面或者曲面相交生成的轮廓作为分割线来分割空间曲面，如圆柱面、球面、不规则曲面等，分割效果如图6-6所示。

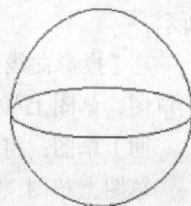

图6-5 投影草图分割曲面后的结果　　　　　图6-6 使用"轮廓"分割类型创建分割线

投影：将草图曲线投影到模型表面或曲面上来生成分割线。

交叉点：以交叉实体、曲面、面、基准面或曲面样条曲线分割面，分割效果如图6-7所示。

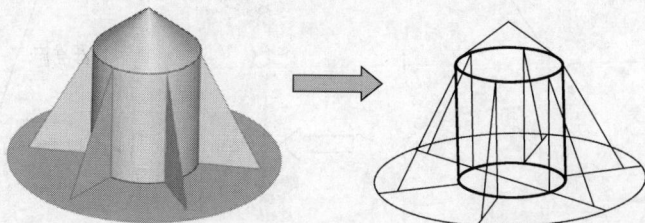

分割前　　　　　　　　　分割后

图6-7 使用"交叉点"分割类型创建分割线

6.2.2　投影曲线

"投影曲线"是将草绘曲线沿其所在平面的法向投射到指定曲面上而生成的曲线。生成的投影曲线可用作扫描操作中的扫描路径。非草绘曲线无法使用"投影曲线"命令。下面举例说明投影曲线创建的一般过程。

① 打开光盘文件中的"投影曲线.SLDPRT"文件，如图 6-8 所示。

② 单击工具栏上的"投影曲线" ▥ 命令按钮，在窗口左侧弹出【投影曲线】属性对话框，如图 6-9 所示。

③ 选择图 6-8 中的草图曲线作为要投影的草图，选择图 6-8 中的曲面作为投影面，勾选"反转投影"复选按钮设置投影的方向，如图 6-10 所示。

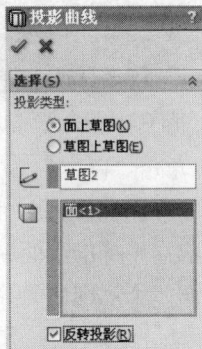

图 6-8　创建"投影曲线"初始模型　　图 6-9　"投影曲线"属性对话框　　图 6-10　设置"投影曲线"属性

④ 取单击"确定" ✓ 按钮，完成投影曲线的创建，如图 6-11 所示。

在【投影曲线】属性对话框中，提供了两种投影类型：面上草图、草图上草图。

面上草图：将绘制的草图投影到指定的模型面上。

草图上草图：将两个相交基准面上的草图沿各自的基准面法线方向投影，得到的两个隐含的曲面将会相交，从而生成一条投影曲线，如图 6-12 所示。

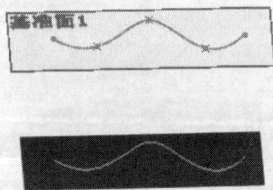

图 6-11　"面上草图"生成的投影曲线

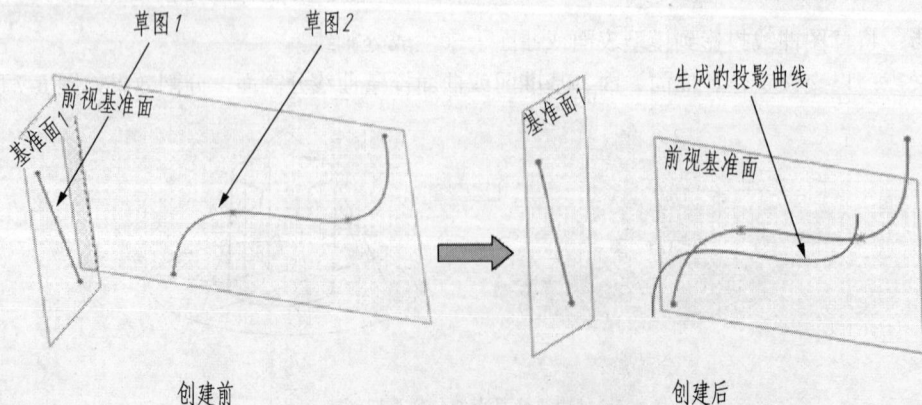

图 6-12　使用"草图上草图"创建投影曲线

6.2.3 组合曲线

"组合曲线"可以将一组连续的曲线、草图或模型边线组合为一条单一曲线,使用该曲线作为生成放样或扫描的引导曲线。下面举例说明组合曲线创建的一般过程。

① 打开光盘文件中的"组合曲线.SLDPRT"文件,如图 6-13 所示。

② 单击工具栏上的"组合曲线" ![icon] 命令按钮,在窗口左侧弹出【组合曲线】属性对话框,依次选择要组合的曲线草图,如图 6-14 所示。

图 6-13 创建"组合曲线"初始模型

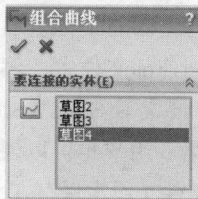

图 6-14 "组合曲线"属性对话框

③ 单击"确定" ![icon] 按钮,完成组合曲线的创建,如图 6-15 所示。

利用生成的"组合曲线"作为扫描路径进行扫描操作,如图 6-16 所示。

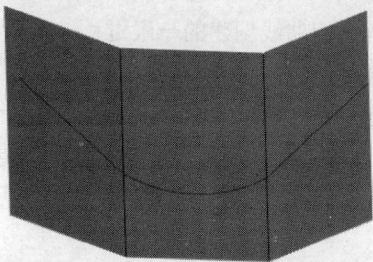

图 6-15 "组合曲线"创建结果

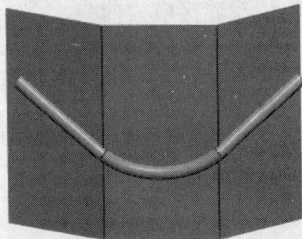

图 6-16 利用"组合曲线"作为扫描路径

6.2.4 通过 XYZ 点的曲线

"通过 XYZ 点的曲线"是通过输入若干个点的 X、Y、Z 坐标值,再将这些坐标值代表的点连接成曲线而成的。下面举例说明通过 XYZ 点的曲线创建的一般过程。

① 新建一个零件文件。

② 单击工具栏上的"通过 XYZ 点的曲线" ![icon] 命令按钮,弹出【曲线文件】对话框,如图 6-17 所示。

③ 输入坐标。在一个单元格中双击,即可输入新的数值。当用户输入数值时,注意图形区域中会显示曲线的预览。在最后编号行的下一行单元格中双击,可以添加新的一行。单击"插入"按钮,可以将新的一行插入在所选行之上。按 Delete 键,可以将选中的行删除。

图 6-17 "曲线文件"对话框

④ 将表 6-1 中各点的坐标值输入到【曲线文件】对话框中。

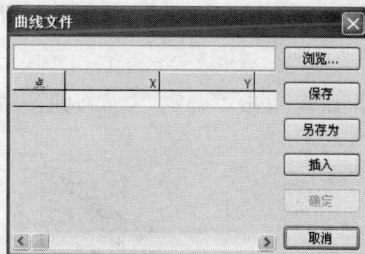

表 6-1　　　　　　　　　　　　　　　　　原始数据点坐标值

点	X	Y	Z
1	0	0	0
2	10	10	10
3	25	10	10
4	40	25	10
5	60	40	25

⑤ 单击"确定"按钮，完成曲线的创建，如图 6-18 所示。

用户可以将输入的坐标值通过"保存"或"另存为"按钮保存到外部文件中，然后指定文件名称。如果没有指定扩展名，SolidWorks 应用程序会添加".sldcrv"扩展名。用户也可以通过"浏览"按钮将外部保存的坐标文件（通常保存在 txt 格式的文件中）导入到【曲线文件】对话框，直接生成曲线。

图 6-18　通过 XYZ 点的曲线

6.2.5　通过参考点的曲线

"通过参考点的曲线"是指按照要生成曲线的点的次序来选择草图点或顶点，或选择两者，被选择的点将依次连接成为曲线。下面举例说明通过参考点的曲线创建的一般过程。

① 打开光盘文件中的"通过参考点的曲线.SLDPRT"文件，如图 6-19 所示。

② 单击工具栏上的"通过参考点的曲线" 📷命令按钮，在窗口左侧弹出【通过参考点的曲线】属性对话框。依次选择曲线将要通过的草图点或模型交点，如图 6-20 所示。在选择点的同时，窗口中将会显示曲线的预览图，如图 6-21 所示。如果想将曲线封闭，可以选中"闭环曲线"复选框。

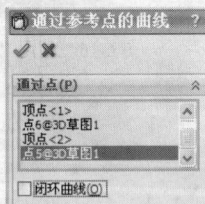

图 6-19　创建"通过参考　　图 6-20　选择曲线将要通过的点　　　　图 6-21　曲线轮廓预览
点的曲线"初始模型

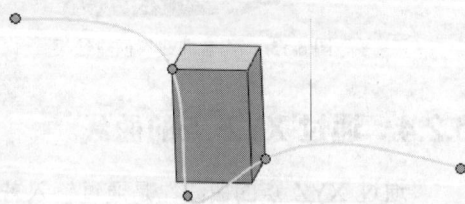

③ 单击"确定" ✅按钮，完成曲线的创建，如图 6-22 所示。

　　（a）不选中"闭环曲线"复选框　　　　　（b）选中"闭环曲线"复选框
图 6-22　生成的结果曲线

6.2.6 螺旋线/涡状线

"螺旋线/涡状线"常用于绘制螺纹、弹簧、发条等具有螺旋状、涡状特征的零件。在绘制此类零件时，螺旋线/涡状线可以用于扫描特征的一个路径或引导曲线，或者用于放样特征的引导曲线。在创建螺旋线/涡状线之前，必须先绘制一个圆或者选择一个包含单一圆的草图来定义螺旋线/涡状线的横断面。下面举例说明螺旋线/涡状线创建的一般过程。

① 打开光盘文件中的"螺旋线/涡状线.SLDPRT"文件，如图 6-23 所示。

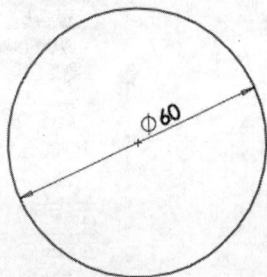

② 单击工具栏上的"螺旋线/涡状线" 命令按钮，选择上图中的草图圆作为横断面，在窗口左侧弹出【螺旋线/涡状线】属性对话框，如图 6-24 所示。

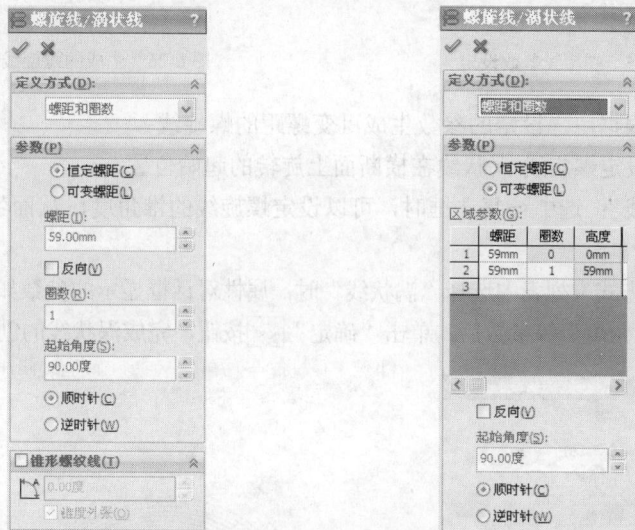

图 6-23 创建"螺旋线/涡状线"初始模型

（a）选中"恒定螺距"的属性对话框 （b）选中"可变螺距"的属性对话框

图 6-24 "螺旋线/涡状线"属性对话框

③ 在"定义方式"下拉列表中选择"螺距和圈数"，在"参数"栏中选择"恒定螺距"单选按钮，在"螺距"文本框中输入"4mm"，"圈数"文本框中输入"20"，在"起始角度"文本框中输入"0 度"，选择"顺时针"单选按钮，如图 6-25 所示。

④ 单击"确定" 按钮，完成螺旋线的创建，如图 6-26 所示。

【螺旋线/涡状线】属性对话框中的其他选项参数定义如下。

① "定义方式"列表提供了四种创建螺旋线/涡状线的方式。

a）螺距和圈数：通过定义螺距和圈数生成螺旋线。

b）高度和圈数：通过定义螺旋线的总体高度和圈数生成螺旋线。

c）高度和螺距：通过定义螺旋线的总体高度和螺距生成螺旋线。

d）涡状线：通过定义螺距和圈数生成一条涡状线。

② "参数"栏：

a）恒定螺距：生成等距的螺旋线。

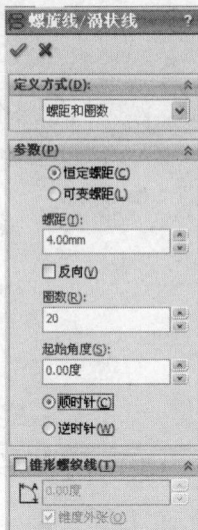

图 6-25　螺旋线参数设定　　　　　　　图 6-26　生成的螺旋线

b）可变螺距：根据用户设定的参数生成可变螺距的螺旋线。

c）起始角度：设定螺旋线/涡状线在横断面上旋转的起始位置。

③　"锥形螺纹线"：选中该复选框时，可以设定螺旋线的锥角度，从而生成带有一定锥度的螺旋线。

当用户从"定义方式"列表中选择"涡状线"时，属性对话框显示的参数如图 6-27 所示。设置"螺距"、"圈数"和"角度"等参数后，单击"确定" 按钮，完成涡状线的创建，如图 6-28 所示。

图 6-27　涡状线参数设定　　　　　　　图 6-28　生成的涡状线

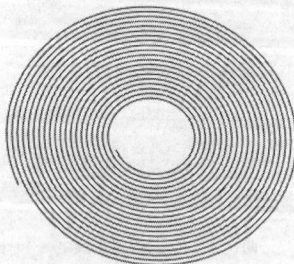

6.3　曲线建模应用——螺纹

下面以梯形螺纹创建为例，介绍曲线建模的综合应用，具体步骤如下。

① 新建一个零件文件，利用"拉伸"特征建立一个直径为 20mm，长度为 80mm 的圆柱体，

利用"倒角"特征在圆柱体一端倒"1×45°"（或 C1）倒角，结果如图 6-29 所示。

② 在倒角的前端面上建立一个新的草图（草图 2），在该草图中绘制一个直径为 20mm 的圆。

③ 创建螺旋线。螺旋线的横断面为步骤 2 中创建的圆（即"草图 2"），螺距为 1.5mm，圈数为 30，起始角度为 0°，螺旋线方向为"顺时针"，生成的螺旋线如图 6-30 所示。

图 6-29　建立圆柱基体

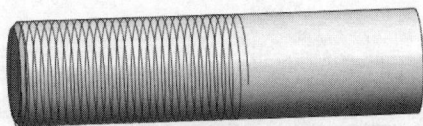

图 6-30　创建螺旋线

④ 在上视基准面上建立一个新的草图（草图 3），草图形状及尺寸如图 6-31 所示。注意应使梯形草图大端的中点与螺旋线之间的约束为"穿透"。

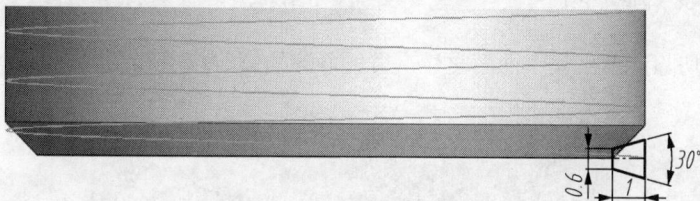

图 6-31　创建螺纹的牙型草图

⑤ 选择步骤 4 创建的"草图 3"作为轮廓，步骤 3 创建的"螺旋线"作为路径，建立扫描切除特征，切除后的结果如图 6-32 所示。

⑥ 在右视基准面上建立一个新的草图（草图 4），选中步骤 3 创建的"螺旋线"，单击草图绘制工具栏中的"转换实体引用" 按钮，将螺旋线转换到草图 4 中，转换结果如图 6-33 所示。

⑦ 在草图 4 中绘制一条直线，使该直线与转换后的螺旋线相切，同时与圆柱体的下母线相交，绘制结果如图 6-34 所示。

图 6-32　创建扫描切除特征

图 6-33　螺旋线转换实体引用

⑧ 在右视基准面上建立一个新的草图（草图 5），选中步骤 7 创建的"直线"，通过转换实体引用将其转换到草图 5 中。

⑨ 创建投影曲线。选择投影类型为"面上草图"，投影草图为"草图 5"，投影面为圆柱体的圆柱面。生成的投影曲线如图 6-35 所示。

图 6-34　绘制一条直线

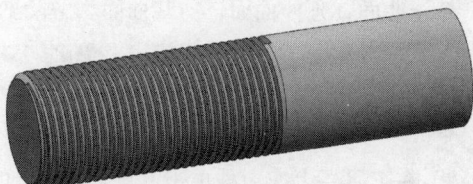

图 6-35　创建投影曲线

⑩ 在右视基准面上建立一个新的草图（草图 6），在该草图中绘制一个点，并使该点与步骤 9 中投影曲线的末端重合并穿透，如图 6-36 所示。

⑪ 建立放样切除特征。放样轮廓选择扫描切除后得到的梯形轮廓面和草图 6，引导线选择步骤 9 中创建的投影曲线，各放样切除参数的设置如图 6-37 所示。

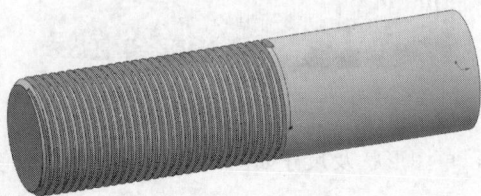

图 6-36　创建草图点　　　　图 6-37　放样切除参数设置

⑫ 隐藏放样切除后多出来的曲面实体，最后得到的螺纹如图 6-38 所示。

图 6-38　最终生成的螺纹效果

6.4　曲面创建基础

曲面建模在三维建模中占有重要的地位，大多数复杂零件的建模都要用到曲面的功能。SolidWorks 软件提供了非常完善的曲面建模工具，可以满足用户的设计要求。本章将介绍常用的曲面创建方法及编辑方法，包括拉伸曲面、旋转曲面、扫描曲面、放样曲面、边界曲面、等距曲面、缝合曲面，以及曲面的延伸、剪裁、填充、替换和删除操作等。

SolidWorks 曲面创建功能包含在"零件设计"模块中，用户进入"零件设计"模块后，可以通过以下两种操作方法调出"曲面"工具栏。

① 选择【视图】|【工具栏】|【曲面】菜单，则 SolidWorks 工具栏区域将出现"曲面"工具栏，如图 6-39 所示。工具栏中的图标从左至右依次为：拉伸曲面、旋转曲面、扫描曲面、放样曲面、边界曲面、填充曲面、平面区域曲面、自由曲面、等距曲面、直纹曲面、删除曲面、替换曲面、缝合曲面、延伸曲面、剪裁曲面、解除剪裁曲面、圆角、参考几何体及曲线。

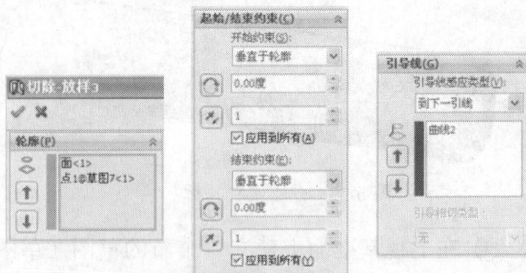

图 6-39　曲面工具栏

② 在工具栏上空白处单击右键，从弹出的快捷菜单中，选择【曲面】命令，即可调出"曲面"工具栏。

此外，用户也可以通过【插入】|【曲面】菜单来单独调用某个曲面创建命令。

6.5 曲面创建

6.5.1 拉伸曲面

"拉伸曲面"是将草图轮廓线沿指定的方向拉伸形成曲面。草图轮廓线可以是封闭的，也可以不封闭。下面举例说明拉伸曲面创建的一般过程。

① 打开光盘文件中的"拉伸曲面.SLDPRT"文件，如图6-40所示。

② 单击工具栏上的"拉伸曲面"图命令按钮，选择上图中的草图进行拉伸，在窗口左侧弹出【曲面—拉伸】属性对话框，如图6-41所示。

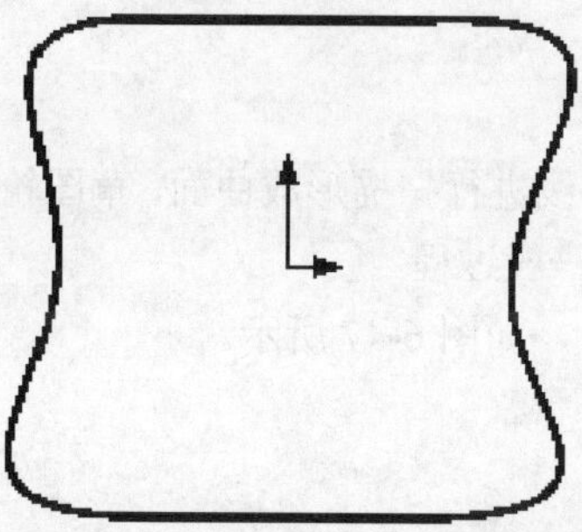

图 6-40 创建"拉伸曲面"初始模型

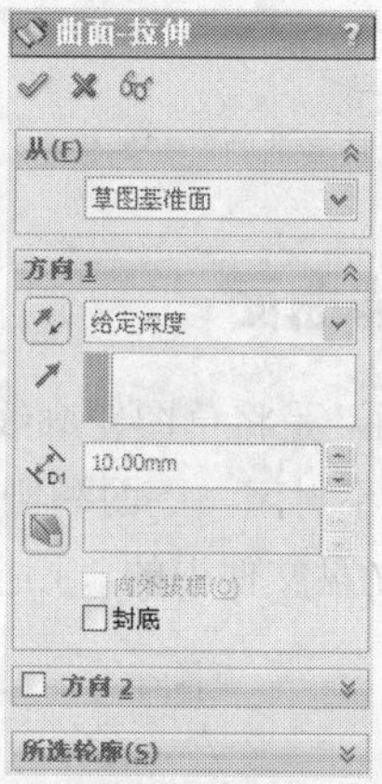

图 6-41 "拉伸曲面"属性对话框

③ 输入曲面拉伸的距离，单击"确定"图按钮，完成拉伸，如图6-42所示。如果在属性对话框中选中"封底"复选框时，拉伸结果如图6-43所示。

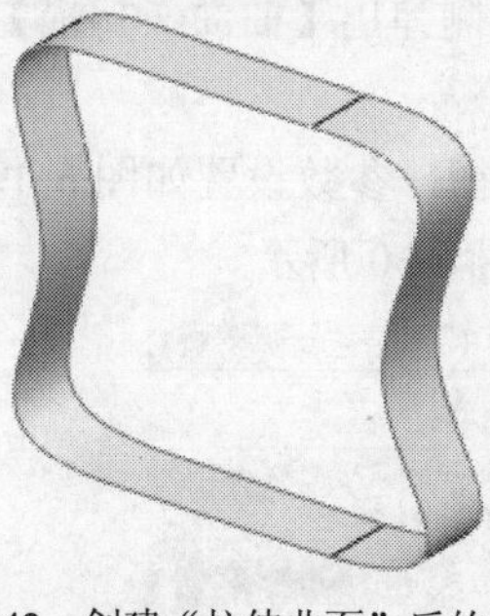

图 6-42 创建"拉伸曲面"后的结果

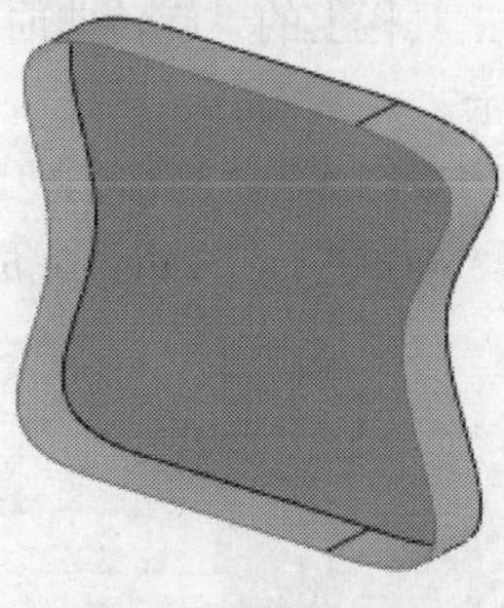

图 6-43 选择"封底"后的拉伸曲面

6.5.2 旋转曲面

"旋转曲面"是将草图轮廓线沿指定的旋转轴旋转一定的角度形成曲面。草图轮廓线可以是封闭的，也可以不封闭。无论轮廓线是否封闭，都不能与旋转轴线相交，否则无法生成旋转曲面。
下面举例说明旋转曲面创建的一般过程。

① 打开光盘文件中的"旋转曲面.SLDPRT"文件，如图 6-44 所示。

② 单击工具栏上的"旋转曲面" 命令按钮，选择上图中的草图进行旋转，指定图中的中心线为旋转轴，在窗口左侧弹出【曲面—旋转】属性对话框，如图 6-45 所示。

③ 输入旋转角度为 360 度，单击"确定" 按钮，完成曲面旋转，如图 6-46 所示。

图 6-44　创建"旋转曲面"初始模型　　　图 6-45　设置"旋转曲面"参数　　　图 6-46　创建"旋转曲面"后的结果

6.5.3　扫描曲面

"扫描曲面"是将草图轮廓线沿指定的路径和引导线进行扫描形成曲面。草图轮廓线可以是封闭的，也可以不封闭。下面举例说明扫描曲面创建的一般过程。

① 打开光盘文件中的"扫描曲面.SLDPRT"文件，如图 6-47 所示。

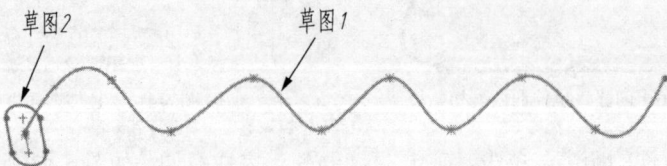

图 6-47　创建"扫描曲面"初始模型

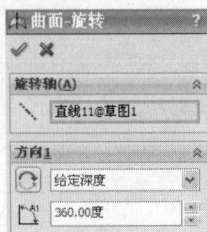

② 单击工具栏上的"旋转曲面" 命令按钮，在窗口左侧弹出【曲面—扫描】属性对话框，如图 6-48 所示。

③ 选择"草图 2"作为扫描轮廓，"草图 1"作为扫描路径，参数设置如图 6-49 所示。

④ 单击"确定" 按钮，完成曲面扫描，扫描结果如图 6-50 所示。

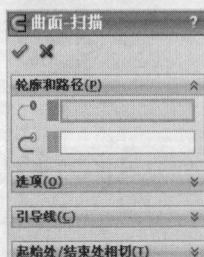

图 6-48　"扫描曲面"属性对话框　　　图 6-49　"扫描曲面"属性参数设置

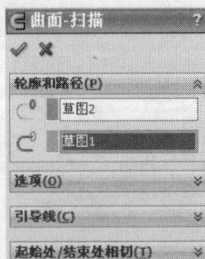

图 6-50 创建 "扫描曲面" 后的结果

【曲面—扫描】属性对话框中其他参数的设置与特征建模中的 "扫描" 操作类似，此处不再介绍。

6.5.4 放样曲面

"放样曲面" 是将两个或多个草图轮廓线通过引导线进行放样形成曲面。草图轮廓线可以是封闭的，也可以不封闭。下面举例说明放样曲面创建的一般过程。

① 打开光盘文件中的 "放样曲面.SLDPRT" 文件，如图 6-51 所示。

② 单击工具栏上的 "放样曲面" 命令按钮，在窗口左侧弹出【曲面—放样】属性对话框，如图 6-52 所示。

③ 选择 "草图 1"、"草图 2" 作为放样轮廓截面，"草图 3"、"草图 4" 作为轮廓引导线，参数设置如图 6-53 所示。

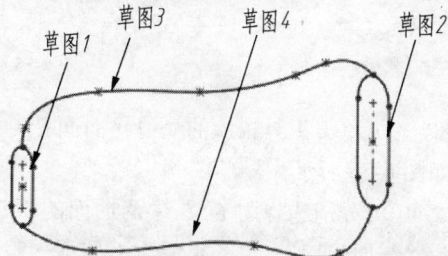

图 6-51 创建 "放样曲面" 初始模型

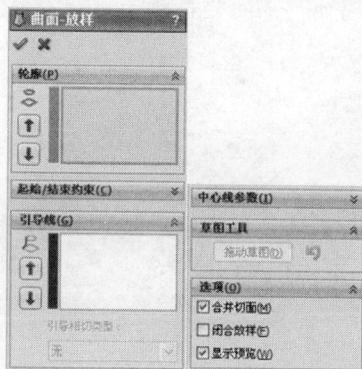

图 6-52 "放样曲面" 属性对话框

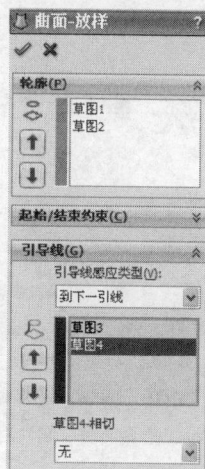

图 6-53 "放样曲面" 属性参数设置

④ 单击 "确定" 按钮，完成曲面放样，放样结果如图 6-54 所示。

【曲面—放样】属性对话框中其他参数的设置与特征建模中的 "放样" 操作类似，此处不再介绍。

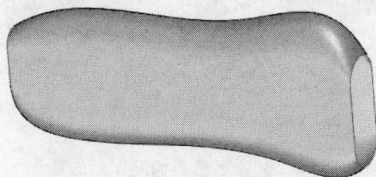

图 6-54 创建 "放样曲面" 后的结果

6.5.5　边界曲面

"边界曲面"特征可用于生成在两个方向上（曲面所有边）相切或曲率连续的曲面。大多数情况下，这样产生的结果比放样工具产生的结果质量更高。下面举例说明边界曲面创建的一般过程。

① 打开光盘文件中的"边界曲面.SLDPRT"文件，如图 6-55 所示。

图 6-55　创建"边界曲面"初始模型

② 单击工具栏上的"边界曲面"⊗命令按钮，在窗口左侧弹出【边界—曲面】属性对话框，如图 6-56 所示。

③ 分别选择图 6-55 中两曲面的相邻边线作为边界曲线，依次设置每条边界曲线的相切类型为"与面相切"，对齐类型为"与下一截面对齐"，参数设置如图 6-57 所示。

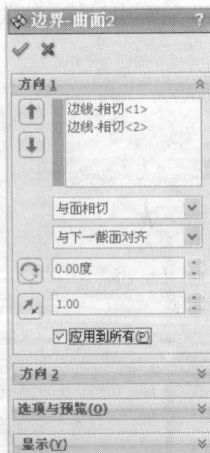

图 6-56　"边界曲面"属性对话框　　　　图 6-57　"边界曲面"属性参数设置

④ 单击"确定"✔按钮，完成边界曲面创建，如图 6-58 所示。

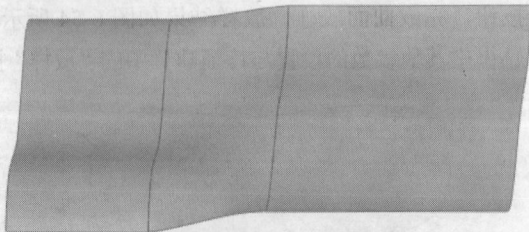

图 6-58　创建"边界曲面"后的结果

6.5.6 等距曲面

"等距曲面"是将选定曲面沿其法线方向偏移形成新的曲面。下面举例说明等距曲面创建的一般过程。

① 打开光盘文件中的"等距曲面.SLDPRT"文件，如图 6-59 所示。

② 单击工具栏上的"等距曲面"⬜命令按钮，在窗口左侧弹出【等距曲面】属性对话框，如图 6-60 所示。

图 6-59 创建"等距曲面"初始模型

图 6-60 "等距曲面"属性对话框

③ 依次选择两个相邻的曲面作为要等距的曲面，设置等距距离和方向，设计窗口中出现等距曲面的预览结果，如图 6-61 所示。

④ 单击"确定"✅按钮，完成等距曲面的创建，如图 6-62 所示。

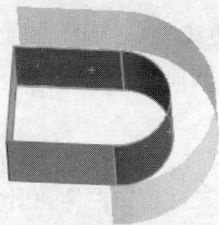

图 6-61 "等距曲面"属性参数设置及结果预览

图 6-62 创建"等距曲面"后的结果

6.5.7 缝合曲面

"缝合曲面"工具可以将两个或多个曲面组合成为一个曲面。在进行曲面缝合时，各曲面的边线必须相邻并且不重叠。下面举例说明缝合曲面创建的一般过程。

① 打开光盘文件中的"缝合曲面.SLDPRT"文件，如图 6-63 所示。

② 单击工具栏上的"缝合曲面"⬜命令按钮，在窗口左侧弹出【缝合曲面】属性对话框，如图 6-64 所示。

③ 选择图 6-63 中的两个曲面实体作为要缝合的曲面，选中"合并实体"复选框，在"缝合控制"栏中设置曲面缝合的公差参数，大小低于缝合公差的缝隙会被缝合。参数设置如图 6-65 所示。

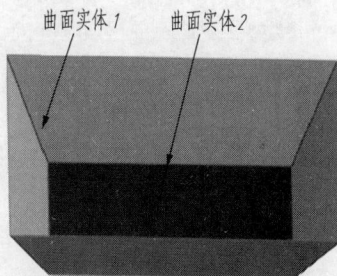

④ 单击"确定"✅按钮，完成缝合曲面的创建，结果如图 6-66 所示。经过缝合后，原来的

曲面实体1 曲面实体2

图 6-63 创建"缝合曲面"初始模型

两个曲面实体现在成为一个曲面实体。

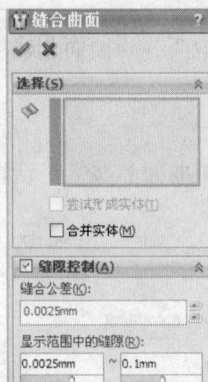

图 6-64　"缝合曲面"属性对话框　　图 6-65　"缝合曲面"属性参数设置　　图 6-66　创建"缝合曲面"后的结果

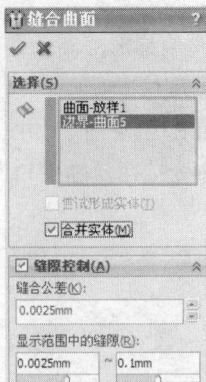

6.6　曲面编辑

6.6.1　延伸

　　"曲面延伸"可以通过选择曲面的一条或多条边线，或者选择曲面上的一个面，将曲面延长某一距离，延伸到某一平面或延伸到某一点。延伸后的曲面与原始曲面可以是相同类型，也可以是不同类型。下面举例说明延伸曲面创建的一般过程。

　　① 打开光盘文件中的"延伸曲面.SLDPRT"文件，如图 6-67 所示。

　　② 单击工具栏上的"延伸曲面"　命令按钮，在窗口左侧弹出【延伸曲面】属性对话框，如图 6-68 所示。

　　③ 选择要延伸的边线或要延伸的面。在此选择半圆曲面某一端的直边线进行延伸，设定延伸距离为 30mm，"延伸类型"为"同一曲面"，如图 6-69 所示。

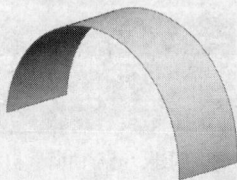

图 6-67　创建"延伸曲面"初始模型　　图 6-68　"延伸曲面"属性对话框　　图 6-69　"延伸曲面"属性参数设置

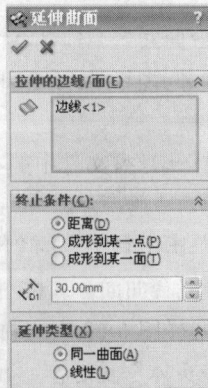

④ 单击"确定" 按钮，完成延伸曲面的创建，结果如图 6-70 所示。选中延伸类型为"线性"时的结果如图 6-71 所示。

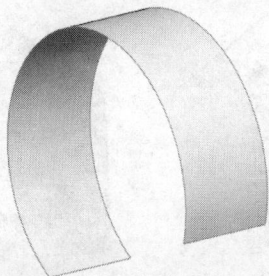

图 6-70　创建"同一曲面"延伸曲面　　　　图 6-71　创建"线性"延伸曲面

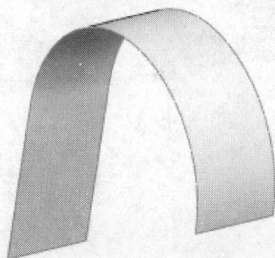

6.6.2　剪裁

"剪裁曲面"使用曲面、基准面或草图作为剪裁工具来剪裁相交曲面。也可以将曲面和其他曲面联合使用作为相互的剪裁工具，其剪裁效果类似于实体的切除功能。下面举例说明剪裁曲面创建的一般过程。

① 打开光盘文件中的"剪裁曲面.SLDPRT"文件，如图 6-72 所示。我们假定"曲面 1"为被剪裁的曲面，剪裁工具可以是"草图 1"，也可以是"上视基准面"，还可以是"曲面 2"。

② 单击工具栏上的"剪裁曲面" 命令按钮，在窗口左侧弹出【剪裁曲面】属性对话框，如图 6-73 所示

③ 选择"剪裁类型"为"标准"，"剪裁工具"为"草图 1"。选中"移除选择"选项后，在窗口中选择的曲面将被移除；选中"保留选择"选项后，选中的曲面将被保留下来。参数设置如图 6-74 所示。

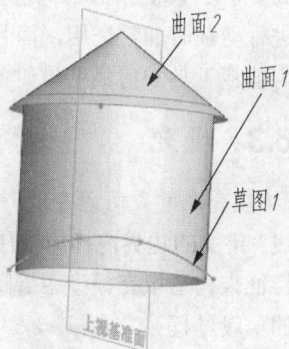

图 6-72　创建"剪裁曲面"初始模型

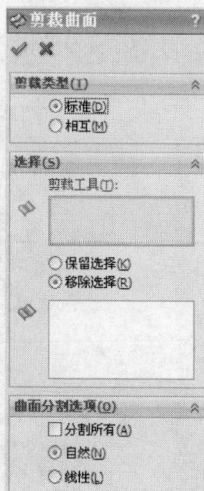

图 6-73　"剪裁曲面"属性对话框　　图 6-74　"剪裁曲面"属性参数设置

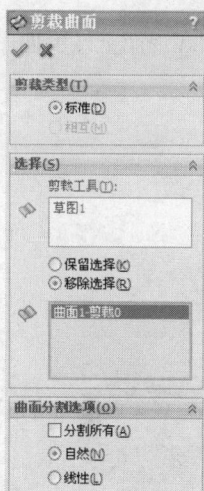

④ 单击"确定" 按钮，完成剪裁曲面的创建。当被选择的移除面不同时，剪裁结果也不

相同，如图 6-75 所示。

当选择"上视基准面"作为剪裁工具时，得到的两种剪裁结果如图 6-76 所示。

图 6-75　使用"草图 1"剪裁曲面的两种剪裁结果　　　　图 6-76　使用"上视基准面"剪裁曲面的两种剪裁结果

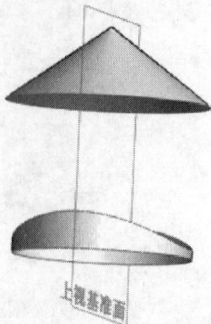

当选择"曲面 2"作为剪裁工具时，可以设置"剪裁类型"为"相互"，此时"曲面 1"和"曲面 2"将会彼此互相进行裁剪。此剪裁方式对于多个曲面彼此相交进行剪裁时非常适用，而且剪裁效率也更高。使用"曲面 2"作为剪裁工具的剪裁结果如图 6-77 所示。

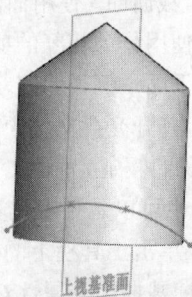

6.6.3　填充

"填充曲面"可以在现有模型边线、草图或曲线（包括组合曲线）定义的边界内构成带任何边数的曲面修补。用户可以使用此特征来构造填充模型中缝隙的曲面。下面举例说明填充曲面创建的一般过程。

图 6-77　两个曲面相互剪裁后的结果

① 打开光盘文件中的"填充曲面.SLDPRT"文件，如图 6-78 所示。

② 单击工具栏上的"填充曲面" 命令按钮，在窗口左侧弹出【填充曲面】属性对话框，如图 6-79 所示。

③ 选择初始模型环形面上端的四条边线，设置"曲率控制"选项为"相触"，如图 6-80 所示。

图 6-78　创建"填充曲面"初始模型　　图 6-79　"填充曲面"属性对话框　　图 6-80　"填充曲面"属性参数设置

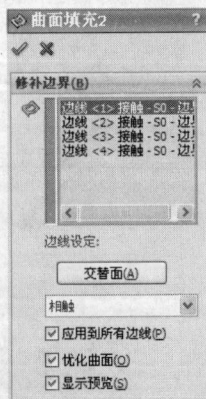

④ 单击"确定" 按钮，完成填充曲面的创建。当选择不同的"曲率控制"选项时，填充结

果也不相同，图 6-81 所示分别为选择"相触"、"相切"和"曲率"三种控制项所得到的填充曲面。

（a）相触　　　　　　　（b）相切　　　　　　　（c）曲率

图 6-81　不同的曲率控制参数得到的几种填充曲面

当用户选择好填充边界时，填充的曲面特征会自动选择一方向。在某些情况，将有一个以上可能的方向选项用来生成填充曲面。若想选择其他方向，可以单击"交替面"按钮。

6.6.4　替换面

"替换面"以新曲面实体替换原有曲面或实体中的面。替换曲面实体不必与旧的面具有相同的边界。当执行"替换面"操作时，原有实体中的相邻面自动延伸并剪裁到替换曲面实体所在的位置。用户可以一次使用一个曲面实体来替换一个或多个面，也可以一次使用多个曲面实体来分别替换多个面。下面举例说明替换面创建的一般过程。

① 打开光盘文件中的"替换面.SLDPRT"文件，如图 6-82 所示。

② 单击工具栏上的"替换面" 命令按钮，在窗口左侧弹出【替换面】属性对话框，如图 6-83 所示。

③ 为"替换的目标面" 列表选择要替换的面组。用鼠标左键依次单击选中 H 型零件顶部的五个平面和底部的五个平面。为"替换曲面" 列表选择目标面的替换面。用鼠标依次单击选中初始模型中位于上部和下部的两个曲面，如图 6-84 所示。

图 6-82　创建"替换面"初始模型

图 6-83　"替换面"属性对话框

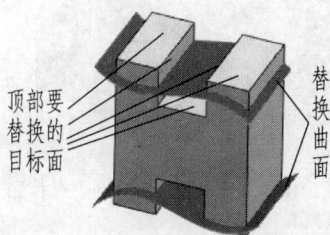

图 6-84　"替换面"参数设置

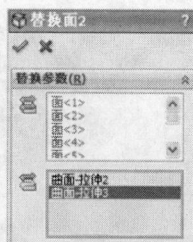

④ 单击"确定" 按钮，完成替换面的创建，如图 6-85 所示。按住 Ctrl 键，单击鼠标左键选中两个替换曲面，从弹出的快捷工具中选中"隐藏" 按钮将其隐藏，如图 6-86 所示。

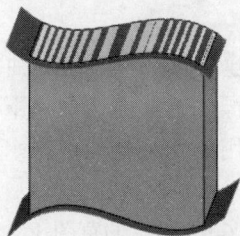

图 6-85　创建"替换面"后的结果

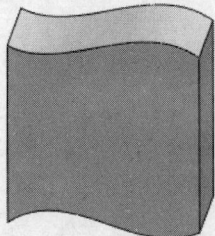

图 6-86　隐藏两个替换曲面

6.6.5　删除面

"删除面"可以把现有多个面进行删除,并对删除后的曲面进行修补或填充。下面举例说明删除面创建的一般过程。

① 打开光盘文件中的"删除面.SLDPRT"文件,如图 6-87 所示。

② 单击工具栏上的"删除面" 命令按钮,窗口左侧弹出【删除面】属性对话框,如图 6-88 所示。

③ 选择中间的"正六边形曲面",单击"确定" 按钮,完成删除面的创建,如图 6-89 所示。

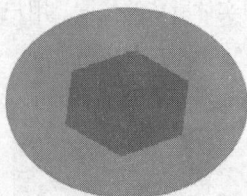

图 6-87　创建"删除面"初始模型　　　图 6-88　"删除面"属性对话框　　　图 6-89　创建"删除面"后的结果

"删除面"除了可以对曲面进行删除之外,还可以对实体平面进行删除操作,删除面后的实体将会直接转换成为曲面实体,如图 6-90 所示。

图 6-90　利用"删除面"操作删除实体平面

6.7　曲面创建应用——矿泉水瓶

在实际进行曲面零件设计时,往往既要用到曲线创建工具,又要用到曲面创建工具。只有将每一种曲线/曲面创建工具良好的结合,才能设计出漂亮的曲面模型。下面以矿泉水瓶的外观曲面设计为例介绍各种曲线/曲面创建工具的综合应用。待创建的矿泉水瓶的三维模型如图 6-91 所示。

① 新建一个零件设计文件,在前视基准面上建立如图 6-92 所示的草图 1。

② 在右视基准面上建立如图 6-93 所示的草图 2。

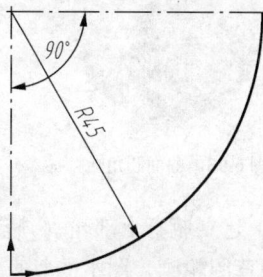

图 6-91 待创建的矿泉水瓶三维模型　　　　图 6-92 草图 1　　　　图 6-93 草图 2

③ 以草图 1 为轮廓，草图 2 为路径建立扫描曲面，如图 6-94 所示。

④ 在右视基准面上建立如图 6-95 所示的草图 3。

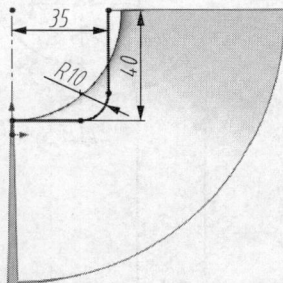

图 6-94 扫描曲面　　　　　　　　　　　　图 6-95 草图 3

⑤ 以草图 3 的轮廓建立旋转曲面，旋转中心为草图 3 中的虚线。旋转角度设置为"方向 1"为"36°"，"方向 2"为"36°"，如图 6-96 所示。

⑥ 使用裁剪曲面功能将生成的扫描曲面和旋转曲面进行剪裁，剪裁结果如图 6-97 所示。

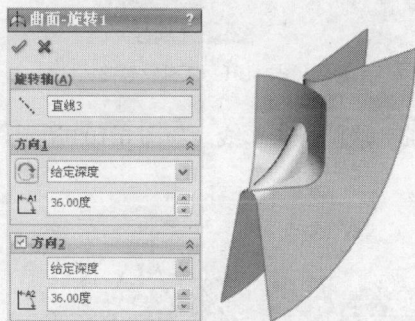

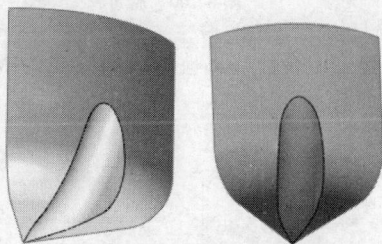

图 6-96 旋转曲面　　　　　　　　　　　图 6-97 剪裁曲面

⑦ 对剪裁曲面的凹槽轮廓线圆角，圆角半径为 3mm，如图 6-98 所示。

⑧ 对圆角处理后的剪裁曲面进行圆周阵列。用鼠标左键单击"阵列轴" 对话框，在绘图区中选择图 6-98 中曲面的侧壁面，设置阵列角度为 360°，阵列数量为 5。将阵列后的所有曲面实体进行缝合操作，得到一个单一的曲面实体，操作过程及结果如图 6-99 所示。

图 6-98　曲面圆角

图 6-99　阵列、缝合的操作过程及结果

⑨ 建立瓶身上部轮廓。瓶身上部轮廓利用旋转曲面一次成型。在前视基准面上建立如图 6-100 所示的草图轮廓，图中的竖直中心线为旋转轴线，得到的旋转曲面如图 6-101 所示。瓶颈部的局部放大结构及尺寸如图 6-102 所示。

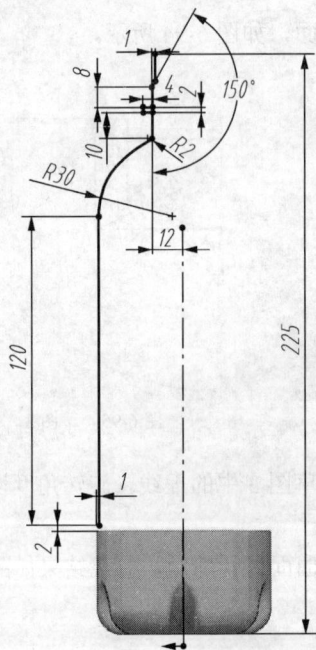

图 6-100　瓶身轮廓草图

图 6-101　瓶身轮廓曲面

⑩ 建立组合曲线。被组合的曲线为瓶底截面上的 5 段圆弧轮廓线，如图 6-103 所示。

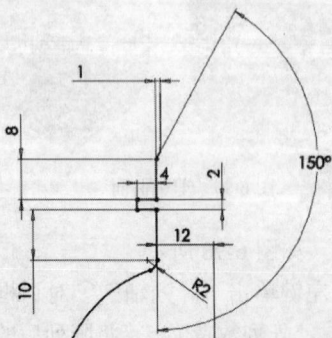

图 6-102　瓶颈处局部放大结构及尺寸

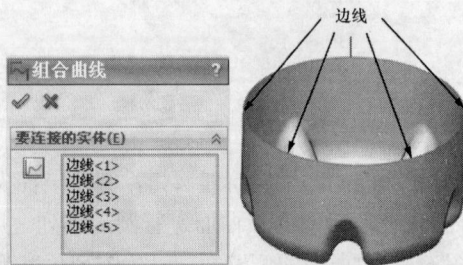

图 6-103　建立组合曲面的 5 条边线

⑪ 建立边界曲面。构成边界曲面的两个边界分别为步骤⑩中建立的组合曲线和步骤⑨中瓶身轮廓曲面下端的圆轮廓线。边界曲面的属性设置如图 6-104 所示，生成的边界曲面如图 6-105 所示。

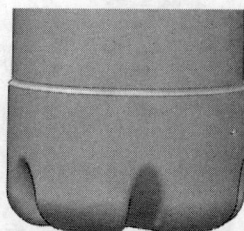

图 6-104 边界曲面属性设置

图 6-105 生成的边界曲面

⑫ 建立缝合曲面。被缝合的曲面为瓶身轮廓曲面、步骤⑪生成的边界曲面和瓶底轮廓曲面。

⑬ 在瓶口处建立如图 6-106 所示的 3 个基准面：基准面 1、基准面 2、基准面 3。基准面 2 和基准面 3 分别用来定位螺纹起点和终点所在的高度平面。

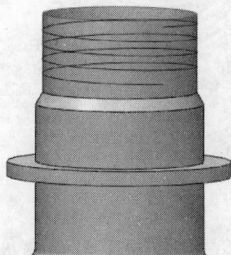

图 6-106 在瓶口处建立的 3 个基准面

⑭ 在基准面 2 上新建一个草图，将瓶口端面上的圆轮廓线通过"转换实体引用"的方法转换到该草图中。以该圆为轮廓创建螺旋线，螺距为 2mm，圈数为 4，起始角度为 0°，生成的螺旋线如图 6-107 所示。

⑮ 分别在基准面 2 和基准面 3 上各建立一个草图，在每个草图中绘制一条与螺旋线相连接的直线，如图 6-108 所示。

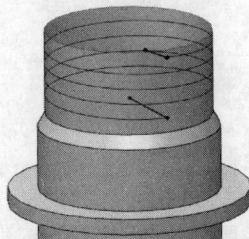

图 6-107 创建螺旋线

图 6-108 绘制两条与螺纹线首尾相接的直线

⑯ 建立组合曲线。将图 108 中的两条直线以及螺旋线三者通过"组合曲线"命令组合成一条曲线，如图 6-109 所示。

⑰ 建立一个新的基准面，使该基准面与刚建立的组合曲线垂直，且基准面的原点设定在组合曲线的端点处，如图 6-110 所示。

图 6-109　创建组合曲线

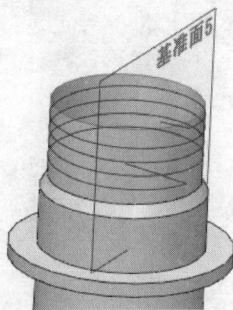

图 6-110　建立新基准面

⑱ 在刚建立的基准面上新建一个草图，草图轮廓及尺寸如图 6-111 所示。

⑲ 建立瓶口螺纹。以步骤⑱中的草图为轮廓，步骤⑯中的组合曲线为路径，建立扫描曲面，如图 6-112 所示。通过曲面剪裁操作将多余的螺纹剪裁掉，如图 6-113 所示。

图 6-111　新建轮廓草图

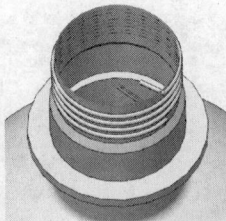

图 6-112　创建扫描曲面

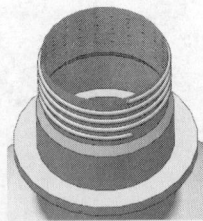

图 6-113　剪裁后的瓶口螺纹

⑳ 加厚曲面。单击菜单栏中的【插入】|【凸台/基体】|【加厚】命令，将步骤⑩中缝合的整个水瓶轮廓曲面加厚 1mm，厚度朝内。"加厚"属性设置如图 6-114 所示，瓶口加厚后的效果如图 6-115 所示。

图 6-114　"加厚"属性设置

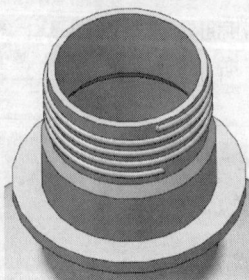

图 6-115　瓶口加厚后的效果

㉑ 单击工具栏中的"保存"按钮，保存结果文件。最终建立完成的矿泉水瓶如图 6-91 所示。

第7章 7 装配体设计

7.1 装配体设计思路

装配体中的零部件可以包括独立的零件及子装配体，而每个子装配体中又可以由独立的零件和下一级子装配体即部件组成，而其中的下一级子装配体中又可以由零件和部件构成。

在 SolidWorks 中，装配体的设计思路主要有自下而上和自上而下两种，两种思路可以独立使用也可以结合使用。

7.1.1 自上而下设计法

自上而下设计法是 SolidWorks 中首选的装配体设计方法，更能体现设计者的设计水平。在自上而下的设计法中，零件的形状、大小及位置可在装配体中设计。当采用自上而下的方法设计装配体时，装配体和零件之间具有很大的关联性。当对装配体进行修改时，相应的零件同时被修改，装配体及其零件的创建过程更加便捷。

自上而下设计法从装配体环境中开始工作，可以用某个零件作为外部参考来定义另外一个零件，也可以将布局草图作为设计的开端，利用布局草图定义装配体中零部件的位置、尺寸关系等，然后参考这些定义来设计零件。

自上而下设计中常用的方法有 3 种。

1．单个特征

通过参考装配体中的其他零件，从而自上而下设计，零件在单独窗口中建造，此窗口中只可看到零件。同时，SolidWorks 2013 也允许在装配体窗口中操作时编辑零件，这可使所有其他零部件的几何体供参考之用（例如复制或标注尺寸），该方法适用于大多是静态但具有某些与其他装配体零部件具有相同特征的零件。

2．完整零件

通过在关联装配体中创建新零部件而以自上而下方法建造，所创建的零部件实际上添加配合到装配体中的另一现有零部件，所创建的零部件几何体的设计是基于现有零部件的，该方法适用于大多或完全依赖其他零件来定义其形状和大小的零件建模，如托架和器具之类。

3．整个装配体

整个装配体采用自上而下的设计，通过建造定义零部件位置、关键尺寸等的布局草图，运用单个特征或完整零件方法创建 3D 零件。3D 零件遵循草图的大小和位置，创建 3D 几何体后，草图可以在一个中心位置进行大量修改。

7.1.2 自下而上设计法

自下而上设计法是比较传统的方法。在自下而上的设计中，首先借助于软件的设计功能生成零件模型，然后将其插入到装配体中，根据设计要求定义零件之间的配合关系。当用户使用以前生成的零件或使用大量的标准件时，或不需要建立控制零件大小和尺寸的参考关系时，这种方法较为常用。

7.2 装配体设计基础

装配体是许多零部件的组装体，在 SolidWorks 2013 中以扩展名".SLDASM"保存，装配体的各个零部件之间存在一定的装配关系即配合。改变装配体中零部件的特征，变动将会在零部件文件（扩展名为".SLDPRT"）中保存，装配体与其之间的零部件有互换性和关联性。装配体文件的创建、零部件的插入和删除等是装配体设计的基础。

7.2.1 装配体文件创建

启动 SolidWorks 2013 后，左键单击菜单工具栏中的"新建"按钮□或单击选择【文件】|【新建】命令，还可以直接按键盘<Ctrl+N>快捷键进行文件的新建，弹出【新建 SolidWorks 文件】对话框，如图 7-1 所示。单击"装配体"图标🖳，单击"确定"按钮完成装配体文件的创建，进入装配体界面，如图 7-2 所示。

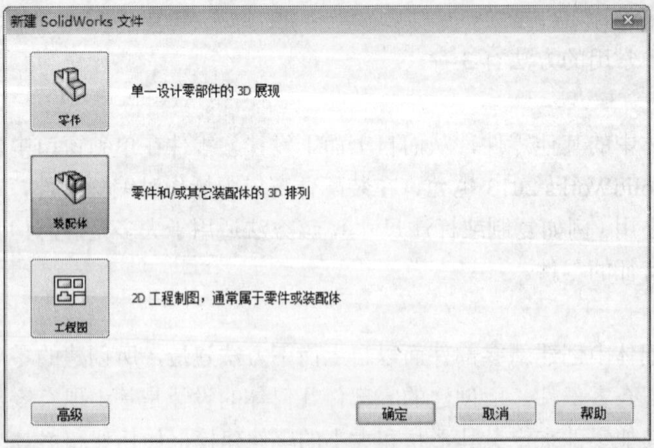

图 7-1 新建装配体文件

1. 装配体命令

装配体界面中，左键单击选择"命令管理器"中的"装配体"选项，装配体工具栏中有常用命令按钮，如编辑零部件、插入零部件、配合、智能扣件、爆炸视图等。

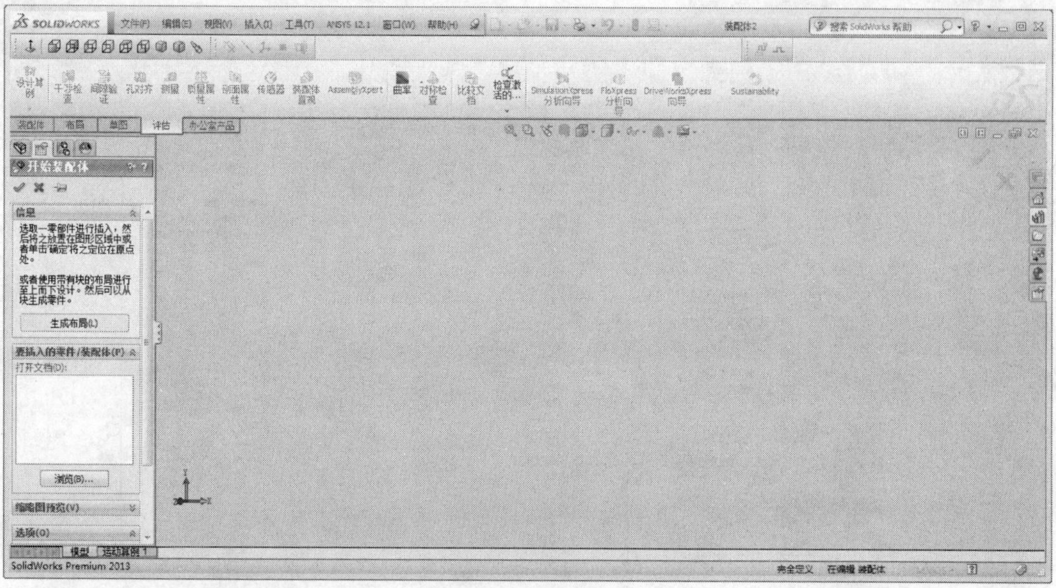

图 7-2 装配体界面

2．添加装配体命令

添加装配体命令通过添加装配体工具栏即可满足需要，在工具栏空白处单击右键，在弹出菜单中左键单击选择"装配体"，出现装配体工具栏，如图 7-3（a）所示。左键拖动标题栏到工具栏中，或者单击菜单栏中的【工具】|"自定义"命令，在工具栏选项卡中勾选"装配体"，弹出装配体工具栏，如图 7-3（b）所示。

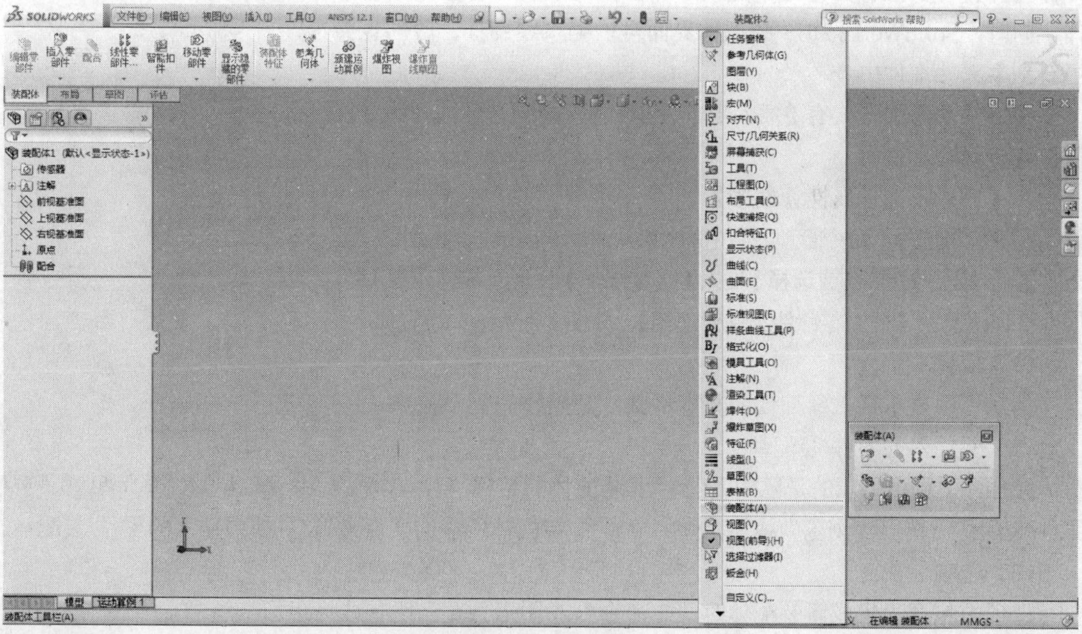

（a）装配体工具栏调用方法 1

图 7-3 装配体工具栏的调用

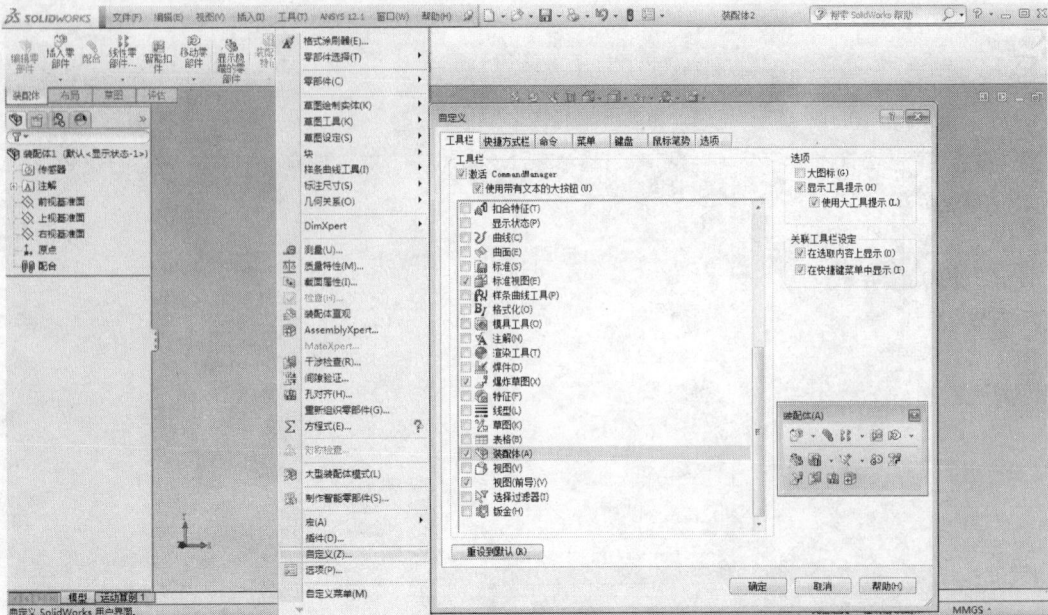

（b）装配体工具栏调用方法 2

图 7-3　装配体工具栏的调用（续）

7.2.2　零部件的添加

　　装配体由多个零部件组成，零部件在未插入到装配体前都是孤立存在的，它们之间没有任何的关联性。当零部件（单个零件或子装配体）插入装配体中时，零部件文件将与装配体文件建立链接，零部件的改动将会更新到装配体。同时，SolidWorks 2013 装配体界面可以编辑零部件，改动也会更新到零部件文件中。

　　零部件的添加方式有【插入零部件属性管理器】、已打开的文档窗口、资源管理器。

　　1．【插入零部件属性管理器】

　　左键单击选择"命令管理器"中的"装配体"，单击工具栏中的"插入零部件"命令按钮或选择【插入】|【零部件】|"现有零件/装配体"，属性管理区出现【插入零部件属性管理器】，如图 7-4 所示。设置如下：

　　（1）信息

　　信息框中显示插入零部件的基本步骤，是操作的提示信息。

　　（2）要插入的零件/装配体

　　在打开文档中显示的是已插入的零件/装配体的名称，要添加新的 图 7-4　【插入零部件属性管理器】
零件/装配体，单击"浏览"按钮，弹出"零件/装配体所在的文件夹"，寻找要插入的零件/装配体。

　　（3）选项

　　选项中包含"生成新装配体时开始命令"、"图形预览"、"使成为虚拟"。

　　① 生成新装配体时开始命令。

　　生成新装配体时，左键单击选择该项，将打开新的【装配体属性管理器】。在只进行一个装配体任务时，要插入零部件或生成布局之外的普通事项时，清除该选项。

② 图形预览。

查看在鼠标指针下的图形区域中所选的文档。

③ 使成为虚拟。

该选项使得插入的零部件成为虚拟零部件，虚拟零部件将断开外部零部件文件的链接并在装配体文件内储存零部件定义。例如，如果外部文件是派生零件，虚拟零部件将包含零件父系的参考引用，虚拟零件中的外部参考引用可以手工断开。

左键单击【插入零部件属性管理器】中的☑按钮，完成设置。

2．已打开的文档窗口

在已打开的文档窗口中，从特征管理（Feature Manager）设计树或图形区域可以添加零部件。

（1）特征管理（Feature Manager）设计树

装配体和零件都有各自的特征管理设计树，包含特征名称及建模方式。以下为从特征管理设计树添加零部件的步骤。

① 打开目标装配体，再打开源零部件文件。

② 左键单击菜单栏的【窗口】，选择"横向平铺"▤或"纵向平铺"▥，窗口显示装配体及打开的零部件文件。

③ 按住鼠标左键不放，将零部件图标从源窗口的特征管理设计树中拖放到目标装配体窗口中，完成零部件的添加。

（2）图形区域

从源零部件窗口的图形区域，按<Ctrl+左键>拖动零部件到目标装配体窗口。在松开鼠标之前，可以选择线性或圆形边形、临时轴、原点等确定零部件放置的位置，松开鼠标完成零部件的添加。

3．资源管理器（SolidWorks Explorer）

左键单击菜单栏的【工具】|SolidWorks Explorer（SolidWorks 资源管理器），弹出【SolidWorks Explorer】对话框，如图 7-5 所示。从"文件探索器"中选择零部件，按住鼠标左键拖动到目标装配体图形区中，松开左键完成零部件的添加。

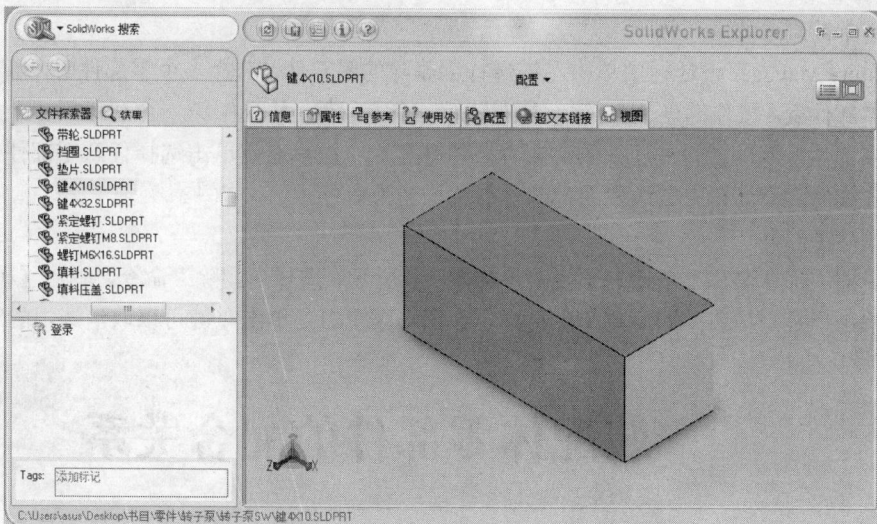

图 7-5 【SolidWorks Explorer】对话框

7.2.3　零部件的删除

在装配过程中，由于插入零部件错误或零部件的添加顺序错误，需要将插入的零件删除，可以通过以下两种方式删除。

1. 图形区删除

（1）选中欲删除的零部件

在装配体界面的图形区，单击左键选中欲删除的零部件。有多个零部件时，左键单击第一个零部件，按住键盘 Shift 或 Ctrl 键，单击左键连续选中其他零部件，被选中的零部件表面为蓝色。

（2）删除零部件

左键单击选择欲删除的零部件后，在图形区任意位置单击鼠标右键，在弹出菜单中选择"删除"命令，如图 7-6（a）所示，弹出【确认删除】对话框，如图 7-6（b）所示。单击"是"按钮，即可删除零部件。

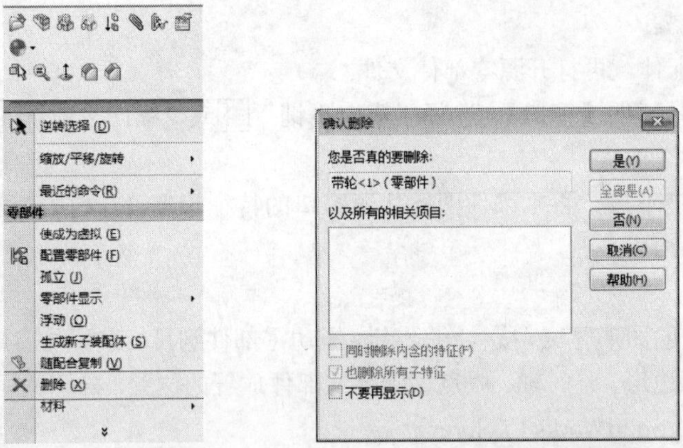

（a）右键菜单图　　　　　　（b）【确认删除】对话框

图 7-6　删除零部件

2. 特征管理（Feature Manager）设计树中删除

（1）选中欲删除的零部件

在 Feature Manager 设计树中单击左键选择欲删除的零部件，选择多个零部件时，单击左键选择第一个零部件后，按住键盘 Shift 键，单击最后一个零部件，将选中第一个和最后一个及中间包含的所有零部件，零件之间是连续的。或者按住键盘 Ctrl 键，左键单击选择任意零部件，零部件之间是不连续的。设计树中被选中的零部件名称均变为蓝色。

（2）删除零部件

在选中的零部件名称上单击右键，菜单如图 7-6 所示。选择"删除"命令，弹出【确认删除】对话框，单击"是"按钮，即可删除零部件。在图形区空白处单击左键可以取消选中的零部件。

7.3　装配体零部件的配合关系

装配体零部件的配合关系是约束零部件自由度的几何关系，在未添加配合关系之前，零部件包含 6 个自由度。配合关系使得零部件之间相互约束减少其自由度，从而将零部件组装为一个完整的装配体。装配体中的配合关系是作为一个系统整体求解的，与添加的先后顺序无关，所有的配合关系将被同时求解。

7.3.1 添加配合关系

添加配合关系将零部件定位，SolidWorks 2013 中的配合包含标准配合、高级配合、机械配合，每一个配合类型的添加都在【配合属性管理器】中进行设置。

左键选择"命令管理器"中的"装配体"，单击工具栏中的"配合"命令按钮或【插入】|"配合"命令，属性管理区出现【配合属性管理器】，选择不同的配合类型进行属性管理器的设置，如图 7-7 所示。

1. 配合选择

左键单击"配合选择"下的选项框，在图形区中左键单击选择零部件的点、边线、面等作为添加配合的对象。为要配合的实体，选择两个或多个其他零部件上的实体与普通参考进行配合，为每个零部件添加配合；为多配合模式，左键单击该按钮，右端会出现多配合模式选项框，选择以将所产生的配合分组在多配合文件夹中，在此可以单一操作为文件夹中的所有配合更改普通参考、配合类型，否则将有一系列配合添加到模型。

2. 配合类型

SolidWorks 2013 中提供三种配合类型，即标准配合、高级配合及机械配合，不同的配合类型适用于不同的场合，实现零部件之间的连接。在选择配合关系时需确定实际中零部件的装配关系，在 SolidWorks 2013 中装配时，配合关系应灵活选用，不同配合类型的配合关系说明见表 7-1。

（1）标准配合

"标准配合"是装配体中最基本的配合关系，左键单击"标准配合"标题栏，出现标准配合关系，添加设置如图 7-7（a）所示。

（2）高级配合

"高级配合"包含复杂曲面相互之间的配合，左键单击"高级配合"标题栏，出现高级配合关系，添加设置如图 7-7（b）所示。

（3）机械配合

"机械配合"中包含了常用机械零件的配合，如齿轮、凸轮等。左键单击"机械配合"标题栏，出现机械配合关系，添加设置如图 7-7（c）。

表 7-1 不同配合类型的配合关系说明

配合类型	配合关系	说明
标准配合	重合	将所选面、边线及基准面定位（相互组合或与单一顶点组合），共享同一个无限基准面
	平行	放置所选项，彼此间保持等间距，数值框中设置平行距离
	垂直	所选项以彼此间 90°角度放置
	相切	所选项以彼此间相切放置，其中的所选项至少有一个必须为圆柱面、圆锥面或球面
	同轴心	所选项放置于共享同一中心线
	锁定	保持两个零部件之间的相对位置和方向不变
	距离	所选项以彼此间指定的距离放置
	角度	所选项以彼此间指定的角度放置

续表

配合类型	配合关系	说　　明
高级配合	对称 ▣	使两个相同实体绕基准面或平面对称
	宽度 ▥	将标签置中于凹槽宽度内
	路径配合 ⟋	将零部件上所选的点约束到路径
	线性/线性耦合 ⬱	在一个零部件的平移和另一个零部件的平移之间建立几何关系
	距离 ↦	允许零部件在距离配合的一定数值范围内移动
	角度 ◿	允许零部件在角度配合的一定数值范围内移动
机械配合	凸轮 ⬭	使圆柱、基准面或点与一系列相切的拉伸面重合或相切
	铰链 ⬮	将两个零部件之间的移动限制在一定的旋转范围内
	齿轮 ⚙	两个零部件绕所选轴彼此相对而旋转
	齿条小齿轮 ⬚	齿条的线性平移引起齿轮的旋转，反之亦然
	涡旋 ⬭	将两个零部件约束为同心，在一个零部件的旋转和另一个零部件的平移之间添加纵向几何关系
	万向节 ⬡	输出轴绕自身轴的旋转是由输入轴绕其轴的旋转驱动

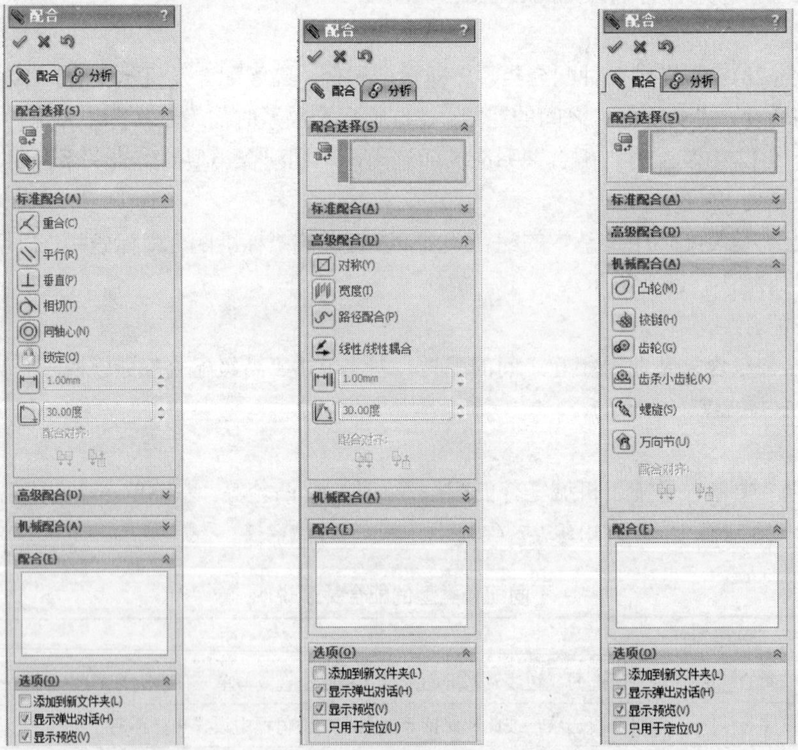

（a）标准配合　　　　　　（b）高级配合　　　　　　（c）机械配合

图 7-7 【配合属性管理器】

3．配合

"配合"选项框中显示的是已经添加的配合关系，该选项详细显示了配合的类型、配合的几何特征名称。选择一个配合关系，单击左键可以进行"锁定"、"反转"、"撤销"、"完成"等操作，单击右键可以选择删除该配合。

4．选项

左键单击勾选不同的选项，产生不同的效果。

①"添加到新文件"——选择该选项后，新的配合会出现在特征管理器（Feature Manager）设计树中的配合文件夹中；清除该选项后，新的配合会出现在配合文件夹中。

②"显示弹出对话"——选择该选项后，当添加标准配合时会出现【配合弹出工具栏】，如 ；清除该选项后，需要在属性管理器（Property Manager）中添加标准配合。

③"显示预览"——选择该选项后，为有效配合显示预览。

④"只用于定位"——选择该选项后，零部件会移至配合指定的位置，但不会将配合添加到 Feature Manager 设计树中。配合会出现在配合框中，可以编辑和放置零部件，但当关闭配合 Property Manager 时，不会有任何内容出现在 Feature Manager 设计树中。

单击【配合属性管理器】中的按钮，完成设置。

7.3.2 修改配合关系

装配体添加配合关系后，如要改变其类型或替换为其他关系时，可以进行配合关系的修改。修改配合关系时应考虑配合的零部件在装配体中的位置,修改或删除其中一个或多个配合关系后，将影响整个装配体的配合关系，应避免出现配合关系的冲突或导致其他配合关系的错误。

在 Feature Manager 设计树中，左键单击"配合"的十字折叠符号，属性管理区将显示装配体中所有的配合关系。鼠标放在任意一个配合关系上，单击右键出现配合编辑选项，如图 7-8（a）所示。左键单击选择"编辑特征"命令按钮，弹出【配合属性管理器】，对配合关系进行重新设置，如图 7-8（b）所示。

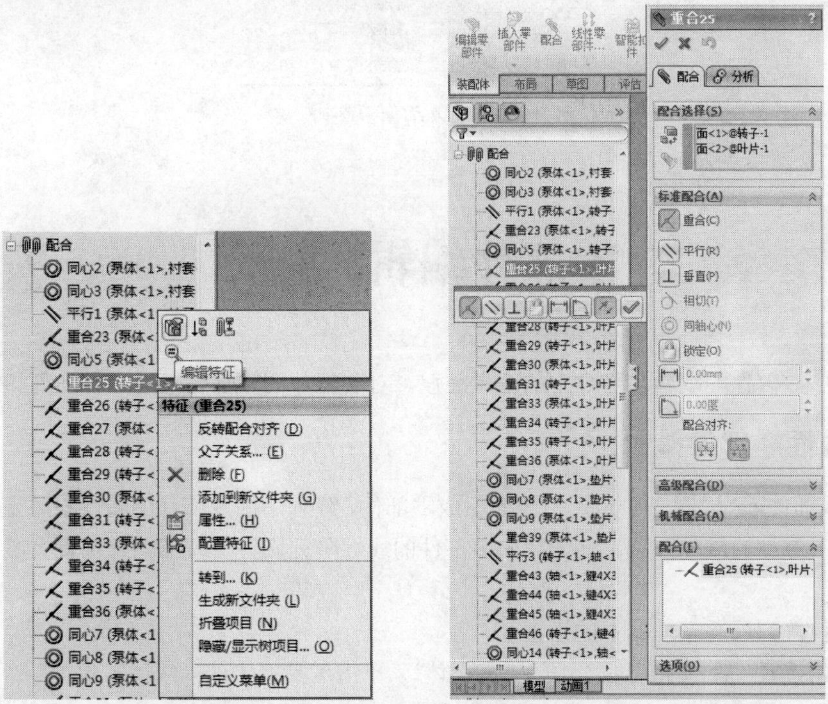

（a）配合编辑选项　　（b）【配合属性管理器】的重新设置

图 7-8　修改配合关系

7.3.3　删除配合关系

删除配合关系的操作很简单，但要注意，如果要删除在装配体中已经添加的配合关系，应该充分考虑到要删除的配合关系的必要性，或删除后添加其他配合关系的难易性。在配合的添加过程中，刚完成的配合关系不符合装配体的需求，可以直接删除。

在 Feature Manager 设计树中，左键单击"配合"的十字折叠符号⊞，属性管理区将显示装配体中所有的配合关系。鼠标放在任意一个配合关系上，单击右键出现配合编辑选项，如图 7-9 所示。左键单击选择"删除"命令，弹出【确认删除】对话框，单击"是"按钮，即可删除该配合关系。

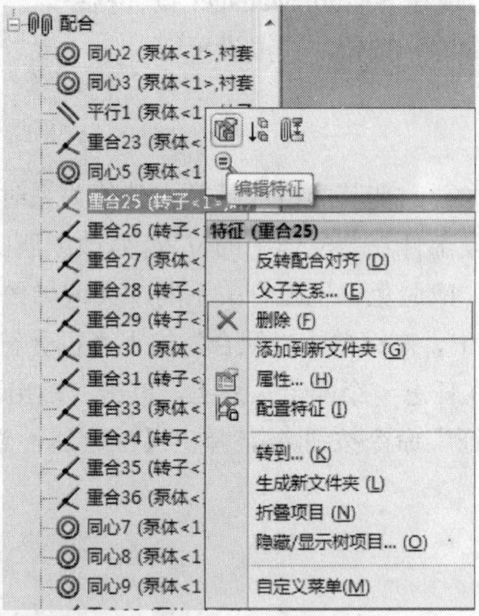

图 7-9　配合编辑选项

7.4　零部件编辑

装配体中零部件的编辑与零件中的编辑类似。对装配体的零部件可以进行阵列和镜像。

7.4.1　线性零部件阵列

"线性零部件阵列"在一个或两个方向生成零部件，阵列后的零部件的属性与源零部件的属性相同。相对于零件的线性阵列，装配体中零部件的线性阵列属性管理器的选项设置减少，设置方法相类似。

1. 【线性阵列属性管理器】的设置

左键单击选择"命令管理器"中的"装配体"，单击工具栏中的"线性零部件"命令按钮█或选择【插入】|【零部件阵列】|"线性阵列"命令，属性管理区出现【线性阵列属性管理器】，如图 7-10 所示。设置如下：

（1）方向 1

方向 1 中设置阵列的"方向"、"间距"和"实例数"。

① 阵列方向。

左键单击"阵列方向"选项框，在图形区中左键单击选择一条边线或线性尺寸作为阵列的方向，单击 ![按钮] 按钮可以改变阵列方向。

② 间距。

"间距" ![图标] 是相邻阵列零部件中心之间的距离，数值框输入相应的数值。

③ 实例数。

"实例数" ![图标] 是包含源零部件的阵列总数，数值框中输入阵列的个数。

（2）方向 2

方向 2 中同样包括阵列"方向"、"间距"和"实例数"，设置的方法同方向 1。

（3）要阵列的零部件

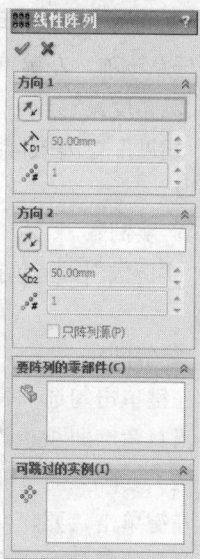

图 7-10 【线性阵列属性管理器】

单击"要阵列的零部件" ![图标] 的选项框，在图像区左键单击选择要阵列的零部件，选项框中将出现选取的零部件的名称。将鼠标放在该名称上，单击右键可以删除该零部件。如果选择"清除选择"将会删除选项框中所有的零部件，或按键盘的 Delete 键进行删除亦同。

（4）要跳过的实例

左键单击"要跳过的实例"选项框 ![图标]，图形区中鼠标呈现手指状 ![图标]，然后选择阵列的零部件的中心红点，单击左键选中，"要跳过的实例"选项框中显示该零部件的中心坐标值，该零部件将被跳过，实现选择性阵列。单击鼠标右键或按 Delete 键可以撤销操作。

左键单击【线性阵列属性管理器】中的 ![图标] 按钮，完成设置。

2．线性零部件阵列的应用——轴与挡圈的装配

线性零部件阵列的应用为转子泵中轴与挡圈的装配，挡圈是固定轴与转子的相对位置的零件，安装在轴的凹槽中，个数为 2，两者距离 45mm，沿轴线固定。轴与挡圈在装配时，第二个挡圈应用线性阵列的方法插入装配体中。

线性零部件阵列的应用将结合圆周零部件阵列的应用，共同完成转子泵——子装配体（即轴、挡圈、转子、叶片的装配）的创建，创建过程见 7.4.3 节。

7.4.2 圆周零部件阵列

"圆周零部件的阵列"在装配体中生成零部件的圆周阵列，阵列对象为零部件实体而非特征。

1．圆周阵列属性管理器的设置

左键单击选择"命令管理器"中的"装配体"，单击工具栏中的"线性零部件"命令下标 ![图标] 中的"圆周阵列"命令按钮 ![图标] 或选择【插入】|【零部件阵列】|"圆周阵列"命令，属性管理区出现【圆周阵列属性管理器】，如图 7-11 所示。设置如下：

（1）参数

圆周阵列中的参数设置"阵列轴"、"角度"以及"实例数"。

① 阵列轴。

"阵列轴"可以选取圆形边线或草图直线、线性边线或草图直线、圆柱面或曲面、旋转面或曲面中任意一项，左键单击 按钮可以改变阵列轴的方向。

② 角度。

"角度" 是被阵列零部件之间的相对角度，角度在 0°~360° 之间选取。

③ 实例数。

"实例数" 是包括源零部件的阵列总数，数值框输入阵列的个数。

④ 等间距。

左键单击勾选"等间距"选项，角度输入"360°"，阵列的零部件将沿总角度即 360° 均匀分布放置。

（2）要阵列的零部件

左键单击"要阵列的零部件" 选项框，在图像区左键单击选择要阵列的零部件，选项框中将出现选取的零部件的名称。

（3）要跳过的实例

左键单击"要跳过的实例"选项框 ，图形区中鼠标呈现手指状 ，然后选择阵列的零部件的中心红点，单击左键选中，要跳过的实例选项框中显示该零部件的中心坐标值，该零部件将被跳过。

单击【圆周阵列属性管理器】中的 按钮，完成设置。

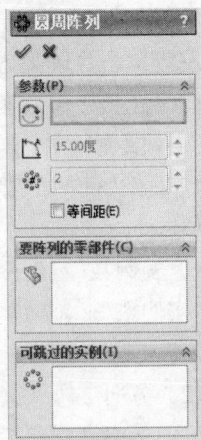

图 7-11　【圆周阵列属性管理器】

2. 圆周零部件阵列的应用——转子泵的子装配体

结合线性零部件阵列，实现转子泵的子装配体的创建。子装配体的零部件包括键 4×32、轴、挡圈、转子、叶片，配合关系选择标准配合，分析得到插入零部件的顺序为轴、挡圈、键 4×32、转子、叶片。首先在工具栏空白处单击鼠标右键，左键单击选择"标准视图"工具栏，如图 7-12 所示，拖动放置工具栏中，方便装配体中视图的查看。

（1）新建文件

单击菜单栏的"新建"命令按钮 ，弹出【新建 SolidWorks 文件】对话框，左键单击选择装配体 ，单击"确定"按钮。

图 7-12　标准视图

（2）轴与挡圈

① 插入轴与挡圈。

在装配体的开始界面，属性管理区的"开始装配体"属性管理器中单击 浏览(B)... 按钮，打开"光盘/第七章/零部件"文件夹，选择"轴.SLDPRT"文件。单击选择"标准视图"中的"上下二等角轴测"命令按钮 ，图形区中单击左键放置轴，完成轴的插入。单击"装配体"工具栏中的"插入零部件"命令按钮 ，用同样的方法插入挡圈".SLDPRT"文件。

② 添加配合关系。

轴和挡圈均是回转体类零件，配合的关系选取重合和同轴心。单击"装配体"工具栏中的"配合"命令按钮 ，单击属性管理器中"配合选择"下的选项框，在图形区中左键单击选择挡圈的内孔的一条边线及轴第一个凹槽的右端面内圆边线，软件自动配置重合和同轴心的关系，如图 7-13 所示。如要撤销配合的添加，单击 按钮，重新选择要配合的实体（删除单个实体时，右键单击要配合的实体选项框中的实体名称并选择删除）。单击【配合属性管理器】中的☑按钮，完成轴与挡圈配合关系的添加。

（3）轴与键 4×32

① 插入键 4×32。

单击"装配体"工具栏中的"插入零部件"命令按钮🖱️，单击插入零部件属性管理器中的 浏览(B)... 按钮，打开"光盘/第七章/零部件"文件夹，选择"键 4×32.SLDPRT"文件，在图形区中单击左键完成放置，完成键 4×32 的插入。

② 添加配合关系。

键 4×32 的下底面与轴上端的键槽下表面重合，二者的其中两个相同侧面重合。单击"装配体"工具栏中的"配合"命令按钮🖱️，单击属性管理器中"配合选择"下的选项框，在图形区中左键单击选择键 4×32 的下底面与轴上端的键槽下表面，软件自动配置重合关系，单击【配合弹出工具栏】中的☑按钮。用同样的方法给轴的两个侧面与键的对应侧面添加重合关系，如图 7-14 所示。单击【配合属性管理器】中的☑按钮，完成轴与键 4×32 配合关系的添加。

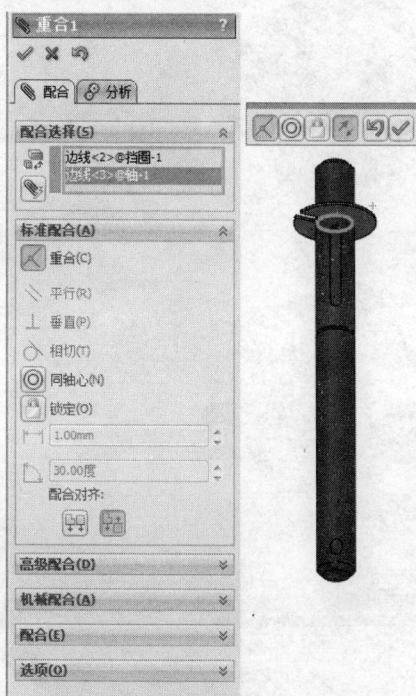

图 7-13　轴与挡圈配合关系的添加

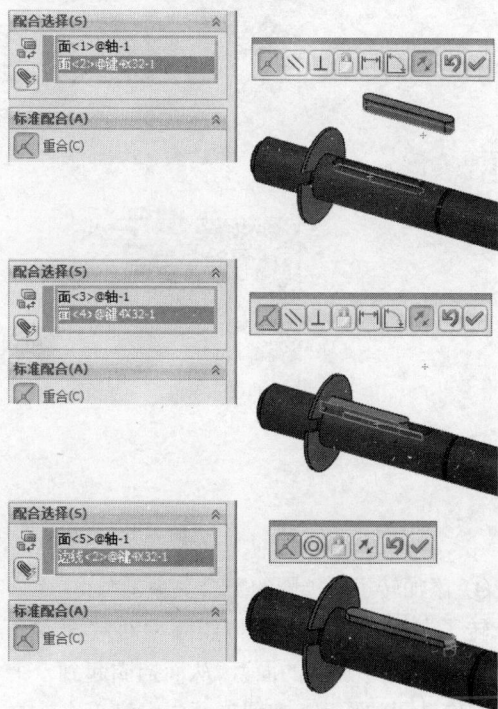

图 7-14　轴与键 4×32 配合关系的添加

（4）转子与轴、键 4×32、挡圈

① 插入转子。

单击"装配体"工具栏中的"插入零部件"命令按钮🖱️，单击【插入零部件属性管理器】中的 浏览(B)... 按钮，打开"光盘/第七章/零部件"文件夹，选择"转子.SLDPRT"文件，在图形区中单击左键完成放置，完成转子的插入。

② 添加转子与轴的配合关系。

转子与轴的配合关系为同轴心，单击"装配体"工具栏中的"配合"命令按钮🖱️，单击属性

管理器中"配合选择"下的选项框，在图形区中左键单击选择转子内孔表面及轴的圆柱面，软件
自动配置同轴心关系，如图 7-15 所示。单击【配
合弹出工具栏】中的☑按钮，完成转子与轴配
合关系的添加。

③ 添加转子与键 4×32 的配合关系。

在图形区中左键单击选择键 4×32 左侧面
和转子键槽左侧面，软件自动配置重合关系，
如图 7-16 所示；单击【配合弹出工具栏】中的☑
按钮，用同样的方法在图形区中选择键 4×32

图 7-15 转子与轴配合关系的添加

右侧面和转子键槽右侧面，软件自动配置重合关系，如图 7-16 所示。单击【配合弹出工具栏】中
的☑按钮，完成转子与键 4×32 配合关系的添加。

图 7-16 转子与键 4×32 配合关系的添加

④ 添加转子与挡圈的配合关系。

转子左端的凹槽表面与挡圈相对端面重合
（图 7-17 中绿色加深的面），从而挡圈起到一个
方向固定转子的作用。在图形区中左键单击选择
转子端面的凹槽表面与挡圈相对端面，软件自动
配置重合关系，如图 7-17 所示。单击属性管理
器的☑按钮，完成转子与挡圈配合关系的添加，
即完成转子与轴、键 4×32、挡圈所有的配合关
系的添加。

图 7-17 转子与挡圈配合关系的添加

（5）叶片与转子

① 插入叶片。

单击"装配体"工具栏中的"插入零部件"命令按钮🖳，单击【插入零部件属性管理器】中

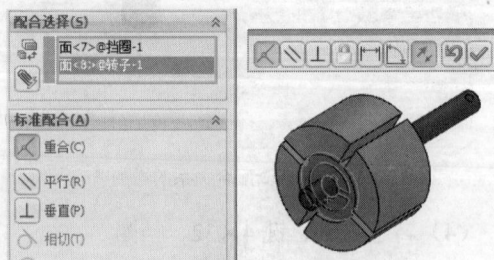

的 ![浏览(B)...] 按钮，打开"光盘/第七章/零部件文件夹"，选择"叶片.SLDPRT"文件，在图形区中单击左键完成放置，完成叶片的插入。

② 添加叶片与转子的配合关系。

叶片与转子两个零件的长方形底面、任意一个侧面、端面分别重合，添加可以连续进行。单击"装配体"工具栏中的"配合"命令按钮 ![图标]，单击属性管理器中"配合选择"下的选项框，在图形区中左键单击选择叶片的底面与转子圆周凹槽底面，软件自动配置重合关系；单击【配合弹出工具栏】中的 ![图标] 按钮，用同样的方法给叶片任意一个侧面与凹槽的对应侧面以及二者端面添加重合关系，如图 7-18 所示。单击属性管理器中的 ![图标] 按钮，完成叶片与转子配合关系的添加。

（6）线性阵列挡圈

子装配体中挡圈的数量为 2，相距 45mm，安装与轴上 1×0.50 的凹槽中，起到固定转子轴向运动的作用。第二个挡圈采用"线性阵列"的方法插入到子装配体中。

在图形区上方的"隐藏/显示项目"按钮 ![图标] 的下标 ![图标] 中选择"观阅临时轴" ![图标] 命令，单击"装配体"工具栏中的"线性零部件"命令按钮 ![图标]，属性管理区中出现【线性阵列属性管理器】。左键单击阵列"方向 1"选项框，图形区中选择轴的轴线，单击 ![图标] 按钮使得阵列的方向指向转子，"间距" ![图标] 中输入"45mm"，"实例数" ![图标] 中输入"2"，单击"要阵列的零部件"选项框，在图形区或特征管理（Feature Manager）设计树中左键单击选择"挡圈"，设置如图 7-19 所示。单击【线性阵列属性管理器】中的 ![图标] 按钮，完成挡圈在子装配体中的线性阵列。

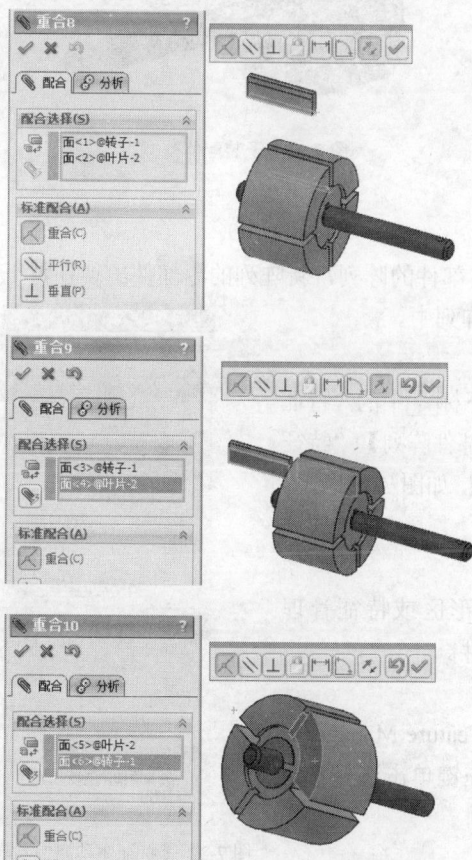

图 7-18 叶片与转子配合关系的添加

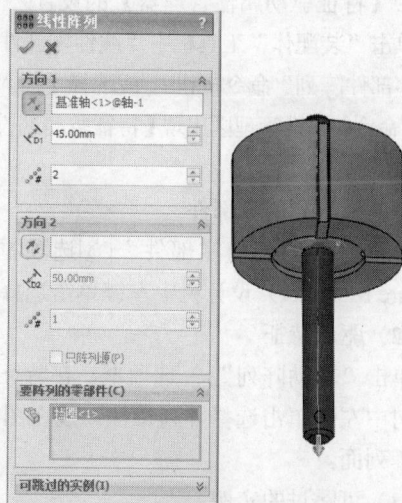

图 7-19 【线性阵列属性管理器】的设置

（7）圆周阵列叶片

转子凹槽是在 360°范围内均匀分布的，个数为 4。完成单个叶片在转子凹槽中的装配后，应用圆周阵列的方法插入其他 3 个叶片，减少配合关系的重复添加。

单击"装配体"工具栏中的"线性零部件命令"下标 中的"圆周阵列"命令按钮，属性管理区中出现【圆周阵列属性管理器】，单击"阵列轴"选项框，在图形区选择轴的轴线，"角度"输入"90°"，"实例数"输入"4"，单击"要阵列的零部件"选项框，在图形区或特征管理（Feature Manager）设计树中左键单击选择"叶片"，设置如图 7-20 所示。单击【圆周阵列属性管理器】中的按钮，完成叶片在子装配体中的圆周阵列。

创建的子装配体模型如图 7-21 所示，将其保存至"光盘/第七章/零部件"文件夹，文件命名为"子装配体.SLDASM"。

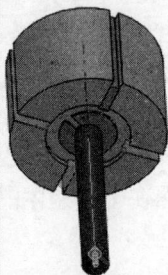

图 7-20　【圆周阵列属性管理器】的设置　　　　图 7-21　子装配体模型

7.4.3　特征驱动零部件阵列

特征驱动零部件阵列是以现有的阵列来生成零部件的阵列，新阵列的零部件出现在特征管理（Feature Manager）设计树的派生线性阵列或圆周阵列中。

1．【特征驱动属性管理器】的设置

单击"装配体"工具栏中"线性零部件"命令下标 中的"特征驱动零部件阵列"命令按钮或选择【插入】|【零部件阵列】|"特征驱动"命令，属性管理区出现【特征驱动属性管理器】，如图 7-22 所示。设置如下：

（1）要阵列的零部件

单击"要阵列的零部件"选项框，在图形区或特征管理（Feature Manager）设计树中左键单击选择源零部件。

（2）驱动特征

单击"驱动阵列"选项框，在特征管理（Feature Manager）设计树中左键单击选择阵列特征，或在图形区中左键单击选择一个实体阵列面。

（3）可跳过的实例

单击"可跳过的实例"选项框，鼠标移至图形区出现手指状按钮，单击左键选择要跳过

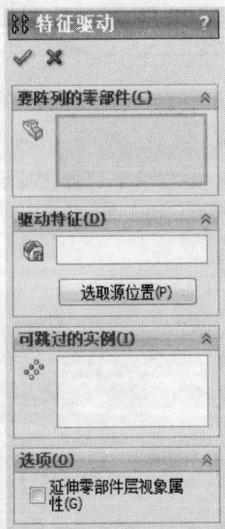

图 7-22　【特征驱动属性管理器】

的实例，选项框中出现该实例的中心坐标值。

（4）选项

选项中只包括"延伸零部件层视像属性"，选择该选项后，源阵列实体将 SolidWorks 中的颜色、纹理和装饰螺纹线数据延伸给所有的阵列实例。

单击【特征驱动属性管理器】中的✓按钮完成设置。

2．特征驱动零部件阵列应用——子装配体叶片的插入

7.4.2 节中，子装配体叶片的圆周阵列操作效果通过特征驱动阵列同样可以达到，最终特征管理（Feature Manager）设计树中出现派生圆周阵列，从而实现叶片的全部插入。

（1）打开子装配体

单击菜单栏中的"打开"命令按钮📂，选择"光盘/第七章/零部件文件夹/子装配体.SLDASM"文件，在特征设计树中鼠标指向局部圆周阵列 1，单击右键，在弹出菜单中选择"删除"命令。单击删除对话框中的"是"按钮，完成局部圆周阵列 1 的删除。

（2）创建叶片的特征驱动阵列

单击"装配体"工具栏中"线性零部件"命令下标▼中的"特征驱动零部件阵列"命令按钮🔠，属性管理区出现【特征驱动属性管理器】。单击"要阵列的零部件"选项框，在特征管理（Feature Manager）设计树中选择叶片，单击"驱动特征"选项框，左键单击选择特征管理（Feature Manager）设计树中"转子"零件中的"阵列（圆周）1"，设置如图 7-23 所示。单击【特征驱动属性管理器】中的✓按钮，完成叶片的特征驱动阵列，设计树中出现"派生圆周阵列 1"。

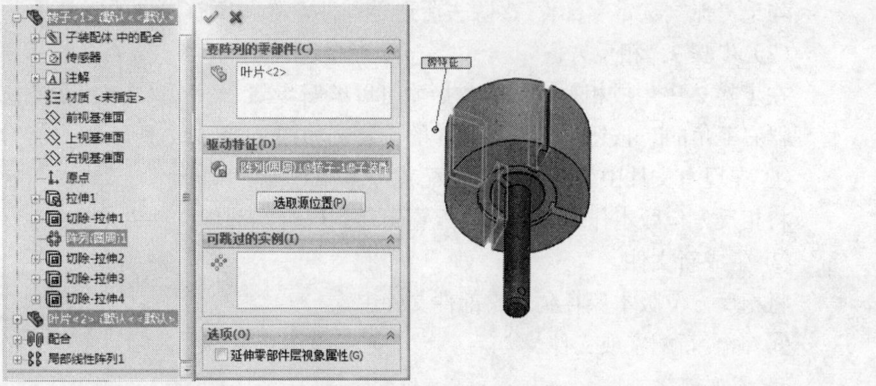

图 7-23　叶片的【特征驱动属性管理器】的设置

7.4.4　镜像零部件

镜像零部件是指关于基准面复制零部件，装配体中镜像零部件操作将同时复制零部件实体及其配合关系。

1．【镜像零部件属性管理器】的设置

单击"装配体"工具栏中"线性零部件"命令下标▼中"镜像零部件阵列"命令按钮🔠或选择【插入】|"镜像零部件"命令，属性管理区出现【镜像零部件属性管理器】，如图 7-24 所示。设置如下：

（1）步骤 1：选择

步骤 1 中是进行镜像操作的提示信息，完成镜像的最基本的选择，如面/基准面以及要镜像的

零部件，如图 7-24（a）所示。

①　选择镜像基准面。

镜像选择的面为基准面或实体中的一个平面，单击"镜像基准面"选项框，在特征管理（Feature Manager）设计树或图形区中选择面/基准面。

②　要镜像的零部件。

单击"要镜像的零部件"选项框，在特征管理（Feature Manager）设计树或图形区中左键单击选择要镜像的零部件或子装配体。

（2）步骤 2：设定方位

左键单击选择"镜像基准面"以及"要镜像的零部件"后，单击属性管理器右上角的按钮![icon]，对选择的零部件设定方位，"定向零部件"选项框中列出了步骤 1 中选择的零部件，如图 7-24（b）所示。

①　重新定向零部件。

对已经选中的零部件提供了 4 种可用的方向，单击![<<]或![>>]按钮，对方向进行切换，在图形区可以观察到镜像零部件方位的变化，选择合适的方向。

②　生成相反方位版本。

在"定向零部件"选项框中的零部件清单中选中一个项目，左键单击"生成相反方位版本"按钮![icon]，项目名称前显示图标![icon]，表示已生成该项目的一个相反版本。

③　孤立选定零部件

勾选"孤立选定零部件"，除去所选零部件，隐藏所有镜向的零部件，更轻松地检查其方向。

（3）步骤 3：相反方位

在步骤 2 中生成相反方位版本后才可以编辑步骤 3。步骤 2 中生成相反方位版本后单击属性管理器右上角的![icon]按钮，进入步骤 3 的设置，如图 7-24（c）所示。

①　在现有文件中生成新的派生配置。

将相反方位版本作为新的派生配置保存到现有零部件文件中。

②　生成新文件。

将相反方位版本保存到新零部件文件中。

③　命名新配置或文件。

a）添加前缀。

在现有名称前添加指定的文本，在下面的框中输入该文本（默认为镜向），下面的第二个框中将显示预览。

b）添加后缀。

在现有名称后添加指定的文本，在下面的框中输入该文本（默认为镜向），下面的第二个框中将显示预览。

c）自定义。

使用指定的文本作为新名称，在下面的第二个框中输入该文本。

④　附加选项。

选择生成新文件，附加选项可用。

a）![...]。

打开"选择文件"对话框，可以在此处浏览并选择将被新的相反方位零部件文件替换的现有零部件文件。

b）为镜像零件断开链接。

断开新的相反方位零部件文件与源零部件文件之间的参考，在源零部件中所做的更改不会影响相反方位版本。清除此选项时，参考将保留，因此在源零部件中所做的更改将延伸到相反方位版本。

c）将文件放置在一个文件夹内。

在指定的文件夹中存储新文件，否则，每个新的相反方位文件将存储在与其源零部件文件相同的文件夹中。打开选择目录对话框，处选择现有的文件夹或创建新文件夹。

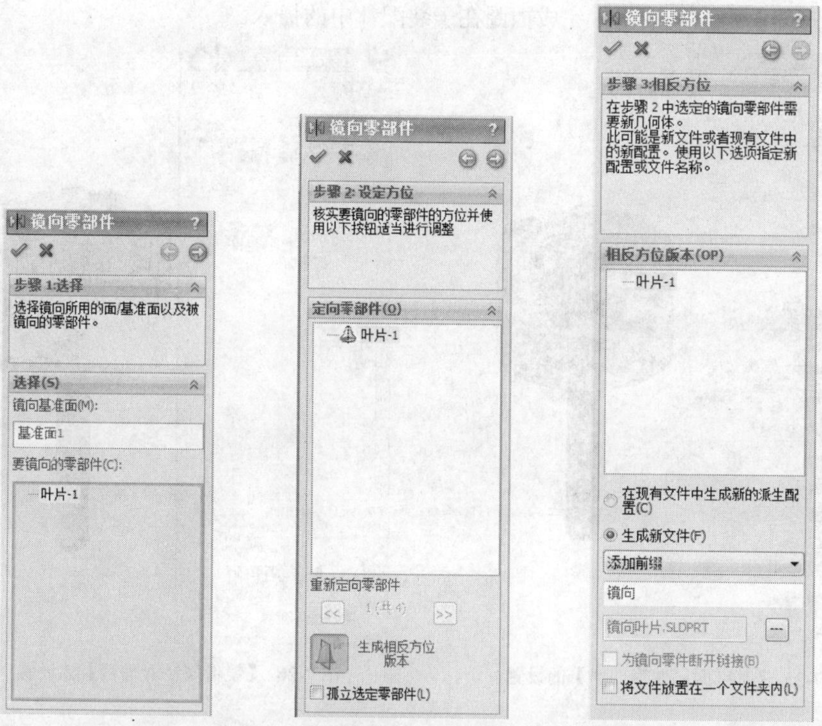

（a）步骤 1：选择　　　（b）步骤 2：设定方位　　　（c）步骤 3：相反方位

图 7-24 【镜像零部件属性管理器】的设定

左键单击【镜像零部件属性管理器】中的☑按钮，完成设置。

2．镜像零部件的应用——子装配体中挡圈的插入

以 7.4.2 节中的叶片在子装配体中的装配为例，除了应用 7.4.2 中的线性阵列外，还可以应用本节的镜像来完成挡圈的装配。在装配体的设计中，某一个或多个零部件的创建方法不是唯一固定的，多种方式可以达到同样的结果。

（1）打开子装配体

单击菜单栏中的"打开"命令按钮，选择"光盘/第七章/零部件文件夹/子装配体.SLDASM"文件，在特征管理（Feature Manager）设计树中鼠标指向局部线性阵列 1。单击右键，在弹出菜单中选择"删除"命令，单击【确认删除】对话框中的"是"按钮，完成局部线性阵列 1 的删除。

（2）创建基准面 1

单击"装配体"工具栏中的"参考几何体"下标中的"基准面"命令按钮，属性管理区

出现【基准面属性管理器】。单击"第一参考"选项框，图形区中左键单击选择转子左端面；单击
"第二参考"选项框，在图形区中选择转子右端面，设置如图 7-25 所示。单击【基准面属性管理
器】☑按钮，完成基准面 1 的创建。

（3）镜像挡圈

单击"装配体"工具栏中"线性零部件"命令下标▼中"镜像零部件阵列"命令按钮，在
"步骤 1"中左键单击"镜像基准面"选项框，在图形区或特征管理设计树中选择"基准面 1"，单
击"要镜像的零部件"选项框，图形区或特征管理（Feature Manager）设计树中选择"挡圈"。单
击右上角的 按钮，进入步骤 2，图形区可以预览到已镜像的挡圈的方位，如图 7-26 所示。单击
【镜像属性管理器】中的☑按钮，完成挡圈在子装配体中的插入。

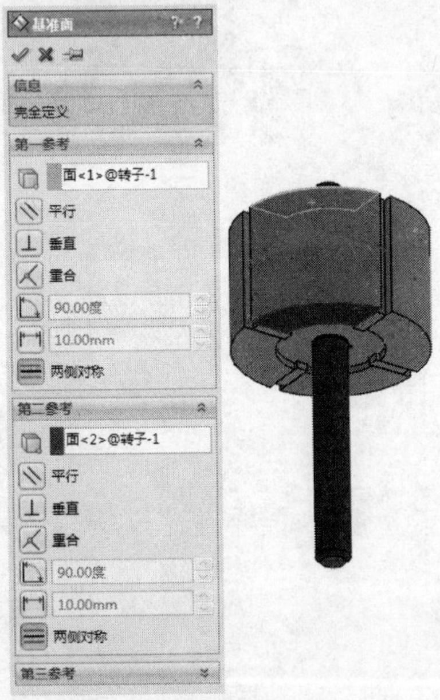

图 7-25　【基准面属性管理器】的设置 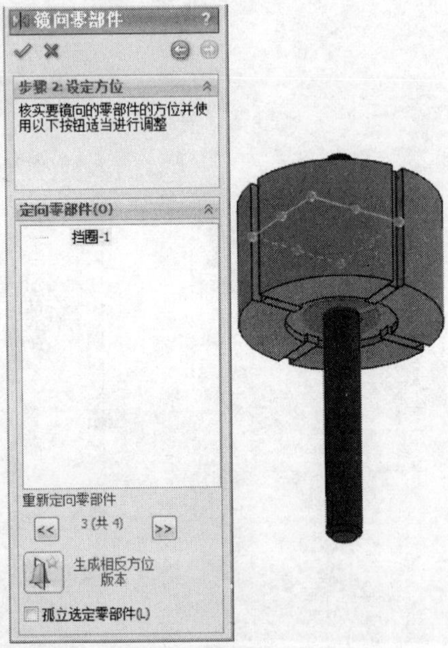　　　　　　图 7-26　【镜像属性管理器】的设置

7.5　智能扣件

智能扣件存储于 SolidWorks Toolbox 扣件库中，SolidWorks 2013 中的扣件库包含国家标准的
扣件。在带有孔的装配体中，使用智能扣件，可以快速地为孔特征配置相应的标准零部件，省略
创建标准件的过程。

7.5.1　添加智能扣件

单击"装配体"工具栏中的"智能扣件"命令按钮或选择菜单栏【插入】|"智能扣件"命
令，使用智能扣件命令，软件将自动弹出如图 7-27 所示的对话框。单击"确定"按钮继续进行智
能扣件的添加，属性管理区出现【智能扣件属性管理器】。以转子泵装配体为例，添加泵盖与泵体
的紧固件，操作过程如下。

1．打开装配体

单击菜单栏中的"打开"命令按钮，选择"光盘/第七章/零部件文件夹/装配体.SLDASM"文件，在特征管理（Feature Manager）设计树中找到"螺钉 M6×16"。单击右键，在弹出菜单中选择"删除"命令，或左键单击"螺钉 M6×16"，按键盘 Delete 键，单击【确认删除】对话框中的"是"按钮，完成所有螺钉 M6×16 的删除。

图 7-27　添加智能扣件确认框

2．智能扣件

单击"装配体"工具栏中的"智能扣件"命令按钮，单击图 7-27 对话框中的"确定"按钮，属性管理区出现【智能扣件属性管理器】，进行扣件的相应设置。

（1）选择

单击"选择"选项框下面的增添所有(P)，软件将自动判定装配体中存在的孔，并为之配置最佳的扣件即标准件；如果装配体中的孔要分别添加扣件，则单击"选择"选项框，在图形区选择孔、面或零部件。如选择"面"，智能扣件将查找通过该面的所有可用孔；如选择"零部件"，智能扣件将查找该零部件中所有可用的孔，然后再单击添加(D)按钮。

单击"选择"选项框，在图形区选择泵盖的阶梯孔特征，选项框中出现该孔的特征名称"切除—拉伸 1"，如图 7-28 所示。单击添加(D)按钮，软件开始为所选孔进行新扣件的添加。

（2）结果

结果框中出现新扣件的名称，为"组 1（Hex Socket Head ISO 4762）"，以及系列零部件、属性选项。

① 系列零部件。

系列零部件为结果选项中选择的项目和扣件的类型，如图 7-29 所示。

图 7-28　【智能扣件属性管理器】　　　图 7-29　系列零部件选项设置

a）扣件。

扣件选项框中为所选扣件的名称，左键单击选项框，属性选项自动更新为该扣件的类型及尺寸等。右键单击选项框，菜单中可以更改该扣件的类型或是选择使用默认紧固件。

b）自动调整到孔直径大小。

勾选"自动调整到孔直径大小"选项，修改孔的直径大小时，扣件的大小将自动更新。

c）自动更新长度。

对于异型孔向导孔，扣件类型与孔类型相匹配，直径为合适的大小；对于简单直孔或圆柱切除，可指定默认扣件类型，扣件直径为最小的国家标准大小。同时扣件长度也将随之更新。

左键单击勾选该选项，孔的长度改变时，软件根据设置要求自动更新扣件的长度。

d）顶部层叠。

顶部层叠表示垫圈位于扣件头下，选择不同的扣件类型时，该选项也可能是底部层叠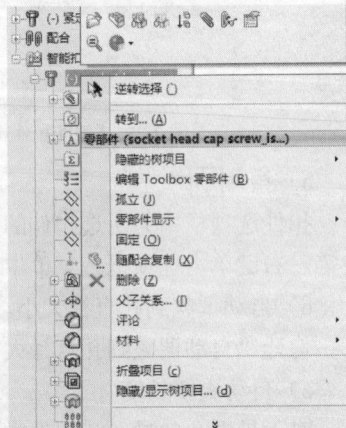（表示螺母和垫圈在扣件尾部，只适用于通孔）。

② 属性。

属性中包含所选扣件的大小、长度、螺纹线长度等，如图 7-30 所示。软件给泵盖阶梯孔添加的扣件为 ISO 4762 M6×25 的六角形凹头螺钉，左键单击任意参数下标 可以更改其类型或数值。

单击【智能扣件属性管理器】中的 按钮，完成设置，泵盖与泵体连接的紧固件添加完成。

3．完成扣件的添加

扣件添加完成后，特征管理设计树中出现智能扣件 1。在"配合"中软件自动添加扣件与泵盖的配合关系，单击右键可以进行编辑，添加完成扣件的转子泵装配体如图 7-31 所示。

图 7-30　属性选项的设置　　　　　图 7-31　添加扣件的转子泵装配体

7.5.2　编辑及保存智能扣件

装配体中智能扣件添加完成后，关闭装配体界面之前，可以对智能扣件进行编辑和保存。在装配体特征管理设计树中，展开智能扣件设计树，右键单击扣件名称，出现快捷对话框，如图 7-32 所示，可以进行相应的操作。

1．编辑智能扣件

单击"打开"命令按钮 ，可以直接以零件的形式打开扣件，在零件界面可以任意编辑扣件的形状、尺寸。扣件采用的是参数化建模，在编辑时注意特征之间的相互关联性。

单击"编辑"命令按钮 ，不能直接进行扣件的编辑，原因在于直接添加到装配体中的扣件为只读文件，未进行零件界面的重新保存之前不可以进行编辑。

2．保存智能扣件

在零件界面，应用第 1 章 1.2.3 节中的保存方式进行扣件的保存，即单击菜单栏中的"保存"命令按钮 ，寻找到文件放

图 7-32　右键快捷对话框

置的文件夹位置，输入文件的名称。单击"保存"按钮，扣件被保存为".SLDPRT"文件。

7.6 零部件的放置

装配体中零部件的放置，如适当的移动或旋转零部件位置，将有利于零部件之间的装配。零部件的移动及旋转在属性管理器中进行设置，零部件放置的实际应用将会在后面转子泵装配体的创建过程中频繁出现。

7.6.1 移动零部件

插入零部件后，添加装配关系时移动零部件的位置。单击"装配体"工具栏中的"移动零部件"命令按钮 🔲，图形区鼠标指针变为 🔁，属性管理区出现移动零部件的属性管理器，如图 7-33 所示。设置如下：

1. 移动

移动选项 🔁 中包括 5 种移动方式。

（1）自由拖动

左键单击选择零部件并沿任意方向拖动。

（2）沿装配体 XYZ

左键单击选择零部件并沿装配体的 X、Y 或 Z 方向拖动。若要沿轴拖动，拖动前在轴附近单击选择轴。

（3）沿实体

实体是一条直线、边线或轴，选择实体后，选择移动的零部件具有一个自由度，若实体是一个基准面或平面，选择移动的零部件具有两个自由度。

（4）由 Delta XYZ

左键单击选择该移动方式，在属性管理器中输入 X、Y 或 Z 值，零部件按照指定的数值移动。

（5）到 XYZ 位置

左键单击选择零部件中的一点，在属性管理器中输入 X、Y 或 Z 值，零部件的点移动到指定的坐标值点。如果没有选择零部件的顶点或点，零部件的原点会移动到坐标值点。

2. 选项

在移动零部件的过程中可以选择合适的选项。

（1）标准拖动

标准拖动无需设置其他的选项，自由的拖动零部件即可。

（2）碰撞检查

勾选"碰撞检查"选项，出现检查的范围选项，如图 7-34 所示。

① 所有零部件之间。

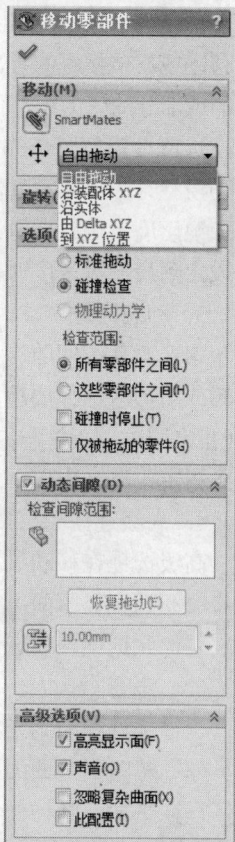
图 7-33 【移动属性管理器】

移动的零部件碰撞到装配体中任何其他的零部件，均会检查出碰撞。

② 这些零部件之间。

左键单击选择供碰撞检查的零部件框中的零部件，然后单击"恢复拖动"。如果要移动的零部件接触到选定的零部件，会检测出碰撞，与不在框中的项目的碰撞将被忽略。

③ 碰撞时停止。

勾选"碰撞时停止"选项，停止零部件的运动以防止其接触到任何其他实体。

④ 仅被拖动的零件

检查只与选择移动的零部件的碰撞，在消除选择时，除了选择要移动的零部件外，与所选零部件有配合关系而被移动的任何其他零部件都会被检查。

（3）物理动力学

物理动力学允许以逼真的方式移动零部件，勾选"物理动力学"选项后，当拖动一个零部件时，此零部件就会向其接触的零部件施加一个力，结果就会在接触的零部件所允许的自由度范围内移动或旋转接触的零部件。当碰撞时，拖动的零部件就会在其允许的自由度范围内旋转，或向约束的或部分约束的零部件相反的方向滑动，使拖动得以继续。物理动力学不能与动态间隙同时使用。

选项设置如图 7-35 所示，选项的含义与碰撞检查相同。"敏感度"滑杆可以自由地左右移动，移动滑杆来更改物理动力学检查碰撞所使用的频度，将滑杆移到右边来增加敏感度。当设定到最高敏感度时，软件每 0.02mm 检查一次碰撞。当设定到最低灵敏度时，检查间歇为 20mm。

3．动态间隙

勾选"动态间隙"，单击"所选零部件"选项框，在特征管理设计树或图形区选择要检查的零部件，然后单击"恢复拖动"按钮。单击"在指定间隙停止"按钮，数值框中输入间隙值以阻止所选零部件移动到指定距离之内。

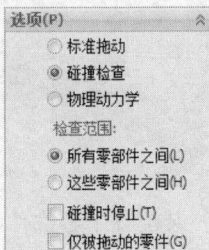

图 7-34　碰撞检查的设置

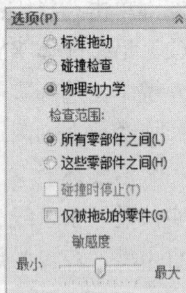

图 7-35　物理动力学的设置

4．高级选项

高级选项在移动过程中起到提示的作用。

（1）高亮显示面

勾选此选项，被选的零部件的面亮度增加，可以明显看出将移动的零部件的位置。

（2）声音

当零部件移动到指定间隙停止框中的最小距离时，电脑会发出声音提示碰撞的发生。

（3）忽略复杂曲面

只在平面、圆柱面、圆锥面、球面以及环面上发现间隙。

（4）此配置

"此配置"选项框只适用于移动零部件或旋转零部件，不适用于碰撞检查、物理动力或动态间隙。

左键单击【移动零部件属性管理器】中的按钮，完成设置。

7.6.2　旋转零部件

"旋转零部件"功能可 360°观察零部件的特征，"旋转零部件"命令只能在配合允许的自由度范围内旋转该零部件，并且不能旋转已经完全定义或位置固定的零部件。

单击"装配体"工具栏中的"移动零部件"下标 ▾ 中的"旋转零部件"命令按钮 🔊，属性管理区出现【旋转零部件属性管理器】，如图 7-36 所示。属性管理器中的设置除旋转的方式不同外，其他选项的设置均与【移动零部件属性管理器】中的设置相同。

1．旋转方式

（1）自由拖动

左键单击选择零部件并沿任何方向拖动。

（2）对于实体

选择一条直线、边线或轴，然后围绕所选实体拖动零部件。

（3）由 Delta XYZ

在属性管理器中键入 X、Y 或 Z 值，然后左键单击"应用"，零部件按照指定角度值绕装配体的轴移动。

图 7-36 【旋转零部件属性管理器】

2．其他选项

其他选项的设置见 7.6.1 节。单击【旋转零部件属性管理器】中的 ✅ 按钮，完成设置。

7.7 装配体特征

装配体中可以进行简单的特征编辑，如打孔、拉伸切除、旋转切除等。装配体特征的创建不仅可以添加一些必须的特征，而且方便了智能扣件的添加。

7.7.1 孔系列

SolidWorks 2013 中孔系列选择 GB 标准，可以添加柱形沉头孔、锥形沉头孔及间隙孔。

1．【孔系列属性管理器】的设置

单击"装配体"工具栏中的"装配体特征"下标 ▾ 中的"孔系列"命令按钮 📷，或选择【插入】|【装配体特征】|【孔】|"孔系列"命令，属性管理区出现【孔系列属性管理器】。设置如下：

（1）孔位置

"孔位置" 📷 的选项有"生成新的孔"及"使用现有孔"，属性管理器的设置如图 7-37 所示，信息框中提示孔的生成方式。

① 生成新的孔。

使用新孔生成孔系列，单击"开始面"来放置草图点。

② 使用现有孔。

使用现有孔生成孔系列时，所有孔必须具有相同类型和大小。

（2）孔系列（最初零件）

确定孔位置后，单击属性管理器上方的"孔系列"按钮 📷，进行孔类型及大小的设置，如图 7-38 所示。

① 孔规格。

孔规格包含"柱形沉头孔"、"锥形沉头孔"、"间隙孔"，三种形式孔规格的设置选项有标准、类型、大小以及配合。

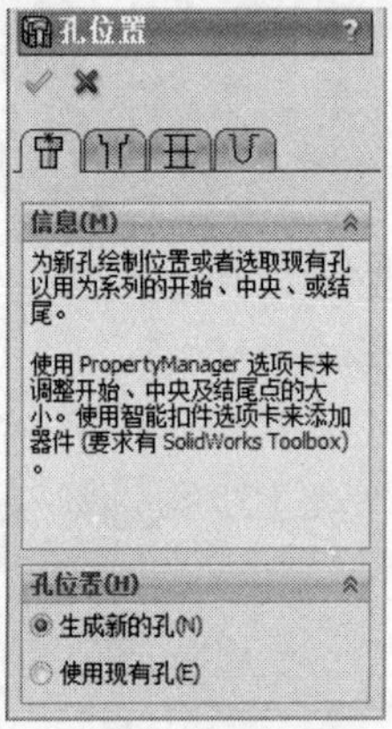

图 7-37 孔位置设置

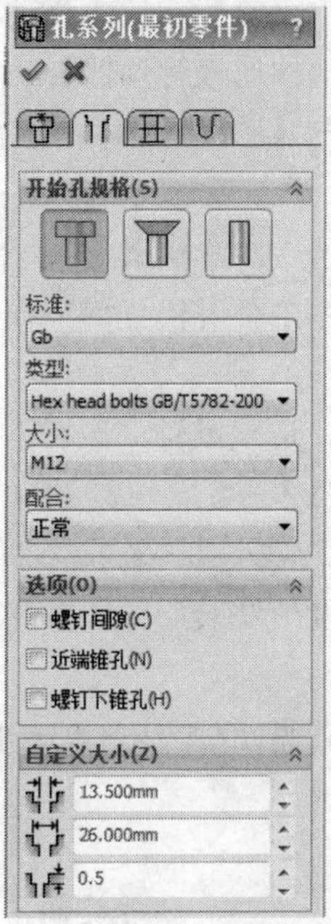

图 7-38 最初零件设置

a）标准。

标准中包含了各个国家及国际通用的孔系列标准，SolidWorks 2013 中配置了 GB 标准，更有利于规格孔的生成。

b）类型。

GB 标准下的孔类型主要有六角头螺栓、内六角、开槽圆柱头，可根据实际孔要求及扣件类型选择。

c）大小。

为扣件选择大小。

d）配合。

为扣件选择配合，如紧密、正常、松弛。

② 选项。

选项根据孔类型发生改变，勾选不同的选项，设置不同的孔尺寸，如图 7-39 所示。

a）螺钉间隙。

设置扣件与孔上端面之间的间隙值。

b）近端锥孔。

设置锥形孔的外轮廓尺寸及角度。

c）螺钉下锥孔。

设置下锥孔外轮廓尺寸及角度。

③ 自定义大小。

设置孔的基本形状尺寸，如孔的直径、阶梯深度、角度等。

（3）孔系列（中间零件）

单击属性管理器上方的"孔系列"按钮⊞，进行中间孔规格的设置，如图 7-40 所示。勾选"根据开始孔自动调整大小"选项将出现不同的设置。

图 7-39　选项的设置

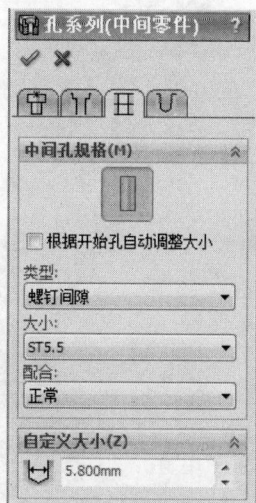

图 7-40　中间零件设置

① 取消"根据开始孔自动调整大小"。

类型、大小及配合均可以进行设置，在每个选项的下标▼中选择需要的选项，此时可以定义孔中间段的直径大小，即自定义大小。

② 勾选"根据开始孔自动调整大小"。

勾选该项后，类型等设置选项不可用，中间零件的大小完全由开始孔的规格决定，一般情况下勾选此项。

（4）孔系列（最后零件）

单击属性管理器上方的"孔系列"按钮Ⓤ，进行中间孔规格的设置，如图 7-41 所示。

① 结尾孔规格。

结尾孔中包括间隙孔和直螺纹孔，勾选"根据开始孔自动调整大小"后，类型及大小不可设置。

② 结束零部件。

单击"结束零部件"🗒选项框，在特征管理（Feature Manager）设计树或图形区选择零部件作为结束的约束。

③ 终止条件。

终止条件包括"给定深度"、"完全贯穿"、"成形到一面"。

a）间隙孔。

间隙孔的终止条件根据条件和孔类型设置。

b）直螺纹孔。

直螺纹孔的终止条件的设置包括"螺纹孔钻孔"及"螺纹线"的设置，如图 7-42 所示。

"螺纹孔钻孔"的终止条件为"给定深度"、"完全贯穿"、"成形到一面"、"到离指定面指定距离"，数值根据终止条件进行修改；"螺纹线"的终止条件为"给定深度 2*DIA"，数值框设置深度，"螺纹线"选项分别为"螺纹钻孔直径"（在螺纹钻孔直径处处理切割孔）、"装饰螺纹线"（以装饰螺纹线在螺纹钻孔直径处处理切割孔，勾选带螺纹标注，只给工程图添加注解）、"移除螺纹线"（在螺纹直径处处理切割孔）。

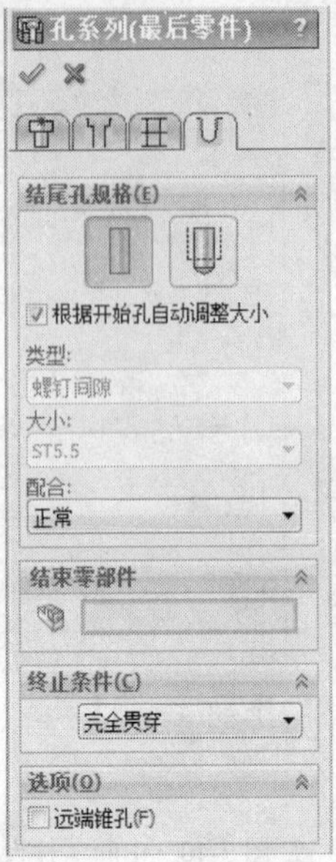

图 7-41 最后零件设置

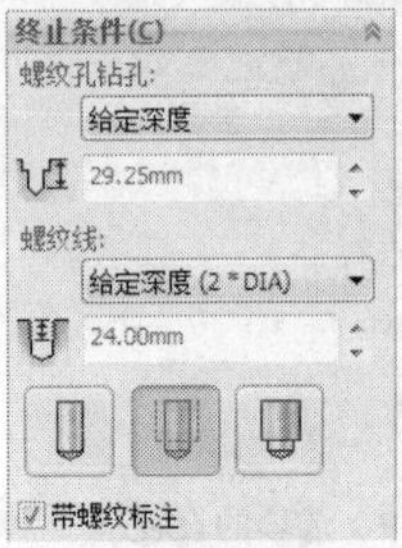

图 7-42 直螺纹孔终止条件的设置

④ 选项。

勾选"远端锥孔"选项，设置远端锥孔外轮廓直径及角度。

2．孔类型应用——泵体底座孔

泵体底座孔起到固定转子泵装配体的作用，底座孔形状为柱形沉头孔，创建如下：

（1）打开装配体

单击菜单栏中的"打开"命令按钮，选择"光盘/第七章/零部件文件夹/装配体.SLDASM"文件，在特征管理（Feature Manager）设计树中单击泵体的十字折叠符号，在"特征"中右键单击"切除——拉伸 2"，在弹出对话框中选择"删除"命令；或左键单击"切除——拉伸 2"，按键盘 Delete 键。单击【确认删除】对话框中的"是"按钮，完成特征删除。

（2）创建孔系列

单击"装配体"工具栏中的"装配体特征"下标中的"孔特征"命令按钮，属性管理区出现【孔系列属性管理器】。

① 孔位置。

左键单击底座凸台上一点，工具栏变为草图绘制工具栏。单击"显示/删除几何体"下标中的"添加几何关系"命令按钮，左键单击选择孔的位置点及凸台圆，选择"同心"，如图 7-43所示。单击【添加几何关系属性管理器】中的按钮，完成孔位置的确定。

② 最初零件。

单击属性管理器中的"孔系列（最初零件）"按钮，"开始孔规格"中设置选择"柱形沉头孔"，"类型"选择 GB 标准、"大小"为"M12"、"配合"选择"正常"。"选项"中左键单击勾选"螺钉间隙"，"数值"输入"5"，"自定义大小"通孔直径为 8mm，柱形沉头孔直径为 12mm，柱形沉头孔深度 5mm，设置如图 7-44 所示。撤销设置，单击属性管理器最下面的 恢复默认值 按钮。

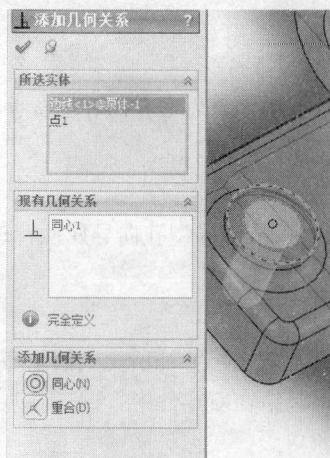

图 7-43　孔位置几何关系的添加　　　　图 7-44　最初零件的设置

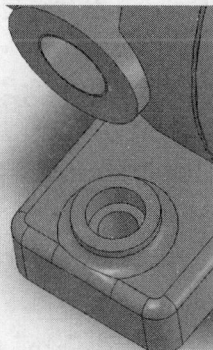

③ 中间零件。

单击属性管理器中的"孔系列（中间零件）"按钮⊞，勾选"根据开始孔自动调整大小"选项，软件默认配置。

④ 最后零件。

单击属性管理器中的"孔系列（最后零件）"按钮⋃，"结尾孔规格"选择"直螺纹孔"。勾选"根据开始孔自动调整大小"选项，"螺纹孔钻孔"的终止条件选择"完全贯穿"，"螺纹线"数值输入"10"，设置如图 7-45 所示。

⑤ 单击【孔系列属性管理器】中的☑按钮完成设置，创建的孔系列如图 7-46 所示。装配体特征管理设计树零部件名称最下端出现增加的孔系列名称，但不保存装配体。

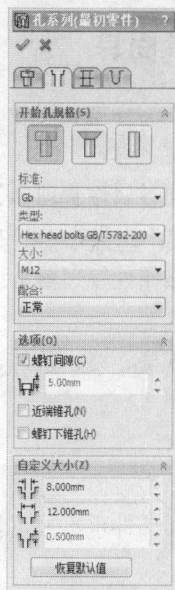

图 7-45　最后零件的设置　　　　图 7-46　创建的孔系列　　　　图 7-47　【孔规格属性管理器】的设置

7.7.2　异型孔向导

装配体特征中的异型孔向导的创建与第 3 章 3.7.1 节中的异型孔向导相同,属性的设置包括孔类型及位置的确定。

1.【异型孔向导属性管理器】的设置

单击"装配体"工具栏中的"装配体特征"下标 ▼ 中的"异型孔向导"命令按钮 📷 ,属性管理区出现【孔规格属性管理器】,如图 7-47 所示。设置如下:

(1)基本设置

孔类型、孔规格、终止条件、选项的设置参见 3.7.1 节中异型孔向导属性管理器的设置。

(2)特征范围

① 所有零部件。

特征每次重新生成时,都要应用到所有的零部件,如果将特征所交叉的新零部件添加到模型上,则这些新的零部件也将被重新生成,交叉特征也包括在新零件中。

② 所选零部件。

应用特征到所选择的零部件,如果添加的新零部件与模型中的特征交叉,则需要使用编辑特征来编辑拉伸特征。选择零部件,并将它们添加到所选实体的清单中,如果不将新零部件添加到所选实体清单中,则零部件将不被修改。

③ 将特征传播到零件。

为每个受影响的零部件将特征添加到零件文件,如果使装配体中的特征形成阵列,阵列特征也会传播到零件文件,此时会在零件中创建对装配体特征的外部参考,特征将出现在零件的特征管理(Feature Manager)设计树底部。对于基于草图的特征,零件上还会创建派生草图,可以编辑关联装配体中的特征,如果要在零件文档中编辑特征,必须先断开外部参考。

④ 自动选择。

如果单击所选零部件则该选项可用,自动选择特征所交叉的所有零部件。自动选择比所有零部件要快,因为当对特征进行更改时,它仅重新生成初始清单上的零部件(而不是模型中的所有实体)。如果单击所选零部件且清除自动选择,则必须从图形区域中选择要包括的零部件。

单击【孔规格属性管理器】中的 ✅ 按钮完成设置。

2.异型孔向导应用——泵体螺纹孔

异型孔向导是创建螺纹孔非常方便的命令,泵体与其他零部件使用螺栓连接,泵体上的螺纹孔应用异型孔向导创建,过程如下:

(1)打开装配体

单击菜单栏中的"打开"命令按钮 📂 ,选择"光盘/第七章/零部件文件夹/装配体.SLDASM"文件,在特征管理(Feature Manager)设计树中单击泵体的十字折叠符号 ➕ ,在"特征"中右键单击选择"M5 螺纹孔 1",对话框中选择"删除"命令,或左键单击"M5 螺纹孔 1",按键盘 Delete 键,单击【确认删除】对话框中的"是"按钮,完成特征的删除。

(2)创建异型孔向导

用异型孔向导创建泵体背面螺纹孔。单击"装配体"工具栏中的"装配体特征"下标 ▼ 中的"异型孔向导"命令按钮 📷 ,属性管理区出现【孔规格属性管理器】,进行属性管理器的设置。

① 孔类型。

在"孔类型"中单击直螺纹孔按钮 Ⓤ，"标准"下拉选项中选择"Gb"，"类型"下拉选项中选择"螺纹孔"；"孔规格"大小下拉选项中选择"M5"；孔与螺纹线的"终止条件"均为"给定深度"，数值栏中输入"12"；其他选项的设置为软件默认，如图 7-48 所示。

② 位置。

孔类型设置完后，单击属性管理区上方的"位置"选项，按住鼠标中键，拖动鼠标将泵体泵面旋转可视。左键单击泵体背面，确定孔的位置，单击左键两次，确定两孔的初略位置，工具栏变为"草图"工具栏。以泵体最外圆圆心为起点，单击"直线"下标 ▾ 中的"中心线"命令 Ⅰ，绘制一条竖直中心线，单击"显示或删除几何关系"下标 ▾ 中的"添加几何关系"命令 Ⅰ，两孔中心关于中心线对称，且与中心线的下端点水平，绘制完的孔位置的草图如图 7-49 所示。

③ 单击【孔规格属性管理器】中的 ✓ 按钮，完成泵体背面螺纹孔的创建，如图 7-50 所示。装配体特征管理设计树零部件名称最下端出现增加的 M5 螺纹孔 1 名称，但不保存装配体。

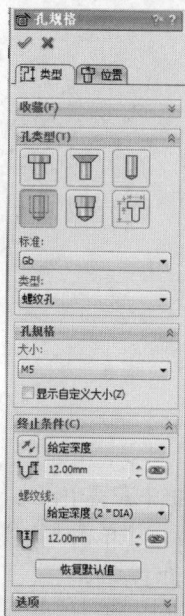

图 7-48　孔类型的设置　　　　图 7-49　孔位置草图　　　　图 7-50　创建的泵体螺纹孔

7.7.3　简单直孔

在零部件上生成简单直孔是装配体中快速成形直孔的方式之一，在减速器中常用来创建上下减速箱盖边缘的连接孔。应用装配体特征中的简单直孔创建螺栓连接孔，避免重复上下箱盖分别打孔，同时能够避免由于尺寸问题而带来的安装误差。

1. 简单直孔属性管理器的设置

单击"装配体"工具栏中的"装配体特征"下标 ▾ 中的"简单直孔"命令按钮 ⑩，属性管理区出现【孔位置确定】提示框，如图 7-51（a）所示。图形区中左键单击选择草图放置的一个平面，出现【孔属性管理器】，如图 7-51（b）所示。设置如下：

（1）从

孔的生成方式有多种，可以是草图基准面、曲面/面/基准面等。

① 草图基准面。

从草图所处的同一基准面开始简单直孔。

② 曲面/面/基准面。

从曲面/面/基准面之一开始简单直孔。为其◇选择一有效实体。

③ 顶点。

从选取顶点□开始简单直孔的创建。

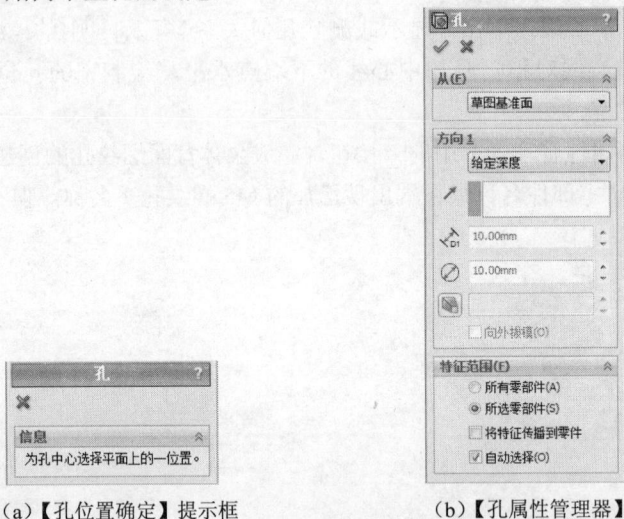

（a）【孔位置确定】提示框　　　　（b）【孔属性管理器】

图 7-51　【简单直孔属性管理器】设置

④ 等距。

从当前草图基准面等距的基准面上开始简单直孔，输入等距值设定等距距离。

（2）方向 1

方向 1 中的"终止条件"有"给定深度"及"完全贯穿"，"阵列方向"↗选项框中左键单击选择零部件的一条边线，"距离"⟨⟩即为孔的长度，"孔直径"⊘中输入数值确定直孔的大小。单击"拔模"按钮▣，输入拔模度数，软件默认为"向内拔模"，勾选"向外拔模"可以改变拔模的方向。

（3）特征范围

【孔属性管理器】中的特征范围选项与 7.7.2 节异型孔向导属性管理器中特征范围的含义相同，设置可以参见 7.7.2 节。

2．简单直孔的应用——泵体底座直孔

简单直孔的创建中，孔中心的位置在设置完【孔属性管理器】后可以进行修改，创建泵体底座直孔：

（1）打开装配体

单击菜单栏中的"打开"命令按钮▣，选择"光盘/第七章/零部件文件夹/装配体.SLDASM"文件，在特征管理（Feature Manager）设计树中单击泵体的十字折叠符号⊞，"特征"中右键单击"切除——拉伸 2"，在弹出对话框中选择"删除"命令，或左键单击"切除——拉伸 2"，按键盘 Delete 键，单击"确认删除"对话框中的"是"按钮，完成特征删除。

（2）创建孔系列

单击"装配体"工具栏中的"装配体特征"下标□中的"简单直孔"命令按钮◙，属性管理区出现【孔属性管理器】。

① 从。

孔的生成方式选择"草图基准面"。

② 方向 1。

孔的"终止条件"为"完全贯穿"，孔直径为 10mm，其他选项的设置为默认，如图 7-52 所示。

③ 单击【孔属性管理器】中的☑按钮完成设置，特征管理设计树中出现孔的名称，可以进行孔位置的重建。

（3）确定孔的位置

单击特征管理设计树中的孔的十字折叠符号王，在展开的目录中右键单击选择"草图 4"，选择"编辑草图"，如图 7-53 所示。在草图状态下，单击"显示或删除几何关系"下标□中的"添加几何关系"命令□，左键单击孔的边线及泵体圆边线，添加同心几何关系，如图 7-54 所示。单击【添加几何关系属性管理器】中的☑按钮，完成草图的修改。单击图形区右上角的按钮，完成简单直孔的创建，但不保存装配体。

图 7-52 【孔属性管理器】的设置

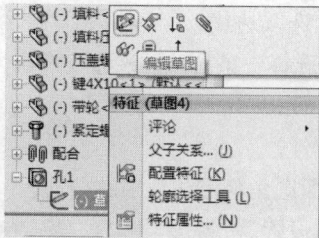

图 7-53 编辑草图

图 7-54 孔边线几何关系的添加

7.7.4 圆角

圆角是零部件的辅助特征，在装配体中圆角可以添加到任意零部件上，从而完善装配体模型。

1．圆角属性管理器的设置

单击"装配体"工具栏中的"装配体特征"下标□中的"圆角"命令按钮◙，属性管理区中出现【圆角属性管理器】。设置如下：

装配体特征下的圆角类型包括"等半径"及"面圆角"。

（1）等半径

"等半径"成形的是形状大小相同的圆角特征，选项的设置如图 7-55（a）所示。

a）圆角项目。

单击"半径" ⟨⟩ 数值框，输入等半径数值大小。

"等半径"圆角中边、面、特征或环 ⟨⟩ 选项框中，在图形区选择零部件对应选项。

勾选"多半径圆角"，创建的零部件的每个圆角都可以进行半径值的设置，实现一次添加多个不同半径圆角。

b）圆角选项。

"圆角选项"对生成圆角的过程起到一定的作用。

"通过面选择"——勾选该选项，通过隐藏边线的面选取边线。

"保持特征"——圆角生成后，保留诸如切除或拉伸之类的特征，一般情况下这些特征在应用倒角时通常被移除。

"圆形角"——勾选"圆形角"，零部件特征拐角处的直线将不再保持原状，在圆角边线汇合处生成平滑过渡。

"扩展方式"的设置一般保持软件的默认形式，无需更改。

c）特征范围。

勾选"将特征传播到零件"选项，在保存装配体时，装配体中生成的圆角特征将保存到各自的零部件。

d）单击【圆角属性管理器】中的 ⟨✓⟩ 按钮，完成等半径圆角的设置。

（2）面圆角

"面圆角"混合非相邻、非连续面，在两面之间形成圆角，选项如图 7-55（b）所示。

a）圆角项目。

⟨⟩ 数值框确定圆角半径的数值大小。

分别单击"面组" ⟨⟩ 选项框，在图形区左键单击选择非相邻的两个面。

b）圆角选项。

"通过面选择"——勾选该选项，通过隐藏边线的面选取边线。

"包络控制线"——左键单击该选项框，在图形区中选择一条边线，该边线将作为生成圆角的控制线，圆角在控制线（即"包络控制线"）附近创建特征。

"曲率连续"——该选项保证圆角的边线斜率的连续性。

"等宽"——勾选该选项，"包络控制线"不可用，即圆角将沿边线对称分布。

c）单击【圆角属性管理器】 ⟨✓⟩ 按钮，完成面圆角的设置。

2．圆角的应用——转子泵装配体圆角

在装配体环境下，生成转子泵装配体零部件的圆角。

（1）打开装配体。

单击菜单栏中的"打开"命令按钮 ⟨⟩，选择"光盘/第七章/零部件文件夹/装配体.SLDASM"文件。

（2）创建圆角。

单击"装配体"工具栏中的"装配体特征"下标 ⟨▾⟩ 中的"圆角"命令按钮 ⟨⟩，属性管理区中出现【圆角属性管理器】，"圆角类型"选择"等半径"，设置其他选项。

① 圆角半径。

圆角半径数值输入 3。

② 边、面、特征或环 ⟨⟩，单击该选项框，在图形区选取带轮左端面外圆边线，泵体左端面

孔外圆边线。

（a）等半径圆角的设置　　　　（b）面圆角的设置

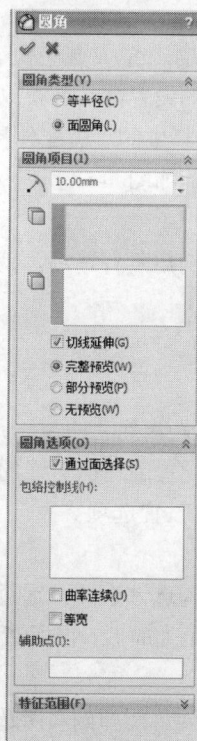

图 7-55　圆角的创建

③ 多半径圆角。

勾选该选项，在图形区双击孔边线圆角数值，修改为 2，如图 7-56 所示。

④ 其他选项

其他选项保持默认。

⑤ 单击【圆角属性管理器】中的 ☑ 按钮，完成装配体圆角的创建。

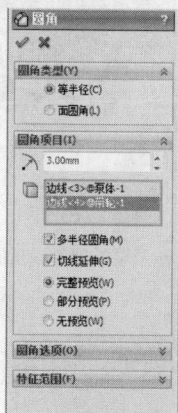

图 7-56　转子泵零部件圆角的创建　　　　图 7-57　【倒角属性管理器】

7.7.5　倒角

孔、轴的端部是倒角添加的常见位置。

1. 倒角属性管理器的设置

单击"装配体"工具栏中的"装配体特征"下标 ▾ 中的"倒角"命令按钮 ◈，属性管理区中出现【倒角属性管理器】，如图 7-57 所示。设置如下：

（1）倒角参数

"倒角参数"可设置倒角所有选项，确定倒角实际形状。

① 边线和面或顶点 ▣。

单击"边线和面或顶点"选项框，在图形区选择成形倒角的边线、面或顶点。

② 倒角类型。

倒角类型分为"角度距离"、"距离—距离"、"顶点"等。"角度距离"设置倒角的一边距离及其角度，"距离—距离"设置倒角两边线的距离，"顶点"设置顶点到三条边线的距离，图 7-57 中显示"角度距离"的数值设置选项。

③ 选项。

"通过面选择"——勾选该选项，通过隐藏边线的面选取边线。

"保持特征"——圆角生成后，保留诸如切除或拉伸之类的特征，一般情况下这些特征在应用倒角时通常被移除。

"切线延伸"——将倒角延伸到与所选实体相切的面或边线。

"预览"——创建倒角查看预览的模式。

（2）特征范围

勾选"将特征传播到零件"选项，在保存装配体时，装配体中生成的圆角特征将保存到各自的零部件。

左键单击【倒角属性管理器】中的 ✔ 按钮完成设置。

2. 倒角的应用——转子泵零部件倒角

（1）打开装配体

单击菜单栏中的"打开"命令按钮 ▣，选择"光盘/第七章/零部件文件夹/装配体.SLDASM"文件。

（2）创建倒角

单击"装配体"工具栏中的"装配体特征"下标 ▾ 中的"倒角"命令按钮 ◈，属性管理区中出现【倒角属性管理器】，倒角类型选择"角度距离"，距离数值设置为 2，其他选项设置为默认，如图 7-58 所示。

单击【倒角属性管理器】中的 ✔ 按钮，完成转子泵零部件倒角的创建。

图 7-58　转子泵零部件倒角的创建

7.8 装配体的检查

装配体零部件的干涉检查、间隙验证、孔对齐与否是装配体中最基本的检查。装配体零部件安装是否合理，配合关系的添加是否正确，智能扣件的引入是否符合要求等，将在装配体检查中得到验证，装配体检查工具是正确设计装配体的有效检查手段。

装配体检查工具的调用，可以单击菜单栏中【工具】菜单中的"装配体检查"命令，或者在进行干涉检查之前，自定义工具栏，将"装配体检查"命令按钮拖到工具栏中，具体操作见第 1 章 1.4.2 节，在工具栏中添加"干涉检查"命令按钮 █、"间隙验证"命令按钮 █ 和"孔对齐"命令按钮 █。

7.8.1 干涉检查

"干涉检查"对复杂的装配体非常实用，用以识别零部件之间的干涉。干涉检查在装配体中的作用有以下几种。

① 确定零部件之间的干涉。

② 将干涉的真实体积显示为上色体积。

③ 更改干涉和非干涉的零部件的显示设定，更好地查看干涉结果。

④ 选择忽略要排除的干涉，如螺纹扣件干涉或压入干涉。

⑤ 选择包括多实体零件的实体的干涉。

⑥ 选择子装配体作为单一零部件，在整个装配体干涉检查过程中，子装配体零部件之间的干涉将不被检查。

⑦ 可以区分重复干涉及标准干涉。

（1）涉检查属性管理器的设置

单击菜单栏中【工具】|"干涉检查"命令 █，属性管理区出现【干涉检查属性管理器】，如图 7-59 所示。设置如下：

所选零部件

单击"所选零部件"选项框，在特征管理设计树或图形区左键单击选择整个装配体或要进行干涉检查的零部件，单击选项框下面的"计算"按钮，软件开始干涉计算。

（2）结果

在计算后，结果栏会显示检测到的干涉。单击干涉名称，图形区将会高亮显示干涉的部位。单击选项框下的"忽略"按钮，干涉将被忽略，在以后的干涉检查中该干涉保持忽略。勾选"零部件视图"选项，干涉的名称将以零部件名称而非干涉序号显示。

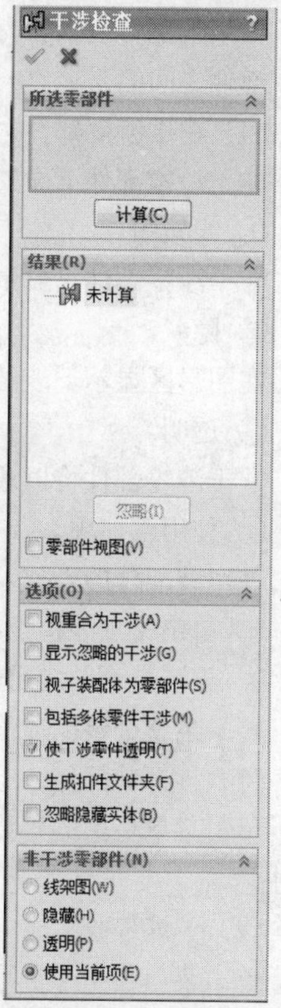

图 7-59 【干涉检查属性管理器】

（3）选项

左键单击勾选不同的选项，干涉结果在图形区的显示将明显不同。

① 视重合为干涉。

将重合关系视为干涉。

② 显示忽略的干涉。

勾选该选项，在结果清单中以灰色图标显示忽略的干涉。当清除此选项时，忽略的干涉将不会列出。

③ 视子装配体为零部件。

勾选该选项时，子装配体将被视为一个零部件，子装配体中的干涉将不被列出。

④ 包括多体零件干涉。

零件包含多个实体，勾选该选项，结果中将列出零件实体之间的干涉。

⑤ 使干涉零件透明。

干涉的零件将以透明的显示形式显示。

⑥ 生成扣件文件夹，

将扣件（如螺母和螺栓）之间的干涉隔离至结果下的单独文件夹，扣件干涉可以在扣件文件夹中检查，同时可以一起忽略。

⑦ 忽略隐藏实体。

如果装配体包括含有隐藏实体的多实体零件，则左键单击勾选该选项，将忽略隐藏实体与其他零部件之间的干涉。

（4）非干涉零部件

非干涉零部件下面的选项是零部件的显示模式。

① 线架图。

非干涉零部件只显示轮廓边线，面不可见。

② 隐藏。

在图形区显示干涉结果时，非干涉零部件将自动隐藏，只显示干涉零部件。

③ 透明。

非干涉零部件将以透明状显示。

④ 使用当前项。

使用装配体的当前显示设置。

⑤ 单击【干涉检查属性管理器】中的✅按钮完成设置。

2．干涉检查的应用——转子泵装配体

转子泵整个装配体干涉的检查，验证装配过程的正确性。

（1）打开装配体

单击菜单栏中的"打开"命令按钮，选择"光盘/第七章/零部件文件夹/装配体.SLDASM"文件。

（2）干涉检查

单击菜单栏中【工具】|"干涉检查"命令，单击"所选零部件"选项框，在特征管理设计树中选择顶层装配体，单击"计算"按钮。软件计算后，结果框中显示干涉序号，"非干涉零部件"中勾选"线架图"，转子泵干涉结果如图 7-60 所示。干涉部位依次用红色高亮显示，单击【干涉检查属性管理器】中的✅按钮，完成转子泵装配体的干涉检查。

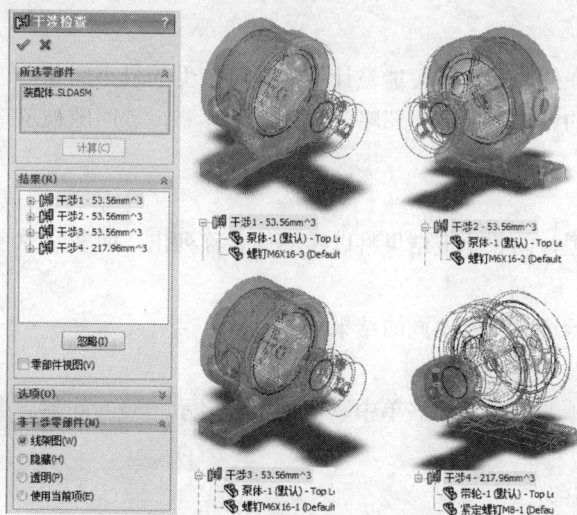

图 7-60 转子泵装配体干涉结果的显示

7.8.2 间隙验证

使用间隙验证检查装配体中所选零部件之间的间隙，可以检查零部件之间的最小距离，并显示不满足指定的"可接受的最小间隙"的间隙。选择检查整个零部件，或选择检查零部件的特定面。此外，可以选择检查所选零部件之间的间隙，也可以选择检查所选零部件和装配体的其余零部件之间的间隙。

1．间隙验证属性管理器的设置

单击菜单栏中【工具】|"间隙验证"命令，属性管理区出现【间隙验证属性管理器】，如图 7-61 所示。设置如下：

（1）所选零部件

选择要间隙验证的零部件或面，单击左键进行选择项之间的切换。

（2）检查间隙范围

间隙范围是设定的最小间隙值，是所选实体或实体与装配体之间的间隙。

① 所选项。

"所选项"为计算所选零部件实体之间的间隙。

② 所选项和装配体其余项。

选择的零部件实体与装配体其余实体之间的间隙。

③ 可接受的最小间隙。

修改该数值框数值来设定间隙验证时的最小可接受的间隙值。

（3）结果

单击"可接受的最小间隙"下的"计算"按钮，结果框中将列出所选零部件的间隙验证。

图 7-61 【间隙验证属性管理器】

① 忽略。

装配关系中的重合在间隙验证中可能被计算为不可接受的最小间隙，该情况下的验证可以忽略。左键单击选择重合的结果，单击"忽略"按钮进行忽略，该间隙被忽略后，则会在以后的间隙验证中保持忽略。

② 零部件视图。

左键单击勾选该选项，间隙验证结果将以零部件名称列出，而非间隙序号。

（4）选项

不同的选项在间隙验证中得到不同的结果。

① 显示忽略的间隙。

左键单击勾选此选项，可在结果清单中以灰色图标显示忽略的间隙。当清除此选项时，忽略的间隙将不会列出。

② 视子装配体为零部件。

将子装配体视为单一零部件，在间隙验证中将不会检查该子装配体的间隙。

③ 忽略与指定值相等的间隙

只报告小于指定值的间隙，与指定值相等的间隙将被忽略。

④ 使算例零件透明

以透明模式显示正在验证其间隙的零部件。

⑤ 生成扣件文件夹

将扣件（如螺母和螺栓）之间的间隙隔离为在结果显示框中的单独文件夹，扣件干涉可以在扣件文件夹中检查，同时可以一起忽略。

（5）未涉及的零部件

该选项用来显示间隙检查中未涉及的所有零部件，与 7.8.1 节中干涉检查属性管理器中"非干涉零部件"的选项相同。

单击【间隙验证属性管理器】中的☑按钮完成设置。

2．间隙验证的应用——转子泵轴间隙的验证

转子泵中轴几乎与所有的零部件相接触，验证轴的间隙，保证转子泵的正常运转。

（1）打开装配体

单击菜单栏中的"打开"命令按钮，选择"光盘/第七章/零部件文件夹/装配体.SLDASM"文件。

（2）间隙验证

单击菜单栏中【工具】|"间隙验证"命令，选择所选零部件选项框，在特制管理设计树中左键单击选择轴，"检查间隙范围"勾选"所选项和装配体其余项"，"间隙"值设为 10mm，其他选项为软件默认。单击"计算"按钮，计算结束后，结果框中列出超出最小可接受间隙结果，属性管理器的设置如图 7-62 所示，间隙验证的部分结果如图 7-63 所示，这些结果均为重合关系，即都可以被忽略。单击【间隙验证属性管理器】中的☑按钮，完成转子泵装配体的干涉检查。

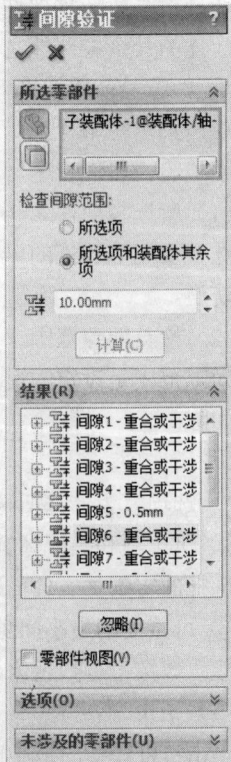

图 7-62 【间隙验证属性管理器】

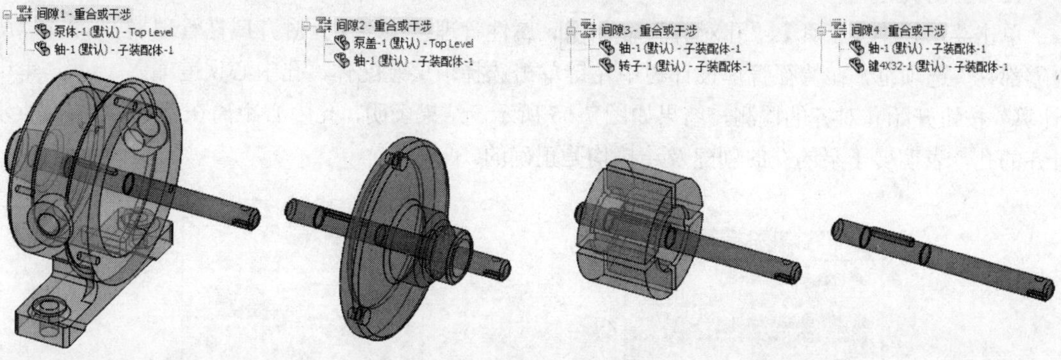

图 7-63　间隙验证的结果

7.8.3　孔对齐

"孔对齐"用来检查装配体中是否存在未对齐的孔。

1.【孔对齐属性管理器】的设置

单击菜单栏中【工具】|"孔对齐"命令，属性管理区出现【孔对齐属性管理器】，如图 7-64 所示。设置如下：

（1）所选零部件

显示被选中进行孔对齐检查的零部件，默认情况下，除非预选其他零部件，否则将显示顶层装配体；当检查一个装配体的孔对齐情况时，其所有零部件都将接受检查，如果选择两个或更多零部件，则仅报告所选零部件的孔未对齐情况。

（2）孔中心误差

指定要检查的孔组中心之间的最大距离，例如当指定 10.00mm，则彼此的中心距离在 10.00mm 之内的未对齐孔组将列在"结果"下。

（3）计算

单击"孔中心误差"下面的"计算"按钮，对设置的孔对齐零部件进行检测，"结果"框中显示孔未对齐的零部件。

（4）结果

"结果"框中可以选择项目在图形区中高亮显示，展开项目可以列出未对齐的孔，右键单击项目可以选择放大所选范围。

单击【孔对齐属性管理器】中的按钮，完成设置。

2．孔对齐的应用——转子泵孔对齐的检测

转子泵装配体中存在多个连接孔，如果孔未对齐，螺栓连接时将无法装配，或在转子泵运转过程中，连接件与被连接件的损伤将明显增大。对装配体孔对齐的检测显得尤为重要。以下为转子泵孔对齐的检测过程。

（1）打开装配体

单击菜单栏中的"打开"命令按钮，选择"光盘/第七章/零部件文件夹/装配体.SLDASM"文件。

（2）孔对齐

单击菜单栏中【工具】|"孔对齐"命令 ，属性管理区出现【孔对齐属性管理器】。单击"所选零部件"选项框，在特征管理设计树中左键单击选择顶层装配体，孔中心误差输入 1mm，单击"计算"按钮开始孔对齐的检测，结果如图 7-65 所示。结果表明，孔中心距离在 1mm 之内没有未对齐的孔，表明转子泵的孔的创建及连接均是正确的。

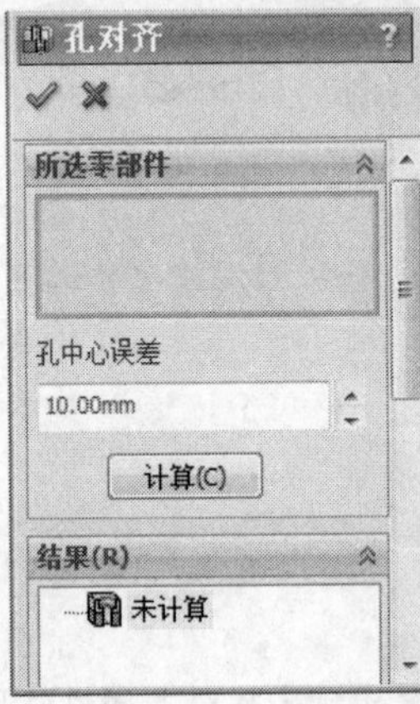

图 7-64　【孔对齐属性管理器】

图 7-65　孔对齐检测结果

单击【孔对齐属性管理器】中的 ✓ 按钮，完成转子泵孔对齐的检测。

7.9　爆炸视图

在装配体设计过程中，经常需要分离装配体中的零部件以便于形象地查看和分析它们之间的相互关系。爆炸视图显示分散但已定位的装配，可以明显地看出装配体的组装过程。

7.9.1　爆炸视图的创建

通过在图形区域中选择和拖动零件来生成爆炸视图，从而生成一个或多个爆炸步骤。

1. 爆炸视图属性管理器的设置

单击"装配体"工具栏中的"爆炸视图"命令按钮 或选择【插入】菜单中的"爆炸视图"命令，属性管理区中出现【爆炸视图属性管理器】，如图 7-66 所示。设置如下：

（1）操作方法

该提示栏中简单地介绍了爆炸视图生成的方法，对三重轴的熟练操作可使爆炸视图的生成过程更加快捷。

① 拖动中央球形可来回拖动三重轴。

② 按住 Alt 键并拖动中央球形或臂杆，将三重轴放在边线或面上，以使三重轴对齐该边线或面。

③ 右键单击中心球并选择"对齐到"或"与零部件原点对齐"。

（2）爆炸步骤

操作步骤中显示已经生成的爆炸步骤序号，每个爆炸步骤下对应一个零部件的操作。

（3）设定

设定爆炸步骤的零部件、爆炸方向及其爆炸的距离。

① 爆炸步骤的零部件。

左键单击选择该选项框，在特征管理设计树或图形区中选择要进行爆炸的零部件，被选中的零部件的中心位置出现三重轴。

② 爆炸方向。

单击"爆炸方向"选项框 ，在图形区左键单击选择三重轴的一个坐标轴，该选项框出现选择的方向名称，单击 按钮可以调节爆炸方向为相反方向。

③ 爆炸的距离。

在数值框中输入数值，确定所选零部件按已定方向移动的距离，也可直接在图形区中按住左键不放移动零部件到一定的位置，松开鼠标，零部件被放置。

④ 应用。

单击"应用"按钮，软件将自动调节所选择的零部件的爆炸方向及距离。

⑤ 完成。

单击"完成"按钮，完成当前爆炸步骤，步骤序号显示在爆炸步骤框中。若要删除或编辑步骤，右键单击步骤序号，在弹出的选择框中选择相应的命令。

（4）选项

① 拖动后自动调整零部件间距。

勾选该选项，爆炸视图中沿轴心自动均匀地分布实体间的间距，可以通过调整实体链之间的间距 滑杆进行实体间距的调整。

② 选择子装配体中的零件。

取消该项时，在装配体爆炸视图的生成过程中，子装配体被看作一个整体，移动某一个零部件，整个子装配体也将被移动。勾选该选项后，子装配体中的零件将在爆炸视图中单独被选定。

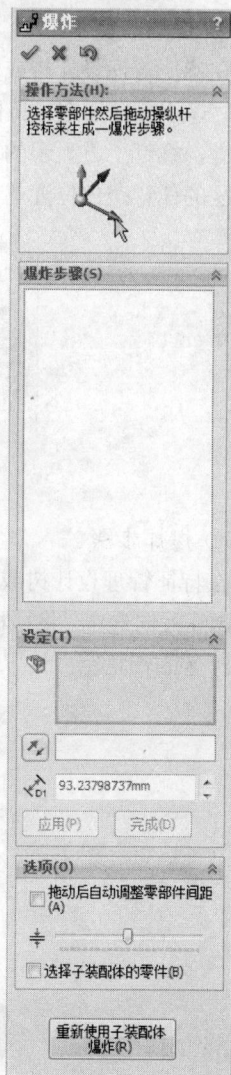

图 7-66 【爆炸视图属性管理器】

单击【爆炸视图属性管理器】中的 按钮，完成设置。

2．爆炸视图的应用——转子泵爆炸视图的创建

转子泵装配时零部件的顺序为：泵体、衬套、键 4×32、挡圈、转子、叶片、挡圈、垫片、泵盖、螺钉 M6×16、填料、填料压盖、压盖螺母、键 4×10、带轮、紧定螺钉。爆炸视图步骤与装配顺序刚好相反，即按照装配零部件的反方向进行步骤的设定。

（1）打开装配体

单击菜单栏中的"打开"命令按钮 ，选择"光盘/第七章/零部件文件夹/装配体.SLDASM"文件。

（2）创建爆炸视图

单击"装配体"工具栏中的"爆炸视图"命令按钮 ，属性管理区出现【爆炸视图属性管理

器】，创建转子泵装配体的爆炸视图。

① 爆炸步骤 1。

在特征管理设计树或图形区左键单击选择"紧定螺钉"，螺钉中心位置出现三重轴，左键单击 Y 轴，爆炸方向选定。将鼠标放在 Y 轴上，按住左键不放并拖动紧定螺钉到一定的距离。松开鼠标左键，螺钉上方显示的蓝色箭头，按住左键不放还可以进行螺钉移动，单击"完成"按钮或在图形区的任意空白位置单击左键，完成爆炸步骤 1 的创建，如图 7-67 所示。

图 7-67　爆炸步骤 1

② 爆炸步骤 2。

在特征管理设计树或图形区左键单击选择"带轮"，带轮中心位置出现三重轴，左键单击 X 轴，爆炸方向选定。将鼠标放在 X 轴上，按住左键不放并拖动带轮到一定的距离。松开鼠标左键，在图形区的任意空白位置单击左键，完成爆炸步骤 2 的创建，如图 7-68 所示。

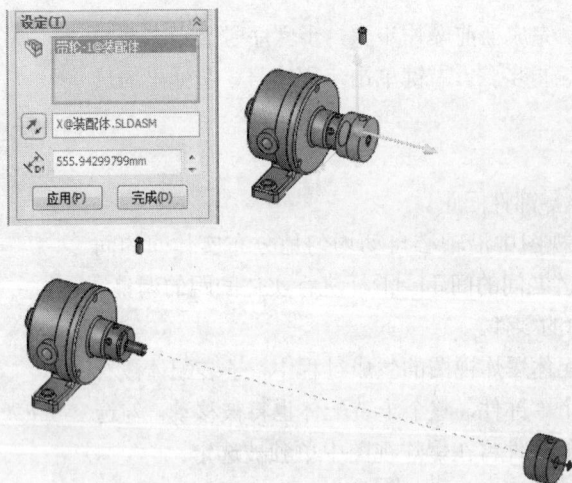

图 7-68　爆炸步骤 2

③ 爆炸步骤 3。

在特征管理设计树或图形区左键单击选择"键 4×10"，键 4×10 中心位置出现三重轴，左键单击 X 轴，爆炸方向选定。将鼠标放在 X 轴上按住左键不放并拖动键 4×10 到一定的距离。松开鼠标左键，在图形区的任意空白位置单击左键，完成爆炸步骤 3 的创建，如图 7-69 所示。

④ 爆炸步骤 4。

在特征管理设计树或图形区左键单击选择"压盖螺母"，压盖螺母中心位置出现三重轴，左键单击 X 轴，爆炸方向选定。将鼠标放在 X 轴上，按住左键不放并拖动压盖螺母到一定的距离。松开鼠标左键，在图形区的任意空白位置单击左键，完成爆炸步骤 4 的创建，如图 7-70 所示。

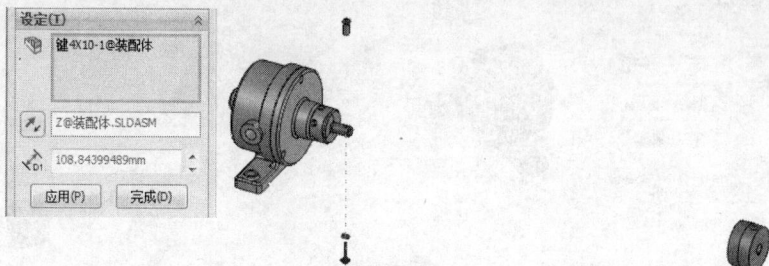

图 7-69 爆炸步骤 3

图 7-70 爆炸步骤 4

⑤ 爆炸步骤5。

在特征管理设计树或图形区左键单击选择"填料压盖"，填料压盖中心位置出现三重轴，左键单击 X 轴，爆炸方向选定。将鼠标放在 X 轴上，按住左键不放并拖动填料压盖到一定的距离。松开鼠标左键，在图形区任意空白位置单击左键，完成爆炸步骤 5 的创建，如图 7-71 所示。

图 7-71 爆炸步骤 5

⑥ 爆炸步骤6。

在特征管理设计树或图形区左键单击选择"填料"，填料中心位置出现三重轴，左键单击 X 轴，爆炸方向选定。将鼠标放在 X 轴上，按住左键不放并拖动填料到一定的距离。松开鼠标左键，在图形区的任意空白位置单击左键，完成爆炸步骤 6 的创建，如图 7-72 所示。

⑦ 爆炸步骤7。

在特征管理设计树或图形区左键单击选择"螺钉 M6×16"，螺钉 M6×16 中心位置出现三重轴，左键单击 X 轴，爆炸方向选定。将鼠标放在 X 轴上，按住左键不放并拖动螺钉 M6×16 到一定的距离。松开鼠标左键，在图形区的任意空白位置单击左键，完成爆炸步骤 7 的创建，如图 7-73 所示。

图 7-72　爆炸步骤 6

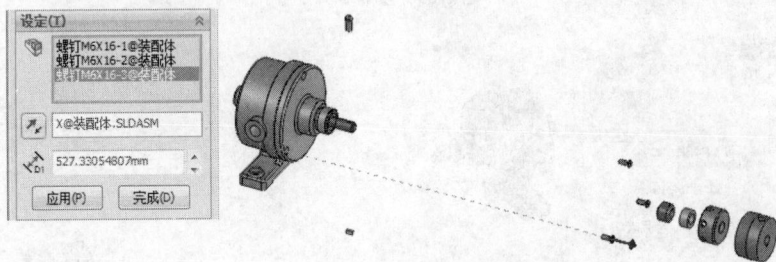

图 7-73　爆炸步骤 7

⑧ 爆炸步骤 8。

在特征管理设计树或图形区左键单击选择"泵盖",泵盖中心位置出现三重轴,左键单击 X 轴,爆炸方向选定。将鼠标放在 X 轴上,按住左键不放并拖动泵盖到一定的距离。松开鼠标左键,在图形区的任意空白位置单击左键,完成爆炸步骤 8 的创建,如图 7-74 所示。

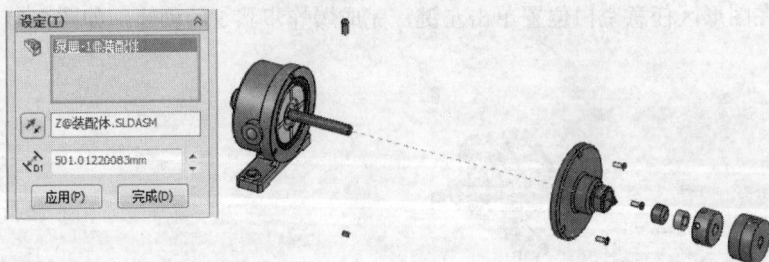

图 7-74　爆炸步骤 8

⑨ 爆炸步骤 9。

在特征管理设计树或图形区左键单击选择"垫片",垫片中心位置出现三重轴,左键单击 X 轴,爆炸方向选定。将鼠标放在 X 轴上,按住左键不放并拖动垫片到一定的距离。松开鼠标左键,在图形区的任意空白位置单击左键,完成爆炸步骤 9 的创建,如图 7-75 所示。

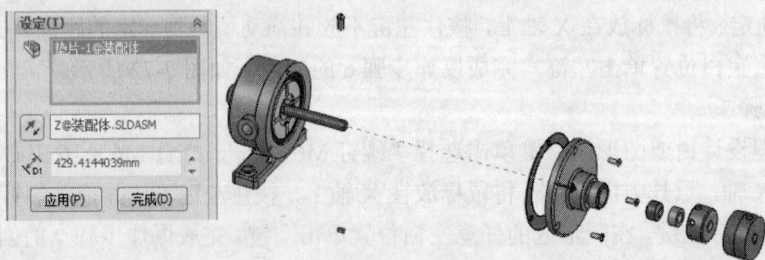

图 7-75　爆炸步骤 9

⑩ 爆炸步骤 10。

在特征管理设计树或图形区左键单击选择"挡圈"、"叶片"、"转子"、"轴"、"键 4×32"（这些零部件也可以组成一个子装配体，如 7.4.2 节创建的子装配体，然后进行爆炸步骤的设置，读者可自行练习），零部件中心位置出现三重轴，左键单击 X 轴，爆炸方向选定。将鼠标放在 X 轴上，按住左键不放拖动零部件到一定的距离。松开鼠标左键，在图形区的任意空白位置单击左键，完成爆炸步骤 10 的创建，如图 7-76 所示。

图 7-76　爆炸步骤 10

⑪ 爆炸步骤 11~14。

在特征管理设计树或图形区左键单击选择最顶端"叶片"，叶片中心位置出现三重轴，左键单击 Y 轴，爆炸方向选定。将鼠标放在 Y 轴上，按住左键不放并拖动叶片到一定的距离。松开鼠标左键，在图形区的任意空白位置单击左键，完成最顶端叶片的放置，即爆炸步骤 11 的创建。用同样的方法移动其余三个叶片，完成爆炸步骤 12~14 的创建，如图 7-77 所示。

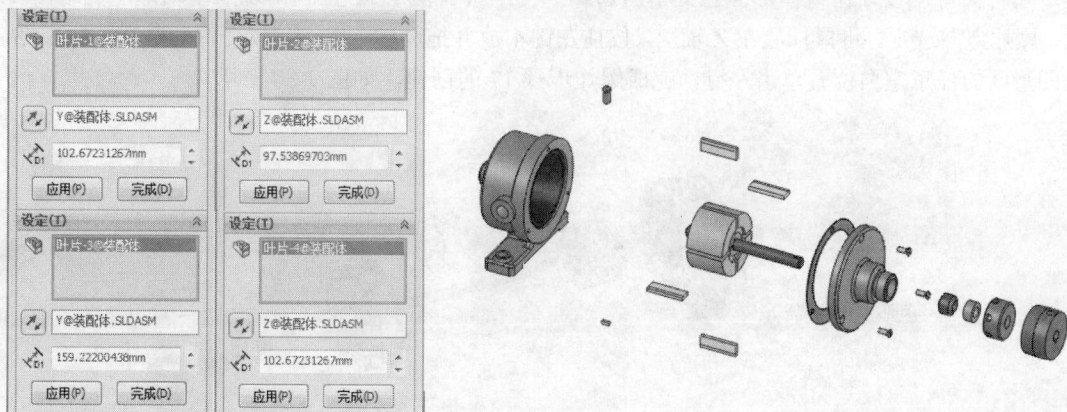

图 7-77　爆炸步骤 11~14

⑫ 爆炸步骤 15。

在特征管理设计树或图形区左键单击选择"挡圈"，挡圈中心位置出现三重轴，左键单击 Z 轴，爆炸方向选定。将鼠标放在 Z 轴上，按住左键不放并拖动挡圈到一定的距离。松开鼠标左键，在图形区的任意空白位置单击左键，完成爆炸步骤 15 的创建，如图 7-78 所示。

⑬ 爆炸步骤 16。

在特征管理设计树或图形区左键单击选择"键 4×32"，键 4×32 中心位置出现三重轴，左键单击 X 轴，爆炸方向选定。将鼠标放在 X 轴上，按住左键不放并拖动键 4×32 到一定的距离。松开鼠标左键，在图形区的任意空白位置单击左键，完成爆炸步骤 16 的创建，如图 7-79 所示。

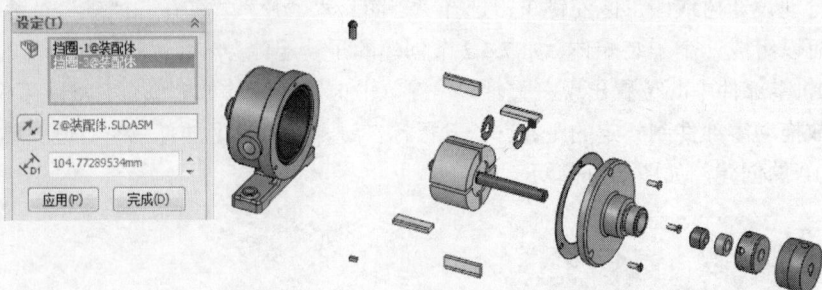

图 7-78　爆炸步骤 15

图 7-79　爆炸步骤 16

⑭　爆炸步骤 17。

在特征管理设计树或图形区左键单击选择"转子"，转子中心位置出现三重轴，左键单击 Z 轴，爆炸方向选定。将鼠标放在 Z 轴上，按住左键不放并拖动转子到一定的距离。松开鼠标左键，在图形区的任意空白位置单击左键，完成爆炸步骤 17 的创建，如图 7-80 所示。

图 7-80　爆炸步骤 17

⑮　爆炸步骤 18。

在特征管理设计树或图形区左键单击选择"衬套"，衬套中心位置出现三重轴，左键单击 X 轴，爆炸方向选定。将鼠标放在 X 轴上，按住左键不放并拖动衬套到一定的距离。松开鼠标左键，在图形区的任意空白位置单击左键，完成爆炸步骤 18 的创建，如图 7-81 所示。

⑯　转子泵的爆炸视图。

泵体为基体零件，爆炸视图中位置保持不变，创建的爆炸视图如图 7-82 所示。在图形区单击右键，在菜单底部选择"解除爆炸"，转子泵恢复为装配状态，如图 7-83 所示。

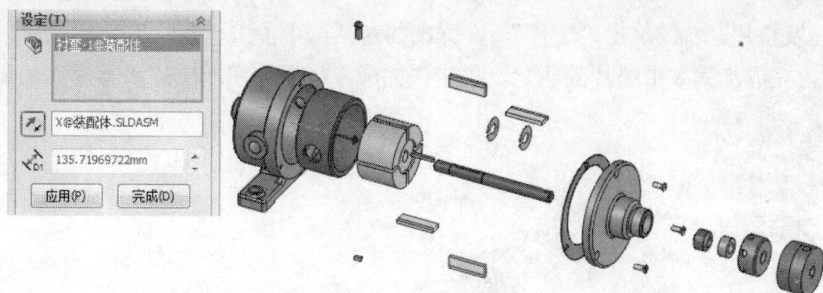

图 7-81 爆炸步骤 18

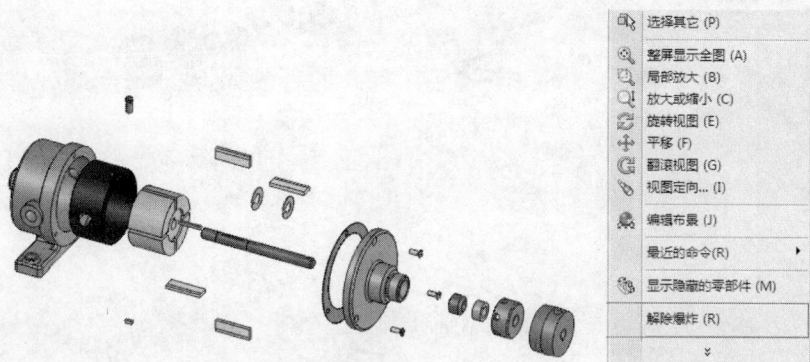

图 7-82 转子泵的爆炸视图

图 7-83 解除爆炸的转子泵

7.9.2 爆炸视图的编辑

爆炸视图创建后，可以对其做进一步的编辑，如添加、删除或重新定位零部件的爆炸步骤。以转子泵装配体的爆炸视图为例说明爆炸视图的编辑过程。

单击菜单栏中的"打开"命令按钮，选择"光盘/第七章/零部件文件夹/装配体.SLDASM"文件。单击"装配体"工具栏中的"爆炸视图"命令按钮，图形区显示转子泵装配体的爆炸视图，如图 7-82 所示。

1. 添加零部件

在一个或多个爆炸步骤中所选的零部件框中添加零部件，过程如下：

在爆炸视图的属性管理器的爆炸步骤选项框中，右键单击"爆炸步骤8"，在弹出的对话框中左键单击"编辑步骤"，设定框中出现步骤8所选的零部件"泵盖"（属性管理器中的当前编辑框的颜色显示为蓝色）。在特征管理设计树或图形区左键单击选择"垫片"，垫片名称显示在设定框中，图形区中泵盖和垫片的颜色均为蓝色，如图 7-84 所示，表示垫片已经添加到爆炸步骤8中。单击"应用"按钮，将垫片添加到爆炸步骤8中，然后单击"完成"按钮，完成爆炸步骤8的编辑。

2. 删除零部件或爆炸步骤

爆炸视图属性管理器中可以进行零部件的删除，也可直接将整个爆炸步骤删除，重新创建爆炸步骤。

（1）删除零部件

从图 7-84 可以看出，垫片添加到爆炸步骤8中的结果不满足爆炸的需要，应将其在该步骤中删除。单击"装配体"工具栏中的"爆炸视图"命令按钮，属性管理区出现【爆炸视图属性管理器】。右键点击"爆炸步骤8"，在弹出的对话框中单击"编辑步骤"，设定框中出现步骤8所选

的零部件泵盖及垫片。右键单击"垫片"，在弹出的对话框中单击"删除"，如图 7-85 所示。单击
"应用"按钮，完成步骤 8 中垫片的删除。单击"完成"按钮，完成爆炸步骤 8 的编辑。

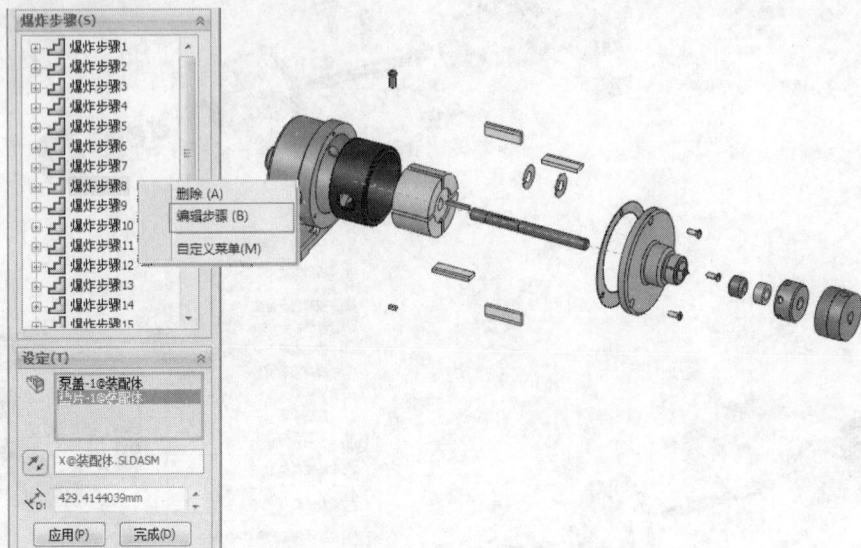

图 7-84　爆炸步骤 8 零部件的添加

图 7-85　爆炸步骤 8 零部件的删除

（2）删除爆炸步骤

爆炸步骤的删除相对于零部件的删除较为简单。右键单击某一爆炸步骤，在弹出的对话
框中选择"删除"，该爆炸步骤即被删除。左键单击"装配体"工具栏中的"爆炸视图"命令
按钮，属性管理区出现【爆炸视图属性管理器】，图 7-86 所示为转子泵爆炸视图步骤 15 的
删除。单击【爆炸视图属性管理器】上的 按钮可以撤销上一步的操作，单击 按钮，退出
属性管理器，不保存修改。单击【爆炸视图属性管理器】中的 按钮，退出属性管理器，同
时保存修改。

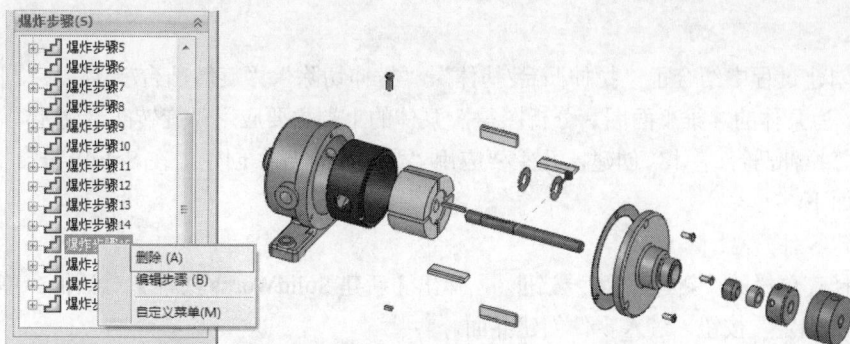

图 7-86 爆炸步骤的删除

3．重新定位零部件

重新定位零部件是将爆炸视图中的零部件的相对位置进行调整，使其装配体爆炸视图更加清楚明了，同时更能体现零部件的装配关系。现以重新定位转子泵中垫片的位置为例进行讲述。单击"装配体"工具栏中的"爆炸视图"命令按钮，属性管理区出现【爆炸视图属性管理器】。

（1）编辑步骤

右键单击"垫片"，在弹出的对话框中选择"编辑步骤"，图形区垫片颜色变为蓝色，同时出现箭头。

（2）重新定位

将鼠标放置在箭头上，按住左键不放并拖动垫片重新放置，松开左键完成垫片位置的调整，如图 7-87 所示。在零部件的重新定位时，可以直接左键单击属性管理器中的爆炸步骤，此时对应爆炸步骤的零部件在图形区显示为梅红色，并附带蓝色箭头，拖动箭头完成重新定位（这是快捷方式，读者可自行练习）。

图 7-87 垫片的重新定位

7.10 装配体设计应用——转子泵

转子泵由 17 个零部件组成，其中泵体是转子泵的基体零件。因此，以下详细叙述泵体的创建过程，从而让读者对零件的建模有一个初步的认识。其他零部件可以直接从光盘中调用，完成转子泵的装配过程。

1. 泵体

泵体的创建过程中结合了"拉伸凸台/基体"、"拉伸切除"、"旋转凸台/基体"、"圆角"等特征，图 7-88 为泵体的二维平面图。分析图得，泵体的上端主要应用"旋转凸台/基体"创建，底座主要应用"拉伸凸台/基体"创建，孔主要应用"异型孔向导"创建。在 SolidWorks 2013 中，泵体的创建如下

（1）新建零件

单击选择菜单栏的"新建"命令按钮□，弹出【新建 SolidWorks 文件】对话框。单击选择零件🖉，单击"确定"按钮，进入零件创建界面。

（2）创建泵体上端

绘制草图采用"旋转凸台/基体"创建泵体上端。

① 绘制草图 1。

左键单击选择特征管理设计树中的前视基准面，单击"草图"工具栏中的"草图绘制"命令按钮🗔，进入草图绘制界面，绘制泵体上端旋转草图，如图 7-89（a）所示。单击图形区右上角的🖳按钮，退出草图 1。

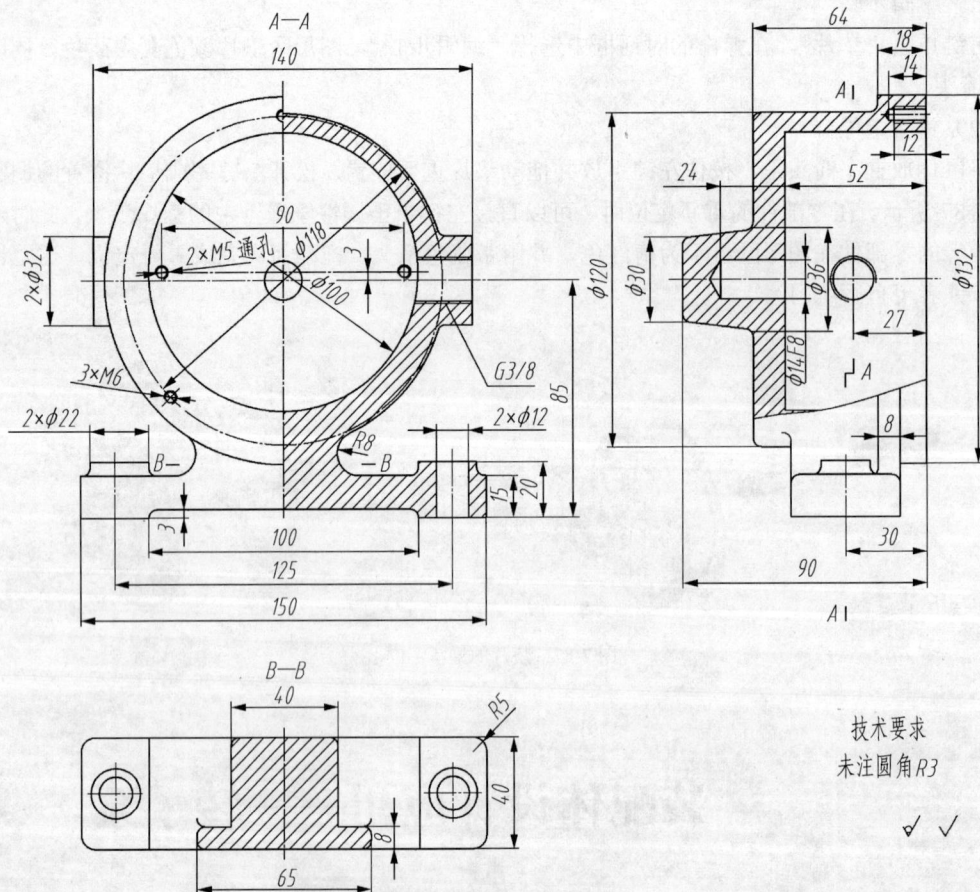

图 7-88　泵体二维平面图

② "旋转凸台/基体"创建泵体上端基体。

单击"特征"工具栏中的"旋转凸台/基体"命令按钮🖰，选择草图 1，【旋转属性管理器】

的设置保持默认。单击【旋转属性管理器】中的✅按钮，完成上端基体的创建，如图 7-89（b）所示。

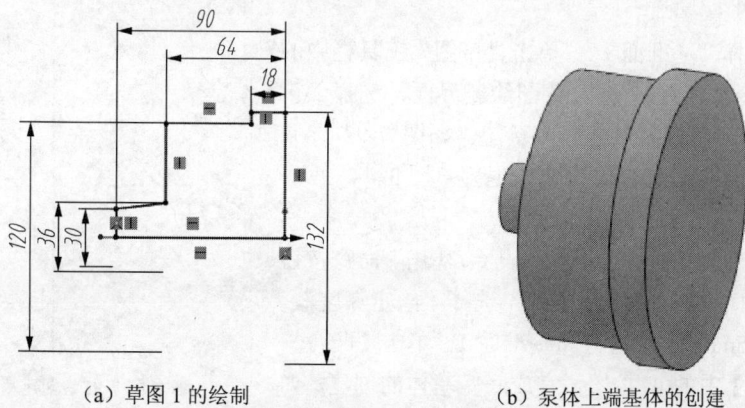

（a）草图 1 的绘制　　　　　（b）泵体上端基体的创建

图 7-89　创建泵体上端基体

③ 绘制草图 2。

图 7-88 中的 Φ100 孔为偏心孔，左键单击选择上端基体前表面为草图绘制平面，单击"草图"工具栏中的"草图绘制"命令按钮，进入草图绘制界面。单击"标准视图"工具栏中的"正视于"命令按钮（或按快捷键<Ctrl+8>），绘制偏心圆，如图 7-90（a）所示。单击图形区右上角的按钮，退出草图 2。

④ 创建偏心孔。

单击"特征"工具栏中的"拉伸切除"命令按钮，选择绘制的草图 2，"终止条件"选择"给定深度"，"深度"输入"52mm"。单击【切除—拉伸属性管理器】中的✅按钮，完成偏心孔的创建，如图 7-90（b）所示。

（a）草图 2 的绘制　　　　　（b）偏心孔的创建

图 7-90　创建偏心孔

⑤ 创建基准面 1。

泵体底座与上端基体中心距离 85mm，创建距离上视基准面 85mm 的基准面 1，方向沿 Y 轴负向。单击选择"特征"工具栏中的"参考几何体"下标中的"基准面"命令按钮，属性管理器中"第一参考"在特征管理设计树中左键单击选择上视基准面，距离输入 85mm，勾选"反转"选项,如图 7-91 所示。单击【基准面属性管理器】中的✅按钮,完成基准面 1 的创建。

⑥ 绘制草图 3。

左键单击选择"基准面 1",单击"草图"工具栏中的"草图绘制"命令按钮 ,进入草图绘制界面,选择"正视于"命令按钮 ,绘制泵体底座草图,如图 7-92(a)所示。单击图形区右上角的 按钮,退出草图 3。

⑦ 创建底座基体。

单击"特征"工具栏中的"拉伸凸台/基体"命令按钮 ,选择绘制的草图 3,"终止条件"选择"给定深度","深度"输入"15mm",方向背离基准面 1。单击【凸台—拉伸属性管理器】中的✅按钮,完成底座基体的创建,如

图 7-92(b)所示。左键单击特征管理设计树中的"基准面 1",对话框中选择"隐藏"按钮 ,将基准面 1 隐藏。

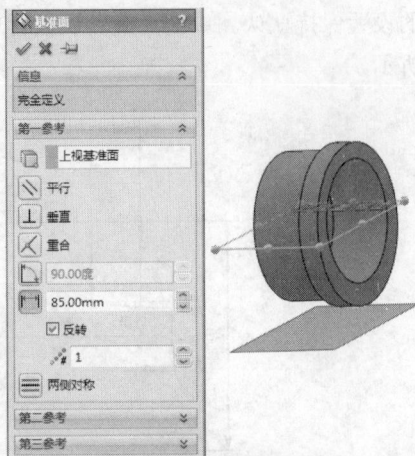

图 7-91　创建基准面 1

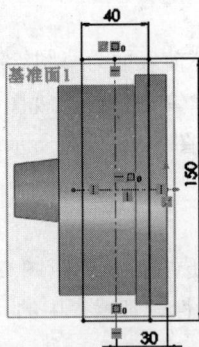

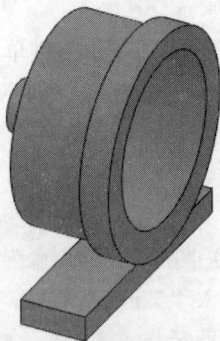

（a）草图 3 的绘制　　　　（b）底座基体的创建

图 7-92　创建底座基体

⑧ 绘制草图 4。

左键单击选择底座基体上表面,单击"草图"工具栏中的"草图绘制"命令按钮 ,进入草图绘制界面,选择"正视于"命令按钮 ,绘制泵体底座与上端基体连接部位 1 草图,如图 7-93(a)所示。单击图形区右上角的 按钮,退出草图 4。

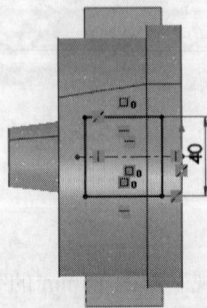

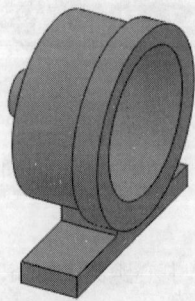

（a）草图 4 的绘制　　　　（b）连接部位 1 的创建

图 7-93　创建连接部位 1

⑨ 创建连接部位 1。

单击"特征"工具栏中的"拉伸凸台/基体"命令按钮，选择绘制的草图 4，"终止条件"选择"成形到下一面"，方向背离底座基体。单击【凸台—拉伸属性管理器】中的✅按钮，完成连接部位 1 的创建，如图 7-93（b）所示。

⑩ 绘制草图 5。

左键单击选择底座基体前表面，单击"草图"工具栏中的"草图绘制"命令按钮，进入草图绘制界面，选择"正视于"命令按钮，绘制泵体底座与上端基体连接部位 2 草图，如图 7-94（a）所示。单击图形区右上角的按钮，退出草图 5。

⑪ 创建连接部位 2。

单击"特征"工具栏中的"拉伸凸台/基体"命令按钮，选择绘制的草图 5，"终止条件"选择"给定深度"，"深度"为"8mm"，方向背离底座基体前表面。单击【凸台—拉伸属性管理器】中的✅按钮，完成连接部位 2 的创建，如图 7-94（b）所示。

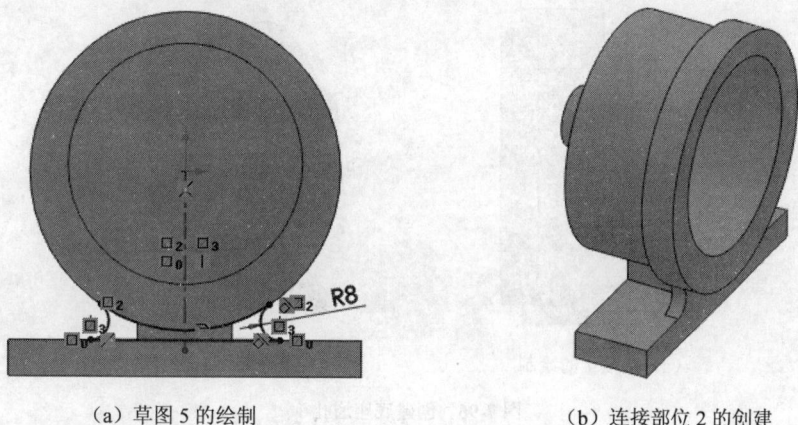

（a）草图 5 的绘制   （b）连接部位 2 的创建

图 7-94 创建连接部位 2

⑫ 绘制草图 6。

左键单击选择底座基体上表面，单击"草图"工具栏中的"草图绘制"命令按钮，进入草图绘制界面，选择"正视于"命令按钮，绘制泵体底座凸台 1 草图，如图 7-95（a）所示。单击图形区右上角的按钮，退出草图 6。

⑬ 创建底座凸台 1。

单击"特征"工具栏中的"拉伸凸台/基体"命令按钮，选择绘制的草图 6，"终止条件"选择"给定深度"，"深度"为"5mm"，方向背离底座基体上表面。单击【凸台—拉伸属性管理器】中的✅按钮，完成底座凸台 1 的创建，如图 7-95（b）所示。

⑭ 绘制草图 7。

左键单击选择凸台 1 上表面，单击"草图"工具栏中的"草图绘制"命令按钮，进入草图绘制界面，选择"正视于"命令按钮，绘制泵体底座凸台 1 通孔 1 草图圆，圆与凸台边线圆同心，如图 7-96（a）所示。单击图形区右上角的按钮，退出草图 7。

⑮ 创建底座通孔 1。

单击"特征"工具栏中的"拉伸切除"命令按钮，选择绘制的草图 7，"终止条件"选择"成形到下一面"，方向指向底座基体下表面。单击【切除—拉伸属性管理器】中的✅按钮，完成底座通孔 1 的创建，如图 7-96（b）所示。

（a）草图 6 的绘制　　　　　　　　　（b）底座凸台 1 的创建

图 7-95　创建底座凸台 1

（a）草图 7 的绘制　　　　　　　　（b）底座通孔 1 的创建

图 7-96　创建底座通孔 1

⑯ 镜像底座凸台 1 及通孔 1。

单击选择"特征"工具栏中的"线性阵列"下标![]中的"镜像"命令按钮![]，"镜像面/基准面"在特征管理设计树中左键单击选择"前视基准面"，"要镜像的特征"在特征管理设计树中左键单击选择"凸台——拉伸 4"（即底座凸台 1）和"切除——拉伸 2"（即底座通孔 1），其他选项为默认，如图 7-97（a）所示。单击【镜像属性管理器】中的![]按钮，完成镜像操作，即底座凸台 2 和通孔 2 创建完成，如图 7-97（b）所示。

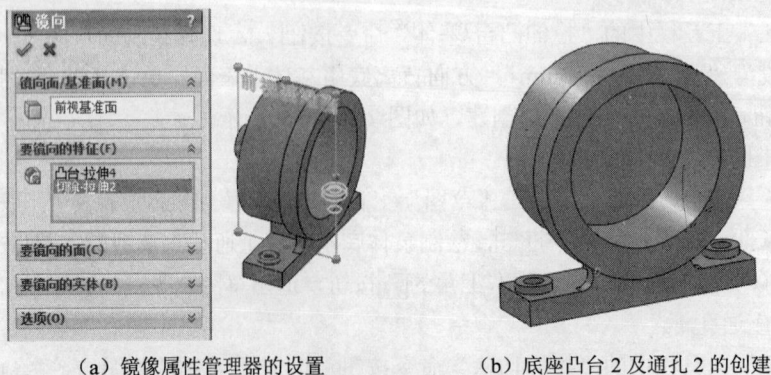

（a）镜像属性管理器的设置　　　　　　（b）底座凸台 2 及通孔 2 的创建

图 7-97　创建底座凸台 2 及通孔 2

⑰ 创建基准面 2。

泵体上端基体两个凸台相距 140mm，创建距离前视基准面 70mm 的基准面 2，方向沿 Z 轴正

向。单击选择"特征"工具栏中的"参考几何体"
下标 ▾ 中的"基准面"命令按钮 ◈，属性管理器中
"第一参考"在特征管理设计树中左键单击选择"前
视基准面"，距离输入 70mm，如图 7-98 所示。单击
【基准面属性管理器】中的 ✔ 按钮，完成基准面 2
的创建。

⑱ 绘制草图 8。

左键单击选择基准面 2，单击"草图"工具栏中
的"草图绘制"命令按钮 ⌷，进入草图绘制界面，
选择"正视于"命令按钮 ⬆，绘制泵体上端凸台 1
草图，如图 7-99（a）所示。单击图形区右上角的 ↴
按钮，退出草图 8。

⑲ 创建上端凸台 1。

单击"特征"工具栏中的"拉伸凸台/基体"命

图 7-98 创建基准面 2

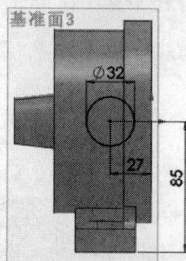

令按钮 ▣，选择绘制的草图 8，"终止条件"选择"成形到下一面"，方向指向泵体上端基体。单
击【凸台—拉伸属性管理器】中的 ✔ 按钮，完成上端凸台 1 的创建，如图 7-99（b）所示。左键
单击特征管理设计树中的基"准面 2"，对话框中选择"隐藏"按钮 ◐，将基准面 2 隐藏。

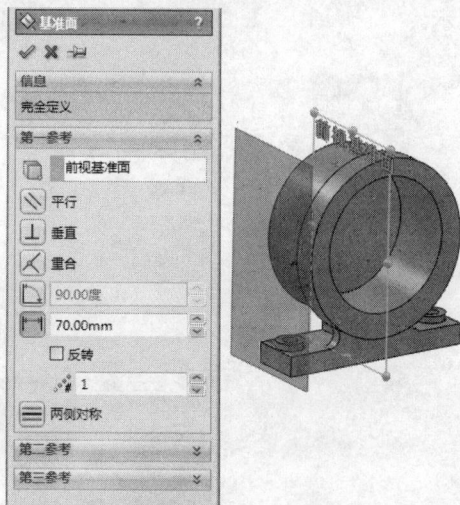

（a）草图 8 的绘制   （b）上端凸台 1 的创建

图 7-99 创建上端凸台 1

⑳ 创建上端凸台管螺纹 G 3/8。

上端凸台管螺纹 G 3/8 是连接管道端口的螺纹结构，应用"异型孔向导"进行创建。单击选
择"特征"工具栏中的"异型孔向导"命令按钮 ▣，属性管理器中的"孔类型"选择"直螺纹孔"，
"标准"选择"Gb"，"类型"选择"直管螺纹孔"，"大小"为"G 3/8"，"终止条件"选择"成形
到下一面"，其他设置为默认，如图 7-100（a）所示。选择位置，放置管螺纹中心与上端凸台 1
边线圆圆心位置重合。单击【异型孔向导属性管理器】中的 ✔ 按钮，完成管螺纹 G 3/8 的创建，
如图 7-100（b）所示。

㉑ 镜像上端凸台 2 及管螺纹 G 3/8

单击"特征"工具栏中的"线性阵列"下标 ▾ 中的"镜像"命令按钮 ▣，"镜像面/基准面"
在特征管理设计树中左键单击选择"前视基准面"，"要镜像的特征"在特征管理设计树中左键单

击选择"凸台—拉伸 5"（即上端凸台 1）和"G 3/8 螺纹孔 1"，其他选项为默认，如图 7-101（a）。单击【镜像属性管理器】中的 ✔ 按钮，完成创建上端凸台 2 及管螺纹 G 3/8，如图 7-101（b）所示。

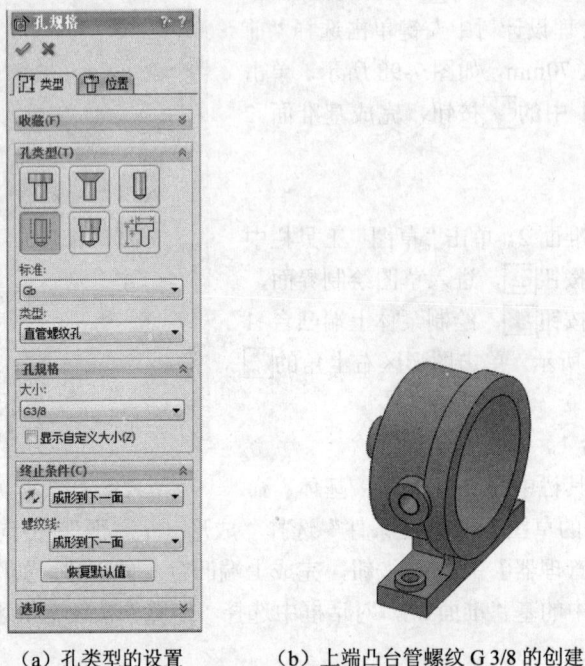

（a）孔类型的设置　　　　　（b）上端凸台管螺纹 G 3/8 的创建

图 7-100　创建上端凸台管螺纹 G 3/8

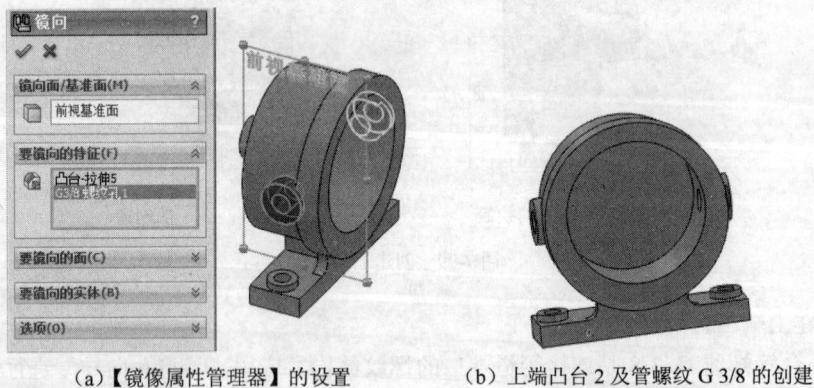

（a）【镜像属性管理器】的设置　　　　　（b）上端凸台 2 及管螺纹 G 3/8 的创建

图 7-101　创建上端凸台 2 及管螺纹 G 3/8

㉒ 创建泵体上端内孔。

应用"异型孔向导"创建泵体上端内孔，单击"特征"工具栏中的"异型孔向导"命令按钮 📷，属性管理器中的"孔类型"选择"孔"，"标准"选择"Gb"，"类型"选择"钻孔大小"，"大小"为"Φ14.0"，"终止条件"选择"给定深度"，"深度"输入"24mm"，其他设置为默认，如图 7-102（a）所示。选择位置，放置孔中心与上端泵体外轮廓圆圆心位置重合。单击【异型孔向导属性管理器】中的 ✔ 按钮，完成泵体上端内孔的创建，如图 7-102（b）所示。

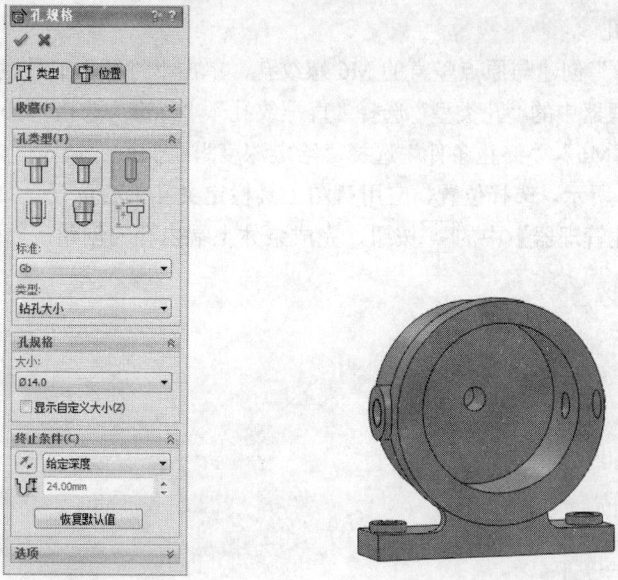

| （a）孔类型的设置 | （b）上端内孔的创建 |

图 7-102 创建上端内孔

㉓ 创建 M5 螺纹通孔。

泵体上端基体有两个 M5 螺纹通孔，螺纹孔中心与偏心孔中心水平，二者螺纹孔中心距离 90mm 并且关于原点对称。应用"异型孔向导"创建两螺纹孔，单击"特征"工具栏中的"异型孔向导"命令按钮📷，属性管理器中的"孔类型"选择"直螺纹孔"，"标准"选择"Gb"，"类型"选择"螺纹孔"，"大小"选择"M5"，"终止条件"选择"完全贯穿"，其他设置为默认，如图 7-99（a）所示。选择位置，应用草图工具栏定义孔中心位置，如图 7-103（b）所示。单击【异型孔向导属性管理器】中的✅按钮，完成泵体上端内孔的创建，如图 7-103（c）所示。

| （a）孔类型的设置 | （b）孔位置草图 | （c）M5 螺纹通孔的创建 |

图 7-103 创建 M5 螺纹通孔

㉔ 创建 M6 螺纹孔。

应用"异型孔向导"创建与原点竖直的 M6 螺纹孔，单击"特征"工具栏中的"异型孔向导"命令按钮 ⚙，属性管理器中的"孔类型"选择"直螺纹孔"，"标准"选择"Gb"，"类型"选择"螺纹孔"，"大小"选择"M6"，"终止条件"选择"给定深度"，"深度"输入"14mm"，其他设置为默认，如图 7-104（a）所示。选择位置，应用草图工具栏定义孔中心位置，如图 7-104（b）所示。单击【异型孔向导属性管理器】中的 ✅ 按钮，完成泵体上端内孔的创建，如图 7-104（c）所示。

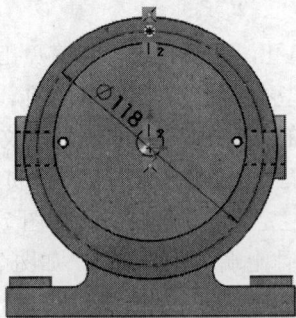

（a）孔类型的设置 　　　（b）孔位置草图 　　　（c）M6 螺纹孔的创建

图 7-104　创建 M6 螺纹孔

㉕ 创建圆周阵列 1。

泵体上端基体前表面的 3 个 M6 螺纹孔关于原点均匀分布，应用"圆周阵列"创建其他两个螺纹孔。单击"特征"工具栏中的"线性阵列"下标 ▾ 中的"圆周阵列"命令按钮 ⚙，单击图形区上方"隐藏/显示项目"按钮 ⚙ 的下标 ▾，选择"观阅临时轴" ⚙ 命令按钮，"阵列轴"选择通过原点的临时轴，"角度"输入"120°"，"实例数"输入"3"。左键单击"要阵列的特征"选项框，在特征管理设计树中选择"M6 螺纹孔 1"，其他选项为默认，如图 7-105（a）所示。单击【圆周阵列属性管理器】中的 ✅ 按钮，完成其余 M6 螺纹孔的创建，如图 7-105（b）所示。再次单击"隐藏/显示项目"按钮 ⚙ 的下标 ▾，选择"观阅临时轴" ⚙ 命令按钮，关闭临时轴。

㉖ 去除泵体底座多余材料。

去除泵体底座多余材料，选择泵体底座前表面，单击"草图"工具栏中的"草图绘制"命令按钮 ⚙，进入草图绘制界面，选择"正视于"命令按钮 ⚙，绘制一个矩形，如图 7-106（a）所示，单击图形区右上角的 ⚙ 按钮退出草图 17。单击"特征"工具栏中的"拉伸切除"命令按钮 ⚙，选择绘制的草图 8,"终止条件"选择"成形到下一面",方向背离底座前表面,其他选项为默认,如图 7-106(b)所示。单击【切除—拉伸属性管理器】中的 ✅ 按钮,完成底座多余材料的去除。

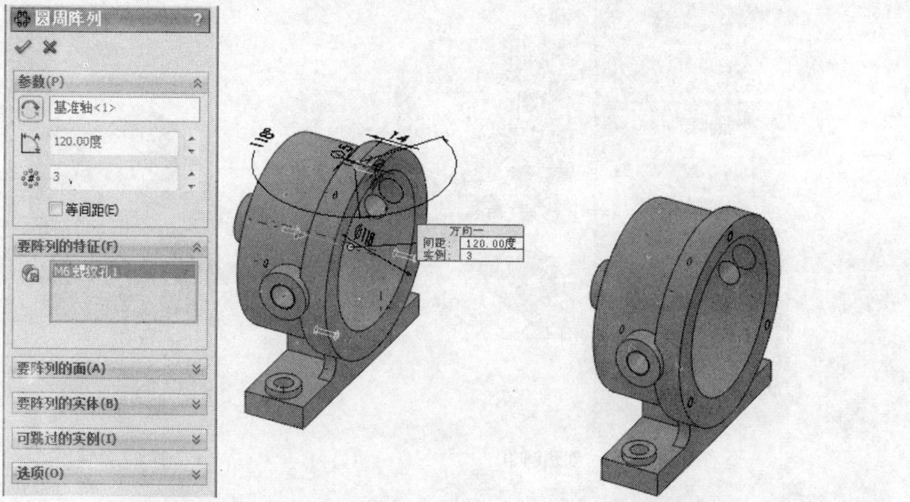

（a）【圆周阵列属性管理器】的设置　　　　（b）其余 M6 螺纹孔的创建

图 7-105　创建圆周阵列 1

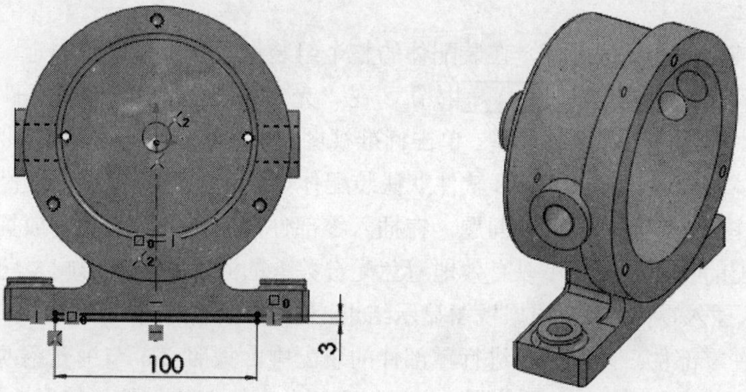

（a）草图 17 的绘制　　　　（b）去除多余材料

图 7-106　去除泵体多余材料

㉗ 创建圆角。

单击"特征"工具栏中的"圆角"命令按钮 🔘,"圆角类型"选择"等半径","半径值"输入"3mm",在图形区中左键单击选择要添加圆角的边线,如图 7-107 所示。单击【圆角属性管理器】中的 ✅ 按钮,完成圆角的创建,创建的泵体模型如图 7-108 所示。

㉘ 单击菜单栏的"保存"按钮 💾,将泵体模型保存于"光盘/第七章/零部件"文件夹,文件命名为"泵体.SLDPRT"。

2. 创建转子泵装配体

转子泵装配体零部件由上一步创建的泵体及 7.4.2 节创建的子装配体提供,其他零部件均由随书光盘中提供。转子泵装配体的创建如下:

图 7-107　创建圆角　　　　　　　　　　图 7-108　泵体模型

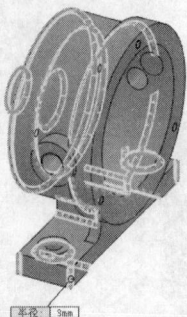

（1）新建文件

单击菜单栏的"新建"命令按钮 🗋，弹出【新建 SolidWorks 文件】对话框。单击选择装配体 🗐，单击"确定"按钮。

（2）插入泵体

泵体是整个装配体的基体零件，在装配体的整个组装过程中位置保持固定。在属性管理区的【开始装配属性管理器】中单击 浏览(B)... 按钮，在"光盘/第七章/零部件"文件夹中选择"泵体 2.SLDPRT"文件，图形区出现泵体模型。单击标准视图工具栏的"上下二等角轴测"命令按钮 🗐，单击左键完成泵体的放置。SolidWorks 软件默认装配体第一个插入的零部件位置为固定。

其中值得关注的是零部件的放置问题，在插入零部件后应该进行合理的放置，这样不仅可以方便地选择要装配的特征，而且可以有效地避免配合关系的添加失误，影响装配体的创建效率。

放置零部件：插入零部件后，根据视图显示结果，通过"标准视图"工具栏 中的命令快速放置零部件。同时，在进行零部件的装配中，按照 7.6 节中介绍的移动或者旋转零部件命令，进一步调整零部件的放置位置。经过以上操作，插入的零部件将会被放置在最佳位置。

（3）插入衬套

单击"装配体"工具栏中的"插入零部件"命令按钮 🖐，属性管理区出现【插入零部件属性管理器】。单击 浏览(B)... 按钮，在"光盘/第七章/零部件"文件夹中选择"衬套.SLDPRT"文件。图形区出现衬套模型，在图形区任意位置单击左键，完成衬套的放置。

（4）添加衬套与泵体的配合关系

单击"装配体"工具栏中的"配合"命令按钮 🔗，属性管理区出现【配合属性管理器】。单击图形区上方"隐藏/显示项目"按钮 🕶 的下标 ▾，选择"观阅临时轴" 🗋 命令按钮，选择衬套中心孔的基准轴与泵体偏心孔的基准轴，软件自动配置重合关系，如图 7-109（a）所示。单击【配合弹出工具栏】中的 ✔ 按钮，继续添加配合关系，选择衬套圆周孔的基准轴与泵体上端左凸台管螺纹 G 3/8 基准轴，软件自动配置重合关系，如图 7-109（b）所示。单击【配合弹出工具栏】中的 ✔ 按钮，再单击属性管理器上的 ✔ 按钮，完成衬套与泵体配合关系的添加。

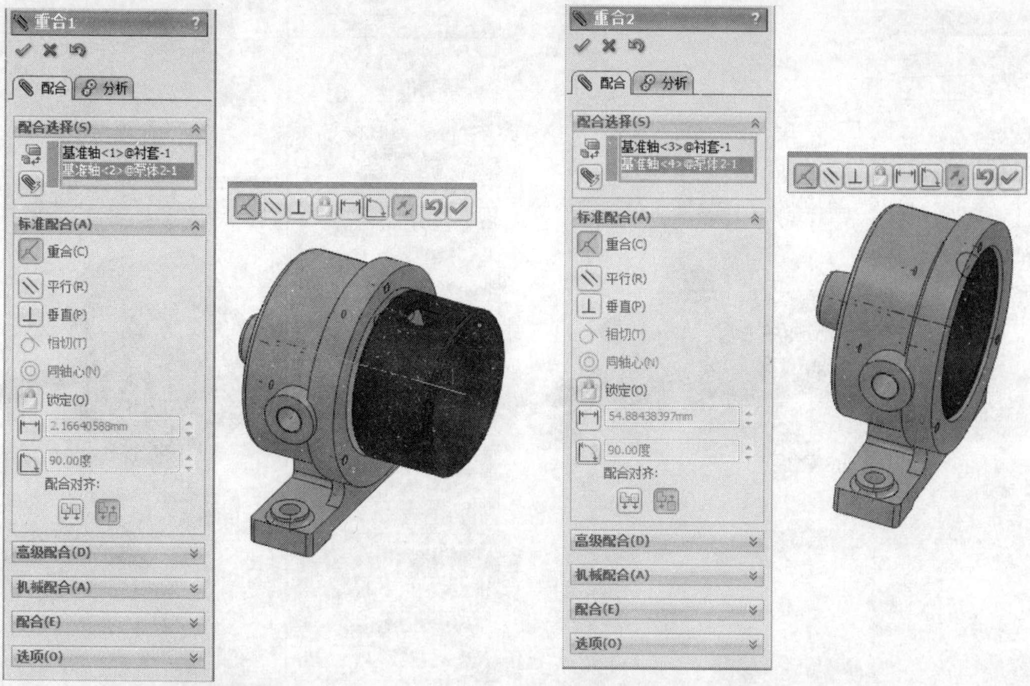

（a）添加重合 1　　　　　　　　　　（b）添加重合 2

图 7-109　衬套与泵体配合关系的添加

（5）插入子装配体

单击"装配体"工具栏中的"插入零部件"命令按钮，属性管理区出现【插入零部件属性管理器】。单击 浏览(B)... 按钮，在"光盘/第七章/零部件"文件夹中选择"子装配体.SLDARM"文件。图形区出现子装配体模型，在图形区任意位置单击左键，完成子装配体的放置。

（6）添加子装配体与泵体的配合关系

单击"装配体"工具栏中的"配合"命令按钮，属性管理区出现【配合属性管理器】。选择轴的基准轴与泵体偏心孔的基准轴，软件自动配置重合关系，如图 7-110（a）所示。单击【配合弹出工具栏】中的 按钮，继续添加配合关系，选择转子左端面与泵体内表面，软件自动配置重合关系，如图 7-110（b）所示。单击【配合弹出工具栏】中的 按钮，再单击属性管理器上的 按钮，完成子装配体与泵体配合关系的添加。

（7）插入垫片

单击"装配体"工具栏中的"插入零部件"命令按钮，属性管理区出现【插入零部件属性管理器】。单击 浏览(B)... 按钮，在"光盘/第七章/零部件"文件夹中选择"垫片.SLDPRT"文件，图形区出现垫片模型，在图形区任意位置单击左键，完成垫片的放置。

（8）添加垫片与泵体的配合关系

单击"装配体"工具栏中的"配合"命令按钮，属性管理区出现【配合属性管理器】，选择垫片左端面偏心孔边线与泵体外表面偏心孔边线，软件自动配置重合关系，如图 7-111（a）所示。单击【配合弹出工具栏】中的 按钮，继续添加配合关系。选择垫片最上端孔的基准轴与泵体最上端螺纹孔的基准轴，软件自动配置重合关系，如图 7-111（b）所示。单击【配合弹出工具栏】中的 按钮，再单击属性管理器上的 按钮，完成垫片与泵体配合关系的添加。

（a）添加重合 3　　　　　　　　　　（b）添加重合 4

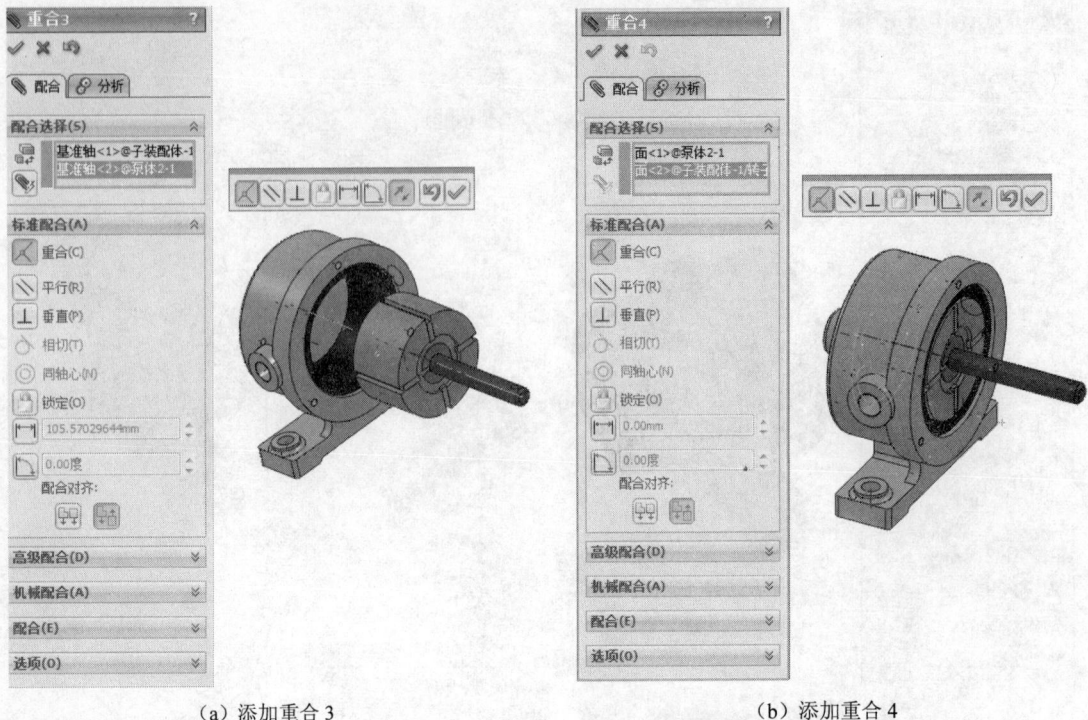

图 7-110　子装配体与泵体配合关系的添加

（a）添加重合 5　　　　　　　　　　（b）添加重合 6

图 7-111　垫片与泵体配合关系的添加

（9）插入泵盖

单击"装配体"工具栏中的"插入零部件"命令按钮 ，属性管理区出现【插入零部件属性管理器】。单击 浏览(B)... 按钮，在"光盘/第七章/零部件"文件夹中选择"泵盖.SLDPRT"文件，图形区出现泵盖模型，在图形区任意位置单击左键，完成泵盖的放置。

（10）添加泵盖与垫片的配合关系

单击"装配体"工具栏中的"配合"命令按钮 ，属性管理区出现【配合属性管理器】。选择泵盖左端面最外圆边线与垫片右端面最外圆边线，软件自动配置重合关系，如图 7-112（a）所示。单击【配合弹出工具栏】中的 按钮，继续添加配合关系，选择泵盖最上端孔边线与垫片最上端孔边线，选择同轴心关系，如图 7-112（b）所示。单击【配合弹出工具栏】中的 按钮，再单击属性管理器上的 按钮，完成泵盖与垫片配合关系的添加。

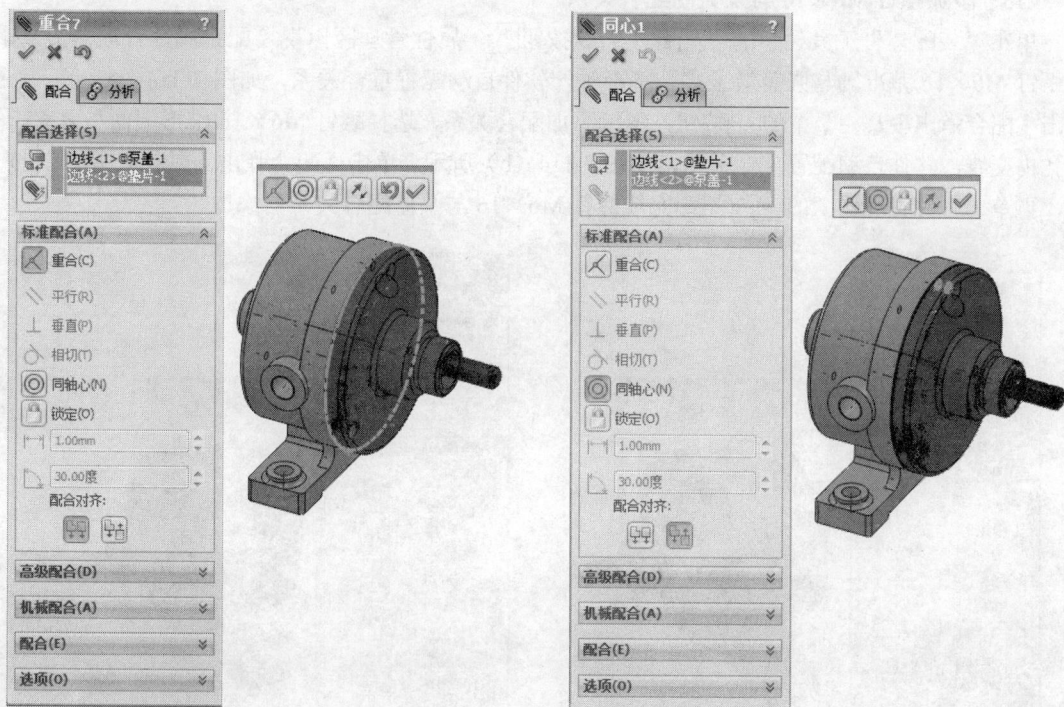

(a) 添加重合 7 　　　　　(b) 添加同心 1

图 7-112　泵盖与垫片配合关系的添加

（11）插入螺钉 M6×16

单击"装配体"工具栏中的"插入零部件"命令按钮 ，属性管理区出现【插入零部件属性管理器】。单击 浏览(B)... 按钮，在"光盘/第七章/零部件"文件夹中选择"螺钉 M6×16.SLDPRT"文件，图形区出现螺钉 M6×16 模型，在图形区任意位置单击左键，完成螺钉 M6×16 的放置。

（12）旋转螺钉 M6×16

插入的螺钉 M6×16 的安装位置与实际要求相反，单击"装配体"工具栏中的"移动零部件"下标 中的"旋转零部件"命令按钮 ，旋转的类型为自由拖动。左键单击螺钉 M6×16，选中后按住鼠标左键不放，旋转螺钉 M6×16 到相应的位置。单击【旋转零部件属性管理器】中的 按钮，完成螺钉 M6×16 的旋转，如图 7-113 所示。

图 7-113　旋转螺钉 M6×16

（13）添加螺钉 M6×16 与泵盖的配合关系

单击"装配体"工具栏中的"配合"命令按钮 ，属性管理区出现【配合属性管理器】，选择螺钉 M6×16 基准轴与泵盖最上端孔基准轴，软件自动配置重合关系，如图 7-114（a）所示。单击【配合弹出工具栏】中的 按钮，继续添加配合关系，选择螺钉 M6×16 锥形端面与泵盖阶梯孔内交线，软件自动配置重合关系，如图 7-114（b）所示。单击【配合弹出工具栏】中的 按钮，再单击属性管理器上的 按钮，完成螺钉 M6×16 与泵盖配合关系的添加。

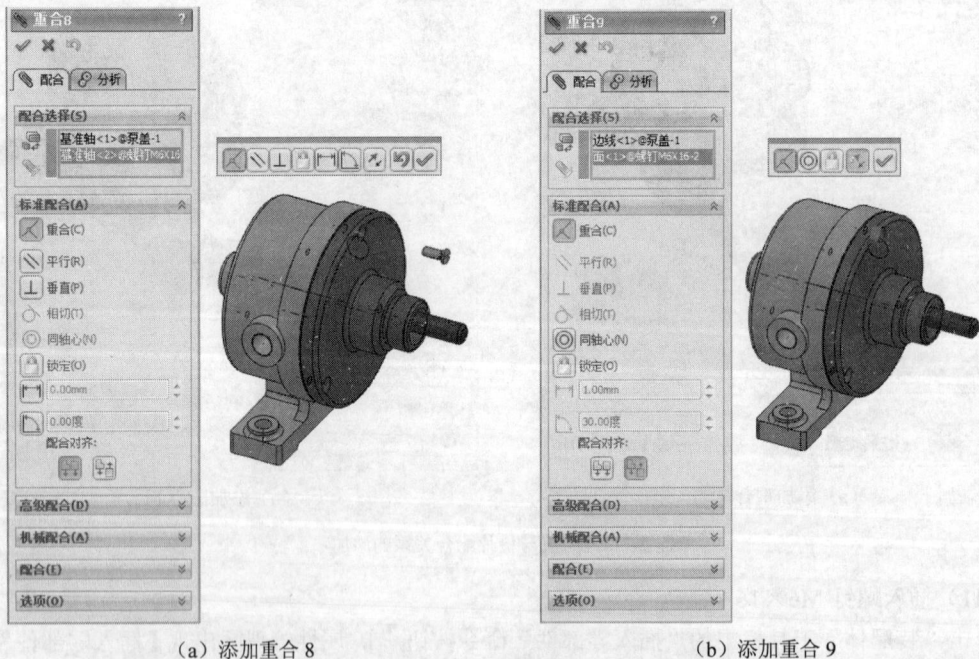

（a）添加重合 8

（b）添加重合 9

图 7-114　螺钉 M6×16 与泵盖配合关系的添加

（14）圆周阵列螺钉 M6×16

单击"装配体"工具栏中的"线性零部件"下标 中的"圆周零部件阵列"命令按钮 ，"阵列轴"在图形区中左键单击泵盖孔的基准轴，"角度"输入"120°"，"实例数"输入"3"。在特征管理设计树或图形区中选择要阵列的零部件螺钉 M6×16，其他设置为默认，如图 7-115（a）所示。单击【圆周阵列属性管理器】中的 按钮，完成螺钉 M6×16 的圆周阵列，如图 7-115（b）所示。

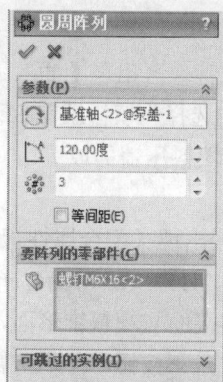

（a）【圆周阵列属性管理器】的设置　　　　　　　（b）圆周阵列螺钉 M6×16

图 7-115　螺钉 M6×16 圆周阵列的创建

（15）插入填料

单击"装配体"工具栏中的"插入零部件"命令按钮，属性管理区出现【插入零部件属性
管理器】。单击　浏览(B)...　按钮，在"光盘/第七章/零部件"文件夹中选择"填料.SLDPRT"文件，
图形区出现填料模型，在图形区任意位置单击左键，完成填料的放置。

（16）添加填料与泵盖的配合关系

单击"装配体"工具栏中的"配合"命令按钮，属性管理区出现【配合属性管理器】。选
择填料孔表面与泵盖孔表面，软件自动配置同轴心关系，如图 7-116（a）所示。单击【配合弹出
工具栏】中的按钮，继续添加配合关系，选择填料锥形端面与泵盖内锥形面，软件自动配置重
合关系，如图 7-116（b）所示。如果软件自动报警配合错误，单击属性管理器中"配合对齐"下
的"反向对齐按钮"，完成重合关系的添加。单击【配合弹出工具栏】中的按钮，再单击
属性管理器上的按钮，完成填料与泵盖配合关系的添加。

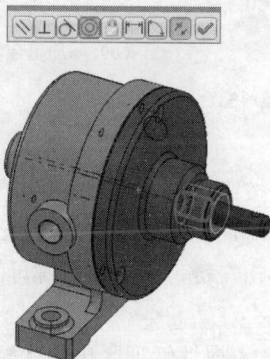

（a）添加同心 2　　　　　　　　　　　　　　　　（b）添加重合 10

图 7-116　填料与泵盖配合关系的添加

（17）插入填料压盖

单击"装配体"工具栏中的"插入零部件"命令按钮，属性管理区出现【插入零部件属性管理器】。单击 浏览(B)... 按钮，在"光盘/第七章/零部件"文件夹中选择"填料压盖.SLDPRT"文件，图形区出现填料压盖模型，在图形区任意位置单击左键，完成填料压盖的放置。

（18）添加填料压盖与泵盖及填料的配合关系

单击"装配体"工具栏中的"配合"命令按钮，属性管理区出现【配合属性管理器】，选择填料压盖孔表面与泵盖孔表面，软件自动配置同轴心关系，如图 7-117（a）所示。单击【配合弹出工具栏】中的按钮，继续添加配合关系，选择填料压盖锥形端面与填料锥形面，软件自动配置重合关系，如图 7-117（b）所示。单击【配合弹出工具栏】中的按钮，再单击属性管理器上的按钮，完成填料压盖与泵体及填料配合关系的添加。

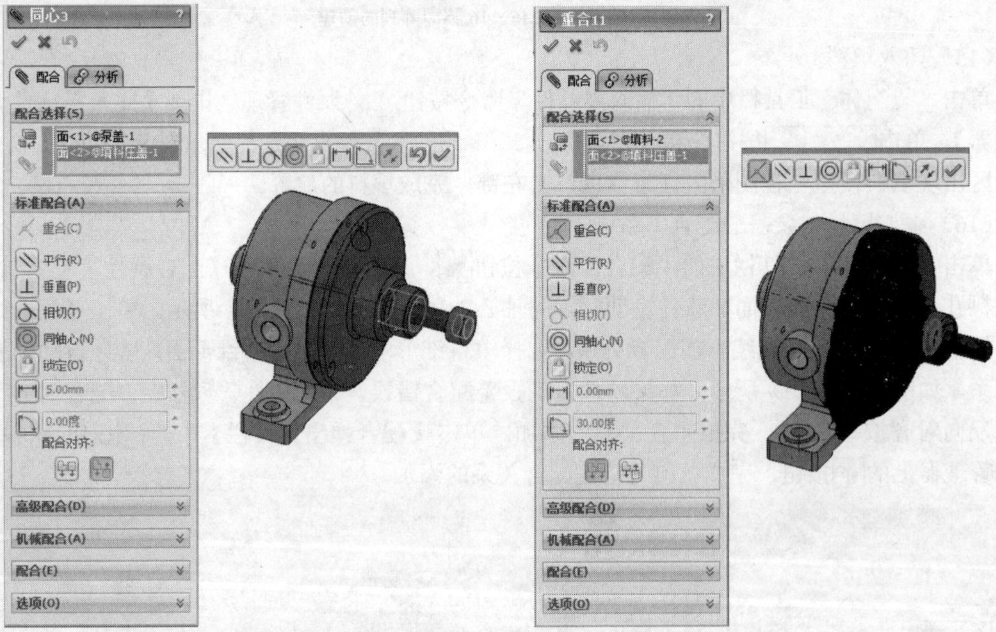

（a）添加同心 3　　　　　　　　　　　（b）添加重合 11

图 7-117　填料压盖与泵盖及填料配合关系的添加

（19）插入压盖螺母

单击"装配体"工具栏中的"插入零部件"命令按钮，属性管理区出现【插入零部件属性管理器】。单击 浏览(B)... 按钮，在"光盘/第七章/零部件"文件夹中选择"压盖螺母.SLDPRT"文件，图形区出现压盖螺母模型，在图形区任意位置单击左键，完成压盖螺母的放置。

（20）添加压盖螺母与泵盖的配合关系

单击"装配体"工具栏中的"配合"命令按钮，属性管理区出现【配合属性管理器】，选择压盖螺母孔表面与泵盖外圆柱表面，软件自动配置同轴心关系，单击"配合对齐"下的"同向对齐"按钮，如图 7-118（a）所示。单击【配合弹出工具栏】中的按钮，继续添加配合关系，选择压盖螺母孔内端面与填料压盖右端面，软件自动配置重合关系，如图 7-118（b）所示。单击【配合弹出工具栏】中的按钮，再单击属性管理器上的按钮，完成压盖螺母与泵盖、填料压盖配合关系的添加。

（a）添加同心 4　　　　　　　　　　　　　（b）添加重合 12

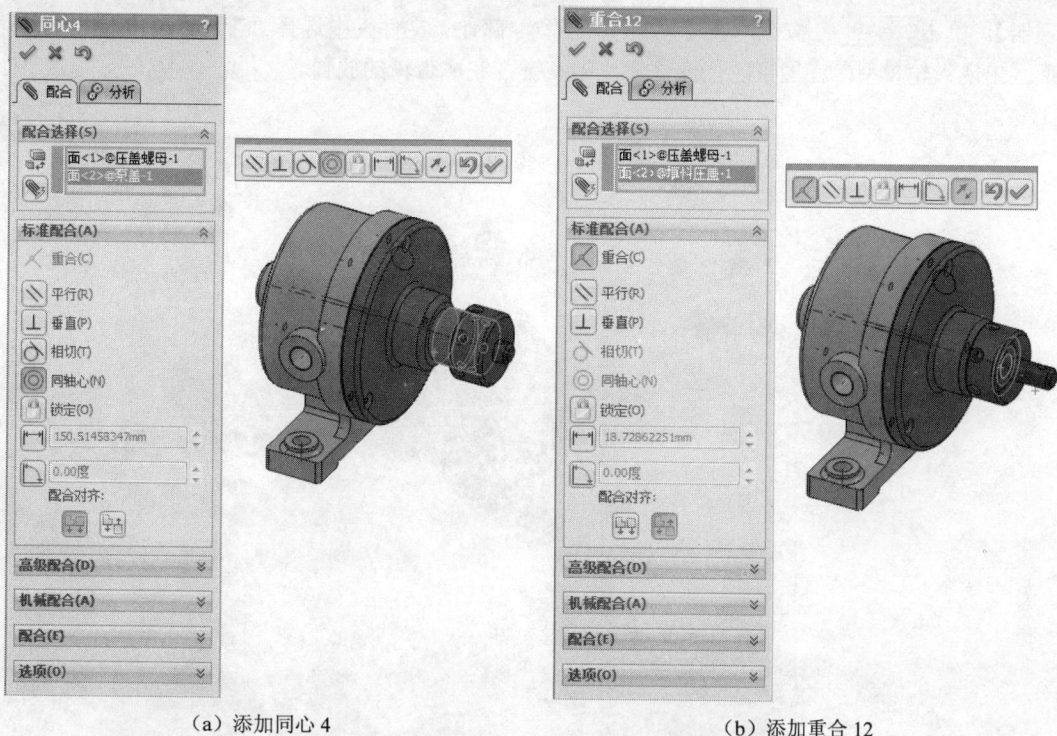

图 7-118　压盖螺母与泵盖，填料压盖配合关系的添加

（21）插入键 4×10

单击"装配体"工具栏中的"插入零部件"命令按钮，属性管理区出现【插入零部件属性管理器】。单击　浏览(B)...　按钮，在"光盘/第七章/零部件"文件夹中选择"键 4×10.SLDPRT "文件，图形区出现键 4×10 模型，在图形区任意位置单击左键，完成键 4×10 的放置。

（22）旋转轴

将轴的键槽旋转至水平向上，单击"装配体"工具栏中的"移动零部件"下标中的"旋转零部件"命令按钮，旋转的类型为自由拖动。左键单击轴，选中后按住鼠标左键不放，使轴上键槽旋转至水平方向上，单击【旋转零部件属性管理器】中的按钮，完成轴键槽的旋转，如图 7-119所示。

图 7-119　旋转轴

（23）添加键 4×10 与轴的配合关系

单击"装配体"工具栏中的"配合"命令按钮，属性管理区出现【配合属性管理器】，选择键 4×10 下表面与轴键槽底面，软件自动配置重合关系，如图 7-120（a）所示。单击【配合弹出工具栏】中的按钮，继续添加配合关系，选择键 4×10 左端面与轴键槽左端面，软件自动配置重合关系，如图 7-120（b）所示。单击【配合弹出工具栏】中的按钮，继续添加配合关系，选择键 4×10 后端面与轴键槽后端面，软件自动配置重合关系，如图 7-120（c）所示。再单击属性管理器上的按钮，完成键 4×10 与轴配合关系的添加。

（24）插入带轮

单击"装配体"工具栏中的"插入零部件"命令按钮，属性管理区出现【插入零部件属性管理器】。单击 [浏览(B)...] 按钮，在"光盘/第七章/零部件"文件夹中选择"带轮.SLDPRT"文件，图形区出现带轮模型，在图形区任意位置单击左键，完成带轮的放置。

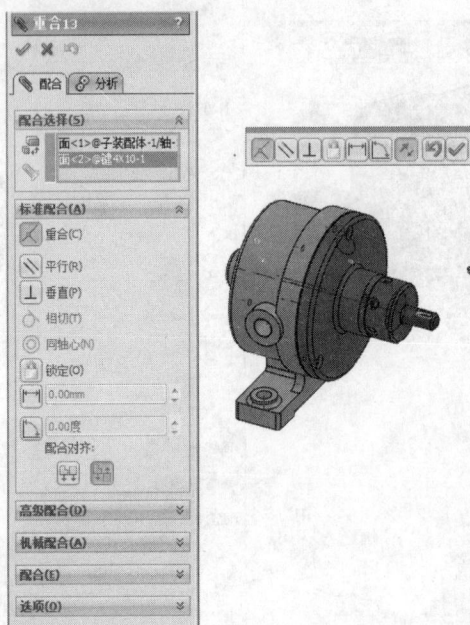

（a）添加重合 13

（b）添加重合 14

（c）添加重合 15

图 7-120　键 4×10 与轴配合关系的添加

（25）旋转带轮

将带轮键槽旋转至水平方向上，单击"装配体"工具栏中的"移动零部件"下标 ▾ 中的"旋转零部件"命令按钮 ，旋转的类型为自由拖动。左键单击带轮，选中后按住鼠标左键不放，将带轮键槽旋转至水平方向上。单击【旋转零部件属性管理器】中的 按钮，完成带轮的旋转，如图 7-121 所示。

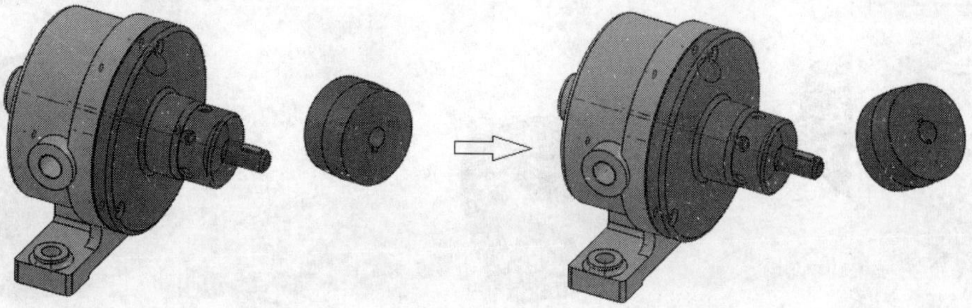

图 7-121　旋转带轮

（26）添加带轮与键 4×10 及轴的配合关系

单击"装配体"工具栏中的"配合"命令按钮 ，属性管理区出现【配合属性管理器】，左键单击选择带轮键槽左表面与键 4×10 左表面，软件自动配置重合关系，如图 7-122（a）所示。单击【配合弹出工具栏】中的 按钮，继续添加配合关系，选择轴的基准轴与带轮孔的基准轴，软件自动配置重合关系，如图 7-122（b）所示。单击【配合弹出工具栏】中的 按钮，继续添加配合关系，选择轴螺钉基准轴与带轮圆周孔基准轴，软件自动配置重合关系，如图 7-122（c）所示。再单击属性管理器上的 按钮，完成带轮与键 4×10 及轴配合关系的添加。

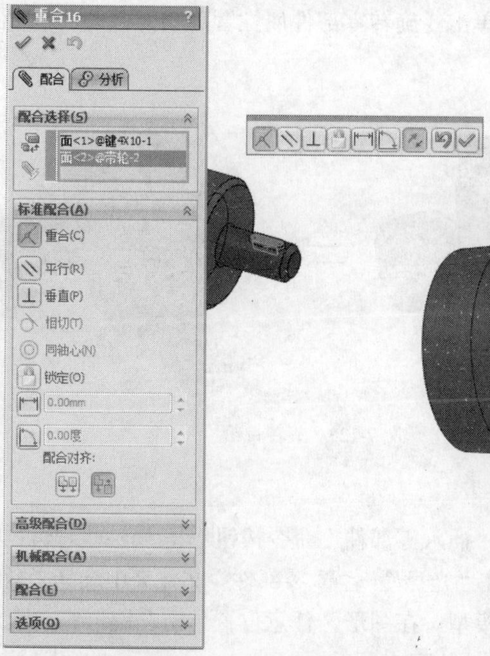

（a）添加重合 16

图 7-122　带轮与键 4×10 及轴配合关系的添加

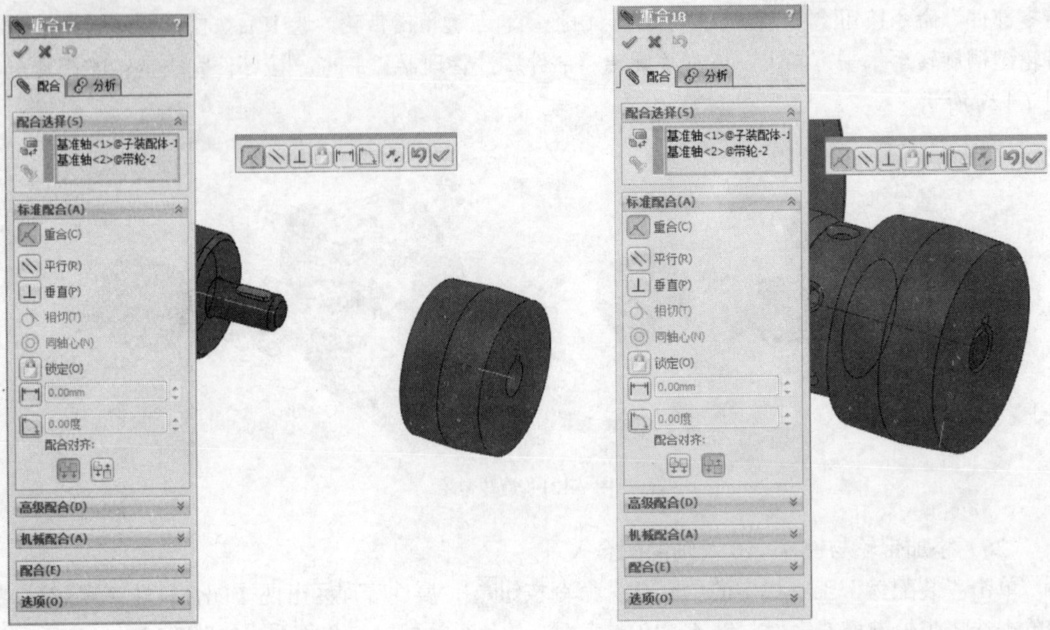

（b）添加重合 17　　　　　　　　　　　　　（c）添加重合 18

图 7-122　带轮与键 4×10 及轴配合关系的添加（续）

（27）旋转带轮

将带轮圆周孔旋转至水平方向上，单击"装配体"工具栏中的"移动零部件"下标 ▼ 中的"旋转零部件"命令按钮 ⑤，旋转的类型为自由拖动。左键单击带轮，选中后按住鼠标左键不放，将带轮圆周孔旋转至水平方向上。单击【旋转零部件属性管理器】中的 ✔ 按钮，完成带轮的旋转，如图 7-123 所示。

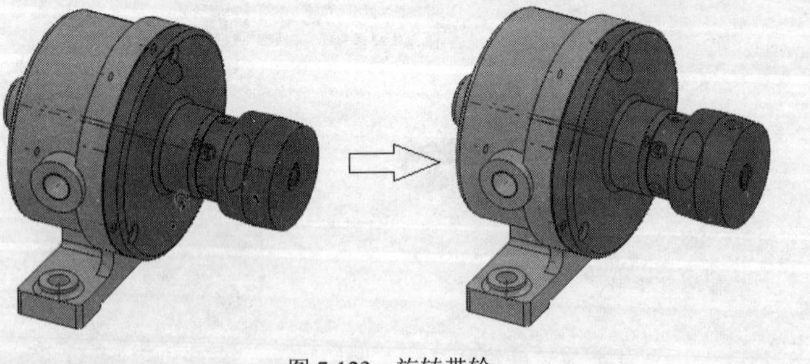

图 7-123　旋转带轮

（28）插入紧定螺钉 M8

单击"装配体"工具栏中的"插入零部件"命令按钮 ⑨，属性管理区出现【插入零部件属性管理器】。单击 浏览(B)… 按钮，在"光盘/第七章/零部件"文件夹中选择"紧定螺钉 M8.SLDPRT"文件，图形区出现紧定螺钉 M8 模型。在图形区任意位置单击左键，完成紧定螺钉 M8 的放置。

（29）添加紧定螺钉 M8 与带轮的配合关系

单击"装配体"工具栏中的"配合"命令按钮 ◢，属性管理区出现【配合属性管理器】，左键单击选择紧定螺钉 M8 轴基准线与带轮圆周孔基准线，软件自动配置重合关系，如图 7-124（a）

所示。单击【配合弹出工具栏】中的☑按钮，继续添加配合关系，选择紧定螺钉 M8 锥形面与带轮圆周孔阶梯交线，软件自动配置重合关系，如图 7-124（b）所示。单击【配合弹出工具栏】中的☑按钮，再单击属性管理器上的☑按钮，完成紧定螺钉 M8 与带轮配合关系的添加。

（a）添加重合 19　　　　　　　　　　　　　（b）添加重合 20

图 7-124　紧定螺钉 M8 与带轮配合关系的添加

（30）取消临时轴显示

单击图形区上方"隐藏/显示项目"按钮🔩的下标▾，选择"观阅临时轴"◻命令按钮，取消图形区零部件临时轴的显示。创建的转子泵装配体如图 7-125 所示。

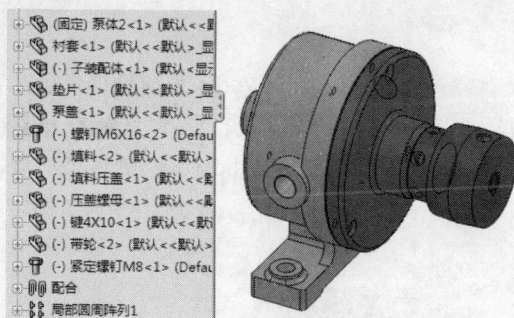

图 7-125　转子泵装配体模型

（31）转子泵装配体的检查

转子泵装配体的检查在 7.8 节中已介绍，这里不再重复。

8.1 外观设置

所谓渲染，实质是利用计算机软件从三维模型生成图像的过程。SolidWorks 提供的渲染方式有多种，从最基本的线框显示，到着色显示，再到高级的照片级渲染，SolidWorks 都能够完美地实现。

PhotoView 360 是 SolidWorks 最新的视觉效果和渲染解决方案，是 SolidWorks 公司与 Luxology 公司基于 SolidWorks 智能特征技术（SWIFT）共同开发而成的。它提供了一个简单易用的使用界面，针对 SolidWorks 的模型，以逼真的材质渲染出极为真实的图像，即使是 CAD 的初学者也不需要经过冗长的学习及繁杂的设定，就能迅速达到专家级的输出结果。

在 SolidWorks 菜单栏中单击【工具】|【插件】菜单，在弹出的【插件】中，勾选"PhotoView 360"前面的复选框，如图 8-1 所示。单击"确定"按钮，在菜单栏和工具栏中将会增加相应的渲染菜单和工具，如图 8-2 所示。

图 8-1 加载"PhotoView 360"插件

图 8-2 渲染菜单和工具

8.1.1 材料的选择

渲染的第一步是为渲染对象选择材质。SolidWorks 为渲染提供了丰富的材质库，单击任务窗口中的"外观、布景和贴图"图标，即可在绘图窗口右侧区域打开【外观、布景和贴图】窗口，如图 8-3 所示。展开"外观"结构树，即可展现 SolidWorks 的渲染材质，如图 8-4 所示。

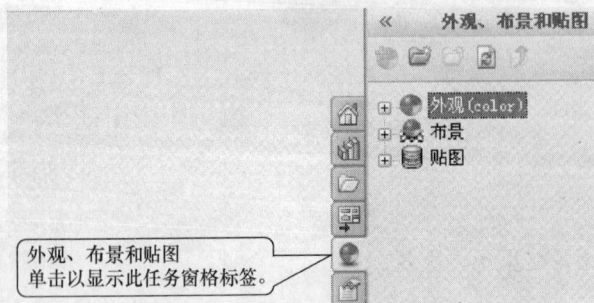

图 8-3 "外观、布景和贴图"窗口

图 8-4 渲染材质

下面以"玉手镯"的渲染为例说明选择材料的方法。

① 打开光盘文件中的"玉手镯.SLDPRT"文件，如图8-5所示。

② 单击【工具】|【插件】菜单，加载"PhotoView 360"插件，打开"外观、布景和贴图"窗口。

③ 从"外观"结构树中选择"石材/建筑/大理石"，从预览窗口列表中选择"抛光绿色大理石"并双击鼠标左键，即可将材质应用到渲染模型，如图8-6所示。

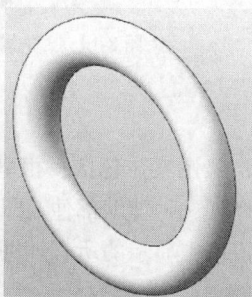

图 8-5 玉手镯渲染初始模型

图 8-6 玉手镯渲染材质

④ 单击渲染工具栏中的"编辑外观" 按钮，绘图窗口左侧弹出【抛光绿色大理石】属性窗口，从中可以对材质作进一步设置。在"颜色/图像"选项卡中，指定大理石的基体颜色为绿色，在"照明度"选项卡中设置相关的照明参数，参数设置结果如图8-7所示。

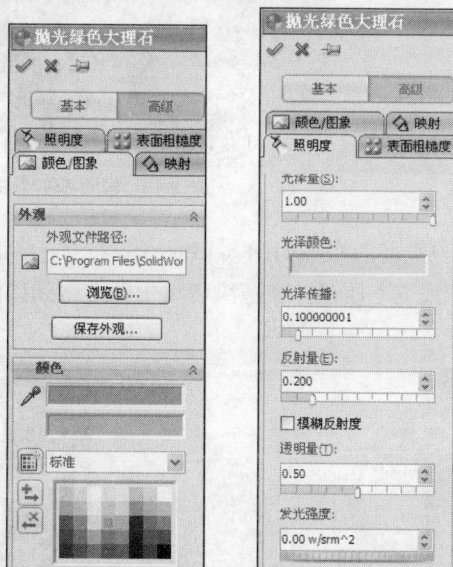

图 8-7 编辑材质颜色及照明度

⑤ 单击"确定" 图标按钮，此时"抛光绿色大理石"的预览效果如图8-8所示。

⑥ 在"外观、布景和贴图"窗口中展开"布景"结构树，选择"工作间布景"，从预览窗口列表中选择"反射方格地板"并双击左键，即可将布景应用到渲染模型，如图8-9所示。

⑦ 单击渲染工具栏中的"整合预览"图标，绘图窗口中出现玉手镯渲染后的效果，如图8-10

所示。

图 8-8　材质编辑后的预览效果

反射方格地板

图 8-9　玉手镯渲染布景

图 8-10　玉手镯渲染最终效果

8.1.2　辅助部件

　　辅助部件实质上是 SolidWorks 提供的一些辅助材质和渲染图案，包括"相室材质"、"图案"和"仅限 RealView 外观"，如图 8-11 所示。在结构树中选择任一种辅助部件，即会显示出相应的预览图案。图 8-12 所示是选中"图案"辅助部件后，预览窗口中显示的所有辅助渲染图案。双击某一种图案，即可将其应用到渲染模型中。

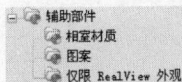

方格图案　　方格图案2　　氖光斑纹图案

氖光斑纹2图案　　华夫饼干图案　　螺钉螺纹线

图 8-11　渲染辅助部件

图 8-12　辅助部件"图案"预览图

　　以"水杯"的渲染为例，渲染前的水杯如图 8-13 所示。将"方格图案"应用于水杯的渲染中，单击渲染工具栏中的"编辑外观" 按钮，在渲染窗口中即可得到如图 8-14 所示的图形。

图 8-13　渲染前的水杯

图 8-14　编辑"方格图案"外观

　　将鼠标置于水杯实体上显现的矩形方框的角点或边的中点处时，拖动鼠标可以改变"方格图案"中方格显示的大小，如图 8-15 所示。调整适当的"方格图案"大小后，单击渲染工具栏中的"整合预览" 图标，在绘图窗口中出现渲染后的效果，如图 8-16 所示。

图 8-15　调整渲染图案的外观　　　　图 8-16　用"方格图案"渲染水杯的最终效果

8.2　布景选择

为渲染对象选择好材质后，第二步就是选择渲染布景。布景在一定程度上可以理解为背景，它为渲染对象提供了一个衬托的环境，用来在渲染时烘托出更加逼真的效果。SolidWorks 为渲染提供了三大类共 36 种布景，分别为基本布景、工作间布景和演示布景。其中，基本布景 23 项，工作间布景 9 项，演示布景 4 项。"基本布景"为渲染模型营造了一种单一或渐变的颜色及灯光效果；"工作间布景"则营造出渲染模型在某种特定工作环境下的颜色、灯光及反射效果；"演示布景"可以营造一种将模型放在某种具体场景中的效果，为用户提供更加逼真的渲染结果。在【外观、布景和贴图】窗口中，展开"布景"结构树，即可展现 SolidWorks 的渲染布景，如图 8-17 所示。选中每一个布景节点时，都会在列表窗口中列出此类布景的预览效果。SolidWorks 提供的 36 种渲染布景的预览如图 8-18 所示。

图 8-17　SolidWorks 提供的三大类渲染布景

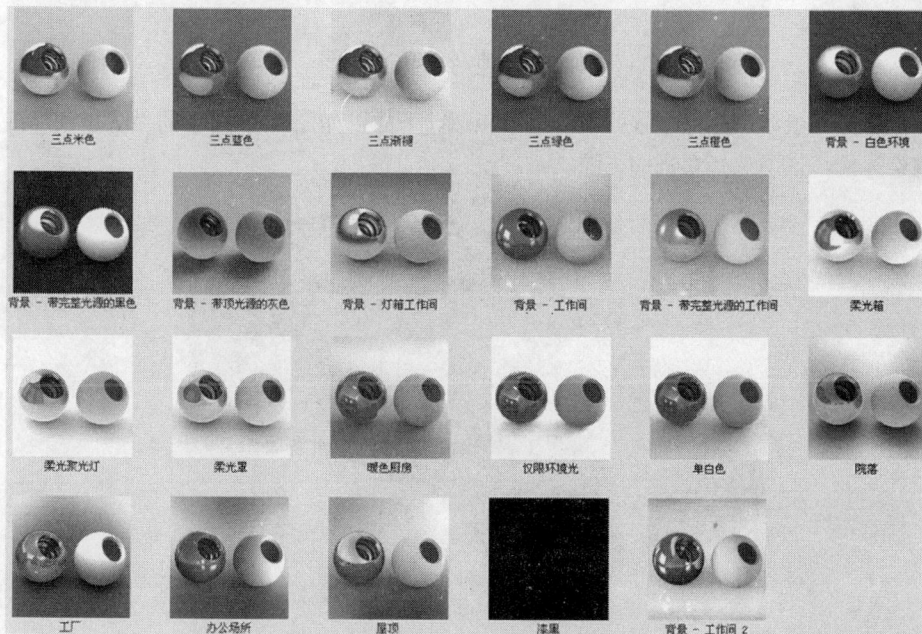

（a）基本布景

图 8-18　SolidWorks 提供的 36 种渲染布景预览图

反射黑地板　　反射方格地板　　工厂地板

古老粉尘色　　雾状蓝色石板　　条状光

灯卡　　格栅光　　交通灯

（b）工作间布景

厨房背景　　院落背景　　工厂背景　　办公场所背景

（c）演示布景

图 8-18　SolidWorks 提供的 36 种渲染布景预览图（续）

在选择渲染布景时，三种布景的用法基本相似。下面以如图 8-19 所示的"法拉利"汽车模型的布景渲染为例，说明选择布景的方法。

图 8-19　"法拉利"汽车渲染初始模型

说明：在使用布景对模型进行渲染时，渲染结果不仅受所选布景的影响，而且还受初始模型本身外观设置的影响。

8.2.1 基本布景

① 打开光盘文件中的"法拉利.SLDPRT"文件，加载"PhotoView 360"插件，打开"外观、布景和贴图"窗口。

② 从"布景"结构树中选择"基本布景"，从预览窗口列表中选择"三点绿色"并双击鼠标左键，即可将布景应用到渲染模型。

③ 单击渲染工具栏中的"编辑布景" 图标，绘图窗口左侧弹出【编辑布景】属性对话框，如图 8-20 所示。

④ 编辑"楼板"位置。所谓"楼板"，实质是所选布景的底平面。为了渲染出逼真的效果，通常应设置楼板与渲染模型的对齐方式。系统提供了四种对齐方式：与 XY 平面对齐、与 XZ 平面对齐、与 YZ 平面对齐、与所选基准面对齐，如图 8-21 所示。

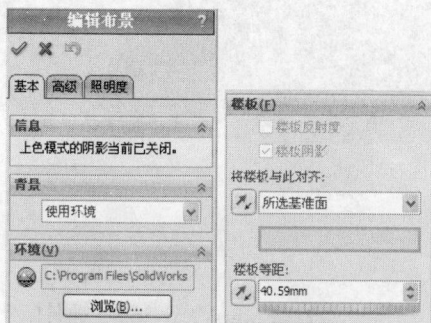

图 8-20 【编辑布景】属性对话框　　图 8-21 楼板对齐方式

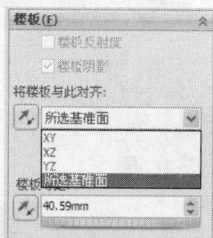

⑤ 选择楼板对齐方式为"所选基准面"，从渲染模型中选择汽车底盘所在平面作为对齐基准面，使之与楼板对齐。需要注意的是，此时对齐的是楼板与汽车底盘平面，这意味着车轮将被埋在楼板下方，不符合实际情况。因此可以从"楼板等距"文本框中调节楼板的偏移距离，使之刚好与车轮底面圆相切，这样渲染后的效果就仿佛汽车车轮刚好压在楼板地面上。"楼板"参数的设置如图 8-22 所示。通过鼠标滚轮旋转调整模型方位，渲染后的效果如图 8-23 所示。

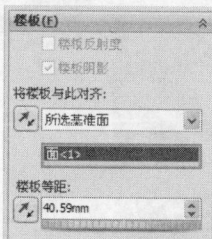

图 8-22 楼板参数设置　　图 8-23 使用基本布景渲染后的效果

8.2.2 工作间布景

① 打开光盘文件中的"法拉利.SLDPRT"文件，加载"PhotoView 360"插件，打开"外观、布景和贴图"窗口。

②　从"布景"结构树中选择"工作间布景",从预览窗口列表中选择"反射方格地板"并双击鼠标左键,即可将布景应用到渲染模型。

③　单击渲染工具栏中的"编辑布景" 图标,绘图窗口左侧弹出【编辑布景】属性对话框。

④　编辑"楼板"位置,使之刚好与汽车车轮底面圆相切。(编辑方法同 8.2.1 节步骤 5)

⑤　通过鼠标滚轮旋转调整模型方位,单击工具栏上的"预览窗口" 图标对模型进行渲染,完成后的效果如图 8-24 所示。

图 8-24　使用工作间布景渲染后的效果

8.2.3　演示布景

①　打开光盘文件中的"法拉利.SLDPRT"文件,加载"PhotoView 360"插件,打开"外观、布景和贴图"窗口。

②　从"布景"结构树中选择"演示布景",从预览窗口列表中选择"院落背景"并双击鼠标左键,即可将布景应用到渲染模型。

③　单击渲染工具栏中的"编辑布景" 图标,绘图窗口左侧弹出【编辑布景】属性对话框。

④　编辑"楼板"位置,使之刚好与汽车车轮底面圆相切。(编辑方法同 8.2.1 节步骤 5)

⑤　通过鼠标滚轮旋转调整模型方位,单击工具栏上的"整合预览" 图标对模型进行渲染,完成后的效果如图 8-25 所示。

图 8-25　使用演示布景渲染后的效果

PhotoView360 中提供了两种预览渲染方法:整合预览及预览窗口。"整合预览"将预览窗口直接设定在图形区域内；"预览窗口"在单独窗口内进行预览，不影响图形区域内的渲染模型。两种方法都可在进行"最终渲染"之前帮助用户快速评估更改。由于更新具有连续性，非专业渲染工程师也可试验影响渲染的控件，但不必完全理解每个控件的目的。当用户对设定满意时，即可进行"最终渲染"。

对外观、贴图、布景和渲染选项所做的更改，预览窗口都会实时进行更新。如果更改模型某部分，预览将只为这些部分进行更新，而非整个显示，进而节省渲染所需时间。

8.3 贴图应用

贴图是应用到模型的 2D 图像。在对模型进行渲染时，可以使用贴图给模型应用警告或指南标志，也可使用贴图（而不是模型几何体）来有效展现模型的细节，诸如汽车格栅或相框等，如图 8-26 所示。

图 8-26　使用贴图展现模型细节

在【外观、布景和贴图】窗口中，展开"贴图"结构树，即可展现 SolidWorks 提供的默认贴图，如图 8-27 所示。在"标志"文件夹中，SolidWorks 还提供了 9 种标志贴图供用户使用，如图 8-28 所示。

图 8-27　默认贴图

图 8-28　标志贴图

用户可以直接将选定的贴图拖动到模型实体平面或曲面上，也可以在模型上事先选取一平面或曲面，然后双击贴图将其应用到选定的模型表面，或者用右键单击贴图，然后选取"添加贴图到选取对象"。现以在茶杯表面添加贴图应用为例予以说明。选择茶杯外壁的轮廓曲面，从"标志"贴图中选择第 8 号标志并单击鼠标右键，从弹出的快捷菜单中选择"添加贴图到选取对象"。拖动贴图操纵杆可以放大、缩小或旋转贴图。添加贴图前后的茶杯如图 8-29 所示。

图 8-29　添加贴图前后的茶杯

下面以显示器的渲染为例说明贴图的应用方法。

① 打开光盘文件中的"液晶显示器.SLDPRT"文件，加载"PhotoView 360"插件，打开"外观、布景和贴图"窗口。渲染前的模型如图 8-30 所示。

② 从"外观"结构树中选择【塑料】|【高光泽】，从预览窗口列表中选择"黑色高光泽塑料"并双击鼠标左键，即可将外观应用到渲染模型。

③ 从"布景"结构树中选择"工作间布景"，从预览窗口列表中选择"反射方格地板"并双击鼠标左键，即可将布景应用到渲染模型。

④ 单击渲染工具栏中的"编辑贴图" 图标，窗口左侧弹出【贴图】属性对话框。单击"浏览"按钮，选择光盘文件中的"背景.jpg"文件，如图 8-31 所示。

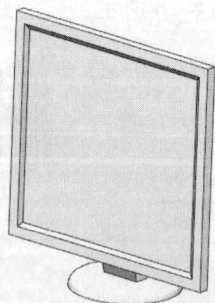

图 8-30　渲染前的液晶显示器

⑤ 切换到"映射"选项卡，选择显示器前端平面作为添加贴图的参考面，在"大小/方向"栏中勾选"将宽度套合到选择"和"将高度套合到选择"复选框，使贴图的大小与所选择平面的大小相等，其他参数保持默认值即可，如图 8-32 所示。单击"确定" 图标按钮，退出【贴图】属性对话框。

⑥ 单击渲染工具栏中的"预览窗口" 图标进行渲染，渲染效果如图 8-33 所示。

图 8-31　浏览贴图

图 8-32　映射贴图大小

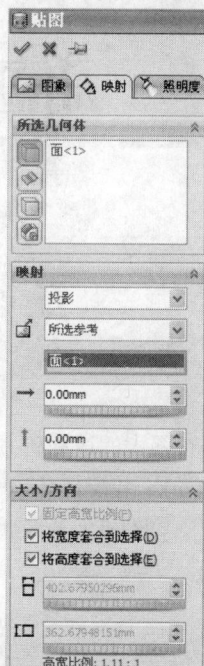

图 8-33　显示器添加贴图渲染的效果

第9章

动画制作

9.1 动画制作基础

SolidWorks 具有强大的运动仿真功能,它既可以对装配体进行运动学仿真,又可以进行动力学仿真。在 SolidWorks 装配体环境下,单击【视图】菜单栏,勾选"MotionManager"前面的复选框 ☑ MotionManager ,在特征管理器底部将会显示运动仿真属性管理页 模型 运动算例 1 ,单击"运动算例 1"即可切换到运动仿真属性管理界面,如图 9-1 所示。

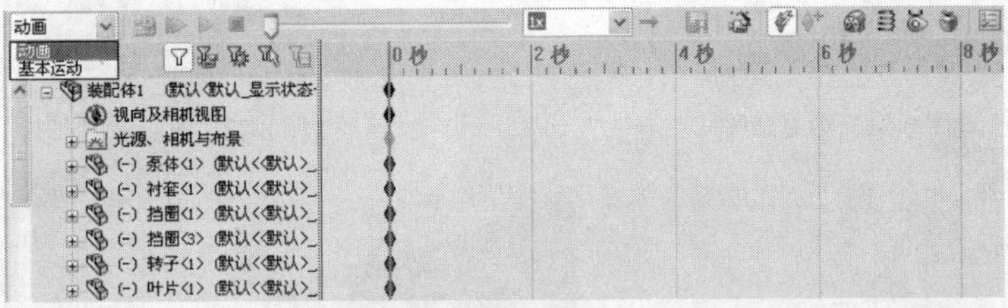

图 9-1 SolidWorks 运动仿真属性管理界面

SolidWorks 自带的运动仿真包括"动画"和"基本运动"两种类型。"动画"基于运动学仿真的原理,不考虑零部件的质量和惯性,直接使用插值的方法在装配体中生成零件从点到点的简单动画,也可以使用基于马达的动画来分析零部件的运动。"基本运动"基于动力学仿真的原理,生成考虑到质量、碰撞或引力的基于物理模拟的演示性动画。

SolidWorks 的动画仿真是基于装配约束的,在装配体中通过添加配合来约束零部件的自由度。在自由状态下,每个零件具有 6 个自由度,可以朝 X、Y、Z 轴方向任意移动或者绕轴旋转。当某个方向的自由度通过配合约束限制后,该方向的移动或旋转也会相应受到限制。例如,轴和孔添加同轴心配合后,轴只能沿孔的中心线方向移动或绕中心轴线旋转,即构成一个转动副。当两个面之间添加重合配合后,相配合的两个零部件之间在相对运动时将始终保持某两个面的接触。装配体中被固定的零部件或 6 个自由度全部被约束的零部件,在动画仿真时,将不能相对于其他零部件移动或旋转。

9.2 动画向导

动画向导可以帮助新用户快速生成简单的动画。在装配体环境下,切换到"运动仿真属性管理器"界面，单击属性工具栏上的"动画向导" 图标，弹出【选择动画类型】对话框，如图 9-2 所示。利用动画向导可以制作五种类型的动画，分别为"旋转模型"动画、"爆炸"动画、"解除爆炸"动画、"从基本运动输入运动"动画和"从 Motion 分析输入运动"动画。

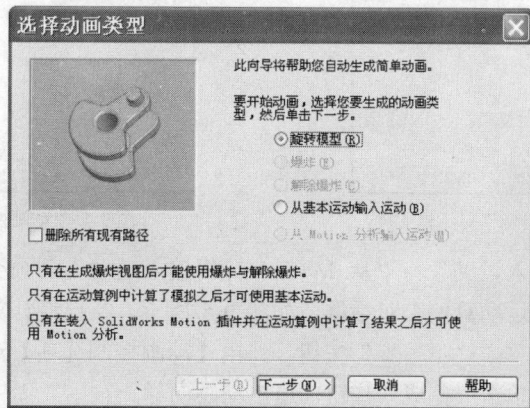

图 9-2　动画向导初始界面：选择动画类型

9.2.1　动画类型的选择

动画向导可以制作五种类型的动画，每种动画具有其相应的特点，能够实现的运动也各有差异。

旋转模型：它将装配体作为一个整体来绕 X、Y 或 Z 轴旋转，可以指定模型旋转的圈数和旋转方向。此外，为了控制动画的速度，用户还可以设置动画的持续时间以及动画的开始时间等。

爆炸：如果用户想制作装配体的爆炸动画，必须先在装配体模型中生成爆炸视图，然后再利用动画向导制作装配体的爆炸过程。

解除爆炸：解除爆炸动画，必须先在装配体模型中生成爆炸视图，然后再利用动画向导制作装配体的解除爆炸过程。

从基本运动输入运动：在使用"基本运动"算例计算运动后，用户可以将计算过的动画结果输入到新的动画中。输入运动后，在用户每次运行动画模拟时，SolidWorks 不会重新计算运动。该动画类型可以有效地将几个运动算例中的动画拼接起来，形成一个复杂完整的动画。

从 Motion 分析输入运动：只有用户安装并加载了 SolidWorks Motion 插件，而且使用"Motion 分析"算例计算了运动结果后，该动画类型才可以被选择。输入"Motion 分析"运动后的效果与"从基本运动输入运动"类似。

9.2.2　动画设置

利用动画向导制作动画时，选择不同的动画类型，动画设置也有差别。

当用户选择"旋转模型"动画类型后，单击"下一步"按钮，弹出【选择一旋转轴】对话框，如图 9-3 所示。在该对话框中，可以设置模型旋转时的转轴、旋转的次数以及旋转的方向。设置完成后，单击"下一步"按钮，弹出【动画控制选项】对话框，如图 9-4 所示，从中可以设置旋转动画持续的时间以及开始旋转的时间等。设置完成后，单击"完成"按钮即可。

选择"爆炸"与"解除爆炸"动画类型后，单击"下一步"按钮，都将弹出【动画控制选项】

对话框，用户根据需要进行设置即可。

图9-3 "选择一旋转轴"对话框

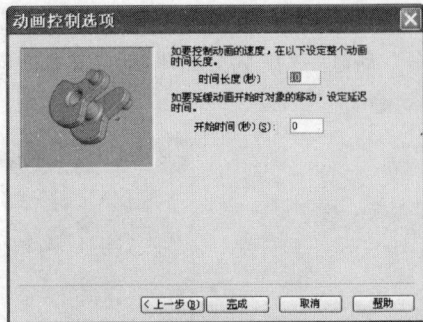

图9-4 "动画控制选项"对话框

选择"从基本运动输入运动"与"从 Motion 分析输入运动"动画类型后，单击"下一步"按钮，都将弹出【选取一运动算例】对话框，如图 9-5 所示。从已经计算的运动算例列表中选择一个要输入的运动算例，单击"下一步"按钮，弹出【动画控制选项】对话框，如图 9-6 所示。设置好时间控制参数后，单击"完成"按钮，退出动画向导。

图9-5 "选取一运动算例"对话框

图9-6 "动画控制选项"对话框

9.2.3 旋转动画演示

下面以旋转动画为例介绍动画向导制作动画的过程。

① 打开光盘文件中的"凸轮机构.SLDASM"文件，如图 9-7 所示。

② 单击菜单栏上的【插入】|【新建运动算例】命令，SolidWorks 设计窗口底部将弹出"运动仿真"属性管理界面，同时一个新的运动算例将被插入。在新插入的运动算例选项卡上单击鼠标右键，从弹出的快捷菜单中选择"重新命名"，给新运动算例输入一个新的算例名称即可，如图 9-8 所示。

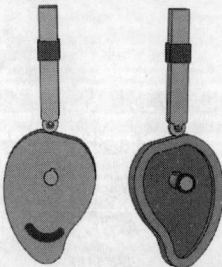

图9-7 凸轮机构模型

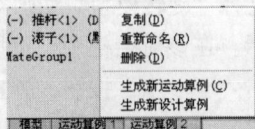

图9-8 更改新算例名称

③ 单击"动画向导" 按钮，从弹出的【选择动画类型】对话框中选择"旋转模型"动画类型。

④ 单击"下一步"按钮，在"选择一旋转轴"对话框中，选择旋转轴为"Y 轴"，设定旋转次数为 3 次，顺时针旋转，如图 9-9 所示。

⑤ 单击"下一步"按钮，在"动画控制选项"对话框中，设置动画持续时间为 12 秒，动画开始时间为 0 秒，如图 9-10 所示。动画持续的时间长度可以控制动画播放的速度。设定模型在 12 秒之内旋转 3 次，即每旋转 1 次需要的时间为 4 秒。如果设定动画持续时间为 6 秒，旋转次数为 3 次，则每旋转一次所需的时间为 2 秒，动画播放的速度将会加快一倍。

图 9-9 设定模型的旋转时间参数　　图 9-10 为旋转模型选择旋转轴

⑥ 单击"完成"按钮，退出动画向导对话框。此时在动画仿真属性管理器的时间控制区域中，将自动添加相应的动画键码，如图 9-11 所示。

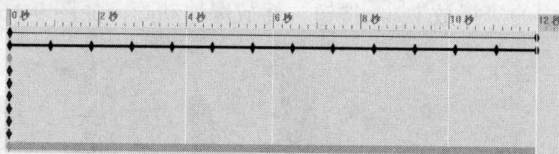

图 9-11 动画键码

⑦ 单击属性工具栏中的"播放" 按钮，播放旋转动画，如图 9-12 所示。

图 9-12 旋转动画播放效果

9.2.4 爆炸视图演示

下面以"齿轮箱"装配体为例介绍爆炸动画的制作过程。

① 打开光盘文件中的"齿轮箱.SLDASM"文件，如图 9-13 所示。该装配体文件在设计时已

经建立了爆炸视图。

② 插入"新建运动算例",将新运动算例重命名为"爆炸动画"。

③ 单击"动画向导" 按钮,从弹出的【选择动画类型】对话框中选择"爆炸"动画类型,如图 9-14 所示。

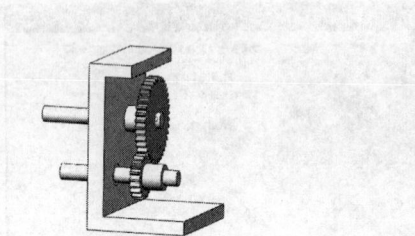

图 9-13　齿轮箱装配体模型

图 9-14　选择动画类型为"爆炸"

④ 单击"下一步"按钮,在"动画控制选项"对话框中设定动画时间为 10 秒,动画开始时间为 0 秒。

⑤ 单击"完成"按钮,退出动画向导对话框。时间控制区域自动为装配体各零件添加动画键码,如图 9-15 所示。

⑥ 单击属性工具栏中的"播放" 按钮,播放爆炸动画,如图 9-16 所示。

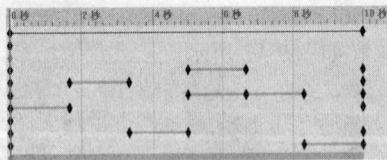

图 9-15　动画键码

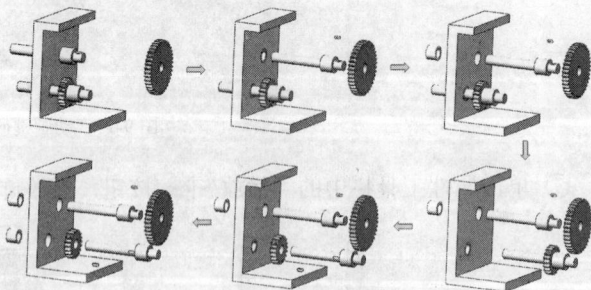

图 9-16　齿轮箱爆炸动画播放效果

9.3　运动算例的确定

用动画向导制作的动画通常比较简单,很多情况下无法满足使用者的要求。SolidWorks 还提供了利用运动算例制作复杂动画的方法。本节将介绍用 SolidWorks 自带的两种运动算例制作动画的方法。

9.3.1 动画算例

"动画"运动算例可以实现零部件从点到点的连续运动。下面以"小球自由落地"为例，介绍"动画"运动算例制作动画的操作方法。

① 打开光盘文件中的"小球落地.SLDASM"文件，如图9-17所示。

② 单击菜单栏上的【插入】|【新建运动算例】，并将算例名称重命名为"小球落地"。

③ 在"算例类型"列表框中选择"动画"算例 动画 。

④ 拖动时间轴线到"4秒"刻度线处，如图9-18所示。

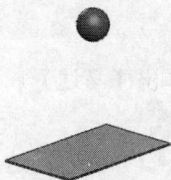

图9-17 "动画"运动算例初始模型

图9-18 设定时间刻度线

⑤ 用鼠标拖动小球向下移动，直到与"地面"相接触。释放鼠标后，时间控制区域将自动添加相应的动画键码，如图9-19所示。

⑥ 拖动时间轴线到"6秒"刻度线处，同时向上移动小球至适当的高度，模仿小球向上弹起的过程，如图9-20所示。

图9-19 小球第一次下落到地面

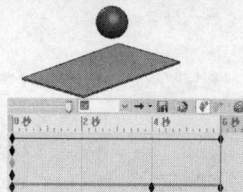

图9-20 小球向上反弹

⑦ 拖动时间轴线到"7秒"刻度线处，同时向下移动小球直至与"地面"接触，模仿小球向下回落的过程。

⑧ 重复步骤6、7的操作，再次模拟小球落地后弹起，最后又回落的过程，时间控制区域的动画键码如图9-21所示。

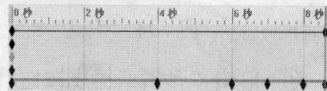

图9-21 动画完成后的时间控制区域

⑨ 单击属性工具栏中的"播放" ▷ 按钮，播放动画，如图9-22所示。

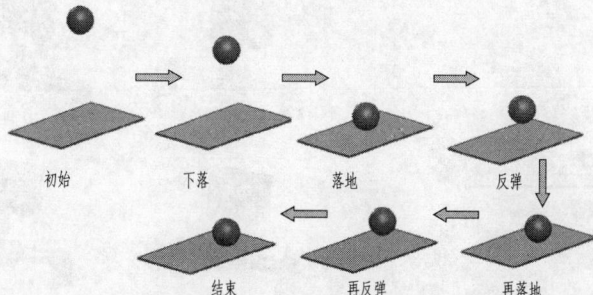

图9-22 小球落地动画仿真过程

在装配体中，通过装配约束限制各零部件的几何位置关系后，用鼠标拖动原动件移动或旋转，可以相应带动其他零部件运动。在动画算例中，可以在原动件上添加马达（移动马达或旋转马达），使其按一定的速度运动，进而使整个装配体在装配约束的作用下按预定的规律和轨迹进行运动。下面以"曲轴连杆装配体"的运动算例为例，说明马达的使用方法。

① 打开光盘文件中的"曲轴连杆.SLDASM"文件，该装配体中已经为各零部件添加了相应的配合约束，如图 9-23 所示。

② 插入"新建运动算例"，并重命名为"曲轴连杆"。

③ 在"算例类型"列表框中选择"动画"算例 动画 。

图 9-23　曲轴连杆机构模型及配合约束

④ 单击动画属性工具栏上的"马达" 图标，设计窗口左侧弹出【马达】属性管理器，如图 9-24 所示。

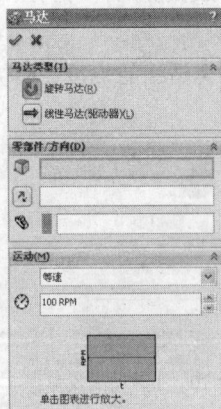

⑤ 在"马达类型"栏中选择"旋转马达"；在"零部件/方向"栏中，单击"马达位置"选择框，从设计窗口中选择欲添加马达的零部件表面，单击方向按钮 ，可以改变马达旋转的方向；在"运动"栏中，设定马达做"等速"转动，速度为 100 转/分，如图 9-25 所示。

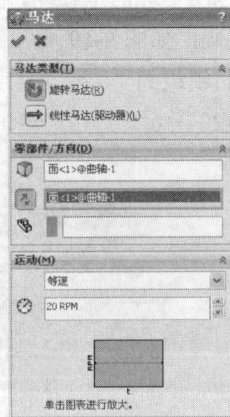

图 9-24　"马达"属性管理器

图 9-25　"马达"属性设置

⑥ 单击"计算" 按钮计算运动算例，时间轴控制区域中将自动添加各零件运动的动画键码，如图 9-26 所示。

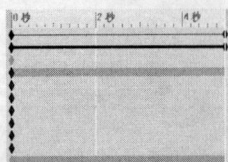

⑦ 单击属性工具栏中的"播放" 按钮，播放动画，效果如图 9-27 所示。

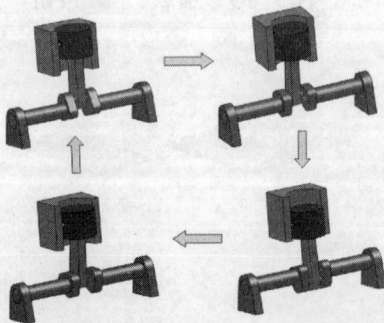

图 9-26　自动添加的动画键码

图 9-27　曲轴连杆机构动画仿真效果

9.3.2 基本运动算例

"基本运动"可以生成基于物理模拟的动画，在动画仿真过程中会考虑到各零部件的质量、零部件之间的相互碰撞等。质量和碰撞的模拟是通过添加"引力"和"接触"来实现的。下面以"自动小球分离器"的动画仿真为例说明基本运动算例的操作方法。

① 打开光盘文件中的"分离器.SLDASM"文件，如图9-28所示。

② 插入"新建运动算例"，并重命名为"分离器"。

③ 在"算例类型"列表框中选择"动画"算例 基本运动 。

图9-28 小球分离器模型

④ 单击动画属性工具栏上的"接触"图标，在设计窗口左侧弹出【接触】属性管理器。在"选择"栏的"零部件"列表中单击，在设计窗口中选择所有零部件，将其全部添加到定义接触的列表中，如图9-29所示。

⑤ 单击动画属性工具栏上的"引力"图标，在设计窗口左侧弹出【引力】属性管理器，选择引力的方向为Y轴方向，单击"方向"按钮，使引力指向为竖直向下，如图9-30所示。

⑥ 单击"计算"按钮计算运动算例，时间轴控制区域中将自动添加各零件运动的动画键码，如图9-31所示。

图9-29 定义零部件之间的接触　　图9-30 "引力"属性设置　　图9-31 自动添加的动画键码

⑦ 单击属性工具栏中的"播放"按钮，播放动画，如图9-32所示。

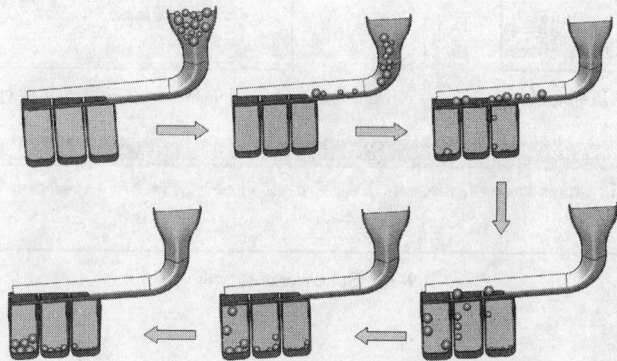

图9-32 小球分离器动画仿真效果

9.4　动画保存

无论是用动画向导还是用运动算例制作的动画，都可以保存为外部 AVI 文件或一系列 Windows 位图文件。保存动画的方法很简单，在动画制作完成后，单击动画属性工具栏中的"保存" 按钮，弹出【保存动画到文件】对话框，如图 9-33 所示。

在保存动画对话框中，可以选择动画保存的路径、名称和类型（AVI 和 bmp）。在"图像大小与高宽比例"栏中，可以设置保存图像区域的高度和宽度比例。在"画面信息"栏中，可以设置动画保存的时间范围及每秒保存的帧数。如无特殊要求，此对话框中的参数一般保持默认值即可。

当用户选择"保存类型"为"Microsoft AVI 文件（*.avi）"后，单击"保存"按钮，弹出【视频压缩】对话框，如图 9-34 所示。设置完成后，单击"确定"按钮，即可保存动画到指定位置。

图 9-33　动画保存对话框

当用户选择"保存类型"为"一系列 Windows 位图（*.bmp）"后，如图 9-35 所示，单击"保存"按钮，弹出【SolidWorks】提示框，如图 9-36 所示。单击"确定"按钮，即可保存一系列位图图片到指定位置。

图 9-34　视频压缩对话框

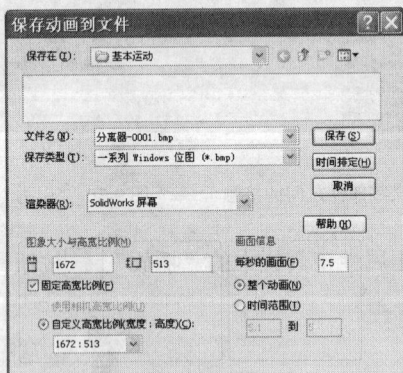

图 9-35　保存动画到文件对话框

图 9-36　SolidWorks 提示框

工程图生成

10.1 工程图基础

利用零件设计和装配设计模块完成产品的设计后，还有一项非常重要的工作，就是生成工程图。默认情况下，SolidWorks 软件在工程图和零件或装配体的三维模型之间提供了全相关的功能，即对三维模型的修改会自动更新工程视图；反之，在工程图中修改零件或装配体的尺寸时，系统也将自动对三维模型中的相应尺寸加以更新。

工程图包含一个或多个由零件或装配体生成的视图。在生成工程图之前，必须先保存与它有关的零件或装配体的三维模型。要生成一张新的工程图，可以有以下几种操作方法。

① 选择【文件】|【新建】菜单，从弹出的【新建 SolidWorks 文件】对话框中选择 "工程图"，单击 "确定" 按钮。

② 在标准工具栏上单击 [] （新建）按钮，再按方法 1 中的介绍进行操作。

③ 使用快捷键〈Ctrl+N〉进入【新建 SolidWorks 文件】对话框进行操作。

④ 在标准工具栏上单击 [] ·（新建）按钮右侧的命令下标 ▼ 符号，弹出图 10-1 所示的新建工具栏展开图标，从中选择 [] 从零件/装配体制作工程图 进入工程图设计模块。此方法只适用于当前图形区窗口中已经打开了零件或装配体三维模型时的情况。

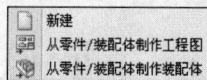

图 10-1　新建工具栏展开图标

为了方便读者理解，下面先介绍 SolidWorks 工程图中常用的几个术语：图纸、图纸格式和视图。

（1）图纸

在 SolidWorks 中，读者可以将 "图纸" 的概念理解为一张实际的绘图纸，用来放置视图、尺寸和注解。

（2）图纸格式

图纸格式包括图框、标题栏、注释文字和材料明细表的定位点。

（3）视图

视图是将三维模型按一定的投射方向在投影面上所得到的投影，用来表达零件或装配体的结构和形状。也可以通过 "模型视图" 来反映零件或装配体的结构和形状。视图包括在工程图图纸上的视图比例、视图方向和视图位置。

图纸、图纸格式和视图如图 10-2 所示。

在 SolidWorks 中，一个工程图文件中可以包含多张图纸，每张图纸包含一个图纸格式和一个或多个视图。

图 10-2　图纸、图纸格式与视图

10.2 工程图设置

10.2.1　图纸格式的选择

从 10.1 中介绍的 4 种生成新工程图的方法中任意选择一种操作方法，都会弹出【图纸格式/大小】选择对话框，如图 10-3 所示。在该对话框中可以选择图纸格式和图纸大小。

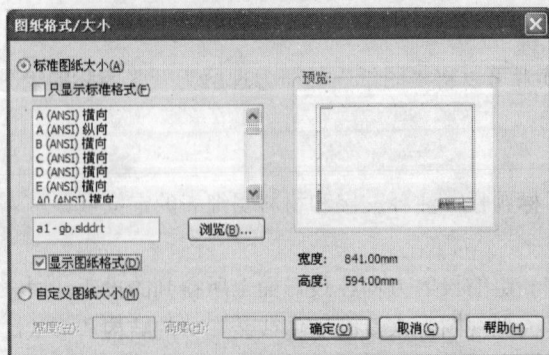

图 10-3　"图纸格式/大小"选择对话框

选中"标准图纸大小"单选按钮时，列表框中将显示 SolidWorks 为用户提供的各种标准的图纸格式，包括 ANSI、ISO、DIN 以及 GB 等多种标准规定的图纸格式，用户可以根据需要选择一种图纸格式并在右侧的预览窗口中预览。

选中"只显示标准格式"复选框时，列表框中将只显示国标（GB）规定的各种幅面大小的图纸格式，如图 10-4 所示。

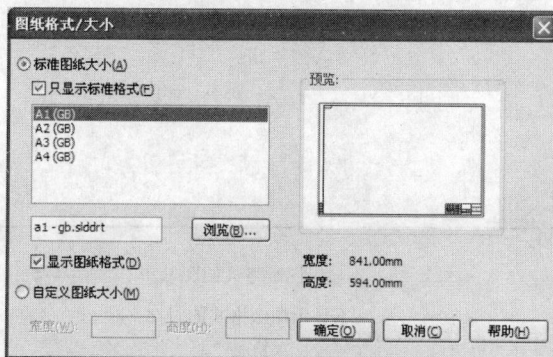

图 10-4 只显示 GB 规定的图纸格式

如果用户想要选择自己已有的图纸格式，则可用左键单击"浏览"按钮，从弹出的 Windows 打开文件对话框中，选择所需要的图纸格式。

选中"显示图纸格式"复选框，单击"确定"按钮后，在打开的工程图纸中将显示出图纸格式，否则不显示图纸格式。两种操作的对比结果如图 10-5 所示。

（a）显示图纸格式的图纸

图 10-5 显示/不显示图纸格式的对比

（b）不显示图纸格式的图纸

图 10-5　显示/不显示图纸格式的对比（续）

　　选中"自定义图纸大小"单选按钮时，用户可以在"宽度"和"高度"文本框中输入一定的数值来设定图纸格式的大小。选择或设置完成后，单击"确定"按钮即可进入工程图设计窗口。

10.2.2　标注设置

　　要生成一张符合要求的工程图纸，必须要对标注进行设置，以符合国家标准或企业标准的要求。在 SolidWorks 中进行标注设置的方法有多种，下面详细介绍常用的两种方法。

　　1．在工程图模板中进行标注设置

　　选择【文件】|【打开】菜单，弹出【打开】文件对话框，在"文件类型"列表中选择"Template"模板文件格式，文件列表框中将自动显示出 SolidWorks 提供的零件、装配体和工程图的模板文件。选中"工程图.drwdot"文件，单击"打开"按钮即可，如图 10-6 所示。

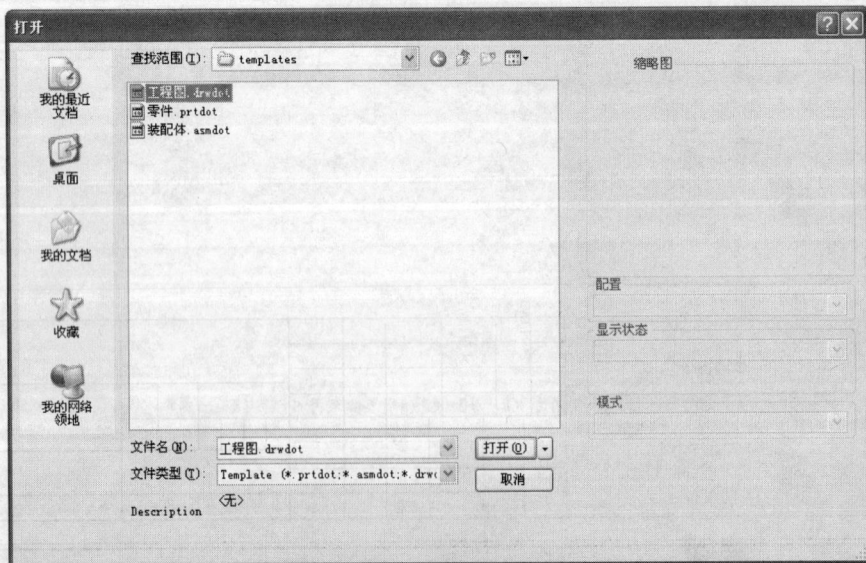

图 10-6　打开工程图模板文件

在打开的工程图模板窗口中，选择【工具】|【选项】菜单，弹出【系统选项】对话框，切换到【文档属性】选项卡，即可进行标注的详细设置，如图 10-7 所示。

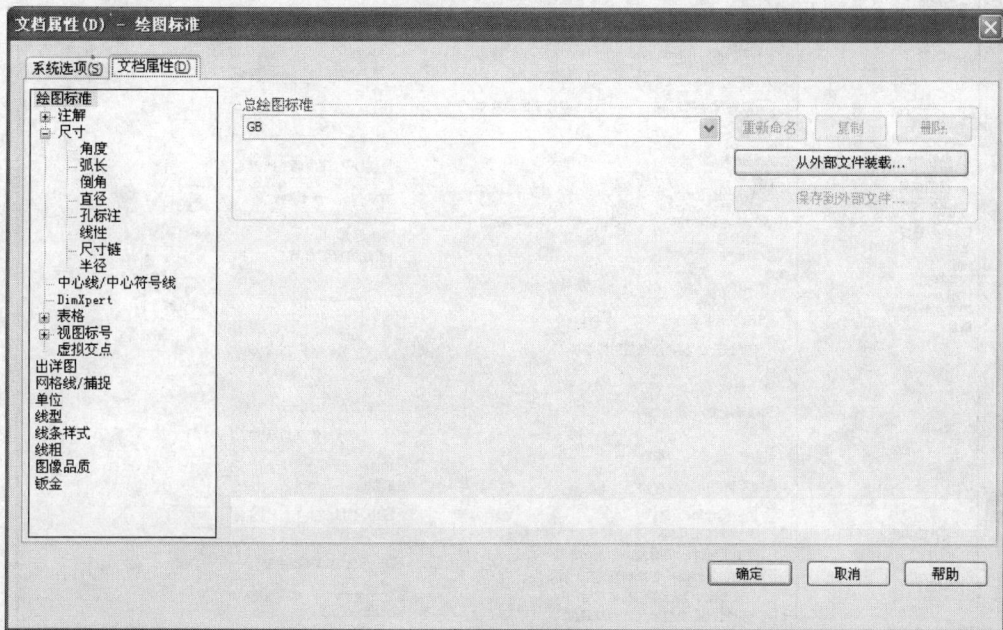

图 10-7 标注设置窗口

在标注设置窗口左侧的列表框中选择不同的内容，右边窗口将会显示相应的设置内容。

选中"绘图标准"，在右侧的"总绘图标准"列表中，用户可以根据需要选择相应的国家标准，也可以从标注设置窗口中单击"从外部文件装载…"按钮，导入已有的标注设置。当用户选择或导入一种绘图标准后，"注解"、"尺寸"、"表格"以及列表中其他各选项的参数会自动更新，单击"确定"按钮即可完成标注设置。

用户也可以根据需要对其他各项内容作适当修改。修改后的标注设置可以保存到外部文件中，方便以后需要时调用。

以列表中的"尺寸"选项为例，介绍用户修改标注设置的过程和方法。

在左侧列表框中选择"尺寸"，右侧窗口中显示相应的尺寸设置内容，如图 10-8 所示。

"总绘图标准"区域显示了当前选择的绘图标准。在"文本"区域中，用户可以对工程图中的字体进行设置。单击"字体"按钮，弹出【选择字体】对话框，用户可以选择字体的类型、样式、高度和效果等。单击"确定"按钮完成字体设置，如图 10-9 所示。

"双制尺寸"区域可以设定是否在同一尺寸上显示毫米和英寸两种尺寸数值及其单位，"上"、"下"、"左"、"右"四个单选按钮用于设置次要尺寸（英寸）位于主要尺寸（毫米）的方位。双制尺寸的设置效果如图 10-10 所示。

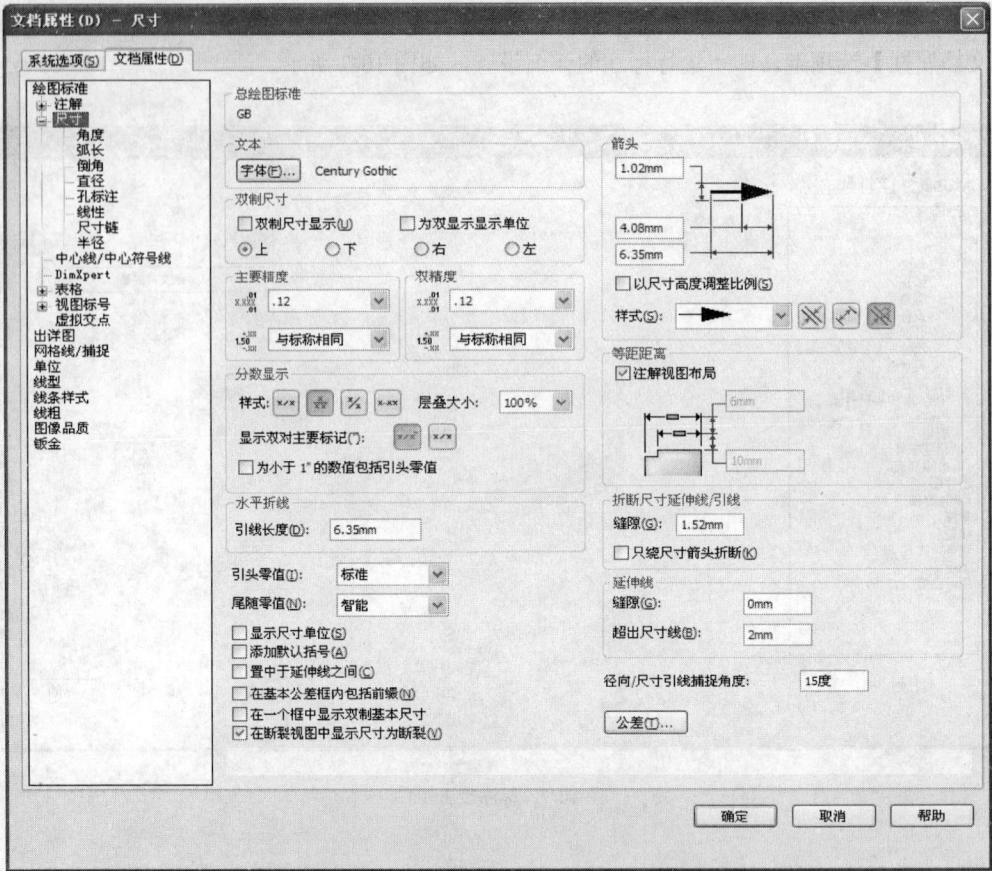

图 10-8 修改标注设置中的"尺寸"选项

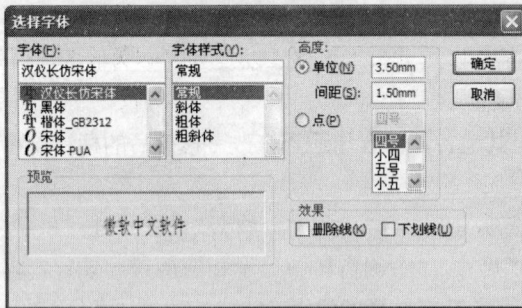

图 10-9 标注字体设置

（a）在上方显示双制尺寸　　（b）在上方显示双制尺寸及单位　　（c）在右方显示双制尺寸

图 10-10 双制尺寸设置效果

"箭头"区域用于设置标注尺寸时箭头的大小、样式及相对尺寸界线的放置位置，可以根据国家标准进行设置，如图10-11所示。

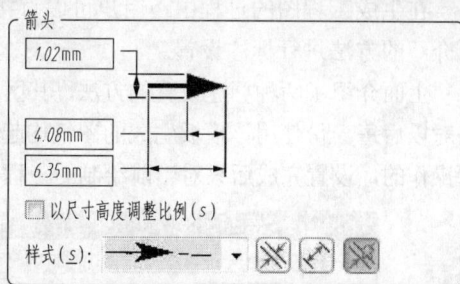

"主要精度"区域用于设置主要尺寸及其公差数值的精度（小数位数），"双精度"区域用于设置双制尺寸显示时，次要尺寸及其公差数值的精度（小数位数）。"主要精度"和"双精度"的参数设置与尺寸显示效果如图10-12所示。

"分数显示"区域用于设置分数尺寸的显示样式。"水平折线"区域用于设置引线水平部分的长度。

图 10-11 尺寸标注中箭头的设置

"等距距离"区域用于设置模型轮廓边线与尺寸线、尺寸线与尺寸线之间的间隔距离，也可以根据"注解视图布局"进行调整。

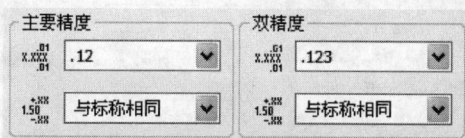 

（a）尺寸精度的参数设置　　　　　　　（b）尺寸精度的显示效果

图 10-12 尺寸精度的参数设置与显示效果

"折断尺寸延伸线/引线"区域用于设置默认折断尺寸线的间隙值。尺寸折断时，会在当前与之交叉的尺寸线位置附近折断。尺寸线折断前后的对比如图10-13所示。

"引头零值"和"尾随零值"用于设置尺寸数值中引头零和尾随零的显示方式，可以选择【标准】、【智能】、【显示】或【移除】。选择【标准】选项时，引头零和尾随零遵从相关的标准来显示；选择【显示】选项时，引头零和尾随零全部显示；选择【移除】选项时，引头零和尾随零全部去掉；选择【智能】选项时，根据 ANSI 和 ISO 标准，从整个公制单位值中去掉尾随零值，具体显示效果如图10-14所示。

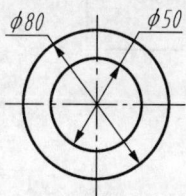 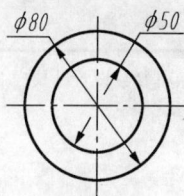 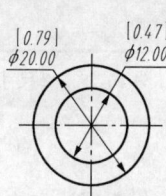 

（a）尺寸折断前　　（b）尺寸折断后　　（a）显示引头零值和尾随零值　（b）移除引头零值和尾随零值

图 10-13 尺寸折断前后的对比效果　　　　图 10-14 引头零值和尾随零值的设置对比

其他区域内容的设置可以直接通过鼠标点击选取或者文本框输入的方法进行操作，用户可以在工程图纸中对比设置前后的不同效果，设置完成的结果如图10-15所示。

在"尺寸"标注设置中，用户还可以对角度尺寸、弧长尺寸、倒角尺寸及直径尺寸等分别设置。读者可以参考 SolidWorks 软件提供的帮助文件来详细了解每个设置项的具体含义。

对【文档属性】选项卡中的各项参数设置完成后，单击"确定"按钮返回到打开的工程图模板文件窗口。选择【文件】|【保存】菜单，将修改的标注设置保存到工程图模板文件中，最后关闭文件即可。

2．在当前工程图文件中进行标注设置

在生成工程图的过程中，用户可以直接选择【工具】|【选项】菜单，从弹出的窗口中按照上面介绍的方法进行标注设置。

上面介绍了两种标注设置的方法，其区别在于方法 1 是在工程图模板中进行操作的，设置完成后对以后每一份使用该模板生成的图纸均起作用，可谓一劳永逸；方法 2 是在当前工程图文件中进行操作的，设置完成后只对当前绘制的工程图起作用，对后面将要生成的其他工程图不起作用。

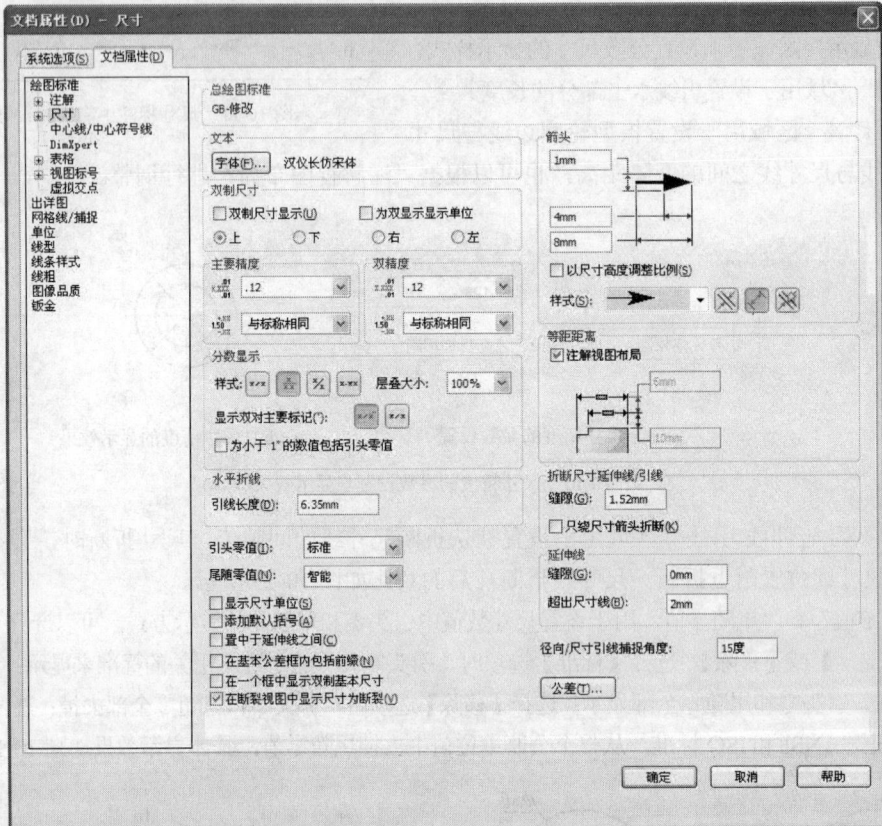

图 10-15　"尺寸"选项卡标注参数设置结果

10.3　标准三视图

在创建工程图前，应先根据零件或装配体的三维模型，考虑和规划各个视图。SolidWorks 工程图中可以创建多种类型的工程视图，常用的包括：标准三视图、模型视图、投影视图、辅助视图和各种派生的视图，如剖面视图、局部视图等。

注意：前视图、上视图、右视图分别对应国家标准《机械制图》中的主视图、俯视图、左视图。

生成标准三视图的操作方法如下。

① 新建一张工程图。

② 单击【插入】|【工程视图】|【标准三视图】菜单或者单击"视图布局"工具栏上的"标准三视图" 图标，窗口左侧显示【标准三视图】属性管理器，如图 10-16 所示。

③ 在"打开文档"列表中选择一个要生成标准三视图的零件，单击☑按钮，或者单击"浏览"按钮，选择一个已经存在的零件或装配体文件生成标准三视图。

下面举例说明标准三视图的生成。

单击【标准三视图】属性管理器中的"浏览"按钮，选择并打开光盘文件中的"标准三视图.SLDPRT"文件，工程图窗口中将自动添加该零件的主视图、俯视图和左视图。单击【注解】工具栏中的"中心线" 按钮，分别为主视图和左视图添加对称中心线。零件的三维模型及生成的标准三视图如图 10-17 所示。

图 10-16　标准三视图属性管理器

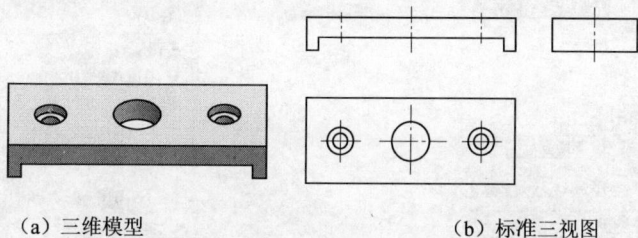

（a）三维模型　　　　　（b）标准三视图

图 10-17　零件的三维模型与生成的标准三视图

在生成的三视图中，用户可以根据表达需要，选择一个或多个视图显示其内部隐藏线。具体操作方法为：

① 选中要显示隐藏线的视图。

② 从"显示样式"工具列表中选择"隐藏线可见"，如图 10-18 所示。显示隐藏线后的三视图如图 10-19 所示。

图 10-18　"显示样式"工具列表

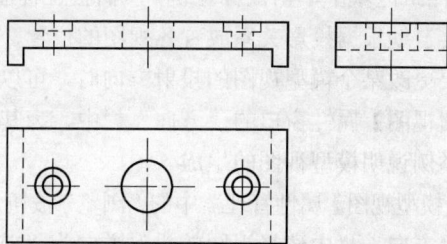

图 10-19　显示隐藏线后的三视图

10.4 模型视图

标准三视图只能给出三个视图，对于一些复杂零件，有时候不能很好地描述模型的实际情况。SolidWorks 提供的模型视图可以从不同的投射方向一次生成一个或多个工程视图。生成模型视图的操作方法如下。

① 新建一张工程图。

② 单击【插入】|【工程视图】|【模型视图】菜单或者单击"视图布局"工具栏上的"模型视图" 图标，窗口左侧显示【模型视图】属性管理器，如图 10-20 所示。

③ 从当前"打开文档"列表中选择一个模型文件，单击窗口中的"下一步" 图标，或者单击"浏览"按钮，选择并打开一个已经存在的三维模型，进入"模型视图""下一步"属性页面，如图 10-21 所示。

图 10-20　模型视图属性管理器　　　　图 10-21　模型视图"下一步"操作页面

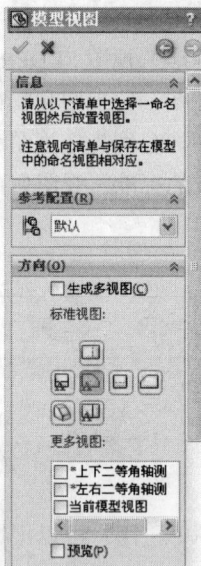

④ 在【模型视图】属性管理器的"方向"栏中"标准视图"列表区中选择视图的投射方向。如果想一次生成多个模型视图，可以选中☐生成多视图(C) 复选框，然后选择多个标准视图投射方向即可。

⑤ 在图纸区域中单击鼠标左键，从而在工程图中放置模型视图。如果选择了一次生成多个视图，系统会自动根据投影关系放置各视图的位置，最后单击"确定" 图标按钮即可。

当需要更改某个模型视图的投射方向时，可以直接单击该视图将其选中，并从窗口左侧显示的【工程图视图】属性窗口的"方向"栏中，为其指定新的投射方向。

下面举例说明模型视图的生成。

单击【模型视图】属性管理器中的"浏览"按钮，选择并打开光盘文件中的"模型视图.SLDPRT"文件，从"方向"栏中选择视图的投射方向为"前视" ，在图纸区域单击鼠标左键放置视图。单击【注解】工具栏中的"中心线" 按钮，为模型视图添加轴线。零件的三维模型及生成的模型视图如图 10-22、图 10-23 所示。

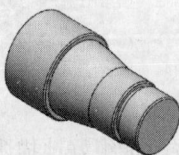

图 10-22　零件的三维模型　　　　　　图 10-23　生成的模型视图

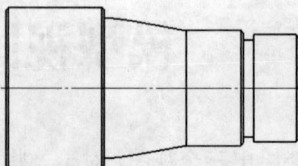

10.5 投影视图

投影视图利用现有的视图在可能的 4 个正交投影方向（上、下、左、右）建立投影视图。通过重复"投影视图"操作可以得到 6 个基本视图。生成投影视图的操作方法如下。

① 从打开的工程图文件中单击【插入】|【工程视图】|【投影视图】菜单或者单击"视图布局"工具栏上的"投影视图" 图标。

② 在图纸区域选择一个已经存在的视图作为生成投影视图的父视图。

③ 向上、下、左、右 4 个方向移动鼠标，即可得到不同的投影视图预览，单击鼠标左键放置投影视图。

下面举例说明投影视图的生成。

在 SolidWorks 中打开光盘文件中的"投影视图.SLDDRW"文件，单击【插入】|【工程视图】|【投影视图】，将当前工程图中的视图分别向右和向下投影，得到两个投影视图，最后向各投影视图中添加中心线，如图 10-24 所示。

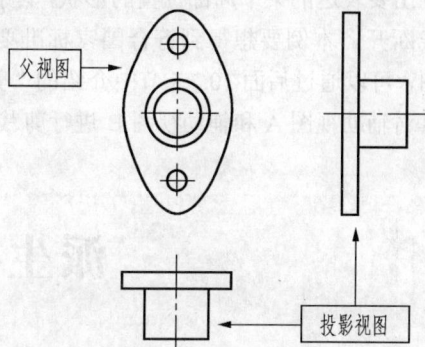

图 10-24 投影视图的生成

10.6 辅助视图

辅助视图类似于投影视图，它垂直于现有视图中的一条参考边线。用户选择的参考边线可以是零件中的一条边、投影轮廓线、轴线或草图直线。如果绘制一条草图直线作为参考，必须先激活工程视图再绘制草图参考线。

生成辅助视图的操作方法如下。

① 从打开的工程图文件中单击【插入】|【工程视图】|【辅助视图】菜单或者单击"视图布局"工具栏上的"辅助视图" 图标。

② 选择要生成辅助视图的工程视图的一条参考边线，移动鼠标至适当的位置后单击左键释放，则辅助视图被放置在工程图中。默认情况下，辅助视图放置的位置在投影箭头所指的方向上。如果在放置投影视图前，移动鼠标的同时按住 Ctrl 键，则可以在任意位置放置投影视图。当投影视图按默认位置放置后，若想将其移动到其他方位，可在该视图上右击鼠标，从弹出的快捷菜单中选择【视图对齐】|【解除对齐关系】，之后便可随意移动其位置。操作方法如图 10-25 所示。

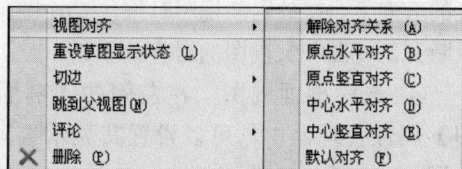

图 10-25 解除视图对齐关系

如果要改变辅助视图的投射方向，可以先选中该视图，然后在窗口左侧的【工程视图】属性管理器中选中"反转方向"□反转方向(F)复选框，或者直接在图纸区域内双击辅助视图的投射方向箭头。

下面举例说明辅助视图的生成。

在 SolidWorks 中打开光盘文件中的"辅助视图.SLDDRW"文件，单击【插入】|【工程视图】|【辅助视图】，分别选择两条参考边线，生成两个辅助视图，如图 10-26 所示。

说明：在制图的国家标准中，辅助视图通常只绘制出要表达的某个局部位置的形状，其余部分用波浪线断开。本例要想得到符合国家标准要求的辅助视图，可以通过后面 10.7.5 节中介绍的"剪裁视图"工具对辅助视图 A 和辅助视图 B 进行剪裁。

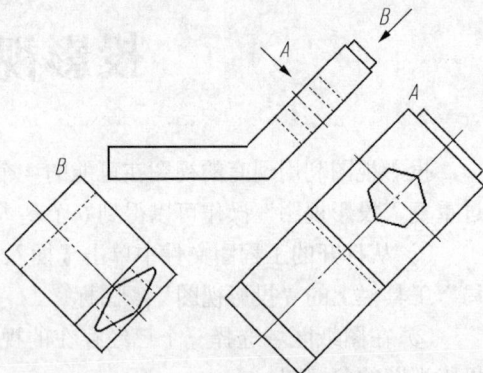

图 10-26　辅助视图的生成

10.7　派生视图的绘制

派生视图是指从标准三视图、模型视图或者其他派生视图中派生出来的视图，主要包括剖面视图、局部视图、断开的剖视图、断裂视图和裁剪视图等。

10.7.1　剖面视图

剖面视图是指通过定义一个剖切面来"剖开"视图，从而建立一个新的工程视图。新建立的剖面视图自动与父视图对齐。

生成剖面视图的操作方法如下：

① 打开要生成剖面视图的工程图文件，单击【插入】|【工程视图】|【剖面视图】菜单或者单击"视图布局"工具栏上的"剖面视图"图标。

② 在工程视图上绘制一条剖切位置线。实际操作时，也可以先在视图中绘制好剖切位置线，再选择"剖面视图"命令。

③ 移动鼠标会显示所建剖视图的预览。默认情况下，剖视图的位置在与剖切位置线垂直的方向上。在放置剖视图时按住 Ctrl 键，可以断开剖视图和父视图的对齐关系。

④ 选中剖面视图，在左侧的【剖面视图】属性管理器中，可以设置其显示选项，如图 10-27 所示。

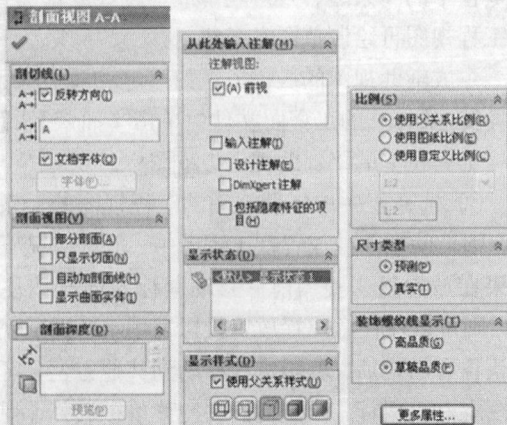

图 10-27　【剖面视图】属性管理器

"反转方向"□反转方向(F)复选框用来改变剖切的方向。"标号"文本框用来指定剖面视图中的字母符号。如果剖切位置线没有完全穿过视图，选择"部分剖面" □部分剖面(A) 复选框，则剖切线不完全剖切整个模型，如图 10-28 所示。选中"只显示切面" □只显示切面(N) 复选框，则只显示被剖切开的剖面，如图 10-29 所示。在"比例"选项栏中，可以设定剖面视图在工程图纸中的显示比例。

说明："部分剖面"和"只显示切面"所表示的剖面视图不符合国家标准《机械制图》的要求，本节在此只介绍其功能及用法。此外，在国家标准《机械制图》中，剖切位置线在转折处应绘制成粗实线。本章各图例中，剖切位置线转折处的粗实线可以通过工程图中【草图】工具栏中的"直线"工具绘制。

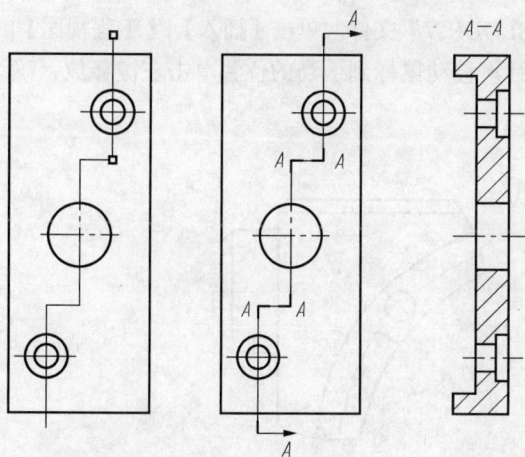

图 10-28 剖分剖面视图

图 10-29 剖面视图只显示切面

剖面视图可以用单一剖切面剖切获得，也可以用阶梯剖（几个平行的剖切平面剖切）获得。此外，剖切面还可以是圆柱面。阶梯剖视图（几个平行的剖切平面剖切获得的）的绘制方法是先在工程视图中绘制好剖切位置线，再选择其中一条线作为剖面视图投射方向的参考线，然后单击工具栏上的"剖面视图"按钮，设定好投影箭头的方向后，移动鼠标并确定阶梯剖视图（几个平行的剖切平面剖切获得的）的放置位置，如图 10-30 所示。

此外，SolidWorks 还提供了绘制旋转剖视图（几个相交的剖切平面剖切获得的）的功能。旋转剖视图类似于一般的剖视图，只是它的剖切面是由两个或多个相交的剖切平面以一定角度连接而成的。用户可以先在要生成旋转剖视图的工程视图中绘制好剖切位置线，选中其中一条剖切位置线作为投影视图的参考方向，然后单击工具栏上的 旋转剖视图 图标，即可生成旋转剖视图的预览，最后移动鼠标并确定视图的放置位置即可。生成的旋转剖视图如图 10-31 所示。

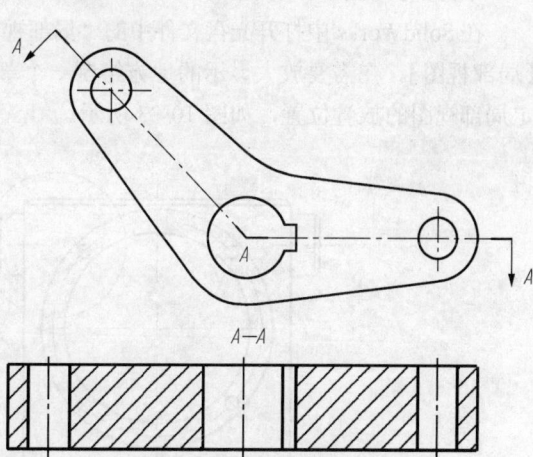

图 10-30 阶梯剖视图的生成

图 10-31 旋转剖视图的生成

下面以全剖视图为例说明生成剖面视图的操作方法。

在 SolidWorks 中打开光盘文件中的"剖面视图.SLDDRW"文件，单击【插入】|【工程视图】|

【剖面视图】。在当前工程视图中绘制一条通过图样前后对称平面的剖切位置线，移动鼠标出现剖面视图的预览图，可以根据需要在窗口左侧的【剖面视图】属性管理器中设定标号字母和剖切方向，最后单击鼠标确定剖面视图的放置位置，如图 10-32 所示。

图 10-32　剖面视图的生成

10.7.2　局部视图

局部视图可以用来单独放大现有视图中的某个局部。用户需要在视图中使用草图几何体来包围需要放大的部分，通常使用圆或其他类型的封闭轮廓。

生成局部视图的操作方法如下。

① 打开要生成局部视图的工程图文件，单击【插入】|【工程视图】|【局部视图】菜单或者单击"视图布局"工具栏上的"局部视图"图标🔍。

② "草图"工具栏上的"圆"图标被激活。在想要放大的视图区域绘制一个圆。

③ 移动鼠标，出现局部视图预览，单击鼠标左键确定视图的放置位置。

局部视图的放大比例可以在窗口左侧的【局部视图】属性管理器中进行设置。局部视图的"显示样式"、"视图标号"等参数均可通过属性管理器进行设置。

下面举例说明局部视图的生成。

在 SolidWorks 中打开光盘文件中的"局部视图.SLDDRW"文件，单击【插入】|【工程视图】|【局部视图】。在需要放大显示的地方绘制一个草图圆，移动鼠标到适当的位置单击左键释放，确定局部视图的放置位置，如图 10-33 所示。

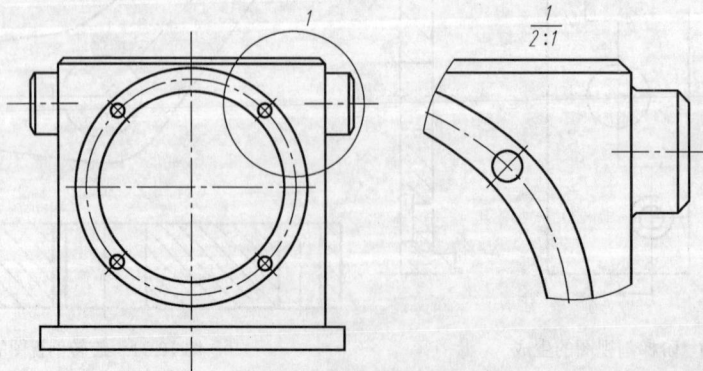

图 10-33　局部视图的生成

如果想用其他封闭轮廓来包围需要放大的部分，则应先在工程视图中绘制好草图几何体轮廓。

选中该封闭轮廓线，然后单击"局部视图"工具按钮，创建局部视图。

10.7.3　断开的剖视图

断开的剖视图不是一个独立的视图，它是现有视图的一部分。断开的剖视图区域由封闭的轮廓线表示，轮廓线通常是样条曲线。为了显示零件或装配体的内部细节，可以用断开的剖视图将模型切除到一定深度，以显示其内部结构和形状。

生成断开的剖视图的操作方法如下。

① 打开要生成断开的剖视图的工程图文件，单击【插入】|【工程视图】|【断开的剖视图】菜单或者单击"视图布局"工具栏上的"断开的剖视图" 图标。

② "草图"工具栏上的"样条曲线"图标被激活。在想要局部剖开的视图区域绘制一个封闭的样条曲线轮廓。

③ 窗口右侧弹出【断开的剖视图】属性管理器，如图 10-34 所示。

可以直接从"深度"栏中的文本框中输入模型剖切的深度，选中"预览"复选框，在工程视图中显示"断开的剖视图"预览图。也可以从工程视图中选择一个实体轮廓来作为剖切深度的参考。

下面举例说明断开的剖视图的生成。

在 SolidWorks 中打开光盘文件中的"断开的剖视图.SLDDRW"文件，如图 10-35 所示。单击【插入】|【工程视图】|【断开的剖视图】，在主视图中需要剖切的位置处绘制一个封闭的样条曲线轮廓，单击鼠标左键选中左视图中最外侧的同心圆作为剖切深度的参考，即剖切深度被设置为该同心圆的圆心位置。选中"预览"复选框，在左视图中即显示出剖切平面的位置，如图 10-36 所示。单击"确定" 图标按钮，生成断开的剖视图，如图 10-37 所示。

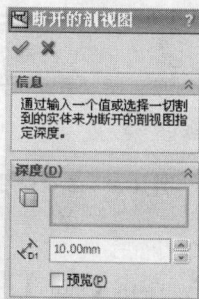

图 10-34　【断开的剖视图】属性管理器

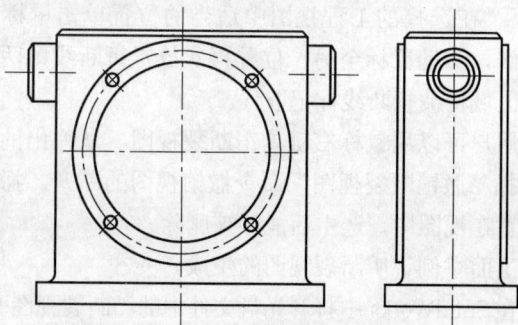

图 10-35　"断开的剖视图"源文件

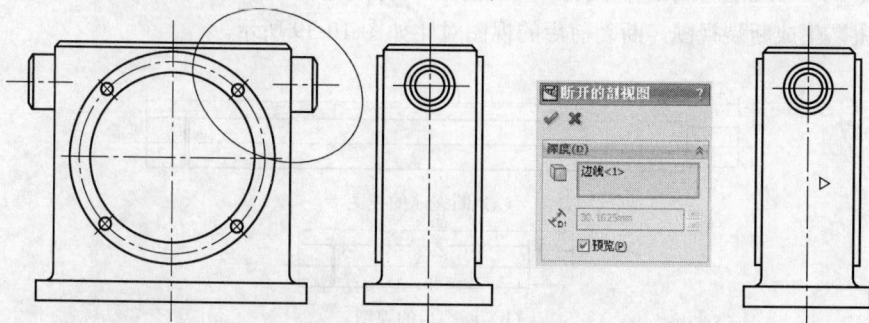

图 10-36　"断开的剖视图"操作过程

图 10-37　"断开的剖视图"最终显示结果

10.7.4　断裂视图

对于较细长的物体沿长度方向的形状一致或按规律变化时，可以用断裂视图来绘制。视图断裂后，断开区域的参考尺寸和模型尺寸均要反映零件的真实尺寸大小。

生成断裂视图的操作方法如下。

①　打开要生成断裂视图的工程图文件，单击【插入】|【工程视图】|【断裂视图】菜单或者单击"视图布局"工具栏上的"断裂视图" 图标。

②　选择要断裂的工程视图，注意不能选择局部视图、剪裁视图或空白视图。

③　从窗口左侧的【断裂视图】属性管理器中设置断裂视图的参数，包括断裂的方位是竖直方向 还是水平方向 ，断裂处的缝隙大小以及折断线的样式，如图 10-38 所示。

④　在选择的工程视图中适当的位置单击鼠标左键放置折断线，移动鼠标至另一位置再次放置折断线，两折断线之间的区域将被折断线标记取代。

用户可以用鼠标右键单击断裂视图，从弹出的快捷菜单中选择"撤销断裂视图"命令撤销视图的断开。撤销后折断线保留在视图中，选中后能够被删除。

图 10-38　断裂视图属性设置

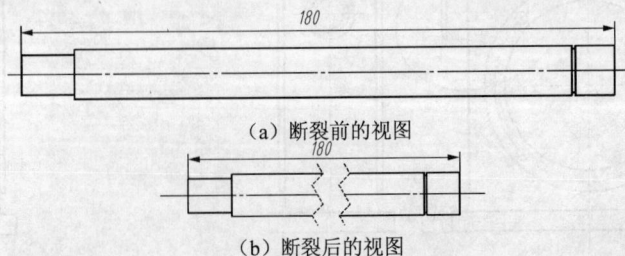

下面举例说明断裂视图的生成。

在 SolidWorks 中打开光盘文件中的"断裂视图.SLDDRW"文件，单击【插入】|【工程视图】|【断裂视图】。选中要断裂显示的工程视图，在属性管理器中，选择断裂方向为"竖直折断线方向"，设置缝隙大小为 10mm，折断线样式为"直线折断"，分别选择两个位置放置折断线，单击"确定" 图标按钮，生成断裂视图。断裂前后的视图对比如图 10-39 所示。

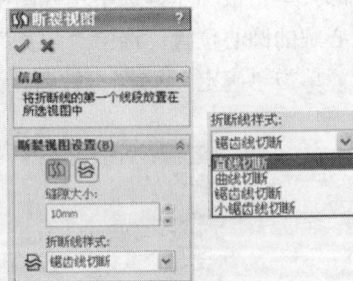

（a）断裂前的视图

（b）断裂后的视图

图 10-39　断裂视图断裂前后的对比

10.7.5　剪裁视图

剪裁视图是指对现有视图进行裁剪，只保留其中所需的部分，被保留的区域大小用草图几何体来定义。

生成剪裁视图的操作方法如下。

① 打开要生成剪裁视图的工程图文件，在工程视图中绘制一闭合的草图轮廓用来生成剪裁视图。

② 选中该草图轮廓，然后单击【插入】|【工程视图】|【剪裁视图】菜单，或者单击"视图布局"工具栏上的"剪裁视图" 图标，即可生成剪裁视图。

要回到未被剪裁的状态，可以选择被剪裁的视图，单击鼠标右键，选择【剪裁视图】|【移除剪裁视图】。若要编辑剪裁视图的轮廓范围，可以单击右键后选择【剪裁视图】|【编辑剪裁视图】。

利用剪裁视图可以提高工程视图的生成效率。例如，用户可以直接剪裁现有的剖面视图来建立局部放大图，从而避免了先建立剖面视图、局部视图，然后再隐藏剖面视图的操作步骤。

下面举例说明剪裁视图的生成。

在 SolidWorks 中打开光盘文件中的"剪裁视图.SLDDRW"文件，在工程视图中先绘制一个封闭的样条曲线草图并将其选中，如图 10-40 所示。单击【插入】|【工程视图】|【剪裁视图】，完成剪裁视图的生成，如图 10-41 所示。

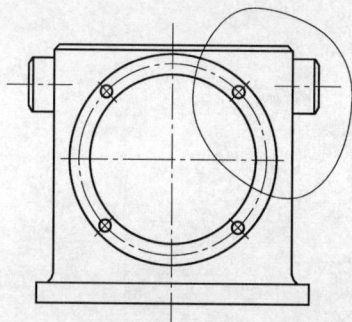

图 10-40　剪裁区域草图　　　　　　图 10-41　剪裁视图的生成

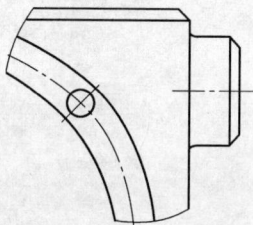

10.8　注解的标注

注解是文字、数字和符号等的总称，它通过提供制造和装配的附加信息来增强工程图的表达效果。在 SolidWorks 中，用户可以使用多种类型的注解。工程图中的"尺寸"可以理解为一种广义的注解，除此之外，常见的注解还包括"注释"、"形位公差"、"基准特征符号"、"基准目标"和"表面粗糙度"等。

工程图中的尺寸标注是与模型相关联的。在生成每个零件的特征时，用户都会标注一些尺寸，生成工程图时可以将这些尺寸通过"模型项目" 工具直接插入到各个工程视图中。这类尺寸为关联尺寸，在工程图中更改后会使模型发生变更；反之，在模型中更改尺寸后也会更新到工程图中。用户还可以在工程图中通过"智能尺寸" 工具手工添加尺寸，但这类尺寸是参考尺寸，并且是从动尺寸，不能驱动模型，也不能主动更改其数值。但是当模型尺寸发生更改时，工程图中的参考尺寸会相应更新。

10.8.1　注释

注释可以包括简单的文字、符号或超文本链接，它可以带引线，引线可以依附在模型的顶点、边线或者面上。

添加注释的操作方法如下。

① 在打开的工程图文件中单击【插入】|【注解】|【注释】菜单，或者单击"注解"工具栏上的"注释" 图标，还可以在图纸区域中单击鼠标右键，从弹出的快捷菜单中选择【注解】|【注释】命令。

② 从窗口左侧显示的【注释】属性管理器中设置相关选项参数，如图 10-42 所示。

通常情况下需要设置注释文字的倾斜角度、字体、引线的类型与线型样式、注释的边界形状与图层等。"文字格式"栏的"角度"文本框中可以输入注释文字倾斜的角度，取消"使用文档字体"复选框后可以单独设置注释字体的样式和大小。根据"引线"栏中列出的引线类型，可以直接单击鼠标左键进行选择，引线末端的箭头样式，可在"箭头样式"下拉列表中选择。SolidWorks 提供的引线箭头样式如图 10-43 所示。

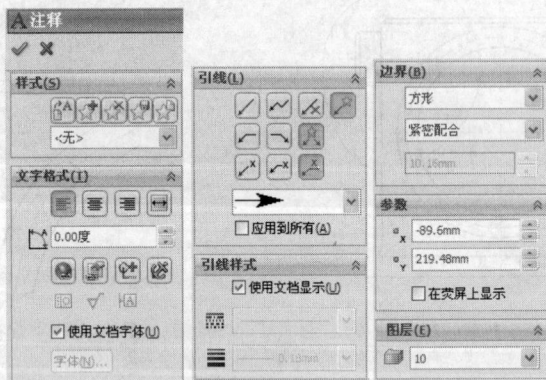

图 10-42　"注释"属性设置

"引线样式"栏用来设置引线所使用的"线型"和"线粗"，也可以从【选项】|【文档属性】窗口中的【注解】|【注释】项中进行统一设置。"边界"栏用来设置注释文字的边界形状，可以选择的边界类型如图 10-44 所示。用户选择边界类型中除了"无"之外的选项时，都会激活边界"大小"列表框，可从中选择或自定义边界形状的大小，如图 10-45 所示。"紧密配合"表示边界的大小随注释文字的多少自动适应调整，选择不同的字符数则表示注释边界可容纳的字符数量。"图层"栏中可以选择注释所在的图层。SolidWorks 提供了若干个已经建立好的图层供用户调用，用户也可以根据使用需要从"线型"工具栏中对"图层" 进行重新设置，如图 10-46 所示。

图 10-43　引线箭头样式

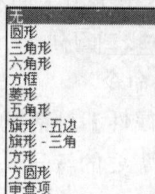

图 10-44　注释文字的边界类型

图 10-45　注释文字边界大小定义

图 10-46　"线型"工具栏

③ 设置好相关选项后，移动鼠标至视图中要添加注释文字的位置，单击鼠标左键放置注释并输入注释文字。如果想要将同一个注释文字同时指向多个位置时，可以先选中这几个位置，再单击"注释"工具添加注释。

下面举例说明注释的添加。

① 在 SolidWorks 中打开光盘文件中的"注释.SLDDRW"文件，单击【插入】|【注解】|【注释】。

② 在【注释】属性管理器中设置字体高度为 5mm，引线类型为"下画线引线" ，"边框"类型设为"无"，在视图区目标对象上单击鼠标左键放置注释，并输入文本"盲孔"，单击"确定" 按钮完成。

③ 按住 Ctrl 键，在视图区中同时选中两个目标对象，单击【插入】|【注解】|【注释】。

④ 在【注释】属性管理器中设置字体高度为 5mm，引线类型为"折弯引线" ，"边框"类型设为"方框"、"紧密配合"，最后在视图区适当空白位置单击鼠标左键放置注释，并输入文本"通孔"。

⑤ 单击"确定" 按钮，最终显示效果如图 10-47 所示。

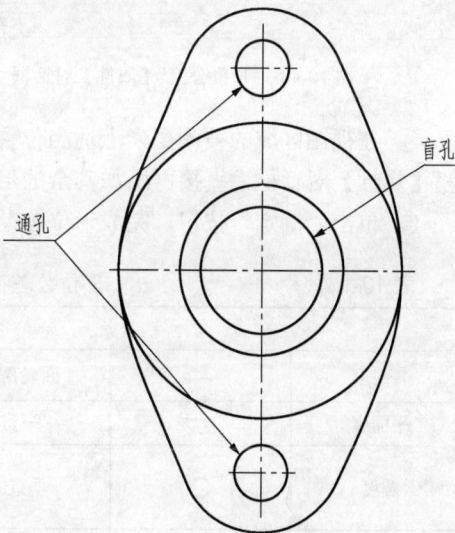

图 10-47　添加"注释"后的结果

10.8.2　形位公差

形位公差是指构成几何体的实际要素相对于其理想要素在形状和位置上允许的变动量。形位公差包括形状公差和位置公差。SolidWorks 能较好地支持 GB 标准的形位公差，其提供的形位公差符号和形位公差附加符号的名称及形状如表 10-1 所示。

添加形位公差的操作方法如下。

① 在打开的工程图文件中单击【插入】|【注解】|【形位公差】菜单，或者单击"注解"工具栏上的"形位公差" [形位公差] 图标，还可以在图纸区域中单击鼠标右键，从弹出的快捷菜单中选择【注解】|【形位公差】命令。

② 弹出"形位公差"【属性】对话框，单击"符号"列表框右侧的命令下标 ▾ 图标，从弹出的形位公差符号列表中选择需要的符号，如图 10-48 所示。

③ 在"公差 1"文本框中输入形位公差数值，设置好的形位公差会在【属性】对话框的预览区域显示。选中"公差 2"复选框 □公差2 ，可以输入辅助公差数值。"主要"、"第二"、"第三"列表框用来指定形位公差参考基准的符号。如果想在同一几何体上添加两个或多个形位公差符号，可以通过调整 10-48 图中"框"滚动列表中的数值来在不同的形位公差输入框中切换。一次添加多个形位公差后的结果如图 10-49 所示。

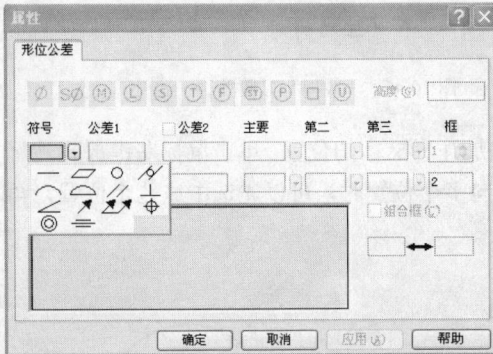

图 10-48　"形位公差"【属性】对话框

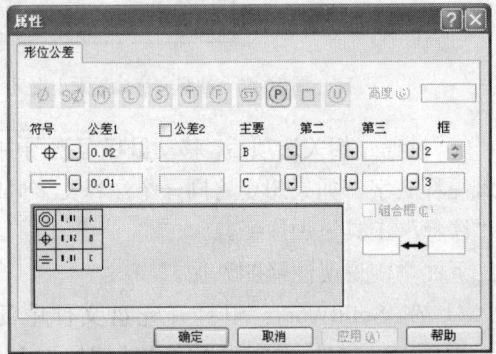

图 10-49　同时添加多个形位公差后的预览结果

④ 在视图区域的被测要素上适当位置单击鼠标左键放置形位公差。用户可以不关闭"形位公差"【属性】对话框，直接再添加其余的形位公差到图样上。

⑤ 单击"确定"按钮，完成形位公差的标注。

表 10-1　　　　　　　　　　　形位公差符号与形位公差附加符号

形位公差符号					
直线度	—	面轮廓度	⌓	全跳动	⟋⟋
平面度	▱	平行度	//	位置度	⌖
圆度	○	垂直度	⊥	同心度（用于中心点）同轴度（用于轴线）	◎
圆柱度	⌭	倾斜度	∠	对称度	⚌
线轮廓度	⌒	圆跳动	↗		
形位公差附加符号					
直径	∅	无论特征大小	Ⓢ	延伸公差带	Ⓟ
球的直径	S∅	相切平面	Ⓣ	理论正确尺寸	15

续表

形位公差附加符号					
最大实体要求	Ⓜ	条件非刚性零件	Ⓕ	不相等排列	Ⓤ
最小实体要求	Ⓛ	统计	⟨ST⟩		

如果想把形位公差附加到尺寸上，只需把它拖放到尺寸上。依附关系建立后可以移动符号，把它放置在尺寸的外边、上面或者下面。按住 Shift 键拖动依附于尺寸的形位公差可以解除依附关系，按住 Ctrl 键拖动依附于尺寸的形位公差可以建立一个没有依附关系的形位公差，如图 10-50 所示。

下面举例说明形位公差的添加。

① 在 SolidWorks 中打开光盘文件中的"形位公差.SLDDRW"文件，单击【插入】|【注解】|【形位公差】。

② 在【形位公差】属性对话框的第一层框架中设置公差符号为"同轴度" ◎，选择附加符号为"直径" Φ，设定公差值为"0.03"，指定基准符号为"A"。在第二层框架中设置公差符号为"垂直度" ⊥，选择附加符号为"直径" Φ，设定公差值为"0.02"，指定基准符号为"B"。

③ 在视图区域中的"Φ30"尺寸上单击鼠标并放置公差符号，单击"确定"按钮完成，最终显示结果如图 10-51 所示。

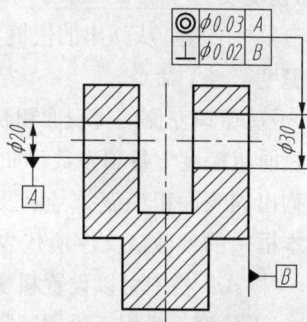

（a）依附于尺寸的形位公差　　（b）没有依附关系的形位公差

图 10-50　形位公差与尺寸的依附关系

图 10-51　添加形位公差后的结果

10.8.3　基准特征符号

基准特征符号用来表示模型平面或参考基准面，与"形位公差"中的"基准符号"配合使用。

添加基准特征符号的操作方法如下。

① 在打开的工程图文件中单击【插入】|【注解】|【基准特征符号】菜单，或者单击"注解"工具栏上的"基准特征" 📐基准特征 图标，还可以在图纸区域中单击鼠标右键，从弹出的快捷菜单中选择【注解】|【基准特征符号】命令。

② 在窗口左侧的【基准特征】属性管理器中设置属性，可以从"标号设定"栏中设置基准所用的字母标号，如 A、B 等。"引线"栏中设置基准特征符号所用的引线样式，如图 10-52

所示。

③ 在视图区域的基准要素上的适当位置单击左键放置基准符号。可以不关闭对话框，依次添加多个基准特征符号。

④ 单击"确定" 图标按钮，完成基准特征符号的添加，添加后的结果如图 10-53 所示。

图 10-52　基准特征符号"属性"设置　　　　图 10-53　添加基准特征符号后的视图

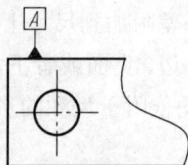

10.8.4　表面粗糙度

表面粗糙度用来表示加工表面上的微观几何形状特性，它对于机械零件的表面质量有很大的影响。添加"表面粗糙度"的操作方法如下。

① 在打开的工程图文件中单击【插入】|【注解】|【表面粗糙度符号】菜单，或者单击"注解"工具栏上的"表面粗糙度" 图标，还可以在图纸区域中单击鼠标右键，从弹出的快捷菜单中选择【注解】|【表面粗糙度符号】命令。

② 从窗口左侧的【表面粗糙度】属性对话框中，设置"表面粗糙度"各项参数，如图 10-54 所示。"符号"栏中列出的表面粗糙度符号以及"符号布局"栏中各输入文本框中的参数值文字所代表的含义均依照国家标准执行。"格式"栏中可以设置粗糙度符号中所用文字的字体格式，"角度"栏用于设置粗糙度符号的旋转角度。其他选项区域的功能与【注释】属性框中介绍的功能相同，读者可以参照前面的内容学习。

图 10-54　"表面粗糙度"属性对话框

③ 在视图区域中的目标位置上单击鼠标左键放置表面粗糙度符号。可以不关闭对话框，依次添加多个表面粗糙度符号。

④ 单击"确定" 图标按钮，完成表面粗糙度符号的添加。

下面举例说明表面粗糙度符号的添加。

① 在 SolidWorks 中打开光盘文件中的"表面粗糙度.SLDDRW"文件，单击【插入】|【注解】|【表面粗糙度符号】。

② 在【表面粗糙度】属性对话框的"符号"栏中选择"要求切削加工" 符号，"符号布局"栏中的"抽样长度"文本框中输入"*Ra*1.6"，在视图区域中零件的内壁、凸台上表面和下表面分别单击鼠标左键，放置粗糙度符号。

③ 不关闭对话框，直接在属性对话框中，将"抽样长度"文本框中的数值更改为"*Ra*3.2"，再将粗糙度符号放置到零件下部的外表面上。

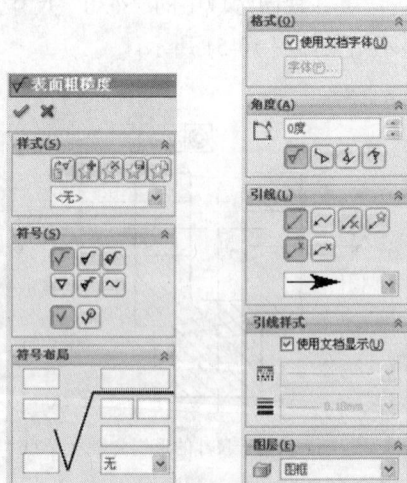

④ 不关闭对话框，直接在属性对话框中，将"抽样长度"文本框中的数值更改为"*Ra*6.3"，再将粗糙度符号放置在视图右下脚的空白处。通过"注释"工具，在该粗糙度符号右边添加一个"括号"（），括号内的文字用空格表示。

⑤ 在【表面粗糙度】属性对话框的"符号"栏中选择"当地" ✓ 符号，"符号布局"栏中不输入任何文字，直接用鼠标将该符号放置在步骤 4 中的括号中。

⑥ 单击"确定" ✅ 图标按钮，完成表面粗糙度符号的添加。最终结果如图 10-55 所示。

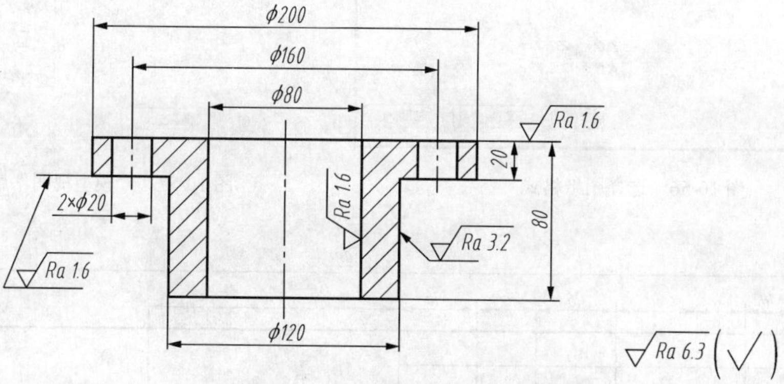

图 10-55　"表面粗糙度"符号的添加

10.9　标题栏的绘制

　　工程制图中，为方便读图及查询相关信息，图纸中都会配置标题栏，其位置应位于图纸的右下角，看图方向与标题栏的方向一致。国家标准（GB/T 10609.1—2008）对标题栏的基本要求、内容、尺寸与格式都作了明确的规定，本节将以国标规定的标题栏为例进行介绍。

　　在 SolidWorks 软件中，标题栏被包含在图纸格式中，用户可以根据需要进行修改。一般情况下，用户安装完 SolidWorks 后，都会自动拥有软件提供的多种标准的图纸格式，其中对应包含各种类型的标题栏。如果用户想要使用的标题栏和软件本身提供的标题栏相似时，最简单的做法是在现有标题栏的基础上直接修改，然后保存为自己的标题栏。下面以国家标准（GB/T 10609.1—2008）规定的标题栏的绘制为例来说明如何在 SolidWorks 中绘制标题栏。

　　① 新建一张 SolidWorks 工程图文件，在【图纸格式/大小】选择对话框中选择名称为"A4（GB）"的图纸格式，如图 10-56 所示。单击"确定"按钮，进入工程图绘制界面。

　　② 在窗口左侧的【模型视图】属性管理器中单击"取消" ✖ 按钮，终止插入三维模型的操作，如图 10-57 所示。

　　③ 在图纸区域中单击鼠标右键，从弹出的快捷菜单中选择【编辑图纸格式】命令。此时图纸边框和标题栏处于可编辑状态，修改前的标题栏及尺寸如图 10-58 所示，GB/T 10609.1-2008 规定的标题栏格式及尺寸如图 10-59 所示。从图中的格式和尺寸对比发现，两者格式非常相近，只需稍做修改即可。

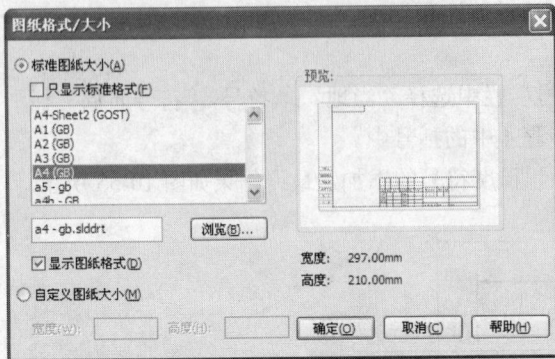

图 10-56　选择图纸格式

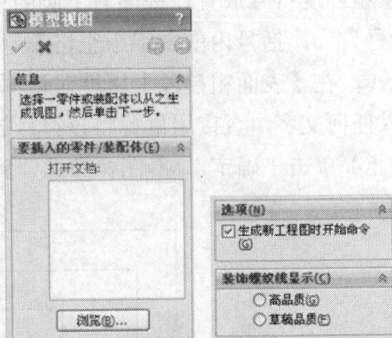

图 10-57　"模型视图"属性管理器

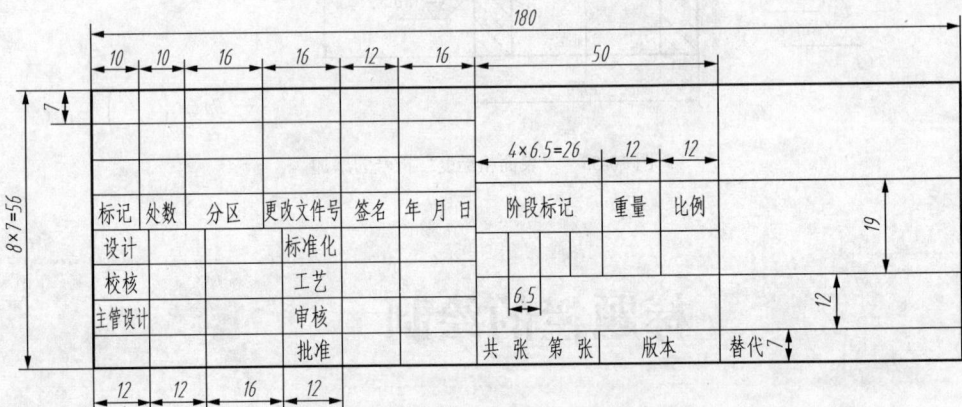

图 10-58　SolidWorks 默认提供的标题栏格式

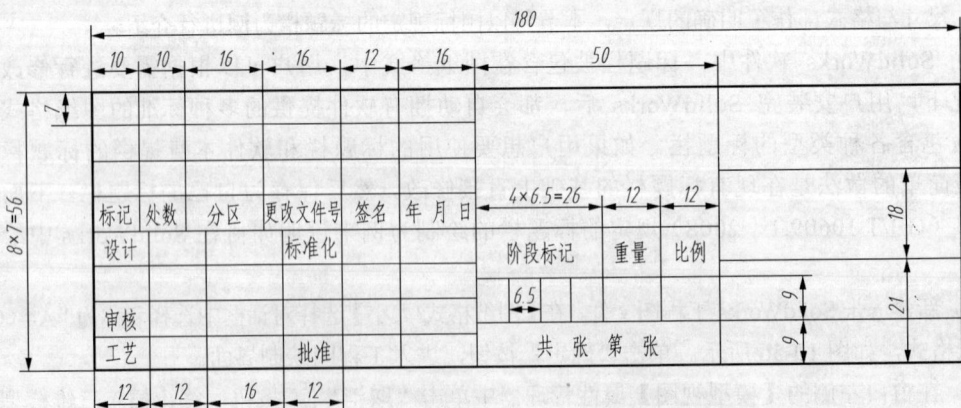

图 10-59　GB/T 10609.1—2008 规定的标题栏格式

④ 修改 SolidWorks 默认标题栏左侧的注释文字及其位置。首先删除"校核"、"主管设计"，然后将"工艺"和"审核"用鼠标拖动到标题栏左下角的位置。修改完成后的标题栏如图 10-60 所示。

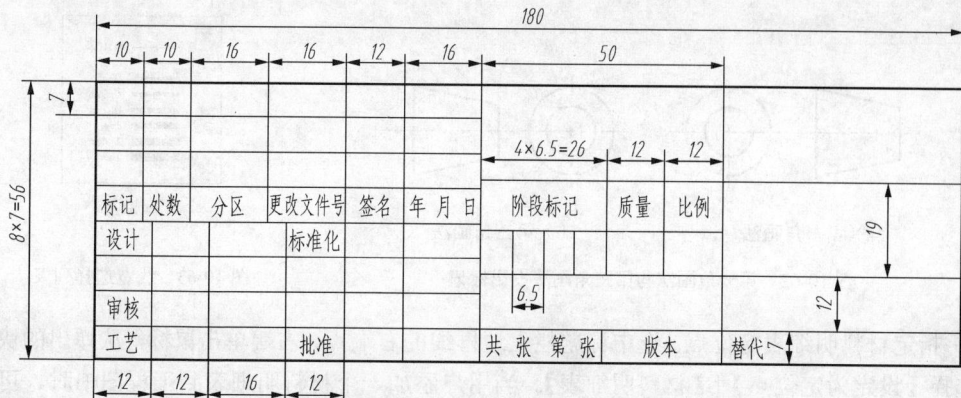

图 10-60 修改 SolidWorks 默认标题栏左侧的注释文字

⑤ 修改 SolidWorks 默认标题栏中间部分的标题栏格式及文字。利用 SolidWorks【工具】菜单中的【草图绘制实体】工具、【标注尺寸】工具、【几何关系】工具以及"删除"命令对标题栏格式进行局部修改，使其与国家标准规定的格式一致，具体操作方法与二维草图绘制相同。格式修改完毕后，再双击注释文字"质量"将其更改为"重量"，删除注释文字"版本"，最后将各文字移动到标题栏相应的位置。修改完成后的表格如图 10-61 所示。

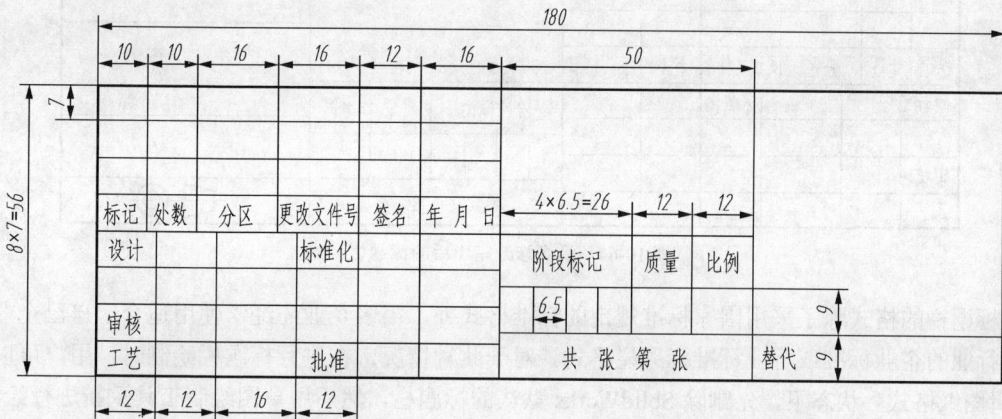

图 10-61 修改 SolidWorks 默认标题栏中间部分的格式及注释文字

⑥ 修改 SolidWorks 默认标题栏右侧的标题栏格式及文字。首先删除注释文字"替代"，再按步骤 5 中介绍的方法修改标题栏格式至图 10-59 所示的标准样式。

⑦ 绘制"投影符号"标记。在工程制图中，第一角画法和第三角画法的投影符号标记不同，如图 10-62 所示。我国技术图样标准中采用第一角画法。当采用第一角画法时，可以省略标注。但也可利用 SolidWorks 草图绘制功能，将第一角画法投影符号绘制在标题栏右下角的"投影符号"标记区域中。

⑧ 按住 Ctrl 键，通过鼠标左键选中标题栏中的所有尺寸。单击鼠标右键，从弹出的快捷菜单中选择【隐藏】命令，将所有尺寸隐藏。

⑨ 修改标题栏中部分直线的线粗。用户用"直线"命令画出的线条默认为细实线，而标题栏中很多线条为粗实线。选中需要加粗的所有直线，单击【线型】工具栏中的"线粗" ▤ 命令按钮，弹出线型选择列表，从中选择适当的线粗后单击鼠标左键即可。线宽列表如图 10-63 所示。

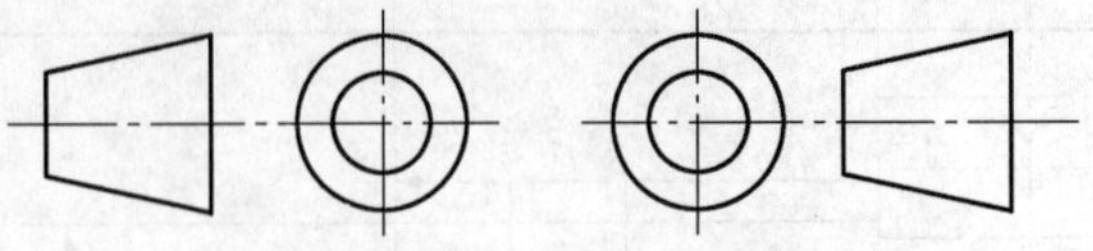

(a) 第一角画法　　　(b) 第三角画法

图 10-62　第一角画法与第三角画法投影标记

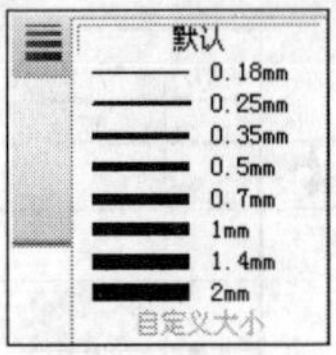

图 10-63　线宽选择列表

⑩ 指定材料明细表定位点。选中标题栏上边框线的右端点，右键单击鼠标，从弹出的快捷菜单中选择【设定为定位点】|【材料明细表】。当用户添加一个材料明细表到工程图中时，可以选择使用"材料明细表定位点"来定位其位置。

以上操作结束后，最终得到的标题栏格式如图 10-64 所示。

⑪ 在图纸区域右键单击，选择【编辑图纸】返回到图纸编辑状态。

⑫ 单击【文件】|【保存图纸格式】菜单，在弹出的"保存图纸格式"对话框中指定新的名称，例如"a4-gb-修改.slddrt"，保持文件默认存储路径不变，单击"保存"按钮完成标题栏的绘制。

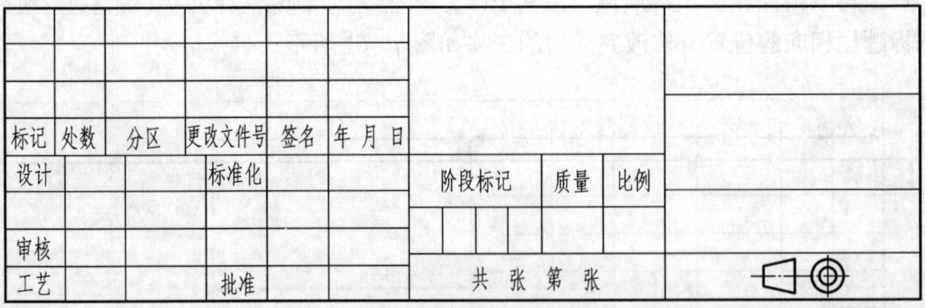

图 10-64　最终修改完毕后的标题栏

标题栏的格式除了采用国家标准规定的标准格式外，很多企业还经常使用适合于自己企业或自身行业的企业标准或行业标准标题栏格式。对于此种情况，在进行标题栏绘制时，用户可以在"编辑图纸格式"状态下，先删除 SolidWorks 默认的标题栏，然后用草图绘制工具重新进行绘制，最后添加几何约束、尺寸约束、注释文字等即可。

在绘制工程图时，标题栏中的相关信息可以通过属性链接的方法进行输入。标题栏中显示的属性值的类型不同，其属性来源也不相同。图 10-65 所示为标题栏属性值。

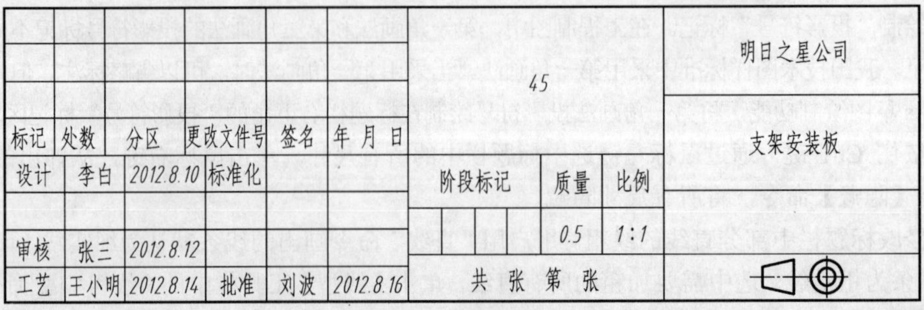

图 10-65　标题栏属性值

图 10-65 中的标题栏属性分为以下几个方面。

① 零件自定义属性：图中所列属性值，如材料、公司名称等，一般作为自定义属性保存在零件或装配体中。

② 工程图自定义属性：图中所列属性值，如设计、审核、工艺等相关人员签名及日期，一般作为自定义属性保存在工程图中。

③ SolidWorks 特定属性：图中所列属性值，如比例、页码等信息是 SolidWorks 特定属性，可以直接从工程图中提取。

以"明日之星公司"、"李白"、"1∶1"三个属性值的链接为例进行说明。

① 在"编辑图纸格式"状态下，在新绘制的标题栏中添加三个空白注释，设置注释文字的字体为"汉仪长仿宋体"，字体高度为"3.5mm"，如图 10-66 所示。

图 10-66　标题栏属性值设置

② 选中"设计"区域的空白注释，在窗口左侧的【注释】属性管理器中的"文字格式"区域中，单击"链接到属性"图标，弹出【链接到属性】对话框，如图 10-67 所示。选择"当前文件"选项，代表链接的属性值来源于当前工程图文件本身的自定义属性；选择"图纸属性中所指定视图中模型"选项，代表链接的属性值来源于当前工程图文件所对应的零件或装配体文件的自定义属性；下拉列表中显示的属性值则为 SolidWorks 特定属性。

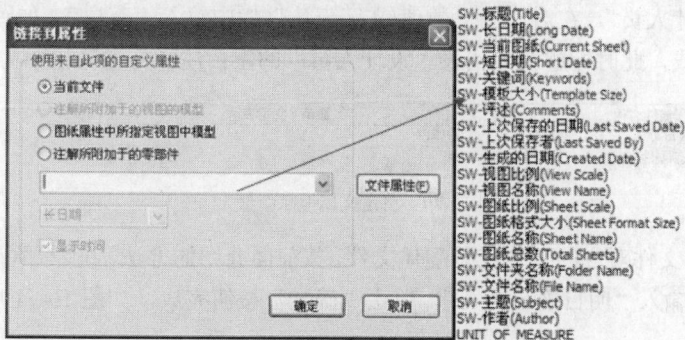

图 10-67　属性值链接对话框

③ 选中"当前文件"单选按钮，单击"文件属性"按钮，弹出【摘要信息】对话框，在"自定义"

选项卡中，按图 10-68 所示进行输入，完成后单击"确定"按钮，返回【链接到属性】对话框。此时对话框的下拉列表中除了显示 SolidWorks 特定属性之外，还会增加一项"设计人员"，如图 10-69 所示。

④ 选中列表项中的"设计人员"，单击"确定"按钮，完成属性链接。

⑤ 选择代表"公司名称"的空白注释，按上面介绍的方法添加自定义属性"公司名称"。注意此时应先选中"图纸属性中所指定视图中模型"单选按钮再添加属性。

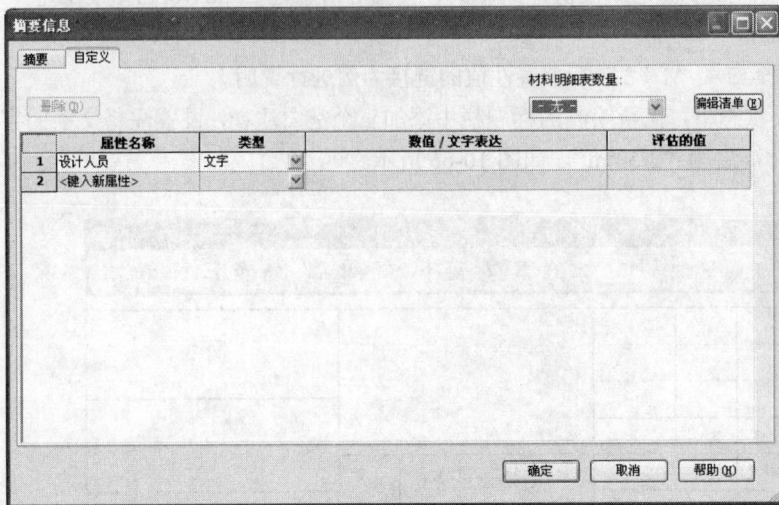

| | 图 10-68　【摘要信息】对话框 | 图 10-69　列表中增加的属性值 |

⑥ 选中代表"比例"的空白注释，将其属性链接到 SolidWorks 特定属性中的"SW-图纸比例（Sheet Scale）"选项。

⑦ 返回到"编辑图纸"的状态，此时标题栏中将自动显示出图样比例值。

标题栏中其他注释文字可以按类似的方法依次进行属性链接，链接完成后保存图纸格式，以后调用此图纸格式生成工程图时就可以直接应用了，不必重复设置。

为了使标题栏中的属性值随不同的设计信息而自动变更，需要用户在生成工程图时为链接的自定义属性赋予新的数值。以刚才定义的属性"设计人员"和"公司名称"为例进行说明。

① 在工程图窗口中单击【文件】|【属性】菜单，在弹出的【摘要信息】对话框中，已经显示了属性名称"设计人员"，在对应的"数值/文字表达"栏中输入"李白"，如图 10-70 所示。单击"确定"按钮完成，此时标题栏中代表"设计人员"的空白注释将自动显示为"李白"。

图 10-70　自定义属性赋新值 1

② 打开工程图文件对应的零件或装配体文件，按前面介绍的方法，在"公司名称"对应的"数值/文字表达"栏中输入"明日之星公司"，单击"确定"按钮完成，如图 10-71 所示。

图 10-71　自定义属性赋新值 2

③ 切换到对应的工程图文件窗口，此时标题栏中代表"公司名称"的空白注释将自动显示为"明日之星公司"，如图 10-72 所示。

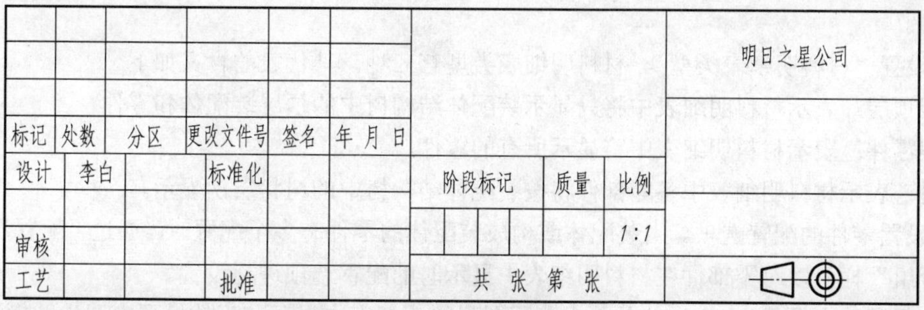

标记	处数	分区	更改文件号	签名	年 月 日				明日之星公司
设计	李白		标准化			阶段标记	质量	比例	
审核								1:1	
工艺			批准			共 张 第 张			

图 10-72 自定义属性赋值后的标题栏

对于标题栏中其他注释属性的赋值，读者可以举一反三进行，此处不再详述。在国家标准规定的图纸格式中，不同幅面大小的图纸，其标题栏的格式是相同的，所以在绘制好一个标题栏后，其他图纸格式中的标题栏可以通过"复制"、"粘贴"的方式进行操作，避免了大量重复性的工作。

注意：在工程应用中绘制工程图时，标题栏中所有需要签名的地方一般通过电子签名或手写签字的方式填写，不允许直接将签字和日期打印在标题栏中。本节介绍通过属性链接的方式填写标题栏文字，目的在于使读者快速掌握"属性链接"的功能。

10.10 材料明细表的绘制

材料明细表一般出现在装配体模型的工程图中，用于提取工程视图中装配体的零部件信息。SolidWorks 默认的材料明细表中包括"项目号"、"零件号"、"说明"和"数量"四个栏目，添加"材料明细表"的操作方法如下。

① 在打开的装配体工程图文件中单击【插入】|【表格】|【材料明细表】菜单，或者单击"注解"工具栏上"表格"图标命令下标符号，从弹出的工具栏中选择"材料明细表"图标，还可以在图纸区域中单击鼠标右键，从弹出的快捷菜单中选择【表格】|【材料明细表】命令。

② 从当前图纸中选择一个装配体视图，为将要生成的"材料明细表"指定模型。

③ 从窗口左侧的【材料明细表】属性对话框中，设置"材料明细表"各项参数，如图 10-73 所示。

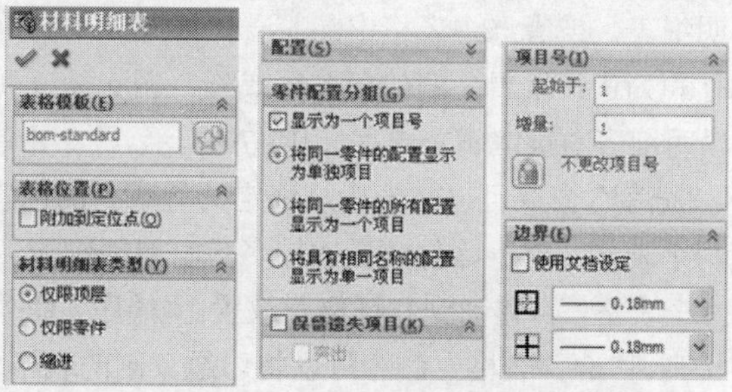

图 10-73 "材料明细表"属性设置

④ "表格模板"栏中列出了默认的材料明细表模板，用户可以保持默认选择不做更改。

⑤ 选中"附加到定位点"复选框，材料明细表在工程图中的位置将由"材料明细表定位点"来确定。

⑥ 设置"材料明细表类型"。材料明细表类型有三种，其代表的含义如下。

仅限顶层：表示材料明细表中将只显示装配体结构树中的顶层装配体和零件。

仅限零件：表示材料明细表中将显示所有的零件。

缩进：表示材料明细表中各零部件将按装配体结构树中的树状层次显示。

⑦ 设置零件的配置选项。当装配体或构成装配体的零件有多个配置时，通过"配置"和"零件配置分组"栏可以对零部件在材料明细表中显示时的配置选项进行设置。

⑧ "保留遗失项目"用于设置是否在工程图材料明细表中显示装配体模型中遗失的模型文件。

⑨ 从"项目号"栏中设置材料明细表中零件项目号的起始编号和增量编号。

⑩ 从"边界"栏中设置材料明细表的边框和网格分界线的线粗。

⑪ 单击"确定" ✅ 按钮，完成材料明细表的添加。

在工程图中添加"材料明细表"后，用户还可以根据需要对其进行修改。

1．修改材料明细表定位点

选中已经添加的材料明细表，从窗口左侧的【材料明细表】属性对话框中可以修改表格的定位点位置，如图 10-74 所示。图中所列的"恒定边角"定位点将会与标题栏中设定的"材料明细表定位点"相重合。

2．修改材料明细表的格式

选中已经添加的材料明细表，在表格上方会显示出材料明细表编辑工具，如图 10-75 所示。从该工具栏中可以设置表格文字的字体格式、字体大小、对齐方式、旋转角度、字符间距等。点击"显示/隐藏" ⊞ 按钮可以将选中的行或列隐藏，或者将已经隐藏的行或列再次显示。通过表格标题栏设置按钮 ⊞ 可以设置标题栏显示在表格最上方或者最下方。

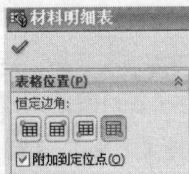

图 10-74　修改材料明细表定位点位置　　　　　图 10-75　材料明细表编辑工具

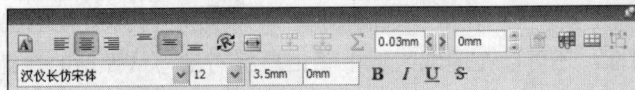

3．编辑材料明细表的行和列

选中已经添加的材料明细表，或者选中表格中的某一行或某一列，单击鼠标右键，从弹出的右键菜单中可以对表格的行和列进行编辑，例如插入行或列、删除行或列、隐藏行或列、设置行或列的高度和宽度等。材料明细表右键编辑菜单如图 10-76 所示。"合并单元格"命令可以对表格中选中的单元格进行合并。"分割"命令可以将表格从选定的行或列的位置按行分为上、下两个表格，或者按列分为左、右两个表格。对于零件数量比较多的材料明细表，为了控制表格的整体高度，可以将其按行分割为两个表格，再移动到并排位置放置。"排序"命令可以将表格内容按指定列的文字进行升序或降序排列。"合并表格"命令可以将已经分割的表格再合并为一个整体。"另存为"命令可以将编辑好的表格格式作为材料明细表模板储存起来，方便下次调用。

下面举例说明"移动列"和"添加列"的操作方法。

① 在 SolidWorks 中打开光盘文件中"材料明细表"文件夹下的"转子.SLDDRW"文件，该工程图中已经添加了一张材料明细表，如图 10-77 所示。

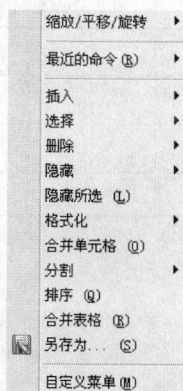

缩放/平移/旋转 ▶		
最近的命令 (R) ▶		
插入 ▶		
选择 ▶		
删除 ▶		
隐藏 ▶		
隐藏所选 (L)		
格式化 ▶		
合并单元格 (Q)		
分割 ▶		
排序 (Q)		
合并表格 (R)		
另存为… (S)		
自定义菜单 (M)		

图 10-76 右键菜单列表

3	转子		1
2	键		1
1	轴		1
项目号	零件号	说明	数量

图 10-77 工程图中添加的材料明细表

② "移动列"：将光标置于"数量"列上方，按住鼠标左键并拖动该列，将其移动到"零件号"和"说明"列之间，如图 10-78 所示。

③ "添加列"：右键单击"数量"列的单元格，从弹出的快捷菜单中选择【插入】|【右列】，保留"列类型"为"自定义属性"，从"属性名称"下拉列表中选择"材料"，如图 10-79 所示。选择完成后在空白处单击鼠标即可完成列的添加，材料明细表中"材料"列中的相应内容也会随各零件的自定义属性而自动更新。重复"添加列"操作，再插入"零件代号"、"单重"、"总重"三列，如图 10-80 所示。

3	转子	1	
2	键	1	
1	轴	1	
项目号	零件号	数量	说明

图 10-78 移动列后的材料明细表

列类型：
自定义属性

属性名称：

SW-标题(Title)
SW-长日期(Long Date)
SW-短日期(Short Date)
SW-关键词(Keywords)
SW-配置名称(Configuration
SW-评述(Comments)
SW-上次保存的日期(Last S
SW-上次保存者(Last Saved
SW-生成的日期(Created D
SW-文件夹名称(Folder Nan
SW-文件名称(File Name)
SW-主题(Subject)
SW-作者(Author)
材料

3	转子	1	
2	键	1	
1	轴	1	
项目号	零件号	数量	说明

图 10-79 添加列并关联自定义属性

3		转子	1	45			
2		键	1	AISI 304			
1		轴	1	45			
项目号	零件代号	零件号	数量	材料	单重	总重	说明

图 10-80 添加列后的材料明细表

④ 用鼠标左键双击明细表标题栏单元格中的文字可以修改标题栏内容。选中某一列后，单击鼠标右键弹出快捷菜单，单击【格式化】|【列宽】可以修改选中列的宽度。修改后的材料明细表如图 10-81 所示。

(8)	(44)	(40)	(8)	(38)	(11)	(11)	(20)
3		转子	1	45			
2		键	1	AISI 304			
1		轴	1	45			
序号	零件代号	零件号	数量	材料	单重	总重	备注

图 10-81　修改标题栏文字后的材料明细表

10.11　打印工程图

利用 SolidWorks 提供的打印功能，用户可以打印整个工程图，也可以只打印图纸中的所选区域。

1. 打印整个工程图

① 单击菜单栏中的【文件】|【打印】命令。

② 在弹出的【打印】对话框中设置打印属性。在"打印范围"栏中选中"所有图纸"单选按钮，如图 10-82 所示。

③ 单击"页面设置"按钮，在【页面设置】对话框中设置打印"分辨率"、"比例"、"纸张"、"颜色"和"方向"等，如图 10-83 所示。

④ 单击"确定"按钮，开始打印。

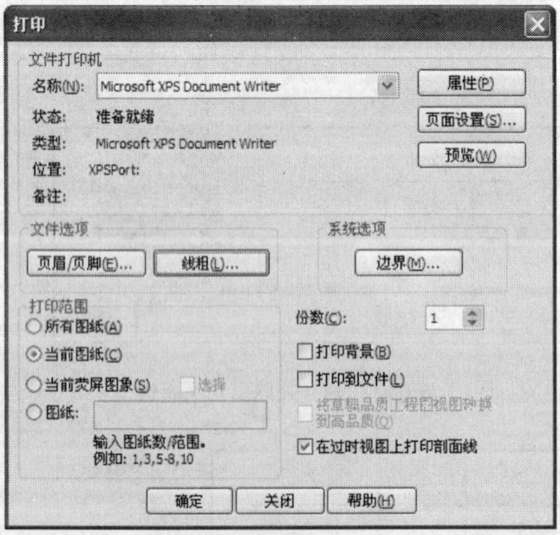

图 10-82　【打印】设置对话框 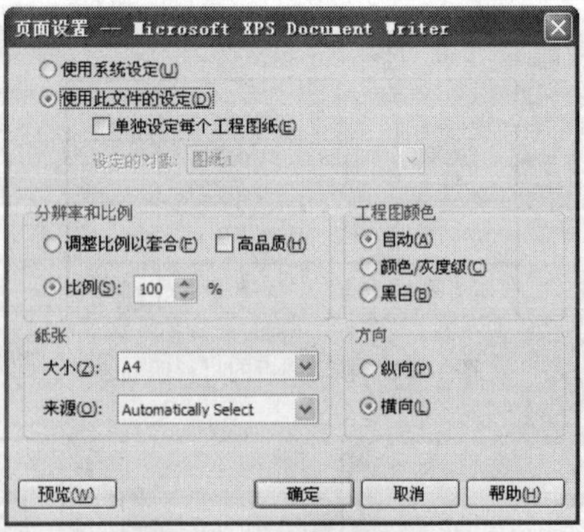　　　　图 10-83　【页面设置】对话框

2. 打印工程图的所选区域

① 单击菜单栏中的【文件】|【打印】命令。

② 在弹出的【打印】对话框中单击"页面设置"按钮，在【页面设置】对话框中设置打印参数。

③ 在【打印】对话框的"打印范围"栏选中"当前荧屏图象"单选按钮，同时勾选"选择"复选框。

④ 单击"确定"按钮，打开【打印所选区域】对话框，如图 10-84 所示。

⑤ 选择比例因子以设定打印选择区域的大小。

⑥ 在图形区域中拖动选择框，被框住的区域即为要打印的区域。

⑦ 单击"确定"按钮，开始打印。

图 10-84　【打印所选区域】对话框

10.12　工程图应用——转子泵

本节将以第七章"装配体设计"中的装配体应用实例——转子泵为例，分别介绍"泵盖"零件的工程图和"转子泵"装配体工程图的绘制。

1. 绘图准备工作

① 绘制标题栏和材料明细表，并对标题栏文本及材料明细表进行属性链接，将结果保存为图纸格式模板和材料明细表模板。（具体操作方法参见 10.9 节、10.10 节内容）

② 对"绘图标准"、"尺寸标注"等进行设置，添加默认的自定义属性，并将结果保存为工程图模板。（具体操作方法参见 10.2.2 节内容）

③ 为构成转子泵装配体的各零件指定图样代号并添加到自定义属性中，为各标准件指定标准号并添加到自定义属性中，属性名称为"图样代号"。

下面以"泵盖"零件添加"图样代号"属性为例，说明为零件添加自定义属性值的操作方法，其他零件各属性值的添加可按相同操作方法进行。

① 在 SolidWorks 中打开光盘文件中的"泵盖.sldprt"零件。

② 单击菜单栏中的【文件】|【属性】菜单，在弹出的【摘要信息】对话框中，选择【自定义】属性页面。

③ 在"属性名称"栏中输入"图样代号"，在"类型"列表中选择"文字"，在"数值/文字表达"栏中输入"CAXC-SW-201208005"。

④ 单击"确定"按钮，完成自定义属性的添加，如图 10-85 所示。

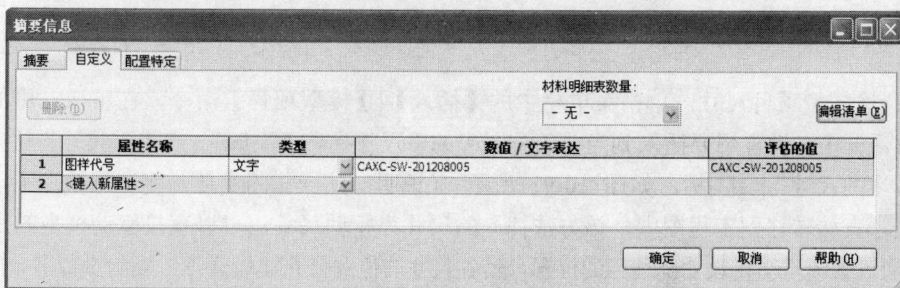

图 10-85　为"泵盖"零件添加"图样代号"自定义属性

2. 泵盖零件工程图绘制

泵盖模型如图 10-86 所示，其工程图绘制步骤如下。

① 用自定义的工程图模板和 A3 图纸格式模板新建一张工程图。

② 单击菜单栏中的【插入】|【工程视图】|【模型】命令，从【模型视图】属性对话框中浏览并打开光盘中的"泵盖"零件，如图 10-87 所示。

③ 单击"下一步" 按钮，从"标准视图"列表中选择"右视图"并放置在图纸区域中，如图 10-88 所示，得到的视图如图 10-89 所示。

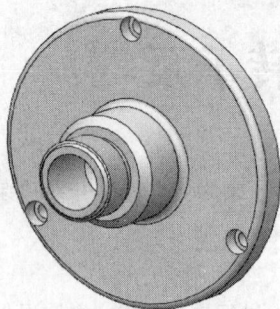

图 10-86 "泵盖"零件模型   图 10-87 浏览"泵盖"零件模型   图 10-88 插入标准视图

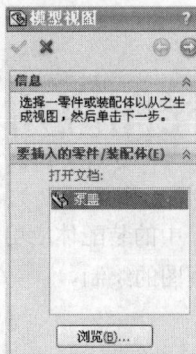

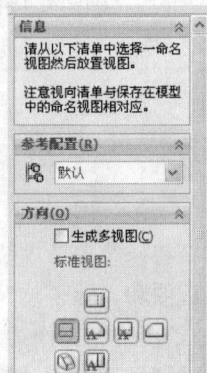

④ 在当前视图上创建全剖视图，剖切位置线竖直通过泵盖中心，得到的全剖视图如图 10-90 所示。

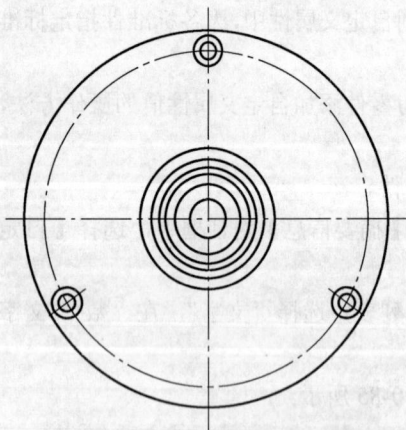

图 10-89 生成的标准视图   图 10-90 生成的全剖视图

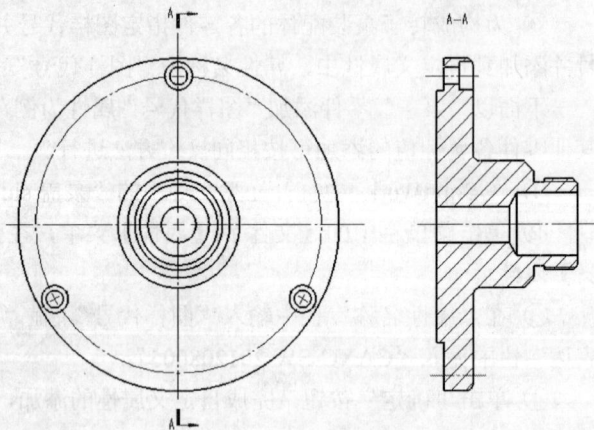

⑤ 标注模型项目尺寸。单击菜单栏中的【插入】|【模型项目】命令，在窗口左侧的【模型项目】对话框中，设置想要插入到当前工程图中的"尺寸"和"注解"。选中"尺寸"栏中的"为工程图标注的尺寸" 图标，如图 10-91 所示。（说明：此操作的实质是将三维模型中已经存在的一些尺寸直接转移到工程图中，该方法插入的尺寸为驱动尺寸，可以直接驱动模型的修改。）

⑥ 通过鼠标移动各尺寸至适当的位置，使各尺寸的位置分布比较合理，删除少数多余的尺寸，结果如图 10-92 所示。

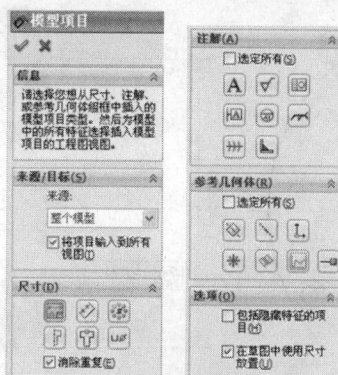

图 10-91   插入模型中的尺寸

⑦ 手工标注缺失的尺寸。通过菜单栏中的【工具】|【标注尺寸】|【智能尺寸】标注缺失的圆角尺寸 "R3"，通过菜单栏中的【工具】|【标注尺寸】|【倒角尺寸】标注缺失的倒角尺寸 "2×45°"、"4×45°"。标注倒角尺寸时，从 "尺寸" 属性栏中可以设置倒角的样式。SolidWorks 提供了四种类型的倒角样式：1x1 | 1x45° | 45°x1 | C1，在此选择 "距离×角度" 1x45° 的倒角样式。

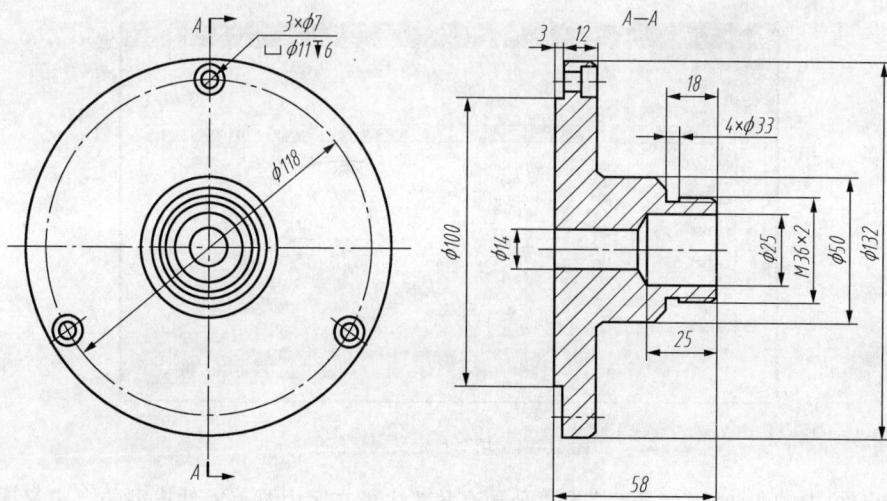

图 10-92   插入尺寸后的工程图

⑧ 标注表面粗糙度、基准特征符号和形位公差。

a）插入表面粗糙度符号 *Ra*1.6 并将其定位到 "φ25" 和 "φ14" 的内孔表面，插入表面粗糙度符号 *Ra*3.2 并将其定位到 "φ50" 的圆柱表面。

b）因 φ50 的轴线是基准，所以插入基准特征符号并将其定位在 "φ50" 的尺寸线上。

c）因 φ14 的轴线是被测要素，所以插入形位公差并将其依附在 "φ14" 的内孔直径尺寸上。

标注完成后的视图如图 10-93 所示。

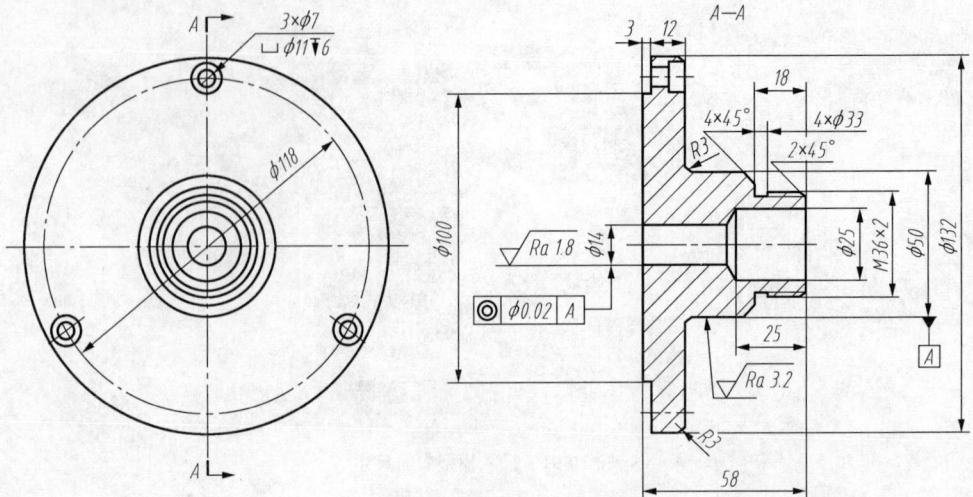

图 10-93　标注完成后的工程图

⑨ 填写标题栏文字。标题栏中的文字来源于属性链接值，填写标题栏文字的实质是填写文件的自定义属性值。单击菜单栏中的【文件】|【属性】菜单，在【自定义】列表中输入图 10-94 所示的属性信息。

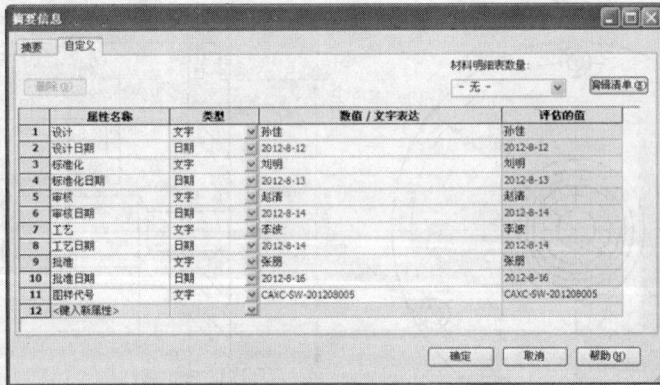

图 10-94　填写自定义属性信息

⑩ 标题栏中的"材料"、"重量"和"公司名称"注释文字由泵盖零件模型的自定义属性链接。打开泵盖零件模型，按步骤⑨的方法输入相关属性值。需要说明的是，当用户为零件模型指定了材质时，可以通过属性链接自动更新自定义属性中的"材料"和"重量"的属性值，同时工程图文件中的标题栏对应的注释文字也会更新。

最终显示的标题栏如图 10-95 所示。

⑪ 保存文件。单击菜单栏中的【文件】|【保存】命令，保存工程图。

3．转子泵装配体工程图绘制

① 用自定义的工程图模板和 A3 图纸格式模板新建一张工程图。

② 单击菜单栏中的【插入】|【工程视图】|【模型】命令，从【模型视图】属性对话框中浏览并打开光盘中的转子泵装配体文件"装配体 1"，如图 10-96 所示。

③ 单击“下一步”按钮，从“标准视图”列表中选择“前视图”并放置在图纸区域中，得到的视图如图 10-97 所示。

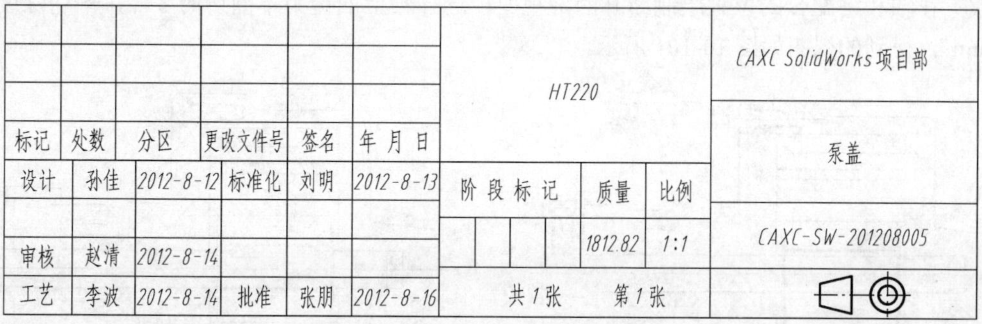
CAXC SolidWorks项目部
HT220
标记 处数 分区 更改文件号 签名 年 月 日
泵盖
设计 孙佳 2012-8-12 标准化 刘明 2012-8-13
阶 段 标 记 质量 比例
1812.82 1:1
CAXC-SW-201208005
审核 赵清 2012-8-14
工艺 李波 2012-8-14 批准 张朋 2012-8-16
共 1 张 第 1 张

图 10-95 泵盖工程图标题栏信息

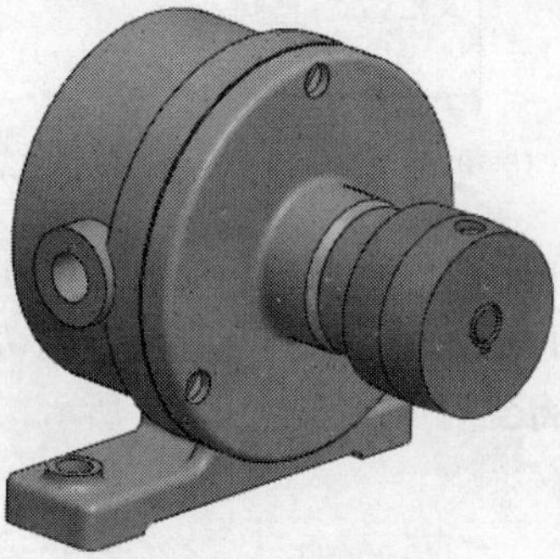

图 10-96 转子泵装配体

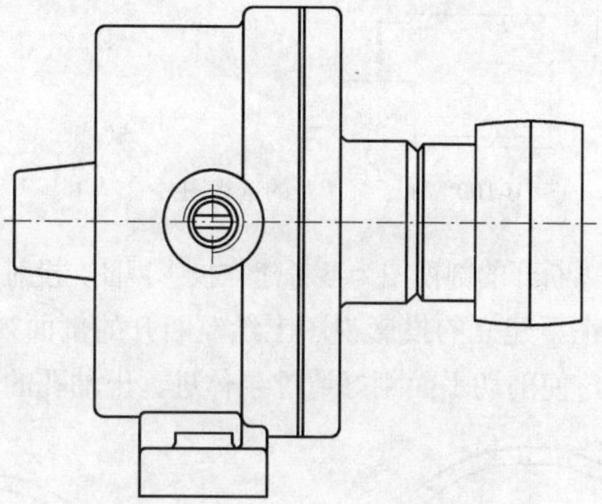

图 10-97 转子泵前视图

④ 在当前视图上建立断开的剖视图。从图 10-97 可知，该装配体前后对称，故剖切位置深度应刚好通过该装配体的前后对称平面。通过工程图【草图】工具栏中的“矩形”绘图工具绘制一个矩形轮廓，该轮廓代表断开的剖视图所要剖切的范围，如图 10-98 所示。

⑤ 单击“视图布局”工具栏中的“断开的剖视图”按钮，弹出【剖面视图】对话框。从转子泵装配体结构树中选择不做剖切的零件：“轴”、“螺钉”、“紧定螺钉”以及“键”。单击“确定”按钮完成，如图 10-99 所示。

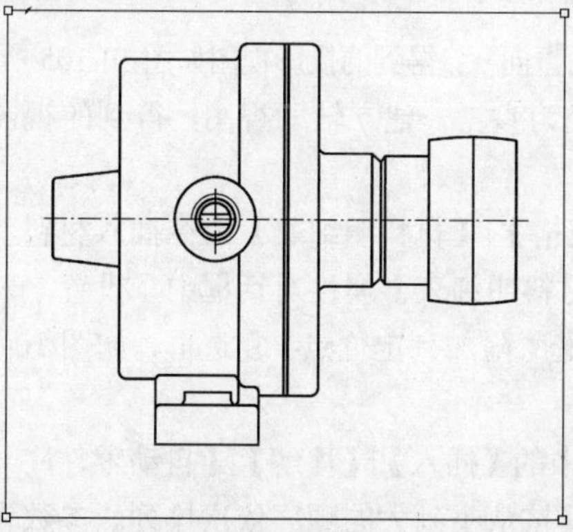

图 10-98 断开的剖视图剖切范围轮廓

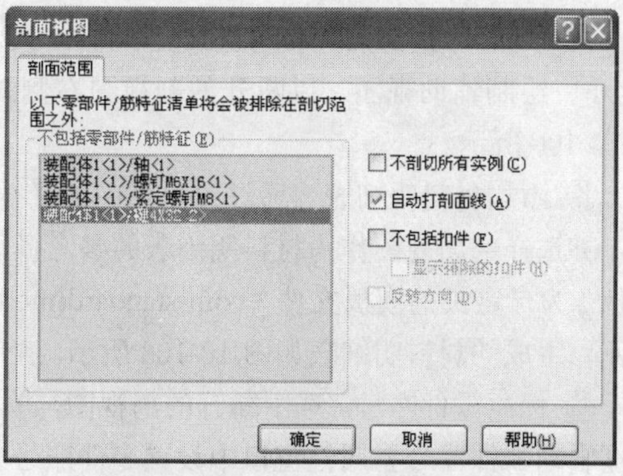
剖面视图
剖面范围
以下零部件/筋特征清单将会被排除在剖切范围之外:
不包括零部件/筋特征(E)
装配体1<1>/轴<1>
装配体1<1>/螺钉M6X16<1>
装配体1<1>/紧定螺钉M8<1>
不剖切所有实例(C)
自动打剖面线(A)
不包括扣件(F)
显示排除的扣件(H)
反转方向(D)
确定
取消
帮助(H)

图 10-99 设置不剖切的零件

⑥ 在窗口左侧【断开的剖视图】属性对话框中，设置"剖切深度"为"75mm"，使剖切平面刚好通过装配体的前后对称平面，得到的视图如图 10-100 所示。

⑦ 在轴和键配合的位置绘制断开的剖视图，选择轴上的键为不剖切的零件，剖切深度设为"75mm"，得到的视图如图 10-101 所示。

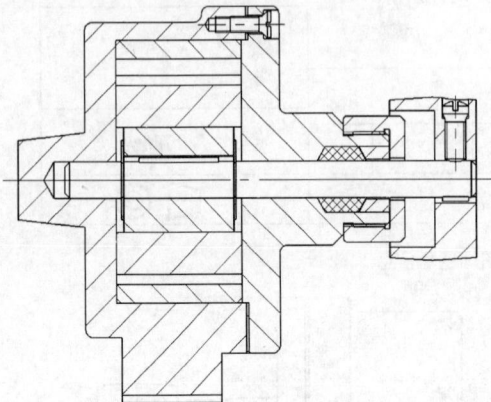

图 10-100 转子泵断开的剖视图

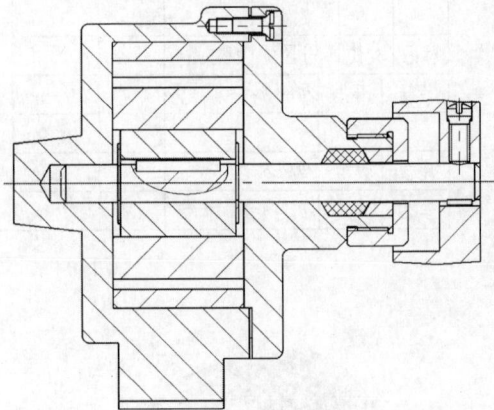

图 10-101 绘制轴与键配合处断开的剖视图

⑧ 以断开的剖视图为参考建立投影视图，投射方向为水平向右，得到的投影视图如图 10-102 所示。

⑨ 在新建立的投影视图上绘制断开的剖面视图。剖面轮廓如图 10-103 所示，剖切深度设为"60mm"，使剖切平面刚好通过泵体进、出油孔的轴心线，得到的视图如图 10-104 所示。

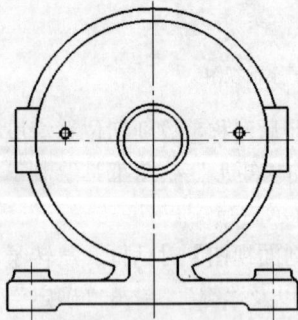

图 10-102 建立的投影视图

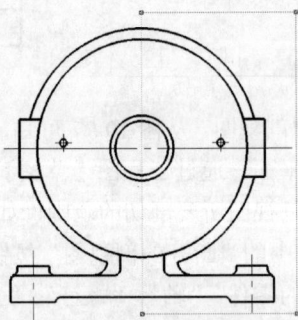

图 10-103 断开的剖面视图轮廓

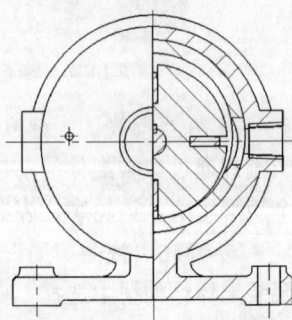

图 10-104 断开的剖面视图

⑩ 以断开的剖视图为参考建立投影视图，投射方向为竖直向下，得到的投影视图如图 10-105 所示。

⑪ 绘制辅助视图。以断开的剖视图右侧的竖直边线为参考，建立辅助视图，得到的视图如图 10-106 所示。

⑫ 添加材料明细表。通过菜单栏中的【插入】|【表格】|【材料明细表】命令插入材料明细表，并选择剖面视图作为材料明细表的参考模型。在【材料明细表】属性对话框中，设置"表格模板"为自定义的模板文件"bom-standard(modify)"，勾选"附加到定位点"复选框，如图 10-107 所示，生成的材料明细表如图 10-108 所示。

⑬ 标注零件序号。选中断开的剖视图，单击菜单栏中的【插入】|【注解】|【自动零件序号】，在【自动零件序号】属性窗口中设置零件序号参数，使其按从小到大的顺序依次排列。参数设置如图 10-109 所示，生成的零件序号如图 10-110 所示。

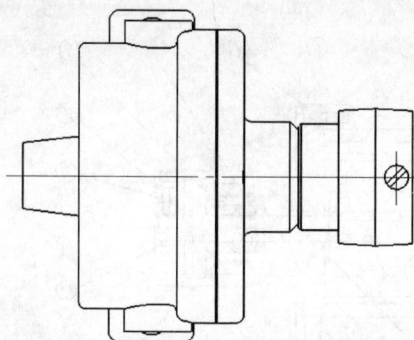

图 10-105 绘制投影视图

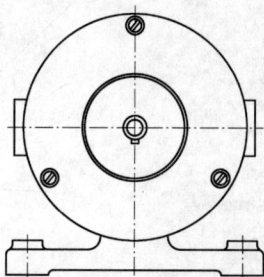

图 10-106 绘制辅助视图

图 10-107 材料明细表设置

序号	零件代号	名称	数量	材料	单重	总重	备注
16		挡圈	2				GB/T894-1986
15	CAXC-SW-201208006	垫片	1	工业用纸			
14	CAXC-SW-201208005	泵盖	1	HT200	237.06	237.06	
13	CAXC-SW-201208009	压盖螺母	1	KTH350—10			
12		键4X10	1				GB/T1096-2003
11		紧定螺钉M8	1				GB/T71-1985
10	CAXC-SW-201208010	带轮	1	HT200			
9	CAXC-SW-201208011	填料压盖	1	KTH350—10			
8	CAXC-SW-201208008	填料	1	工业用纸			
7		螺钉M6	3				GB/T71-1985
6	CAXC-SW-201208002	衬套	1	20			
5	CAXC-SW-201208004	叶片	4	45			
4		键4X32	1				GB/T1096-2003
3	CAXC-SW-201208007	轴	1	45			
2	CAXC-SW-201208003	转子	1	45			
1	CAXC-SW-201208001	泵体	1	KTH350—10	3416.71	3416.71	
序号	零件代号	名称	数量	材料	单重	总重	备注

图 10-108 生成的材料明细表

⑭ 标注装配尺寸及尺寸公差。通过菜单栏中的【工具】|【标注尺寸】|【智能尺寸】工具标注装配图中的装配尺寸。SolidWorks 标注尺寸公差比较简单，先选中要标注公差的尺寸，再从【尺寸】属性窗口的"公差/精度"栏中设置公差的样式和数值，如图 10-111 所示。标注完成后的工程图如图 10-112 所示。

⑮ 填写标题栏文字。填写工程图文件自定义属性的相关信息,此结果将自动链接到标题栏中。

⑯ 添加"技术要求"。通过添加"注释"功能为转子泵工程图添加"技术要求"文字，最终生成的转子泵工程图如图 10-113 所示。

⑰ 保存文件。单击菜单栏中的【文件】|【保存】命令，保存工程图。

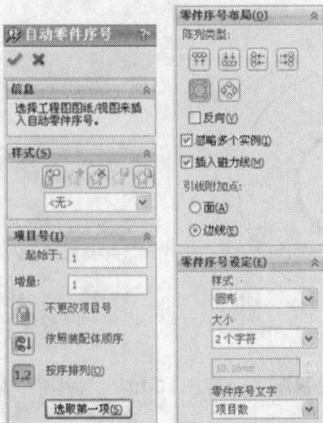

图 10-109　"自动零件序号"参数设置

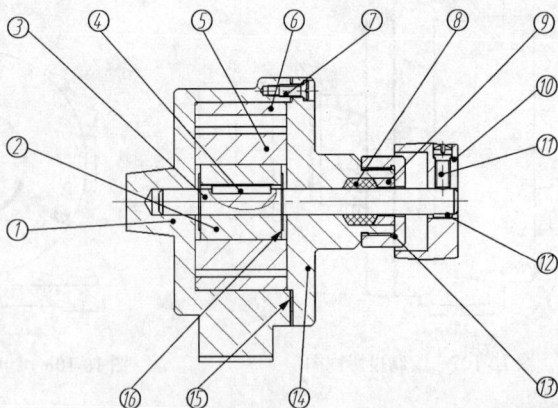

图 10-110　标注完毕的零件序号

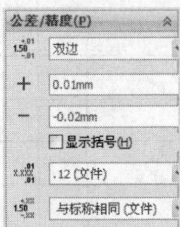

图 10-111　尺寸公差设置

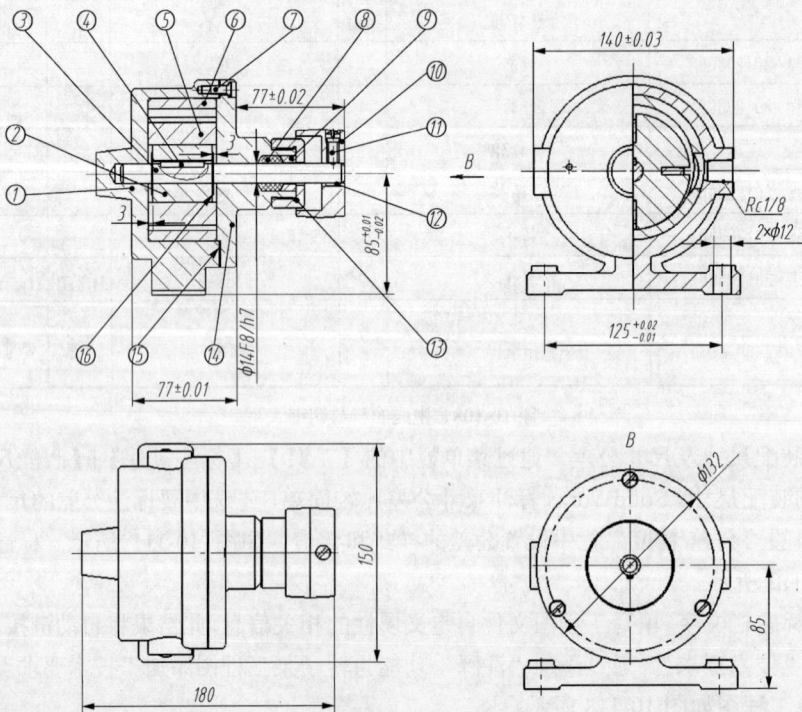

图 10-112　标注完成后的工程图

序号	零件代号	分区	更改文件号	签字	年 月 日	名称	数量	材料	单重	总重	备注
16	CAXC-SW-20120S006					弹簧	2	工业用纸			GB/T894.1-1986
15	CAXC-SW-20120S005					垫片	1	HT200	237.06	237.06	
14	CAXC-SW-20120S009					压盖螺母	1	KT4350—10			GB/71006-2003
13	CAXC-SW-20120S009					螺钉4×10	1				GB/71006-2003
12						紧定螺钉M5	1	工业用纸			GB/771-1985
11						摩轮	1	HT200			
10	CAXC-SW-20120S010					垫料压盖	1	KT4350—10			
9	CAXC-SW-20120S011					填料	1	工业用纸			GB/771-1985
8	CAXC-SW-20120S008					螺钉M6	3	20			GB/771-1985
7						衬套	4	45			
6	CAXC-SW-20120S002					叶片	1	45			GB/71006-2003
5	CAXC-SW-20120S004					螺钉4×12	1				GB/71006-2003
4						轴	1	45			
3	CAXC-SW-20120S007					转子	1	45	3416.71	3416.71	
2	CAXC-SW-20120S003					泵座	1	KT4350—10			
1	CAXC-SW-20120S001					名称	数量	材料	单重	总重	备注

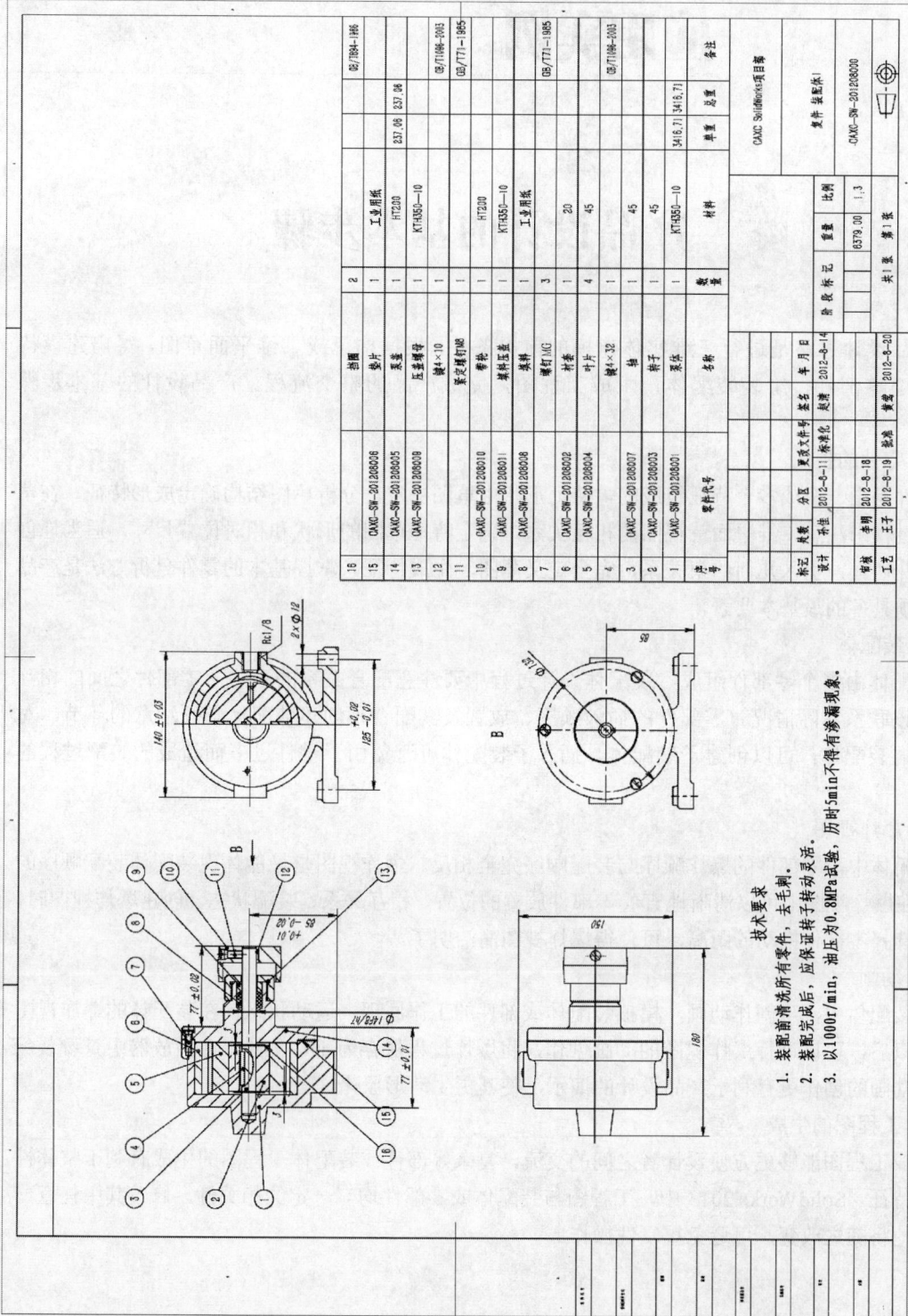

图 10-113　最终的转子泵工程图

技术要求
1. 装配前清洗所有零件，去毛刺。
2. 装配完成后，应保证转子转动灵活。
3. 以1000r/min，油压为0.8MPa试验，历时5min不得有渗漏现象。

第11章 11 SolidWorks 2013 综合应用实例

11.1 产品设计的基本步骤

产品设计思路是进行三维实体建模的前提条件，根据构思或二维平面草图，得出建模特征，创建零部件，组装装配体，生成工程图，完成产品的整个流程。产品设计的基本步骤如下：

1. 零件的生成

零件是由一个或多个特征组成的，特征形状由草图决定，分析草图结构确定成形特征。在草图分析过程中注意二维平面三视图的相互关系，确定特征草图的形状和相对位置尺寸，适当地创建参考几何体，引入几何约束关系，完全定义草图，生成特征。掌握基本的零件分析方法是产品设计必须具备的最基本要素。

2. 装配体

装配体由多个零部件组成，装配体设计过程中要注意配合关系的添加，零部件之间的相互关系应该联系实际情况。零部件的插入顺序、放置及其配合是创建装配体必须注意的环节。对于复杂的装配体，可以创建子装配体，插入子装配体可避免由于零件过多而造成的装配过程的混乱。

3. 爆炸视图

装配体中，零部件的爆炸顺序与装配顺序完全相反。爆炸视图是最能体现装配体装配顺序的视图。在爆炸视图中可以清晰地查看零部件放置的位置、相互关系、装配状态，创建爆炸视图时，合理地选择零部件拖动的距离，可使得爆炸视图简洁明了。

4. 动画

在装配体中，可创作动画，模拟装配体或部件的工作原理、运动状态。在装配体的爆炸视图创建结束后，可以进行爆炸视图的动画创作，将爆炸过程保存为.avi 文件，在播放器中查看装配过程。动画的创作更有利于产品设计的演示，使其更生动形象化。

5. 工程图的生成

生成工程图能够更方便设计者之间的交流，复杂零部件或装配体工程图的生成有利于整体性地查看特征。SolidWorks 2013 中，工程图与装配体或零部件均有一定的相关性，修改其中任意一项，其他将随之改变，可避免重复性操作。

11.2 综合实例——截止阀

侧重点：阀体零件建模

截止阀是阀瓣沿阀座中心线移动的阀门，如图 11-1 所示，它适用于切断或调节以及节流。由于其耐磨性、制造工艺性能好、便于维修等，适用于大多数介质流程系统中，如工业、石化、电力、冶金、城建、化工等部门。

在截止阀装配体的设计过程中，本节侧重介绍阀体零部件的构建思路，使读者掌握最基本的零部件建模步骤。

1．创建阀体

在创建截止阀装配体时，需创建阀体零件，掌握基本的零件分析方法。阀体是截止阀装配体中重要的零件之一，主要由回转体与拉伸体组成，创建该零件时要注意创建特征命令的选择及其特征生成的顺序。

（1）阀体创建思路

图 11-2 所示为阀体的二维平面图，从主视图中可以看出，圆的草图部分建模特征命令选择"旋转凸台/基体"，如上端圆柱及其阶梯孔；

图 11-1 截止阀的立体图

左右两端接头及其下端接头结构选择"拉伸凸台/基体"命令；从俯视图及左视图中看出，连接各圆柱的部分为一个 44×44×30 的长方体，建模特征命令选择"拉伸凸台/基体"；螺纹孔及简单直孔结构选择"异型孔向导"命令。

特征创建的顺序为：

① 将零件原点定于 Φ4 孔中心线与 Φ30 圆柱中心线的交点，选择上视基准面，采用"拉伸凸台/基体"命令创建 44×44×30 的长方体。

② 以右视基准面为起始面，采用"拉伸凸台/基体"命令创建 Φ30 圆柱。

③ 以上视基准面为起始面，采用"拉伸凸台/基体"命令分别创建 Φ20 和 Φ40 圆柱。

④ 选择前视基准面为草图绘制平面，绘制上端 Φ44 的阶梯孔草图，采用"旋转切除"命令创建特征。

⑤ 基体特征创建完成后，采用异型孔向导创建简单直孔 Φ4、Φ5、Φ7。

⑥ 选择前视基准面，采用"旋转切除"命令创建 M20×1.5 和 M14 螺纹孔。

⑦ 为 M27×2、M20×1.5 及 M14 螺纹孔添加装饰螺纹线。

⑧ 以右视基准面为镜像面，采用镜像特征镜像左边螺纹孔特征。

⑨ 异型孔向导创建右端 Φ30 圆柱、盲孔 Φ7。

⑩ 异型孔向导创建长方体前端面 Φ4 通孔。

⑪ 添加圆角和倒角，完成整个阀体的创建，保存零件。

（2）阀体创建过程

根据阀体创建思路创建阀体特征。

① 新建文件。

左键单击选择菜单栏的"新建"命令按钮⬜，弹出【新建 SolidWorks 文件】对话框，选择零

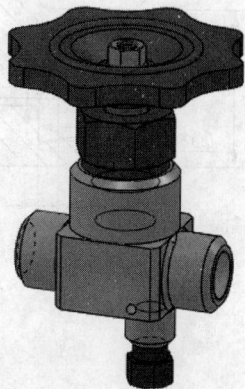

件 📎，单击"确定"按钮。

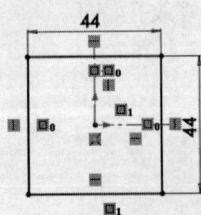

图 11-2　阀体二维平面图

② 长方体基体。

在特征管理设计树中左键单击选择上视基准面，单击"草图"工具栏中的"草图绘制"命令按钮 📐，绘制关于原点对称的 44×44 的矩形草图 1，如图 11-3（a）所示，单击图形区右上角 📤 按钮退出草图。左键单击"特征"工具栏中的"拉伸凸台/基体"命令按钮 📦，"终止条件"选择"两端对称"，深度输入 30。单击【凸台—拉伸属性管理器】中的 ✅ 按钮，长方体基体创建完毕，如图 11-3（b）所示。

（a）草图 1 的绘制　　　　（b）长方体基体的创建

图 11-3　创建长方体基体

③ 左右两端 $\Phi30$ 圆柱。

在特征管理设计树中左键单击选择右视基准面，单击"草图"工具栏中的"草图绘制"命令按钮 ，绘制圆心在原点的圆 $\Phi30$ 草图 2，如图 11-4（a）所示，单击图形区右上角 按钮退出草图。左键单击"特征"工具栏中的"拉伸凸台/基体"命令按钮 ，"终止条件"选择"两侧对称"，深度输入 84。单击【凸台—拉伸属性管理器】中的 按钮，左右两端 $\Phi30$ 圆柱创建完毕，如图 11-4（b）所示。

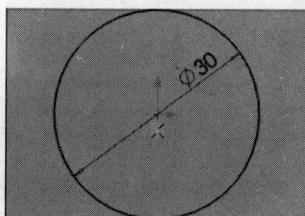

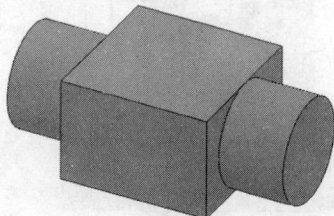

（a）草图 2 的绘制 （b）左右两端 $\Phi30$ 圆柱的创建

图 11-4 创建左右两端 $\Phi30$ 圆柱

④ 下端 $\Phi20$ 圆柱和上端 $\Phi44$ 圆柱。

左键单击选择上视基准面，单击"草图"工具栏中的"草图绘制"命令按钮 ，绘制圆心在原点的圆 $\Phi20$ 草图 3，如图 11-5（a）所示，单击图形区右上角 按钮退出草图。左键单击"特征"工具栏中的"拉伸凸台/基体"命令按钮 ，"终止条件"选择"给定深度"，深度输入 32。单击【凸台—拉伸属性管理器】中的 按钮，完成属性管理器的设置，完成下端 $\Phi20$ 圆柱的创建，如图 11-5（b）所示。选择上视基准面，用同样的方法创建上端 $\Phi44$ 圆柱草图 4，选择"拉伸凸台/基体"，"终止条件"选择给定深度，深度输入 40，如图 11-5（c）、（d）所示。

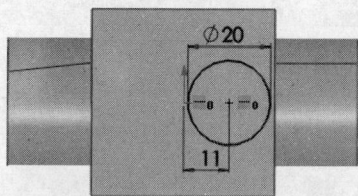

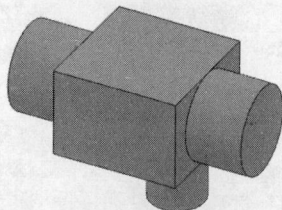

（a）草图 3 的绘制 （b）下端 $\Phi20$ 圆柱的创建

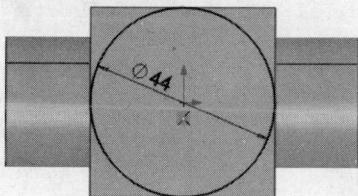

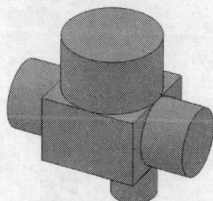

（c）草图 4 的绘制 （d）上端 $\Phi44$ 圆柱的创建

图 11-5 创建下端 $\Phi20$ 圆柱和上端 $\Phi44$ 圆柱

⑤ $\Phi44$ 圆柱阶梯孔。

左键单击选择前视基准面，单击"草图"工具栏中的"草图绘制"命令按钮 ，绘制阶梯孔草图 5，如图 11-6（a）所示。为了看清草图形状，单击图形区上方"隐藏/显示项目" 中的"观阅草图几何体"命令按钮 ，单击图形区右上角 按钮退出草图。左键单击"特征"工具栏中的

"旋转切除"命令按钮 ![图标]，属性管理器的设置为默认，单击【切除—旋转属性管理器】中的 ![图标] 按钮，完成阶梯孔的创建，如图 11-6（b）所示。

（a）草图 5 的绘制　　　　　（b）Φ44 圆柱阶梯孔的创建

图 11-6　创建 Φ44 圆柱阶梯孔

⑥ 简单直孔。

分别以 Φ27.5 下端面、Φ20 上端面、左侧 Φ30 端面创建 Φ4、Φ5、Φ7 简单直孔，左键单击选择"特征"工具栏中的"异型孔向导"命令按钮 ![图标]，属性管理器中设置"孔类型"及其"大小"，如图 11-7 所示。"位置"选择各端面圆的圆心，左键单击【异型孔向导属性管理器】中的 ![图标] 按钮，完成简单直孔的创建。

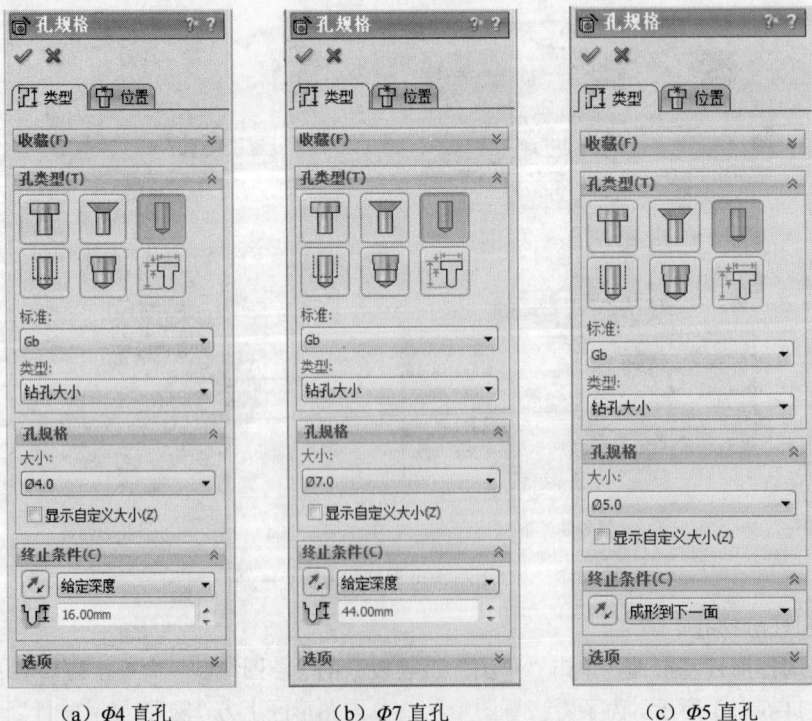

（a）Φ4 直孔　　　　　（b）Φ7 直孔　　　　　（c）Φ5 直孔

图 11-7　简单直孔的创建

⑦ 创建 M20×1.5 和 M14 螺纹孔。

采用"旋转切除"命令创建 M20×1.5、M14 螺纹孔。左键单击选择前视基准面，单击"草图"工具栏中的"草图绘制"命令按钮，绘制 M20×1.5 螺纹孔草图 6，如图 11-8（a）所示，单击图形区右上角按钮退出草图。左键单击"特征"工具栏中的"旋转切除"命令按钮，属性管理器的设置为默认，单击【切除—旋转属性管理器】中的按钮，完成阶梯孔的创建，如图 11-8（b）所示。选择前视基准面，用同样的方法创建 M14 螺纹孔草图 7，如图 11-8（c）、（d）所示。

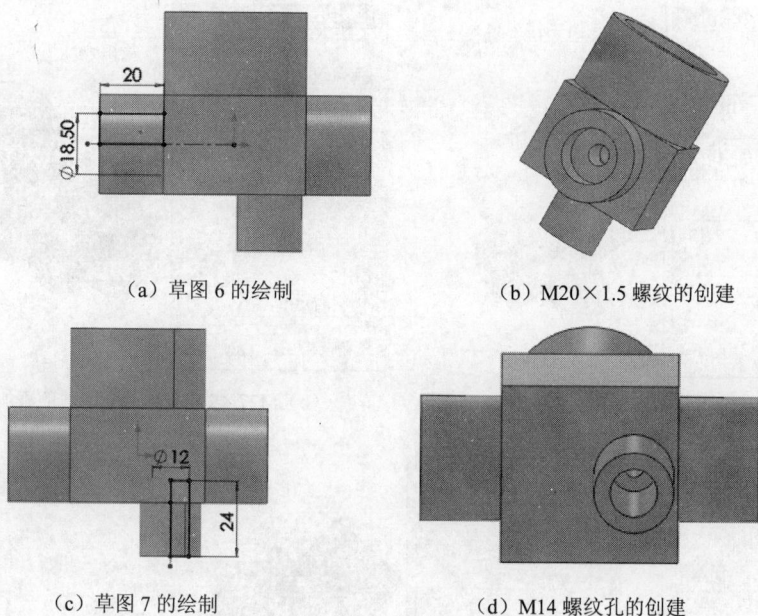

（a）草图 6 的绘制 　　　　　　　　（b）M20×1.5 螺纹的创建

（c）草图 7 的绘制 　　　　　　　　（d）M14 螺纹孔的创建

图 11-8　创建 M20×1.5 和 M14 螺纹孔

⑧ M20×1.5 螺纹孔退刀槽 4×Φ20.5。

左键单击选择 M20×1.5 螺纹孔右端面，单击"草图"工具栏中的"草图绘制"命令按钮，绘制 4×Φ20.5 的退刀槽草图 8，如图 11-9（a）所示，单击图形区右上角按钮退出草图。左键单击"特征"工具栏中的"拉伸切除"命令按钮，"终止条件"选择"给定深度"，深度输入 4。单击【切除—拉伸属性管理器】中的按钮，完成左端 M20×1.5 螺纹孔退刀槽 4×Φ20.5 的创建，如图 11-9（b）所示。

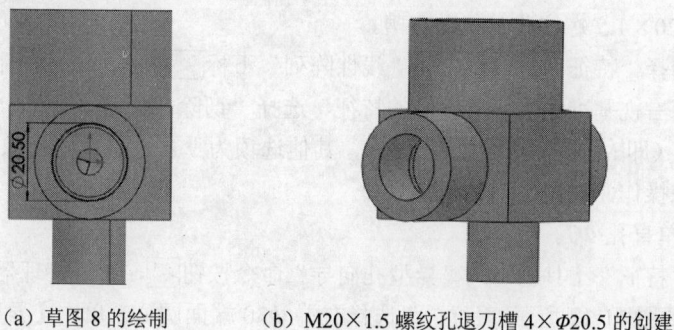

（a）草图 8 的绘制 　　　　（b）M20×1.5 螺纹孔退刀槽 4×Φ20.5 的创建

图 11-9　创建螺纹退刀槽

⑨ 添加装饰螺纹线。

为螺纹孔添加装饰螺纹线，代替实际螺纹的创建，能够节约特征建模时间。左键单击选择菜单栏【插入】|【注解】|"装饰螺纹线"命令，选择 M20×1.5 螺纹孔边线，"标准"选择"Gb"、"类型"选择"机械螺纹"、"大小"选择"M20×1.5"，"终止条件"为"给定深度"，深度输入 16。左键单击【装饰螺纹线属性管理器】中的☑️按钮，完成 M20×1.5 螺纹装饰螺纹线的添加，如图 11-10（a）所示。用同样的方法添加 M27×2、M14 螺纹孔的装饰螺纹线，如图 11-10（b）、（c）所示。

（a）M20×1.5 螺纹装饰螺纹线的添加　　　　（b）M27×2 螺纹装饰螺纹线的添加

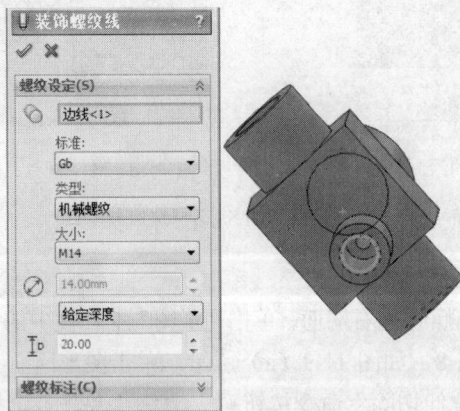

（c）M14 螺纹装饰螺纹线的添加

图 11-10　添加螺纹装饰线

⑩ 镜像 M20×1.5 螺纹孔及其退刀槽。

左键单击选择"特征"工具栏中的"线性阵列"下标 中的"镜像"命令按钮，"镜像面/基准面"选择"右视基准面"，"要镜像的特征"选择"切除—旋转 2"（即 M20×1.5 螺纹孔）和"切除—拉伸 1"（即 M20×1.5 螺纹退刀槽），其他选项为默认。单击【镜像属性管理器】中的☑️按钮，完成镜像操作，如图 11-11 所示。

⑪ 右端简单直孔 Φ7。

单击选择"特征"工具栏中的"异型孔向导"命令按钮，属性管理器中设置 Φ7"孔类型"及其"大小"，如图 11-12 所示；"位置"选择右端 Φ30 端面圆心。单击【异型孔向导属性管理器】中的☑️按钮，完成 Φ7 直孔的创建。

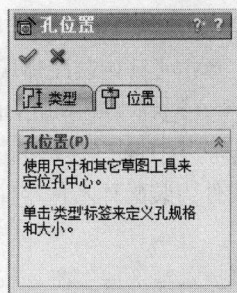

图 11-11 镜像 M20×1.5 螺纹孔及其退刀槽

图 11-12 创建右端简单直孔 Φ7

⑫ 长方体上 Φ4 通孔。

单击选择"特征"工具栏中的"异型孔向导"命令按钮 ，属性管理器中设置 Φ4"孔类型"及其"大小"，如图 11-13（a）所示；位置草图如图 11-13（b）所示。单击【异型孔向导属性管理器】中的 按钮，完成 Φ4 通孔的创建。

（a）创建长方体上 Φ4 通孔

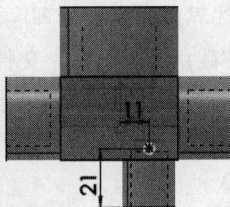

（b）Φ4 通孔草图位置

图 11-13 长方体上 Φ4 通孔的创建

⑬ 添加圆角及倒角。

未标注尺寸的圆角为 R2，倒角为 C3，单击"特征"工具栏中的"圆角"命令按钮 ，选择左右 Φ30 圆柱、下 Φ20 圆柱与长方体的交线，圆角半径输入 2，其他选项为默认，如图 11-14（a）所示。单击【圆角属性管理器】中的 ✅ 按钮，完成圆角的添加。单击选择"特征"工具栏中的"圆角"命令下标 ▾ 中的"倒角"命令按钮 ，选择边线，如图 11-14（b）所示，距离输入 3，其他选项为默认。单击【倒角属性管理器】中的 ✅ 按钮，完成倒角的添加。

（a）创建圆角　　　　　　　　　　　　　　　　　（b）创建倒角

图 11-14　添加圆角及倒角

⑭ 创建的截止阀阀体模型如图 11-15 所示，单击菜单栏的"保存"命令按钮 ，保存到"光盘/第十一章/截止阀零部件"文件夹，文件名输入"阀体"。单击"保存"按钮完成阀体零件的保存。

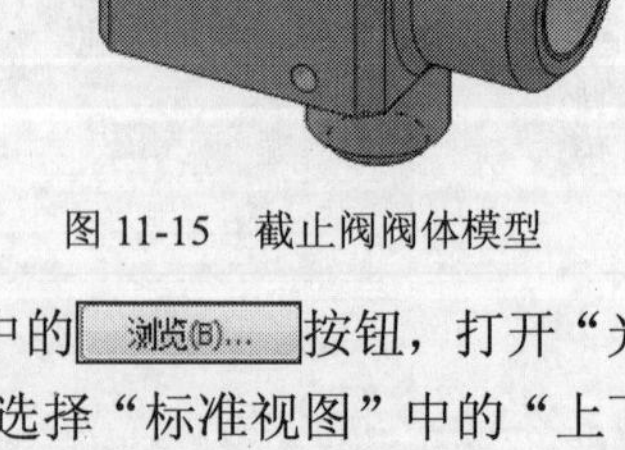

2．创建截止阀装配体

截止阀是由 9 个零件组成的装配体，装配顺序为从下到上，装配关系为重合、同心、相切。装配体的创建过程如下。

（1）新建文件

单击菜单栏的"新建"命令按钮 ，弹出【新建 SolidWorks 文件】对话框，选择装配体 ，单击"确定"按钮。

图 11-15　截止阀阀体模型

（2）插入阀体

在装配体界面的属性管理区，单击【开始装配体属性管理器】中的 浏览(B)... 按钮，打开"光盘/第十一章/截止阀零部件"文件夹，选择"阀体.SLDPRT"文件，选择"标准视图"中的"上下二等角轴测"命令按钮 。在图形区中任意位置单击左键，软件自动以"上下二等角轴测"方位放置阀体，完成阀体的插入。该零件为装配体基体零件，配合关系为固定。

（3）插入泄压螺钉

单击"装配体"工具栏中的"插入零部件"命令按钮 ，单击【插入零部件属性管理器】中的 浏览(B)... 按钮，打开"光盘/第十一章/截止阀零部件"文件夹，选择"泄压螺钉.SLDPRT"文件。在图形区中任意空白处单击左键放置，完成泄压螺钉的插入。

（4）添加泄压螺钉与阀体的配合关系

单击图形区上方"隐藏/显示项目"按钮 🖋 的下标 ▾ 中的"观阅临时轴" 🗆 命令按钮，单击"装配体"工具栏中的"配合"命令按钮 🖋，属性管理区出现【配合属性管理器】，选择泄压螺钉轴的基准轴与阀体 M14 螺纹孔的基准轴，软件自动配置重合关系，如图 11-16（a）所示。单击【配合弹出工具栏】中的 ☑ 按钮，继续添加配合关系，选择泄压螺钉下锥形面与 φ5 直孔上圆周线，软件自动配置重合关系，如图 11-16（b）所示。单击【配合弹出工具栏】中的 ☑ 按钮，再单击属性管理器上的 ☑ 按钮，完成泄压螺钉与阀体配合关系的添加。

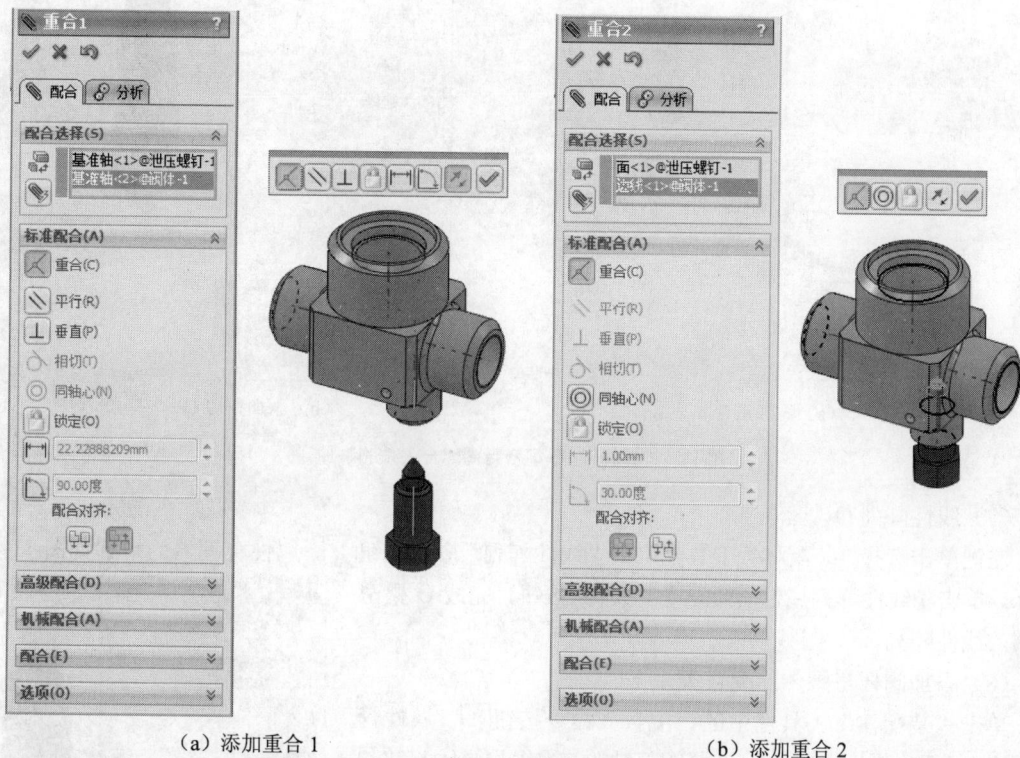

（a）添加重合 1　　　　　　　　　　　　　　　　　　　　　　（b）添加重合 2

图 11-16　泄压螺钉与阀体配合关系的添加

（5）插入阀杆及 O 型密封圈

单击"装配体"工具栏中的"插入零部件"命令按钮 🖳，单击【插入零部件属性管理器】中的 浏览(B)... 按钮，打开"光盘/第十一章/截止阀零部件"文件夹，选择"阀杆.SLDPRT"文件。在图形区中任意空白处单击左键放置，完成阀杆的插入，应用插入阀杆的方法完成 O 型密封圈的插入。

（6）添加阀杆与 O 型密封圈的配合关系

单击"装配体"工具栏中的"配合"命令按钮 🖋，属性管理区出现【配合属性管理器】，选择阀杆轴的基准轴与 O 型密封圈孔的基准轴，软件自动配置重合关系，如图 11-17（a）所示。单击【配合弹出工具栏】中的 ☑ 按钮，继续添加配合关系，单击选择阀杆最下面凸台上端面与 O 型密封圈表面，软件自动配置相切关系，如图 11-17（b）所示。单击【配合弹出工具栏】中的 ☑ 按钮，再单击属性管理器上的 ☑ 按钮，完成阀杆与 O 型密封圈配合关系的添加。

（a）添加重合 3　　　　　　　　　　　　（b）添加相切 1

图 11-17　阀杆与 O 型密封圈配合关系的添加

（7）线性阵列 O 型密封圈

左键单击选择"装配体"工具栏中的"线性阵列"命令按钮 ▦▦，属性管理器的设置如图 11-18 所示。单击【线性阵列属性管理器】中的 ☑ 按钮，完成 O 型密封圈的线性阵列。

（8）添加阀杆与阀体的配合关系

单击"装配体"工具栏中的"配合"命令按钮 ◥，属性管理区出现【配合属性管理器】，选择阀杆轴的基准轴与阀体 M27×2 螺纹孔的基准轴，软件自动配置重合关系，如图 11-19（a）所示。单击【配合弹出工具栏】中的 ☑ 按钮，继续添加配合关系，选择阀杆下锥形面与 Φ4 直孔上圆周线，软件自动配置重合关系，如图 11-19（b）所示。单击【配合弹出工具栏】中的 ☑ 按钮，再单击属性管理器上的 ☑ 按钮，完成阀杆与阀体配合关系的添加。

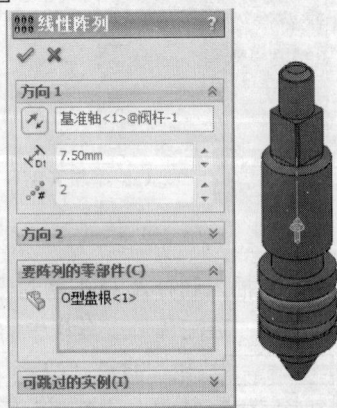

图 11-18　线性阵列 O 型密封圈的设置

（9）插入密封垫片

单击"装配体"工具栏中的"插入零部件"命令按钮 ▣，单击【插入零部件属性管理器】中的 ▭ 浏览(B)… ▭ 按钮，打开"光盘/第十一章/截止阀零部件"文件夹，选择"密封垫片.SLDPRT"文件。在图形区中任意空白处单击左键放置，完成密封垫片的插入。

（10）添加密封垫片与阀杆及阀体的配合关系

单击"装配体"工具栏中的"配合"命令按钮 ◥，属性管理区出现【配合属性管理器】，选择密封垫片孔的基准轴与阀杆轴的基准轴，软件自动配置重合关系，如图 11-20（a）所示。单击

【配合弹出工具栏】中的 按钮，继续添加配合关系，选择密封垫片下端面与阀体 Φ35 孔下端面，软件自动配置重合关系，如图 11-20（b）所示。单击【配合弹出工具栏】的 按钮，再单击属性管理器上的 按钮，完成密封垫片与阀杆及阀体配合关系的添加。

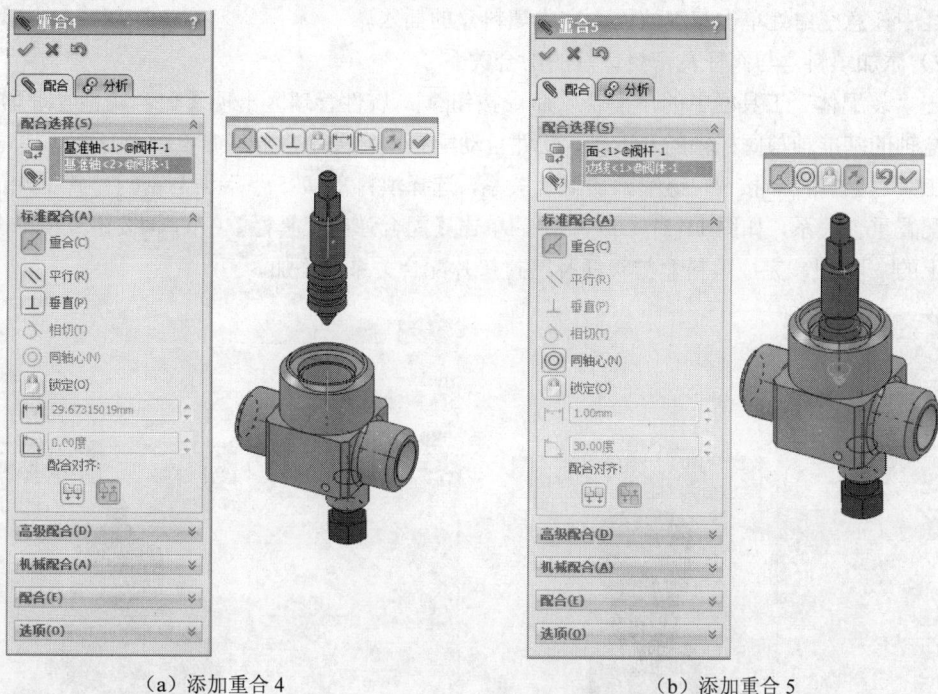

（a）添加重合 4　　　　　　　　　　（b）添加重合 5

图 11-19　阀杆与阀体配合关系的添加

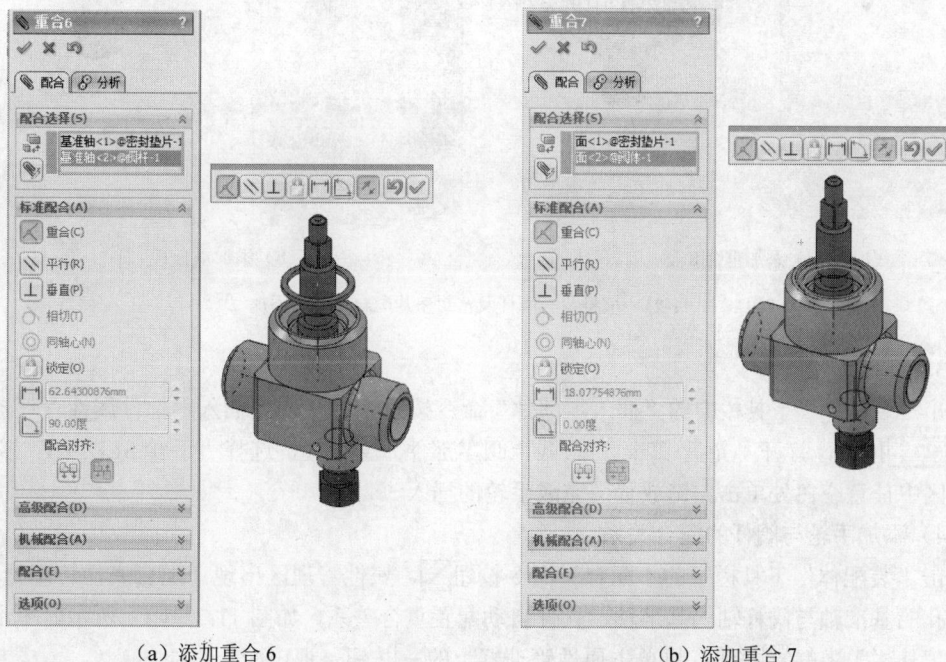

（a）添加重合 6　　　　　　　　　　（b）添加重合 7

图 11-20　密封垫片与阀杆及阀体配合关系的添加

（11）插入填料盒

单击"装配体"工具栏中的"插入零部件"命令按钮，单击【插入零部件属性管理器】中的 浏览(B)... 按钮，打开"光盘/第十一章/截止阀零部件"文件夹，选择"填料盒.SLDPRT"文件。在图形区中任意空白处单击左键放置，完成填料盒的插入。

（12）添加填料盒与阀杆及密封垫片的配合关系

单击"装配体"工具栏中的"配合"命令按钮，属性管理区出现【配合属性管理器】，选择填料盒轴的基准轴与阀杆轴的基准轴，软件自动配置重合关系，如图 11-21（a）所示。单击【配合弹出工具栏】中的 按钮，继续添加配合关系，选择填料盒 Φ35 下端面与密封垫片上端面，软件自动配置重合关系，如图 11-21（b）所示。单击【配合弹出工具栏】中的 按钮，再单击属性管理器上的 按钮，完成填料盒与阀杆及密封垫片配合关系的添加。

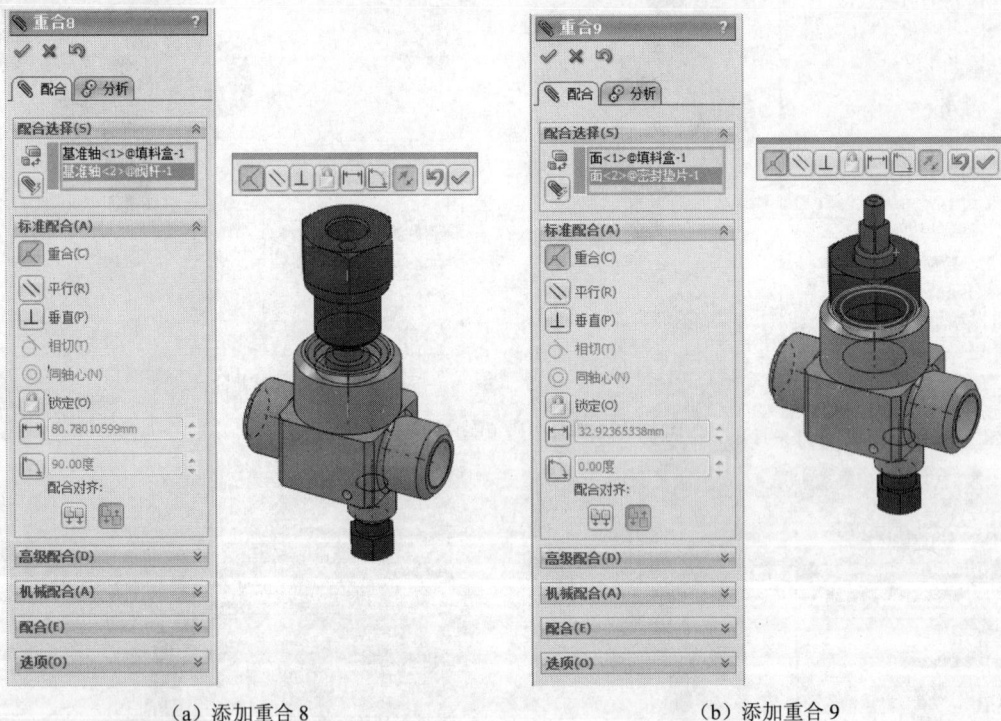

（a）添加重合 8　　　　　　　　　　　　　　　　（b）添加重合 9

图 11-21　填料盒与阀杆及密封垫片配合关系的添加

（13）插入手轮

单击"装配体"工具栏中的"插入零部件"命令按钮，单击【插入零部件属性管理器】中的 浏览(B)... 按钮，打开"光盘/第十一章/截止阀零部件"文件夹，选择"手轮.SLDPRT"文件。在图形区中任意空白处单击左键放置，完成手轮的插入。

（14）添加手轮与阀杆的配合关系

单击"装配体"工具栏中的"配合"命令按钮，属性管理区出现【配合属性管理器】，选择手轮孔的基准轴与阀杆轴的基准轴，软件自动配置重合关系，如图 11-22（a）所示。单击【配合弹出工具栏】中的 按钮，再单击属性管理器上的 按钮，退出配合添加。

单击"装配体"工具栏中的"移动零部件"命令按钮，选中手轮一个面，按住鼠标左键不放拖动手轮到一定的位置,如图 11-22(b)所示。

　　单击"装配体"工具栏中的"配合"命令按钮 ，选择手轮矩形孔的一个端面与轴上对应端面,软件自动配置重合关系,如图 11-22(c)所示。单击【配合弹出工具栏】中的 按钮,继续添加配合关系,选择手轮最下端面与轴上矩形体下端面,软件自动配置重合关系,如图 11-22(d)所示。再左键单击属性管理器上的 按钮,完成手轮与阀杆配合关系的添加。

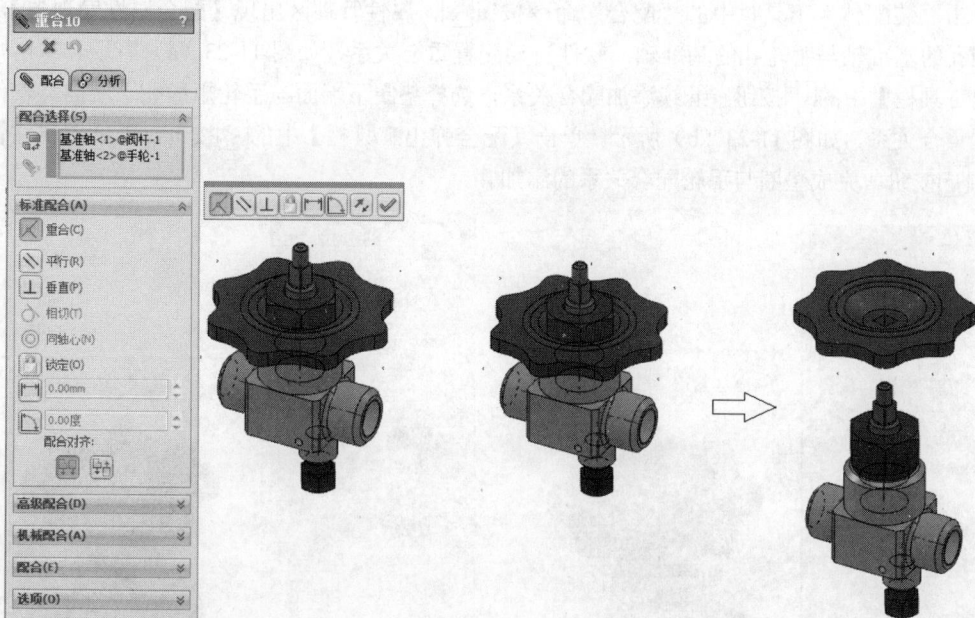

(a) 添加重合 10　　　　　　　　　　　　(b) 移动手轮

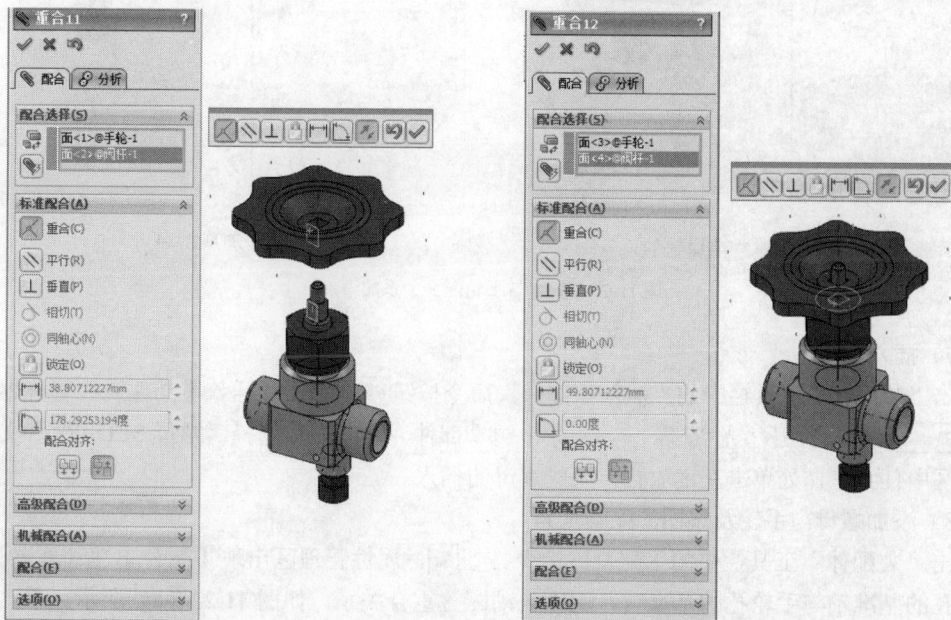

(c) 添加重合 11　　　　　　　　　　　　(d) 添加重合 12

图 11-22　手轮与阀杆配合关系的添加

（15）插入垫圈

单击"装配体"工具栏中的"插入零部件"命令按钮 ，单击【插入零部件属性管理器】中的 浏览(B)... 按钮，打开"光盘/第十一章/截止阀零部件"文件夹，选择"垫圈.SLDPRT"文件。在图形区中任意空白处单击左键放置，完成垫圈的插入。

（16）添加垫圈与手轮的配合关系

单击"装配体"工具栏中的"配合"命令按钮 ，属性管理区出现【配合属性管理器】，选择垫圈孔的基准轴与手轮孔的基准轴，软件自动配置重合关系，如图 11-23（a）所示。单击【配合弹出工具栏】中的 按钮，继续添加配合关系，选择垫圈下端面与手轮矩形孔上端面，软件自动配置重合关系，如图 11-23（b）所示。单击【配合弹出工具栏】中的 按钮，再单击属性管理器上的 按钮，完成垫圈与手轮配合关系的添加。

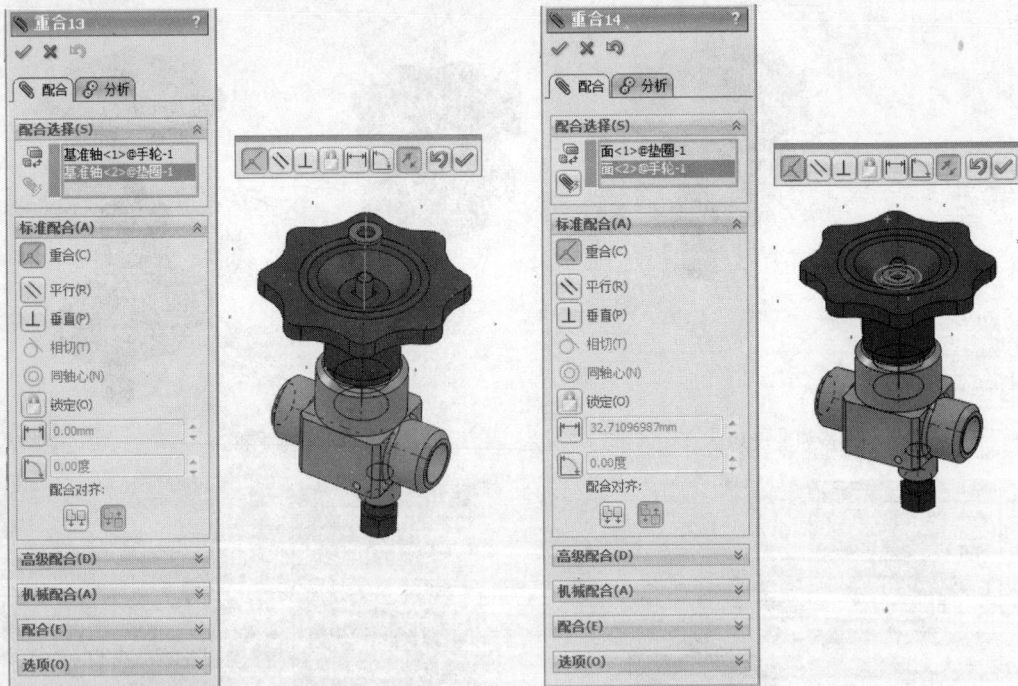

(a) 添加重合 13   (b) 添加重合 14

图 11-23　垫圈与手轮配合关系的添加

（17）插入螺母

单击"装配体"工具栏中的"插入零部件"命令按钮 ，单击【插入零部件属性管理器】中的 浏览(B)... 按钮，打开"光盘/第十一章/截止阀零部件"文件夹，选择"螺母.SLDPRT"文件。在图形区中任意空白处单击左键放置，完成螺母的插入。

（18）添加螺母与手轮及垫圈的配合关系

单击"装配体"工具栏中的"配合"命令按钮 ，属性管理区出现【配合属性管理器】，选择螺母孔的基准轴与手轮孔的基准轴，软件自动配置重合关系，如图 11-24（a）所示。单击【配合弹出工具栏】中的 按钮，继续添加配合关系，选择螺母下端面与垫圈上端面，软件自动配置重合关系，如图 11-24（b）所示。单击【配合弹出工具栏】中的 按钮，再单击属性管理器上的按钮，完成螺母与手轮及垫圈配合关系的添加。

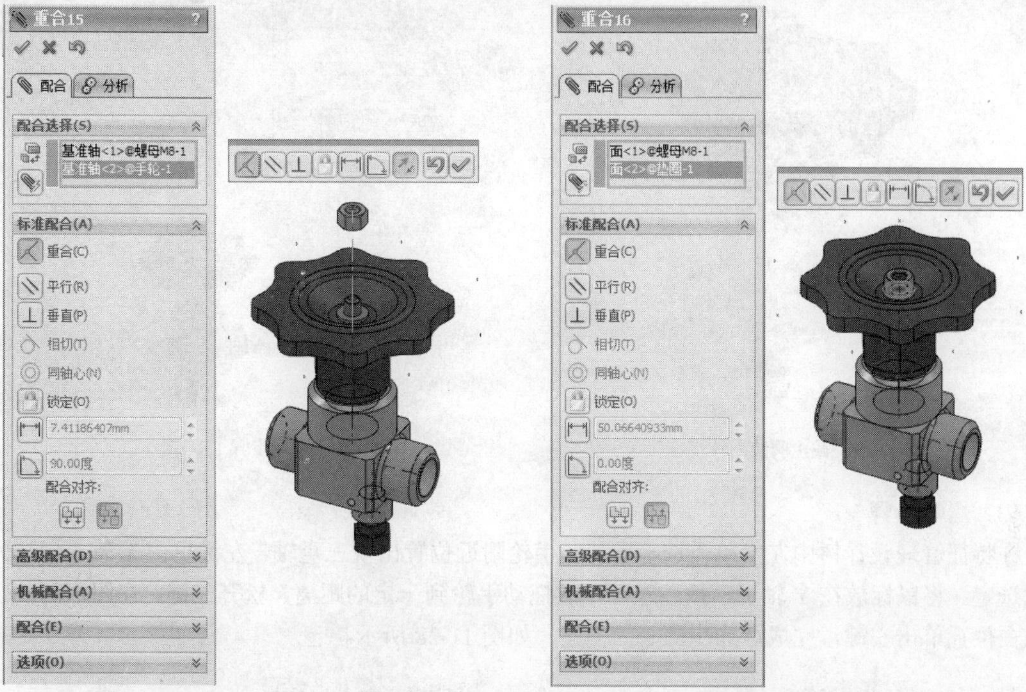

(a) 添加重合 15 　　　　　　　　　　　　　(b) 添加重合 16

图 11-24　螺母与手轮及垫圈配合关系的添加

(19) 生成截止阀装配体

单击图形区上方"隐藏/显示项目"按钮的下标中的"观阅临时轴"命令按钮，关闭图形区临时轴的显示，创建的截止阀装配体模型如图 11-25 所示。单击菜单栏的"保存"按钮，保存到"光盘/第十一章/截止阀零部件"文件夹，文件名输入"装配体"，单击 保存(S) 按钮完成装配体的保存。

3．创建截止阀装配体爆炸视图

SolidWorks 2013 界面仍为截止阀装配体界面，截止阀装配体爆炸视图的主要移动方向为 Y 轴，爆炸顺序从上到下。左键单击"装配体"工具栏中的"爆炸视图"命令按钮，属性管理区出现【爆炸视图属性管理器】，开始截止阀装配体爆炸视图的创建。

(1) 爆炸步骤 1

在特征管理设计树或图形区左键单击选择螺母，螺母中心位置出现三重轴，左键单击 Y 轴，爆炸方向被选定。将鼠标放在 Y 轴上，按住左键不放拖动螺母到一定的距离，松开左键。此时螺母上方显示蓝色箭头，可以将鼠标放于箭头之上，按住左键继续拖动螺母移动。单击 完成(D) 按钮或在图形区的任意空白位置单击左键，完成爆炸步骤 1 的创建，如图 11-26 所示。

(2) 爆炸步骤 2

在特征管理设计树中左键单击选择垫圈，垫圈中心位置出现三重轴，左键单击 Y 轴，爆炸方向被选定。将鼠标放在 Y 轴上，按住左键不放拖动垫圈到一定的距离，松开左键。在图形区的任意空白位置单击左键，完成爆炸步骤 2 的创建，如图 11-27 所示。

图 11-25　截止阀装配体模型

图 11-26　爆炸步骤 1

（3）爆炸步骤 3

在特征管理设计树中左键单击选择手轮，手轮附近位置出现三重轴，左键单击 Y 轴，爆炸方向被选定。将鼠标放在 Y 轴上，按住左键不放拖动手轮到一定的距离，松开左键。在图形区的任意空白位置单击左键，完成爆炸步骤 3 的创建，如图 11-28 所示。

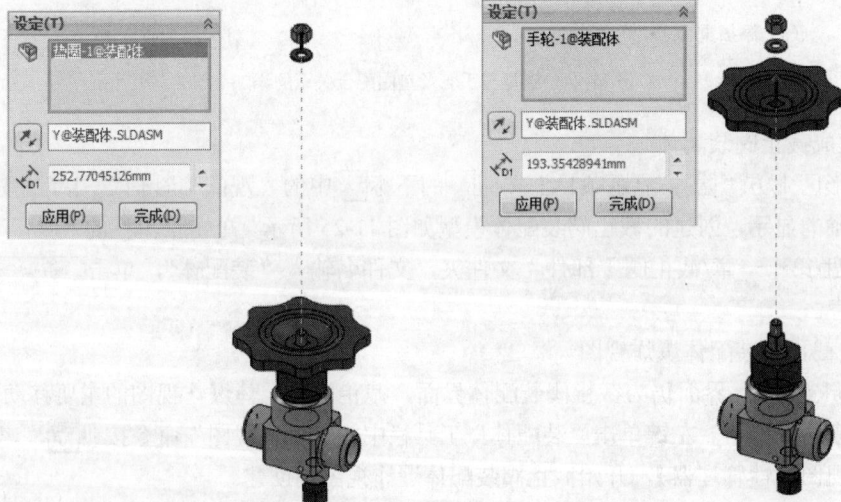

图 11-27　爆炸步骤 2

图 11-28　爆炸步骤 3

（4）爆炸步骤 4

在特征管理设计树中左键单击选择填料盒，填料盒附近位置出现三重轴，左键单击 Y 轴，爆炸方向被选定。将鼠标放在 Y 轴上，按住左键不放拖动填料盒到一定的距离，松开左键。在图形区的任意空白位置单击左键，完成爆炸步骤 4 的创建，如图 11-29 所示。

（5）爆炸步骤 5

在特征管理设计树中左键单击选择密封垫片，密封垫片附近位置出现三重轴，左键单击 Y 轴，爆炸方向被选定。将鼠标放在 Y 轴上，按住左键不放拖动密封垫片到一定的距离，松开左键。在图形区的任意空白位置单击左键，完成爆炸步骤 5 的创建，如图 11-30 所示。

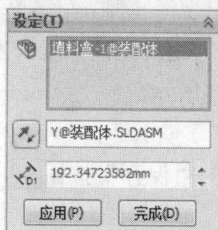

图 11-29　爆炸步骤 4

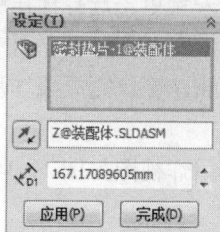

图 11-30　爆炸步骤 5

（6）爆炸步骤 6

在特征管理设计树中左键单击选择阀杆及 O 型密封圈（包括局部线性阵列 1 中的 O 型密封圈），阀杆及 O 型密封圈附近位置出现三重轴，左键单击 Y 轴，爆炸方向被选定。将鼠标放在 Y 轴上，按住左键不放拖动阀杆及 O 型密封圈到一定的距离，松开左键。在图形区的任意空白位置单击左键，完成爆炸步骤 6 的创建，如图 11-31 所示。

（7）爆炸步骤 7

在特征管理设计树中左键单击选择 O 型密封圈（包括局部线性阵列 1 中的 O 型密封圈），O 型密封圈附近位置出现三重轴，左键单击 Y 轴，爆炸方向被选定。将鼠标放在 Y 轴上，按住左键不放拖动 O 型密封圈向下到一定的距离，松开左键。在图形区的任意空白位置单击左键，完成爆炸步骤 7 的创建，如图 11-32 所示。

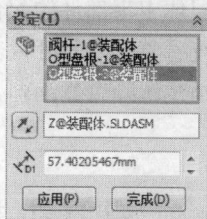

图 11-31　爆炸步骤 6

图 11-32　爆炸步骤 7

（8）爆炸步骤 8

在特征管理设计树中左键单击选择泄压螺钉，泄压螺钉附近位置出现三重轴，左键单击 Y 轴，爆炸方向被选定。将鼠标放在 Y 轴上，按住左键不放拖动泄压螺钉到一定的距离，松开左键。在图形区的任意空白位置单击左键，完成爆炸步骤 8 的创建，如图 11-33 所示。

（9）保存视图

创建的截止阀装配体爆炸视图如图 11-34 所示，左键单击菜单栏的"保存"按钮 ，将爆炸视图保存到装配体中。

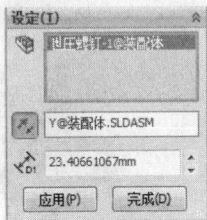

图 11-33　爆炸步骤 8

图 11-34　截止阀装配体的爆炸视图

在图形区空白位置单击鼠标右键，在弹出的菜单中左键单击选择"解除爆炸"命令，截止阀又恢复到装配状态。

4．动画制作

动画能够实现模型的转动，模拟产品的拆卸和装配过程，展示装配体中零部件的配合关系，捕捉和录制产品在实际工作中发生的运动，生成 AVI 文件。在动画中查看复杂零部件内部结构的配合关系，更加生动形象。应用动画功能生成截止阀装配体的爆炸动画及解除爆炸动画，用动画观察截止阀的拆装过程。

（1）打开动画制作界面

左键单击装配体界面状态栏左侧"模型"右端的"运动算例 1"按钮 运动算例 1 ，弹出动画制作界面，如图 11-35 所示。

（2）制作爆炸动画

左键单击动画制作界面上端的"动画向导"命令按钮 ，弹出【选择动画类型】对话框，如图 11-36 所示。选择动画类型为"爆炸"，单击 下一步(N) > 按钮，弹出【动画控制选项】对话框，设置动画的时间步长为"15"，开始时间为"1"，如图 11-37 所示。单击 完成 按钮，动画界面显示动画的时间步长控制，如图 11-38 所示。单击界面上端的"播放"按钮 ，即可观看截止阀爆炸动画。

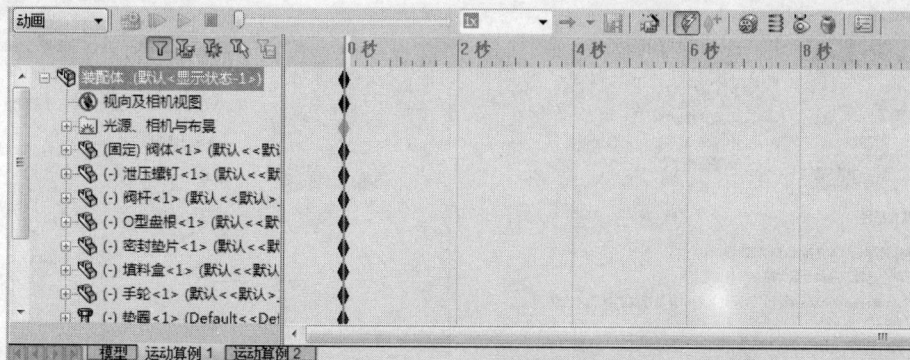

图 11-35　动画制作界面

图 11-36　动画类型的选择

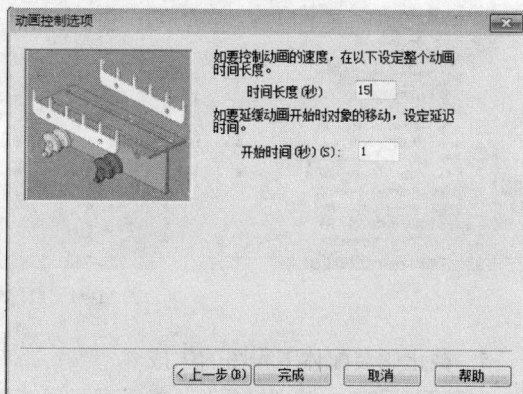

图 11-37　动画控制选项的设置

图 11-38　爆炸动画的生成

（3）制作解除爆炸动画

爆炸动画创建完毕后，可以进行解除爆炸动画的制作，连续演示截止阀拆装过程。单击动画制作界面上端的"动画向导"命令按钮 ，弹出【选择动画类型】对话框，如图 11-39 所示，选择动画类型为"解除爆炸"。单击 下一步(N) > 按钮，弹出【动画控制选项】对话框，设置动画的时间步长为"15"，开始时间为"17"，如图 11-40 所示。单击 完成 按钮，动画界面显示动画的时间步长控制，如图 11-41 所示。单击界面上端的"播放"按钮 ，即可观看截止阀解除爆炸动画。

单击"保存动画"按钮 ，保存到"光盘/第十一章/截止阀零部件"文件夹，文件名输入"装配体"。单击 保存(S) 按钮，完成该动画 AVI 格式的保存。

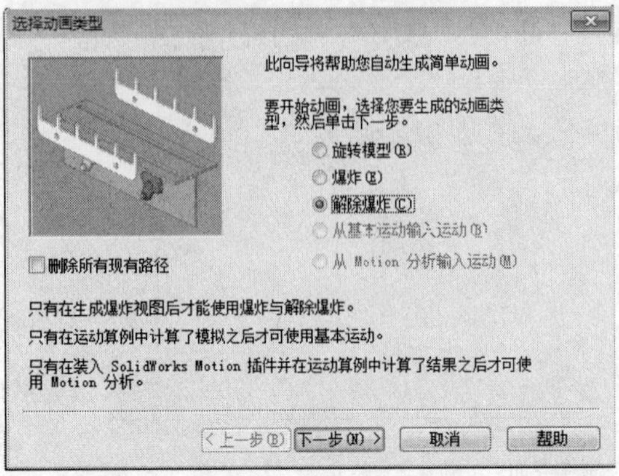

图 11-39　动画类型的选择 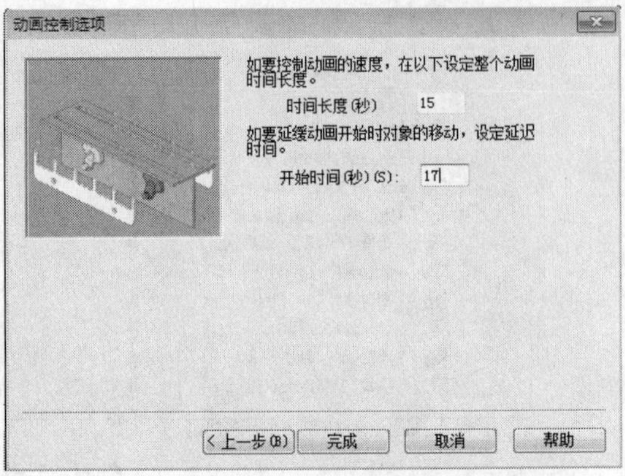　　　　　　　　图 11-40　动画控制选项的设置

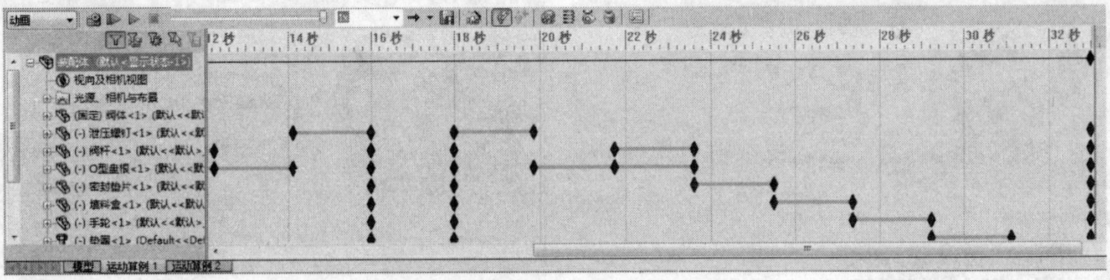

图 11-41　解除爆炸动画的生成

5．截止阀装配体工程图的生成

工程图是将 3D 模型转化为 2D 平面图形，可表达零部件之间的装配及相对位置关系和工作原理。应用 SolidWorks 2013 工程图命令生成截止阀装配体的工程图，可以进行查阅及打印。

界面仍为截止阀装配体界面，左键单击"新建"命令按钮 下标 中的"从零件/装配体制作工程图"命令，界面进入工程图环境，如图 11-42 所示。在弹出的【图纸格式/大小】选择框中，选择 A2 图纸，单击 确定(O) 按钮。软件输入图纸，开始截止阀装配体工程图的生成。

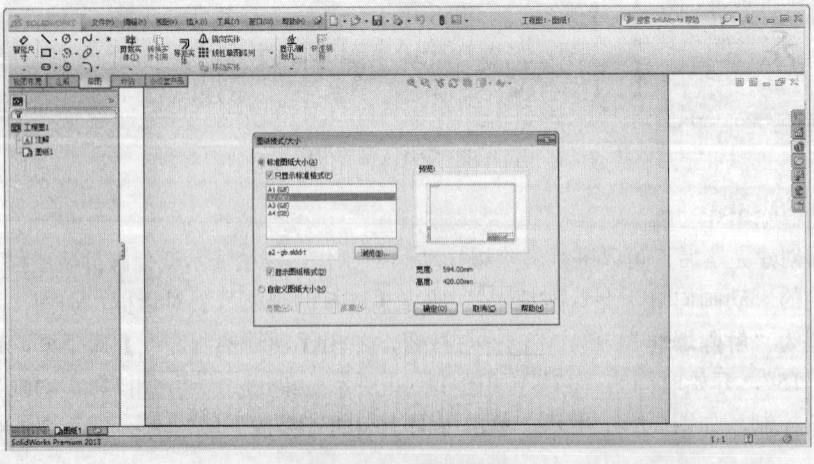

图 11-42　工程图界面

（1）设置工程图选项

左键单击菜单栏中的"选项"命令按钮 ，选择文档属性，进行以下绘图标准的修改。

① 注解。

左键单击选择"注解"标准，单击"文本"下的 字体(F)... 按钮，弹出【选择字体】对话框，设置如图 11-43（a）所示，单击 确定 按钮完成字体的设置。改变"依附位置"中所有箭头形式，单击下标 ，选择如图 11-43（b）所示的箭头类型。

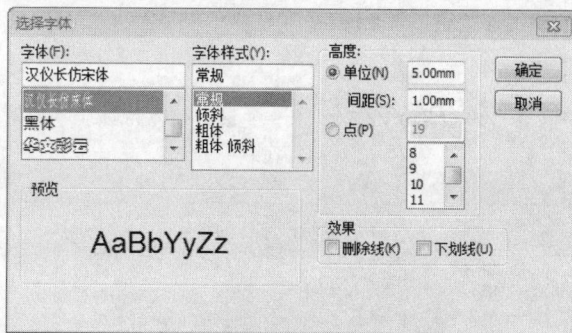

（a）【选择字体】对话框的设置

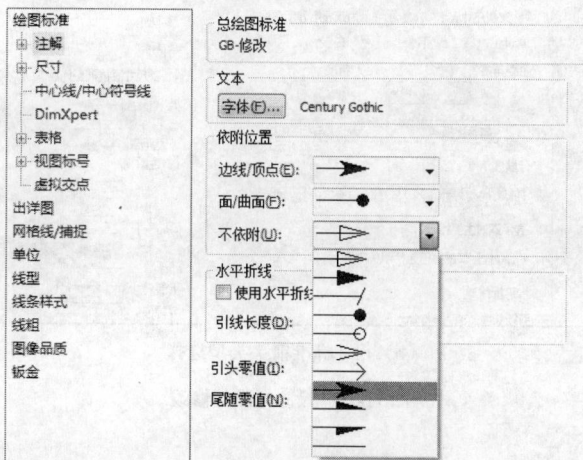

（b）注解标准箭头类型选择

图 11-43　注解标准的设置

② 尺寸。

修改尺寸标准中的字体及箭头，字体的修改如图 11-44（a）所示，箭头类型选择实心黑色，如图 11-44（b）所示。

③ 视图标号。

展开视图标号，左键单击选择剖面视图，修改右端中样式箭头为实心黑色。

④ 出详图。

左键单击选择"出详图"，勾选"视图生成时自动插入中心线"选项，在生成工程图时，中心线及中心符号将自动添加，方便绘图。

⑤ 线型。

"边线类型"中选中"可见边线"，样式为实线，线粗选择下标 中的 0.35mm，如图 11-45 所示。同样依次设置构造性曲线线粗为 0.18mm，区域剖面线/填充线线粗为 0.18mm，装饰螺纹线样式选择实线，线粗为 0.18mm。

⑥ 单击 确定 按钮，完成工程图选项的设置。

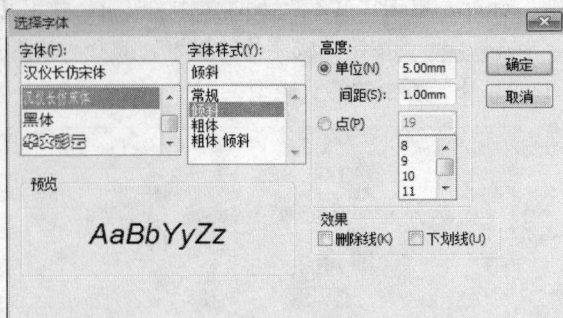

（a）尺寸标准字体的设置

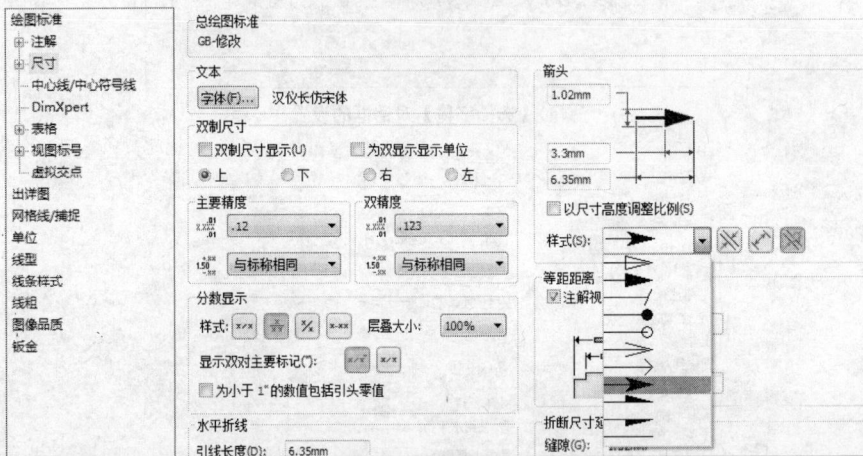

（b）尺寸标准箭头类型选择

图 11-44 尺寸标准的修改

（2）标准三视图

单击命令管理器中的"视图布局"工具栏，选择"标准三视图"命令按钮，属性管理器如图 11-46 所示。单击 浏览(B)... 按钮，软件自动加载截止阀装配体，如图 11-47（a）所示。单击【标准三视图属性管理器】中的 ✓ 按钮，完成三视图的创建，软件自动生成的中心线不满足实际要求，对其进行修改。单击"注解"工具栏中的"中心线符号"命令按钮 ⊕ 及"中心线"命令按钮 ⊟，添加相应的中心线符号和中心线，修改后的"标准三视图"如图 11-47（b）所示。

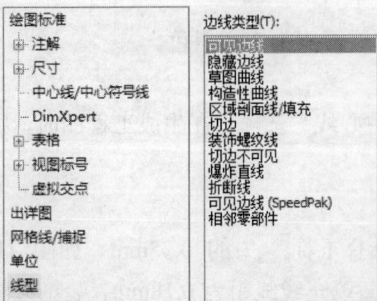

图 11-45 线型标准的设置

图 11-46 【标准三视图属性管理器】

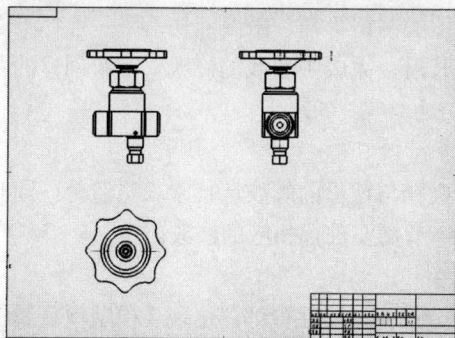

（a）软件自动生成的"标准三视图".　　　　　　　　（b）修改中心线

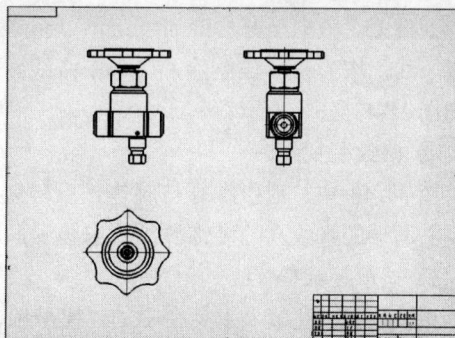

图 11-47　截止阀装配体"标准三视图"的创建

（3）剖面视图

图 11-47 中的"标准三视图"还不足以将截止阀装配体表达清楚，所以，需要将主视图改为剖面视图。

① 删除主视图。

左键单击选中主视图，单击右键，在弹出菜单中选择"删除"命令，在弹出的【确认删除】对话框中，单击 是(Y) 按钮，完成主视图的删除。

② 创建剖面视图。

在工程图界面中双击鼠标中键，整屏显示全图。单击"视图布局"工具栏中的"剖面视图"命令按钮，属性管理区提示绘制一条直线确定剖切位置，即为剖面视图中剖切符号（粗短画和箭头）的放置位置。在俯视图的水平中心线位置绘制直线后，弹出【剖面视图】对话框，勾选"自动打剖面线"，并从工程图下的装配体中选择不剖零部件泄压螺钉和阀杆，【剖面视图】对话框如图 11-48（a）所示。单击 确定 按钮，生成剖面视图，移动左键将其放在主视图的位置，主视图

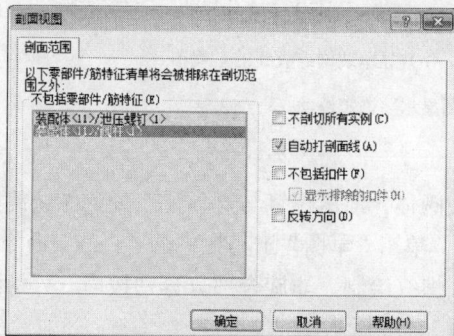

（a）【剖面视图】对话框　　　　　　　　（b）主视图

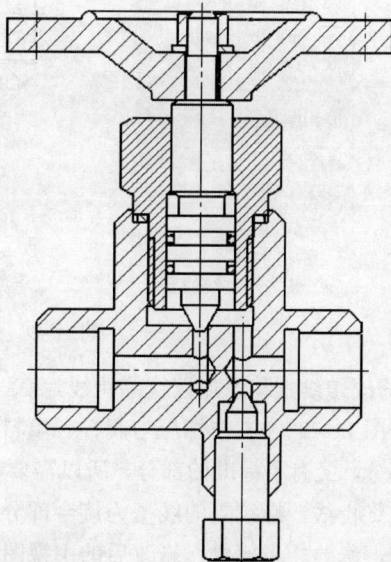

图 11-48　重新创建的主视图

为全剖视图。根据国家标准的规定，可删除主、俯视图的剖切符号，隐藏剖切箭头。选择不必要的中心线，按 Delete 键删除，选中中心线两端点调整长度，完成中心线的修改。重新创建的主视图如图 11-48（b）所示。

③ 修改主视图。

图 11-48 中，泄压螺钉与阀体、填料盒与阀体、阀杆与螺母的螺纹连接未表达清楚，同时阀体左右两端的螺纹孔的装饰螺纹线未显示，对于这些细节需要进行相应的修改。

a）显示装饰螺纹线。

单击选择"注解"工具栏中的"模型项目"命令按钮 ，属性管理器出现【模型项目属性管理器】，在"注解"一栏中选择装饰螺纹线，其他选项为默认，如图 11-49（a）所示。单击【模型项目属性管理器】中的 按钮，软件会弹出警告栏，单击 是(Y) 完成装饰螺纹线的显示，此处为了区别填料盒和阀体剖面线，将填料盒的剖面线角度修改为 90°。密封垫片的剖面线样式为 ANS138，剖面线图样比例为 8，其余为默认。修改后的主视图如图 11-49（b）所示。

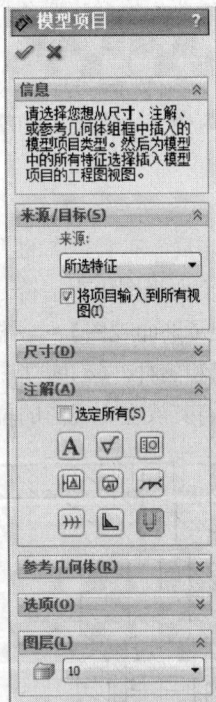

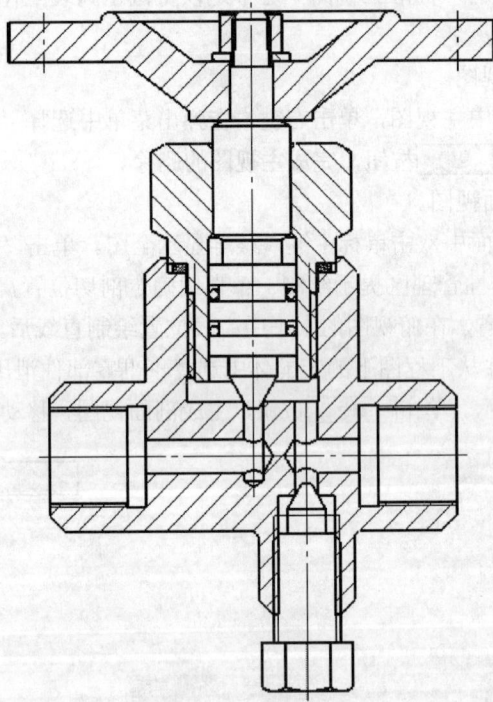

（a）装饰螺纹线的显示　　　　（b）显示装饰螺纹线的主视图

图 11-49　主视图显示装饰螺纹线

b）修改螺纹副和添加螺纹终止线。

检查图 11-49（b）中螺母与阀杆、填料盒与阀体、泄压螺钉与阀体，三处的螺纹终止线既有缺失的部分，又有不标准的部分，所以需要修改。单击"草图"工具栏中的"直线"命令按钮 ，绘制螺纹终止线，螺纹副的线型为旋合部分按外螺纹绘制，非旋合部分分别按内、外螺纹的规定画法绘制，修改相应部位，修改后的主视图如图 11-50 所示。

c）修改螺纹线处剖面线。

从图 11-50 中可以看出，螺纹线处的剖面线不符合国家标准，应对其进行修改。从上而下修改螺母、填料盒、阀体的剖面线，修改后的剖面线如图 11-51 所示。

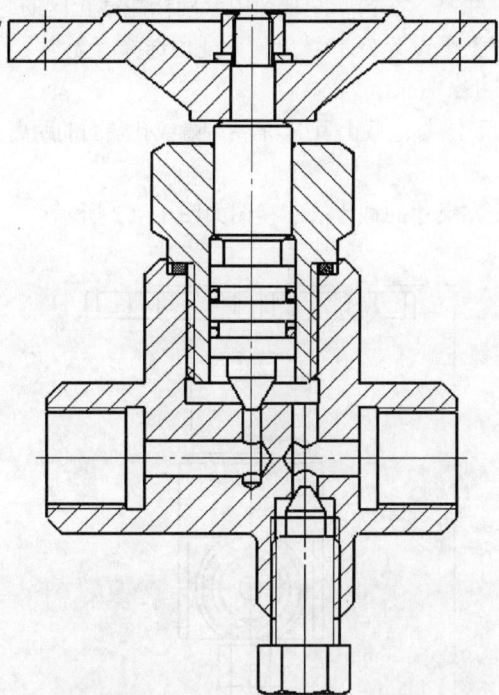

图 11-50 螺纹线的修改　　　　　　　　　　图 11-51 螺纹线处剖面线修改

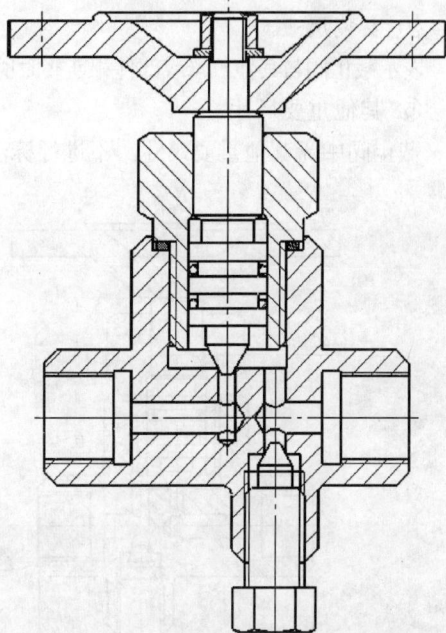

d）视图对齐。

左键单击选择主视图，单击右键，在弹出菜单中选择"视图对齐"中的"中心水平对齐"命令，左键单击左视图，完成主左视图的水平对齐。同样，选择"中心竖直对齐"，左键单击俯视图，完成主俯视图的竖直对齐。

（4）标注尺寸

装配图上应该标注的尺寸有：性能尺寸、装配尺寸、外形尺寸、安装尺寸及其他重要尺寸，这些尺寸由装配图的作用确定，并进一步说明机械的性能、工作原理、装配关系、连接方式和安装的要求。选择"注解"工具栏中的"智能尺寸"命令按钮 ，开始装配图尺寸的标注。单击【尺寸属性管理器】中的 按钮，完成尺寸的标注。

① 性能尺寸。

表示截止阀的性能和规格的尺寸，标注截止阀左右螺纹孔直径 M20×1.5，在【尺寸属性管理器】的标注尺寸文字中修改数值显示，该尺寸为选择截止阀的依据。

② 装配尺寸。

装配尺寸标注配合尺寸及相对位置尺寸。

配合尺寸：表示两个零件之间配合性质的尺寸，标注截止阀上下螺纹副 M27×2、M14 及 M8，阀杆与填料盒的孔轴配合 ϕ16 H7 / f7，【尺寸属性管理器】中"尺寸公差/精度"选择"套合"，分别设置孔 H7、轴 f7，选择"以直线显示层叠"按钮 ，其他选项为默认。

相对位置尺寸：表示在装配时保证零部件间相对位置的尺寸，截止阀中竖直的两条中心线之间的距离为 11。

③ 外形尺寸。

表示截止阀外形轮廓的尺寸，即总长、总宽、总高。在俯、左视图中分别标注截止阀的总长Φ100、总宽 100 及总高 137。在【尺寸属性管理器】中设置公差/精度，此处均选择"无"。

④ 安装尺寸。

表示截止阀与其他机器或部件相连接时所需要的尺寸，标注截止阀左、右两端螺纹孔端面的距离 84。

⑤ 其他重要尺寸。

截止阀中无其他重要尺寸，不进行标注，标注完尺寸的截止阀三视图如图 11-52 所示。

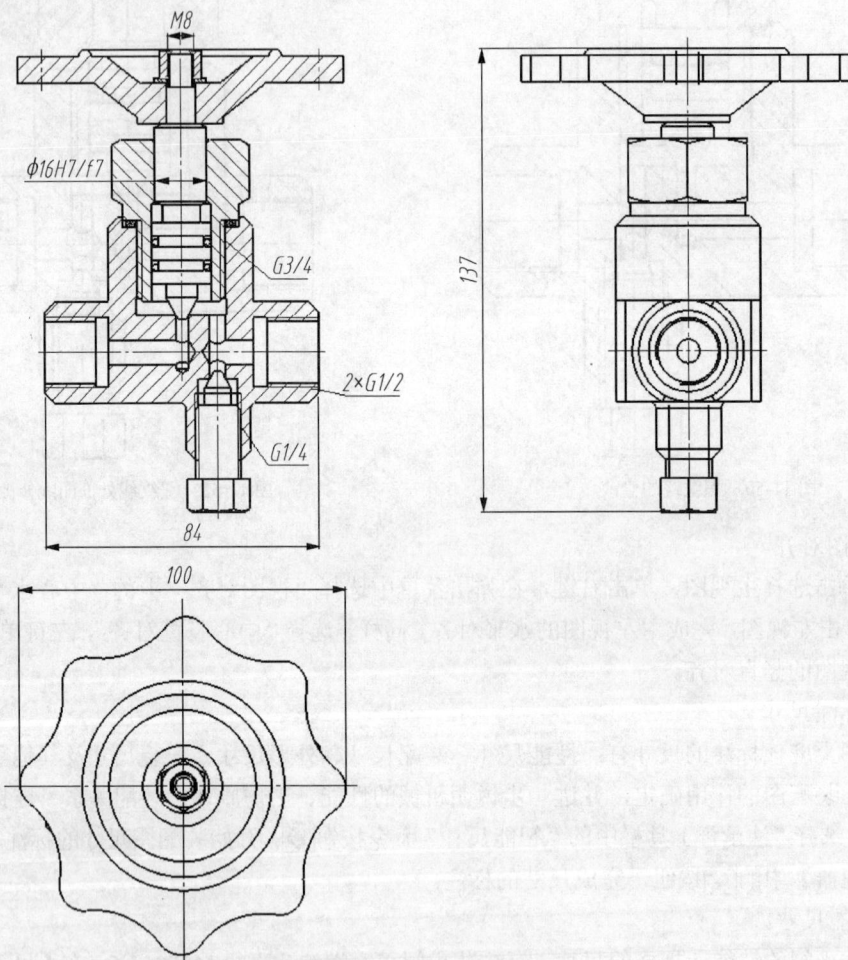

图 11-52　截止阀尺寸的标注

（5）插入零件序号

单击"注解"工具栏中的"自动零件序号"命令按钮，属性管理区出现【自动零件序号属性管理器】，"零件序号布局"的"阵列类型"选择"布置零件序号到方形"按钮，"零件序号设定"中"样式"下标中选择圆形，其他选项为默认，选择主视图为零件序号放置视图，如图 11-53 所示。

从图 11-53 可以看出，软件自动添加的零件序号不符合装配图零件序号的要求。对于截止阀零件较少的装配体，零件序号的添加可以选择手动；对于零件较多的装配体来说，一般情况下先自动生成零件序号，再对其进行调整，满足零件序号完整、顺序按照顺时针或逆时针排列的要求。

图 11-53 截止阀自动添加零件序号

截止阀零件序号按照顺时针排列，SolidWorks 2013 中添加有零件序号放置位置的磁力线，对齐零件序号，调节前后的零件序号如图 11-54 所示。

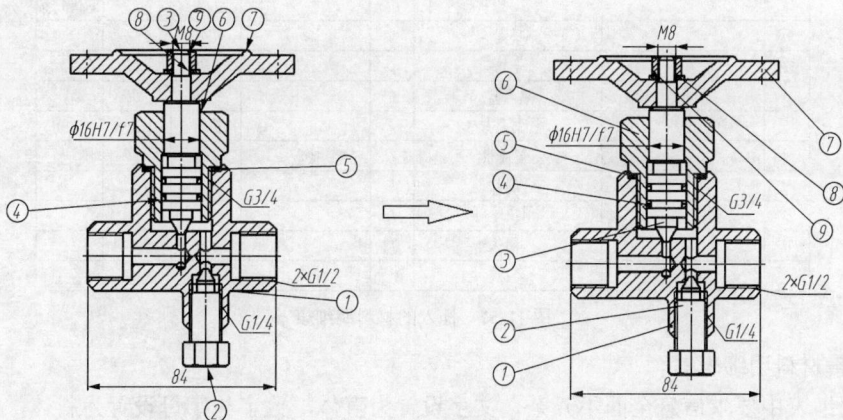

图 11-54 零件序号的调整

（6）材料明细表

材料明细表清楚地罗列出截止阀的零件基本情况。

① 插入材料明细表。

单击"注解"工具栏中的"表格"下标 中的"材料明细表"命令按钮 ，单击【材料明细表属性管理器】中"表格模板"命令按钮![icon]，弹出【打开】对话框，如图 11-55 所示。在软件文件夹中选择 gb-bom-material.sldbomtbt 文件，单击 打开(O) 按钮，打开该模板。"边界"选项中，在材料明细表的"框边界"![icon]的边界厚度下标![icon]中选择 0.25mm，"网络边界"![icon]的边界厚度下标![icon]中选择 0.18mm，其他选项为默认，如图 11-56 所示。在工程图图纸任意空白位置单击左键完成材料明细表的插入，如图 11-57 所示。

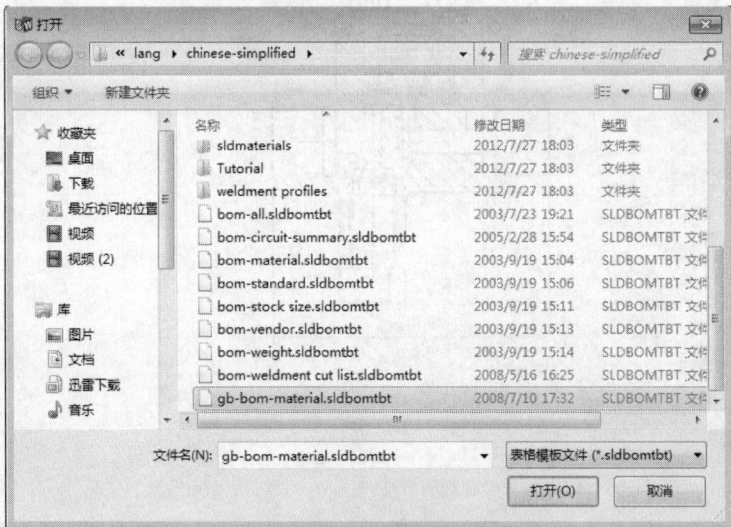

图 11-55　材料明细表表格模型的选择

图 11-56　【材料明细表属性管理器】

9			1		0.00	0.00	GB6170—86
8		垫圈	1		0.00	0.00	
7		手轮	1		0.00	0.00	
6		填料盒	1		0.00	0.00	
5		密封垫片	1		0.00	0.00	
4		O 型盘根	2	橡胶	0.00	0.00	
3		阀杆	1		0.00	0.00	
2		泄压螺钉	1		0.00	0.00	
1		阀体	1		0.00	0.00	
序号	代号	名称	数量	材料	单重	总重	备注

图 11-57　插入的材料明细表

② 编辑材料明细表。

材料明细表中要求信息全面不冗杂，文字设置为直体，数字与字母设置为斜体，从图 11-57 中可以看出，软件的材料明细表模板与实际要求存在一定的差异，应做进一步的修改。

a）删除"单重"、"总重"两栏。

如果没有要求则可删除"单重"、"总重"两栏。鼠标放于材料明细表时，上端出现字母标示，选中 G 栏，单击右键选择"删除"中的"列"命令，如图 11-58（a）所示，完成"总重"一栏的删除。用同样的方法删除"单重"栏，删除多余栏后的材料明细表如图 11-58（b）所示。

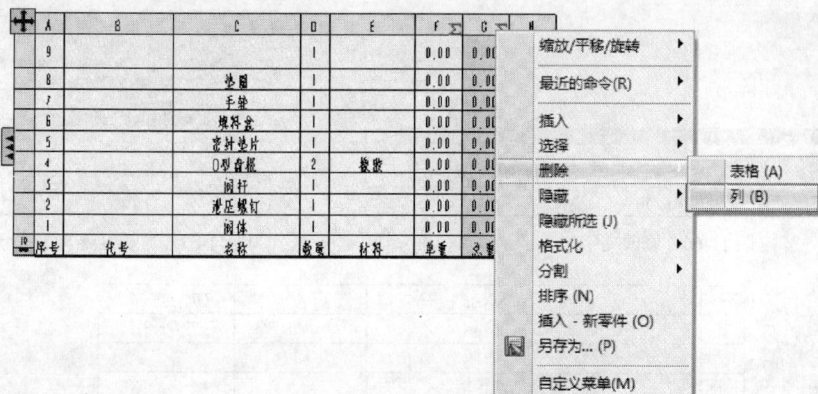

（a）"总重"一栏的删除

（b）删除多余栏后的材料明细表

图 11-58 材料明细表多余栏的删除

b）修改字体。

左键单击 A 栏，出现文字编辑对话框，单击"文档字体"按钮 ，弹出【字体修改】对话框，如图 11-59 所示。单击"倾斜"按钮 ，此时该栏均为斜体字；单击"序号"名称框，取消倾斜按钮。用同样的方法修改"数量"一栏的字体，左键单击图纸空白处完成字体的修改。

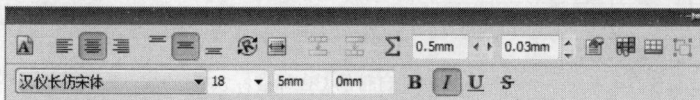

图 11-59 【字体修改】对话框

c）修改"名称"一栏的文字。

将"名称"修改为"零件名称"，左键双击"名称"一栏出现输入框，名称前输入"零件"两字，如图 11-60 所示，左键单击图纸空白处完成文字的修改。

d）添加材料明细表内容。

左键双击序号 9 对应的零件名称栏，弹出【属性连接】对话框，如图 11-61 所示。单击 保持连接(P) 按钮，输入零件名称——"螺母 M8"，左键单击图纸空白处完成零件名称的添加。用相同的方法输入其余零件材料及其备注信息，并修改字体格式，满足文字均为直体、数字与字母均为斜体的要求，修改后的材料明细表如图 11-62 所示。

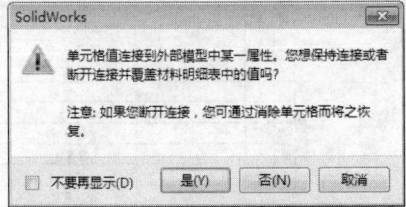

图 11-60　修改文字　　　　　　　　　图 11-61　【属性连接】提示框

9		螺母M8	1	A3	GB6170—86
8		垫圈	1	A3	GB972—85
7		手轮	1	45	
6		填料盒	1	H62	
5		密封垫片	1	A3	
4		O型盘根	2	橡胶	
3		阀杆	1	45	
2		泄压螺钉	1	45	
1		阀体	1	H62	
序号	代号	零件名称	数量	材料	备注

图 11-62　材料明细表

（7）编辑图纸格式

在特征管理设计树中右键单击"图纸格式 1"，在弹出菜单中选择"编辑图纸格式"命令，图纸进入编辑状态。图纸格式主要对其标题栏进行修改。

SolidWorks 2013 给定的 GB 标准的标题栏如图 11-63（a）所示，修改细节使其更满足我国国家标准要求的标题栏格式，如图 11-63（b）所示。

（a）软件自带的 GB 标准标题栏

（b）修改后的标题栏

图 11-63　标题栏的修改

在特征管理设计树中右键单击"图纸格式 1",在弹出菜单中选择"编辑图纸",如图 11-64 所示,即为恢复的截止阀装配图界面。

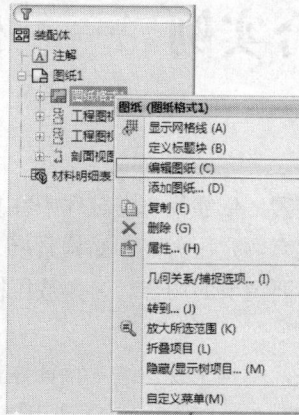

图 11-64 退出编辑图纸格式

最终生成的截止阀装配体的工程图如图 11-65 所示。单击菜单栏的"保存"按钮 ,保存到"光盘/第十一章/截止阀零部件"文件夹,文件名输入"装配体"。单击 保存(S) 按钮,完成装配体工程图的保存。

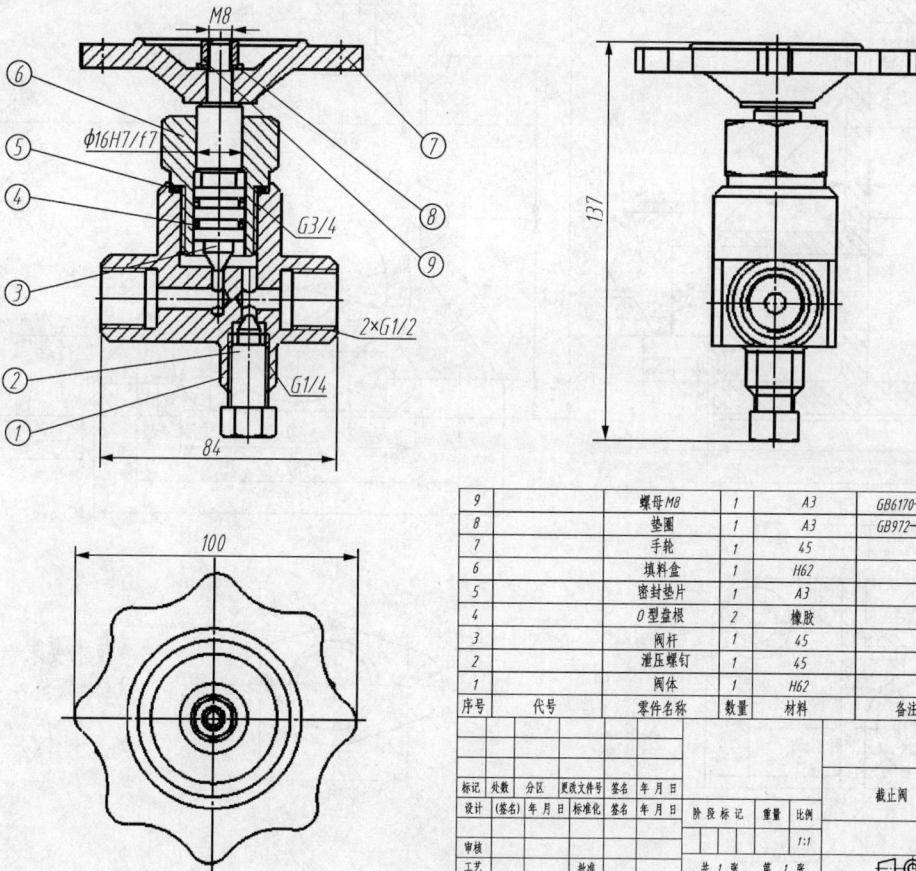

9		螺母M8	1	A3	GB6170—86
8		垫圈	1	A3	GB972—85
7		手轮	1	45	
6		填料盒	1	H62	
5		密封垫片	1	A3	
4		O型盘根	2	橡胶	
3		阀杆	1	45	
2		泄压螺钉	1	45	
1		阀体	1	H62	
序号	代号	零件名称	数量	材料	备注

图 11-65 截止阀工程图

11.3 综合实例二——偏心柱塞泵

侧重点：泵体零件的建模

柱塞泵是液压系统的一个重要装置，依靠柱塞在缸体中往复运动，使密封工作容腔的容积发生变化来实现吸油、压油。柱塞泵具有额定压力高、结构紧凑、效率高和流量调节方便等优点，被广泛应用于高压、大流量和流量需要调节的场合，诸如液压机、工程机械和船舶中。

1．创建泵体

泵体是偏心柱塞泵中的基体零件，结构主要由基本特征建模实现，图 11-66 所示为泵体的二维平面图形，主、俯、左视图及向视图 A。主视图为全剖视图，俯视图为轴对称图形的简略画法，俯、左视图的螺纹孔、阶梯孔部分均采用了局部剖视，未注铸造圆角 R3。

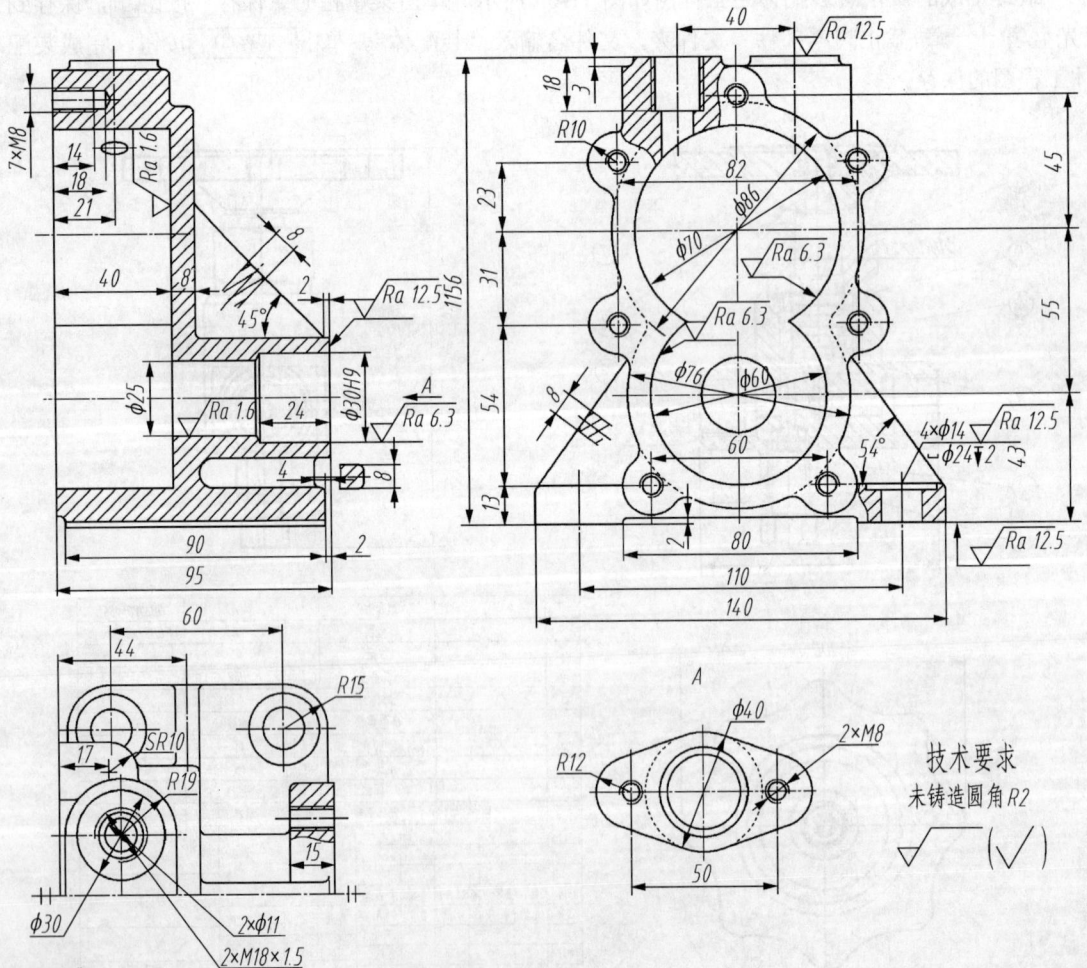

图 11-66　泵体的二维平面图

（1）创建泵体思路

泵体的主要建模命令为"拉伸凸台/基体"，建模过程中注意视图的选择及草图的绘制。泵体建模的顺序为从前到后、从中间到两侧。

① *Φ*86 及 *Φ*76（左视图）的圆柱是 7×M8 螺纹孔基体，草图原点为 *Φ*76 圆心，使用"拉伸凸台/基体"命令创建该部分。

② R10（左视图）凸台，使用"旋转凸台/基体"命令创建最顶端的凸台，结合"草图驱动阵列"命令完成其他凸台的创建。

③ 应用"异型孔向导"创建 7×M8 螺纹孔，孔类型由主视图决定，位置由左视图决定。

④ 向视图 A 即法兰结构，"草图"创建的平面为 7×M8 螺纹孔基体背面，使用"拉伸凸台/基体"命令成形。

⑤ 建立距离上视基准面 43mm（左视图）的基准面 1。

⑥ 基准面 1 上绘制泵体底座，底座草图尺寸由俯、左视图确定。

⑦ 建立距离底座下端面 156mm（左视图）的基准面 2。

⑧ 基准面 2 上绘制 2×M18×1.5 凸台草图，使用草图镜像命令完成两端凸台的同时创建，使用"拉伸凸台/基体"命令创建实体。

⑨ 使用"拉伸切除"命令创建 *Φ*86 及 *Φ*76 上圆柱孔 *Φ*70 及 *Φ*60 孔。

⑩ 使用"旋转切除"命令创建法兰基体 *Φ*25 及 *Φ*30H9 孔。

⑪ 使用"异型孔向导"命令创建顶端凸台螺纹孔 2×M18×1.5 及 *Φ*11 光孔。

⑫ 使用"异型孔向导"命令创建底座阶梯孔 4×*Φ*14 锪平 *Φ*24。

⑬ 使用"异型孔向导"命令创建 7×M8 及 2×M8，孔中心位置分别位于 R10、R12 圆弧圆心。

⑭ 使用"筋"命令创建泵体的四个相同端面结构的筋。

⑮ 创建圆角，保存零件。

（2）创建泵体

① 新建文件。

左键单击选择菜单栏的"新建"命令按钮▯，弹出【新建 SolidWorks 文件】对话框，选择零件▯，单击 ▭确定▭ 按钮。

② 创建 7×M8 螺纹孔基体。

7×M8 螺纹孔依附在 *Φ*86 及 *Φ*76 圆柱上，左键单击选择前视基准面，单击"草图"工具栏中的"草图绘制"命令按钮▯，进入草图绘制界面，绘制泵体上端旋转草图，如图 11-67（a）所示。单击图形区右上角的按钮▯，退出草图 1。

单击"特征"工具栏中的"拉伸凸台/基体"命令按钮▯，选择绘制的草图 1，"终止条件"选择"给定深度"，"深度"输入"48"，方向为 Z 轴正向。单击【凸台—拉伸属性管理器】中的▯按钮，完成上端凸台 1 的创建，如图 11-67（b）所示。

③ 创建 R10 凸台。

7×M8 螺纹孔所在的 R10 凸台的形状及位置尺寸可由俯、左视图确定。选择右视基准面，单击"草图"工具栏中的"草图绘制"命令按钮▯，进入草图绘制界面。绘制泵体上端旋转草图，如图 11-68（a）所示。单击图形区右上角的按钮▯，退出草图 2。

单击"特征"工具栏中的"旋转凸台/基体"命令按钮▯，选择草图 2，【旋转属性管理器】

的设置保持默认。单击【凸台—拉伸属性管理器】中的☑按钮，完成上端基体的创建，如图 11-68 （b）所示。其他相同凸台采用"草图驱动的阵列"命令完成。选择 7×M8 螺纹孔基体前表面，绘制草图驱动阵列的草图 3，如图 11-68（c）所示。

（a）草图 1 的绘制   （b）7×M8 螺纹孔基体的创建

图 11-67   创建 7×M8 螺纹孔基体

单击"特征"工具栏中"线性阵列"下标 ▾ 的"草图驱动的阵列"命令按钮，在"参考草图" 中选择"草图 3"，在"要阵列的特征"中选择"旋转 1"即 R10 凸台，其他选项为默认。单击【由草图驱动的阵列属性管理器】中的☑按钮，完成草图驱动的阵列，即完成其余凸台的创建，如图 11-68（d）所示。

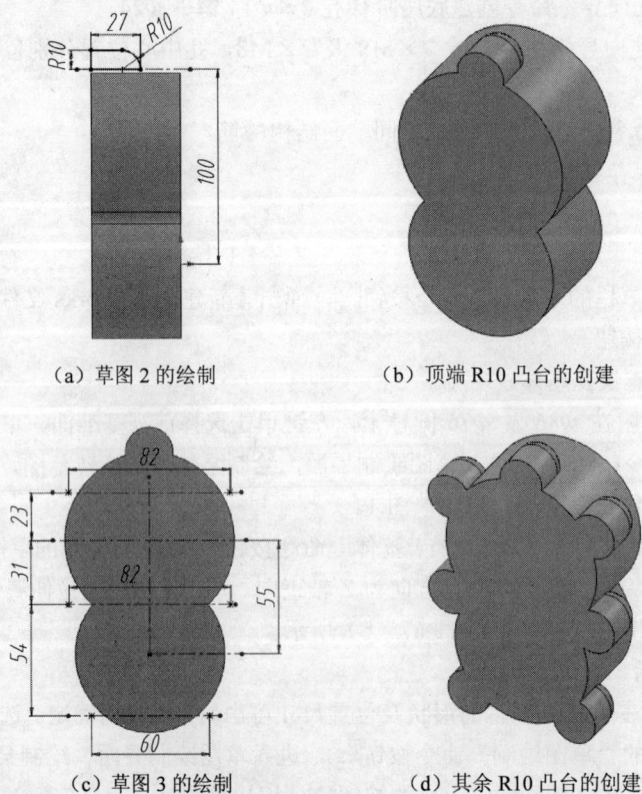

（a）草图 2 的绘制   （b）顶端 R10 凸台的创建

（c）草图 3 的绘制   （d）其余 R10 凸台的创建

图 11-68   创建 R10 凸台

④ 向视图 A 法兰结构。

左键单击选择 7×M8 螺纹孔基体前端面，单击"草图"工具栏中的"草图绘制"命令按钮，进入草图绘制界面，绘制法兰与基体的连接部分草图 4，如图 11-69（a）所示。单击图形区右上角的按钮，退出草图 4。

单击"特征"管理器中的"拉伸凸台/基体"命令按钮，选择绘制的草图 4，"终止条件"选择"给定深度"，"深度"输入"95"，方向为 Z 轴负向。单击【凸台—拉伸属性管理器】中的按钮，完成法兰与基体的连接部分的创建，如图 11-69（b）所示。

向视图 A 法兰结构，左键单击选择"凸台—拉伸 2"即连接部分的后端面，单击"草图"工具栏中的"草图绘制"命令按钮，进入草图绘制界面，绘制向视图 A 草图 5，如图 11-69（c）所示。单击图形区右上角的按钮，退出草图 5。

单击"特征"工具栏中的"拉伸凸台/基体"命令按钮，选择绘制的草图 5，"终止条件"选择"给定深度"，"深度"输入"15"，方向为 Z 轴正向。单击【凸台—拉伸属性管理器】中的按钮，完成法兰的创建，如图 11-69（d）所示。

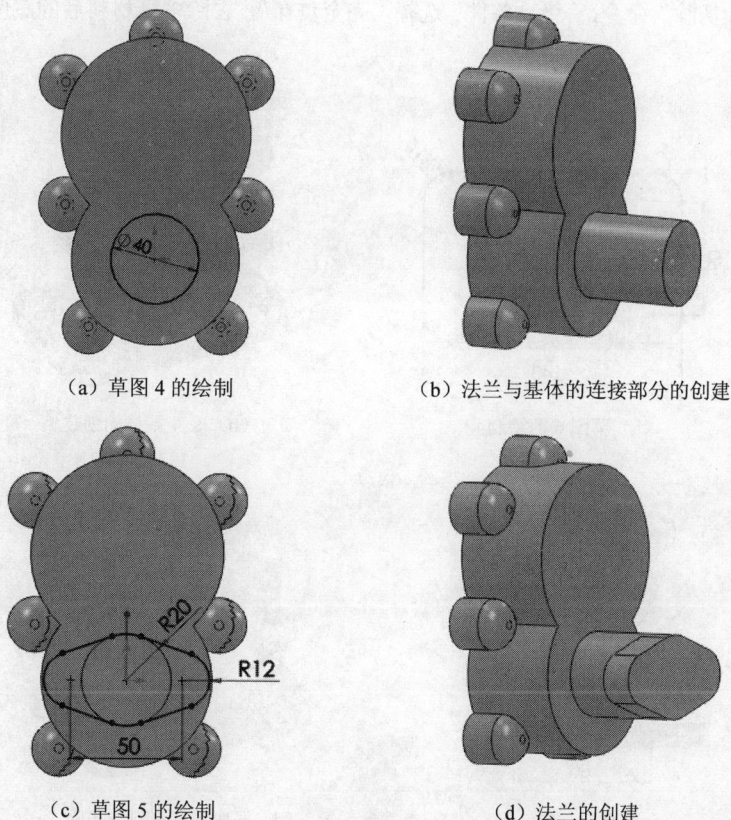

（a）草图 4 的绘制 （b）法兰与基体的连接部分的创建

（c）草图 5 的绘制 （d）法兰的创建

图 11-69 创建向视图 A 法兰结构

⑤ 基准面 1。

创建基准面 1，为泵体底座创建提供草图绘制平面，单击"特征"工具栏中的"参考几何体"下标的"基准面"命令按钮，在特征管理设计树中，"第一参考"选择"上视基准面"，"偏移距离"输入"43"，左键单击勾选"反转"，如图 11-70 所示。单击【基准面属性管理器】中的按钮，完成基准面 1 的创建。

⑥ 泵体底座。

左键单击选择基准面 1，单击"草图"工具栏中的"草图绘制"命令按钮🔲，进入草图绘制界面，绘制泵体底座草图 6，如图 11-71（a）所示。单击图形区右上角的按钮🔲，退出草图 6。

单击"特征"工具栏中的"拉伸凸台/基体"命令按钮🔲，选择绘制的草图 6，"终止条件"选择"给定深度"，"深度"输入"13"，方向为 Y 轴正向。单击【凸台—拉伸属性管理器】中的✅按钮，完成泵体底座的创建，如图 11-71（b）所示。

底座部分的多余材料需要去除，左键单击选择底座后端面，进入草图界面，绘制草图 7，如图 11-71（c）

图 11-70 基准面 1 的创建

所示。采用"拉伸切除"命令，"终止条件"选择"完全贯穿"，去除多余材料后的底座如图 11-71（d）所示。

（a）草图 6 的绘制

（b）底座基体的创建

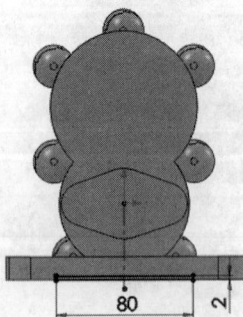

（c）草图 7 的绘制

（d）底座多余材料的去除

图 11-71 创建底座

⑦ 基准面 2。

创建基准面 2，为泵体上端凸台创建提供草图绘制平面，左键单击选择"特征"工具栏中的"参考几何体"下标🔽的"基准面"命令按钮🔲，在特征管理设计树中，"第一参考"选择"基准面 1"，"偏移距离"输入"153"，如图 11-72 所示。单击【基准面属性管理器】中的✅按钮，完成基准面 2 的创建。

⑧ 2×M18×1.5 凸台。

左键单击选择基准面 2，单击"草图"工具栏中的"草图绘制"命令按钮 🖾，进入草图绘制界面，绘制泵体上端面草图 8，如图 11-73（a）所示。单击图形区右上角的按钮 🖾，退出草图 8。

单击"特征"工具栏中的"拉伸凸台/基体"命令按钮 🖾，选择绘制的草图 8，"终止条件"选择"成形到一面"，"面"选择"圆弧面"。单击【凸台—拉伸属性管理器】中的 ✅ 按钮，完成 2×M18×1.5 基体的创建，如图 11-73（b）所示。

左键单击选择基体上端面，绘制高 3mm 的螺纹孔凸台草图 9，如图 11-73（c）所示。使用"拉伸凸台/基体"命令成形给定深度 3mm 的凸台，如图 11-73（d）所示。

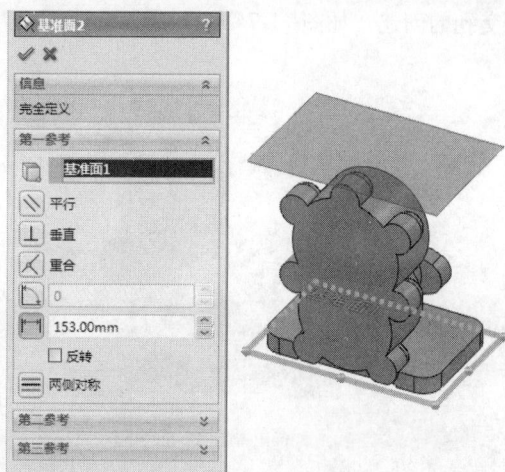

图 11-72　基准面 2 的创建

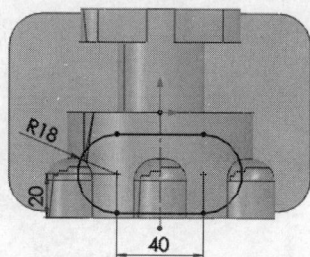

（a）草图 8 的绘制

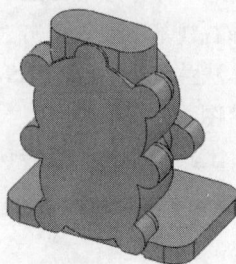

（b）2×M18×1.5 基体的创建

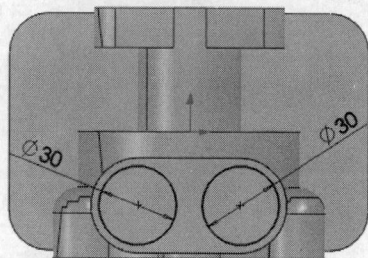

（c）草图 9 的绘制

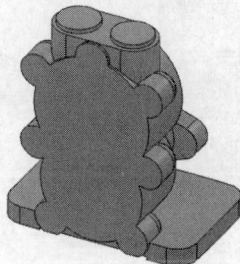

（d）凸台的创建

图 11-73　创建 2×M18×1.5 凸台

⑨ Φ70 及 Φ60 孔。

Φ70 及 Φ60 孔为 Φ86、Φ76 圆柱相交孔，深度为 40mm。

左键单击选择基准面 2，单击"草图"工具栏中的"草图绘制"命令按钮 🖾，进入草图绘制界面，绘制泵体 Φ70 及 Φ60 孔草图 10，如图 11-74（a）所示。单击图形区右上角的按钮 🖾，退出草图 10。

单击"特征"工具栏中的"拉伸切除"命令按钮 🖾，选择绘制的草图 10，"终止条件"选择

"给定深度"，"深度"输入"40"。单击【切除—拉伸属性管理器】中的 ✅ 按钮，完成 Φ70 及 Φ60 相交孔的创建，如图 11-74（b）所示。

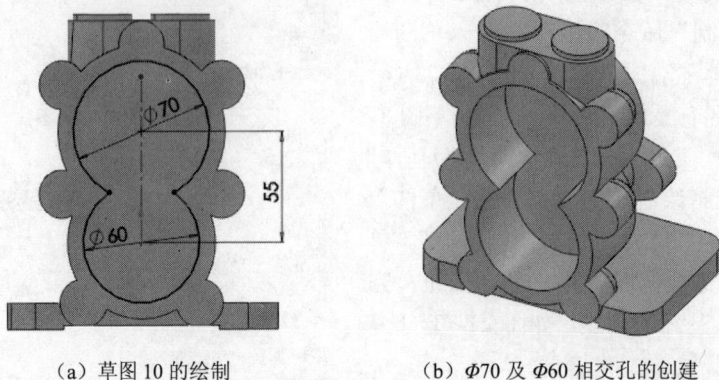

(a) 草图 10 的绘制   (b) Φ70 及 Φ60 相交孔的创建

图 11-74　创建 Φ70 及 Φ60 孔

⑩ 法兰 Φ25 及 Φ30H9 阶梯孔

采用"旋转切除"命令成形法兰 Φ25 及 Φ30H9 阶梯孔最为合适。

左键单击选择右视基准面，单击"草图"工具栏中的"草图绘制"命令按钮 🖫 ，进入草图绘制界面，绘制泵体法兰 Φ25 及 Φ30H9 阶梯孔草图 11，如图 11-75（a）所示。单击图形区右上角的按钮 🖫 ，退出草图 11。

单击"特征"工具栏中的"旋转切除"命令按钮 🔝 ，选择绘制的草图 11，其他选项为默认。单击【切除—旋转属性管理器】中的 ✅ 按钮，完成法兰 Φ25 及 Φ30H9 阶梯孔的创建，如图 11-75（b）所示。

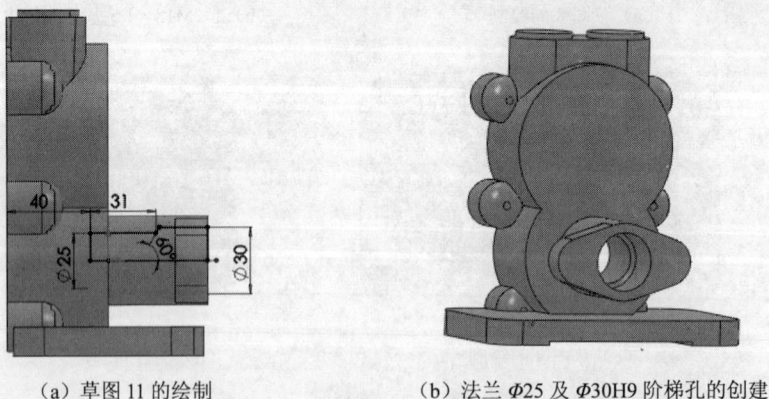

(a) 草图 11 的绘制   (b) 法兰 Φ25 及 Φ30H9 阶梯孔的创建

图 11-75　创建法兰 Φ20 及 Φ30H9 阶梯孔

⑪ 2×M18×1.5 螺纹孔及 Φ11 光孔。

单击"特征"工具栏中的"异型孔向导"命令按钮 🖫 ，属性管理器中"孔类型"选择旧制孔，左键双击截面尺寸下的数值，修改孔尺寸，如图 11-76（a）所示，位置选择 2×M18×1.5 凸台圆心。单击【异型孔向导属性管理器】中的 ✅ 按钮，完成孔的创建。选择【插入】|【注解】|"装饰螺纹线"命令，分别添加孔的螺纹线，如图 11-76（b）所示。单击【装饰螺纹线属性管理器】

中的 ✅ 按钮，完成 2×M18×1.5 螺纹孔及 Φ11 光孔的创建。

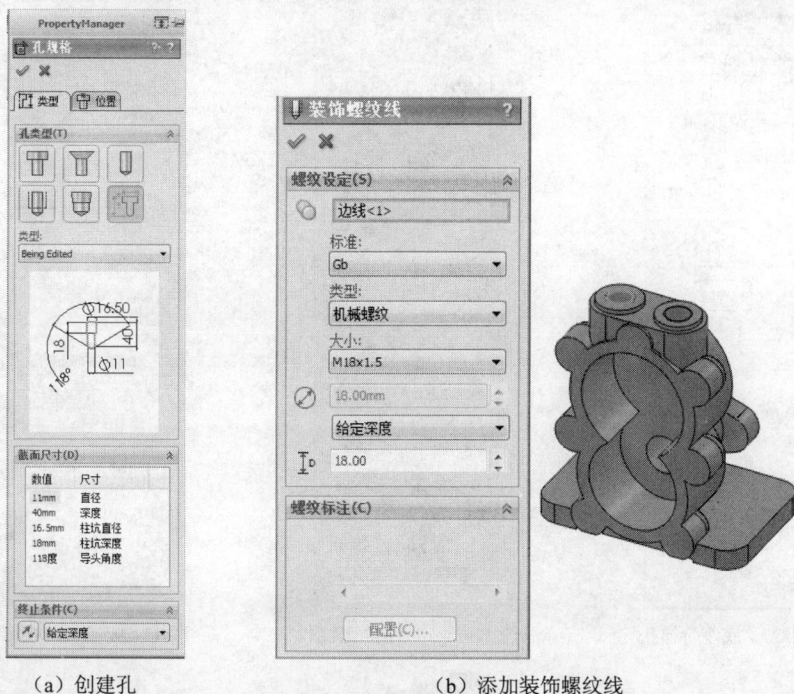

（a）创建孔　　　　　　　　　（b）添加装饰螺纹线

图 11-76　创建 2×M18×1.5 螺纹孔及 Φ11 光孔

⑫ 底座 4×Φ14 锪平 Φ20 阶梯孔。

底座阶梯孔是泵体固定的关键部位，孔的创建应用"异型孔向导"命令。

单击"特征"工具栏中的"异型孔向导"命令按钮🔘，属性管理器中"孔类型"选择旧制孔，左键双击截面尺寸下的数值，修改孔尺寸，如图 11-77 所示，位置分别选择底座圆弧圆心。单击【异型孔向导属性管理器】中的 ✅ 按钮，完成阶梯孔的创建。

⑬ 7×M8 及 2×M8 螺纹孔。

单击"特征"工具栏中的"异型孔向导"命令按钮🔘，属性管理器中的"孔类型"选择直螺纹孔，"标准"选择"Gb"，"类型"选择"螺纹孔"，"大小"选择"M8"，"终止条件"选择"给定深度"，"深度"输入"18mm"，其他设置为默认，如图 11-78 所示。单击【异型孔向导属性管理器】中的 ✅ 按钮，完成泵体 7×M8 螺纹孔的创建。用与创建 7×M8 螺纹孔相同的方法，创建法兰部分的螺纹孔，【孔属性管理器】的设置如图 11-79 所示。单击【孔属性管理器】中的 ✅ 按钮，完成泵体 7×M8、2×M8 螺纹孔的创建。

用"异型孔向导"创建完孔的泵体模型如图 11-80 所示。

⑭ 筋。

泵体模型中包含了四个断面结构相同的筋特征，起到加强泵体强度的作用。

筋 1：左键单击选择右视基准面为筋 1 草图的绘制平面，设置筋 1 的属性管理器如图 11-81 所示。单击【筋属性管理器】中的 ✅ 按钮，完成筋 1 的创建。

筋 2：左键单击选择右视基准面为筋 2 草图的绘制平面，设置筋 2 的属性管理器如图 11-82 所示。单击【筋属性管理器】中的 ✅ 按钮，完成筋 2 的创建。

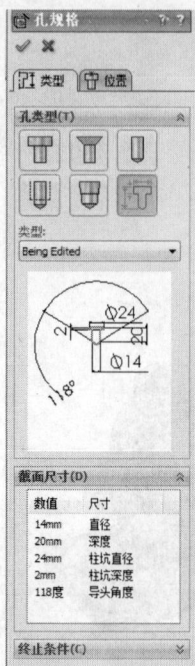

图 11-77　底座阶梯孔　　　　图 11-78　7×M8 螺纹孔　　　　图 11-79　2×M8 螺纹孔

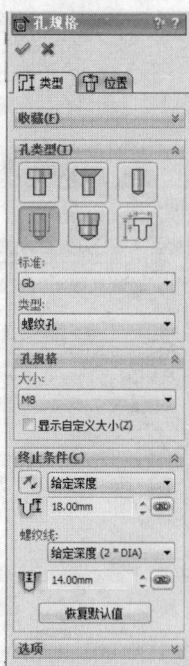

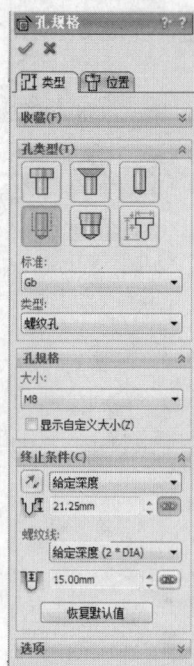

图 11-80　创建孔后的泵体模型

图 11-81　创建筋 1　　　　　　　　　图 11-82　创建筋 2

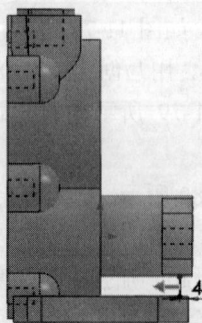

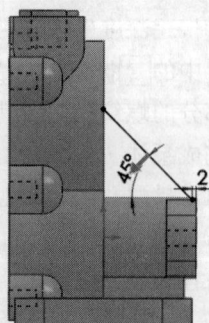

筋 3：创建基准面 3，【基准面属性管理器】的设置如图 11-83（a）所示。在基准面 3 为筋 3 草

图绘制平面，设置筋 3 的属性管理器如图 11-83（b）所示。单击【基准面属性管理器】中的 ✓ 按钮，完成筋 3 的创建。采用"特征"工具栏中的"镜像"命令，右视基准面为镜像面，镜像筋 3 特征。

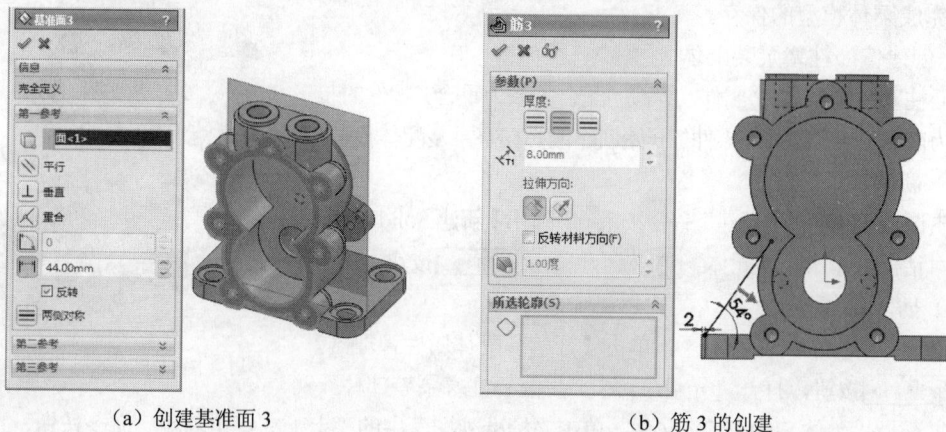

（a）创建基准面 3　　　　　　　　　　（b）筋 3 的创建

图 11-83　创建筋 3

⑮ 圆角。

左键单击选择"特征"工具栏中的"圆角"命令 ⬜，分别创建半径为 2、3、1 的圆角，属性管理器的设置如图 11-84 所示。单击【圆角属性管理器】中的 ✓ 按钮，完成圆角的添加。

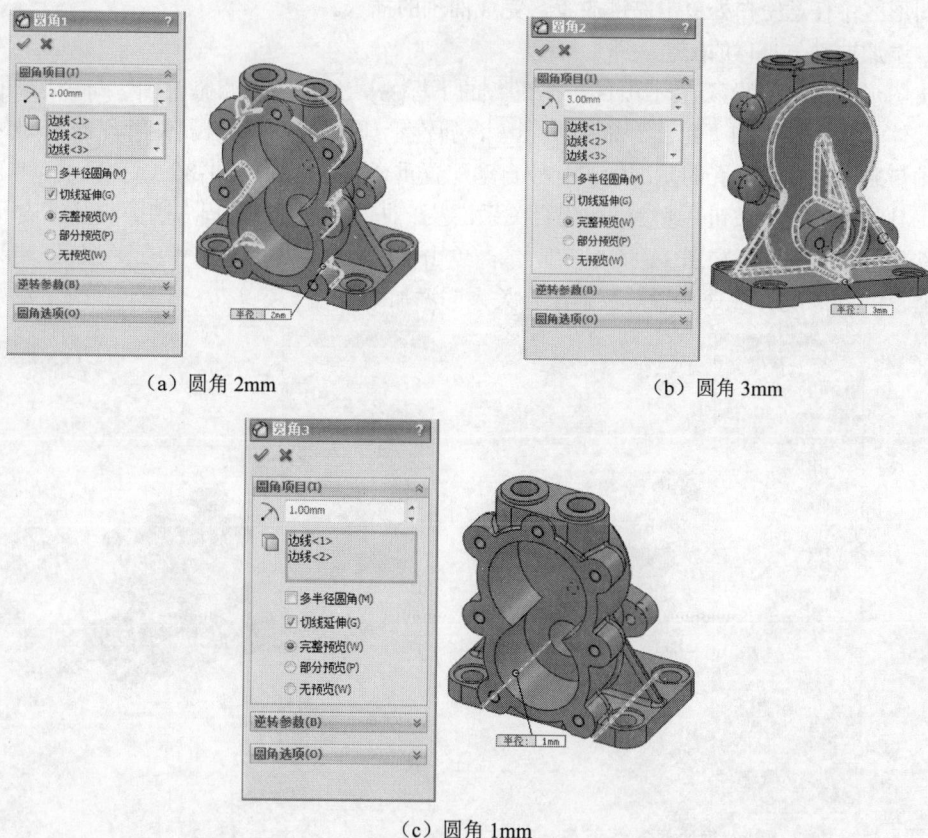

（a）圆角 2mm　　　　　　　　　　（b）圆角 3mm

（c）圆角 1mm

图 11-84　创建圆角

完成的泵体模型如图 11-85 所示，单击"保存"按钮🔲，保存文件夹选择"光盘/第十一章/偏心柱塞泵零部件"文件夹，文件名输入"泵体"。单击 保存(S) 按钮，完成泵体模型的保存。

2．创建偏心柱塞泵装配体

偏心柱塞泵包含 13 个零件，零件的配合关系为重合，零件的装配顺序为前后型。关闭泵体零件，开始创建偏心柱塞泵装配体模型。

（1）新建文件

单击选择菜单栏的"新建"命令按钮🔲，弹出【新建 SolidWorks 文件】对话框，单击"装配体"🔳按钮，单击 确定 按钮。

（2）插入泵体

在装配体界面的属性管理区，单击【开始装配体属性管理器】中的 浏览(B)... 按钮，打开"光盘/第十一章/偏心柱塞泵零部件"

图 11-85　泵体模型

文件夹，选择"泵体.SLDPRT"文件。单击"标准视图"中的"上下二等角轴测"命令按钮，在图形区中任意空白处单击左键放置泵体，完成泵体的插入。该零件为装配体基体零件，配合关系为固定。

（3）插入曲轴

单击"装配体"工具栏中的"插入零部件"命令按钮🔳，单击【插入零部件属性管理器】中的按钮 浏览(B)... ，打开"光盘/第十一章/偏心柱塞泵零部件"文件夹，选择"曲轴.SLDPRT"文件。在图形区中任意空白处单击左键放置，完成曲轴的插入。

（4）添加曲轴与泵体的配合关系

单击图形区上方"隐藏/显示项目"按钮🔳的下标▾，选择"观阅临时轴"命令按钮🔳。单击"装配体"工具栏中的"配合"命令按钮🔳，属性管理区出现【配合属性管理器】，选择曲轴的基准轴与泵体法兰阶梯孔的基准轴，软件自动配置重合关系，如图 11-86（a）所示。单击【配合弹出工具栏】中的🔳按钮，继续添加配合关系，选择曲轴最大直径圆周右端面与泵体内孔端面，软件自动配置重合关系，如图 11-86（b）所示。单击【配合弹出工具栏】中的🔳按钮，再单击属性管理器上的🔳按钮，完成曲轴与泵体配合关系的添加。

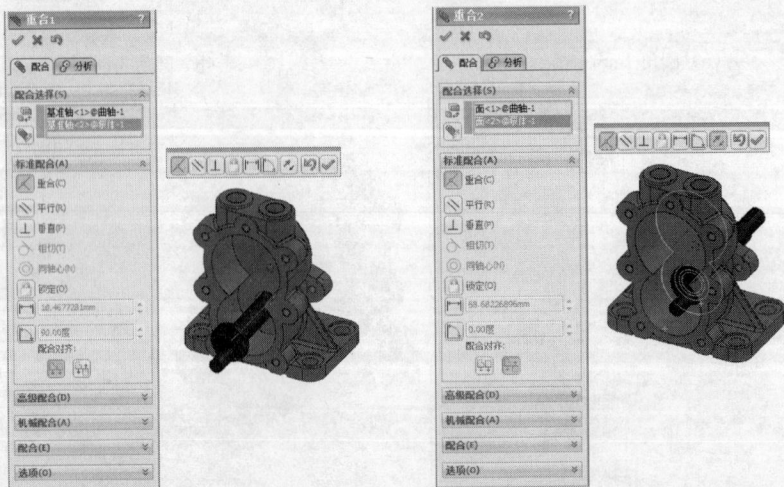

（a）添加重合 1　　　　　　　　（b）添加重合 2

图 11-86　曲轴与泵体配合关系的添加

（5）插入圆盘及柱塞

单击"装配体"工具栏中的"插入零部件"命令按钮，单击【插入零部件属性管理器】中的按钮 浏览(B)... ，打开"光盘/第十一章/偏心柱塞泵零部件"文件夹，选择"圆盘.SLDPRT"文件，在图形区中任意空白处单击左键放置，完成圆盘的插入。用同样的方法插入柱塞。

（6）添加圆盘与柱塞的配合关系

单击"装配体"工具栏中的"配合"命令按钮，属性管理区出现【配合属性管理器】，选择圆盘孔的基准轴与柱塞轴的基准轴，软件自动配置重合关系，如图 11-87 所示。单击【配合弹出工具栏】中的按钮，再单击属性管理器上的按钮，完成圆盘与柱塞配合关系的添加。

（7）添加圆盘与泵体、柱塞与曲轴的配合关系

在配合关系的添加过程中，适当地应用"移动"或"旋转零部件"命令对零部件的位置进行调整，使得装配关系更容易添加，图 11-88 所示为移动柱塞的前后对比图。

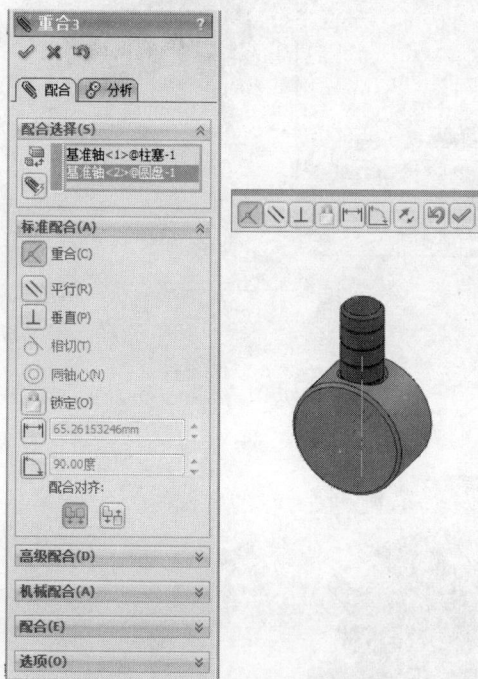

图 11-87 圆盘与柱塞配合关系的添加

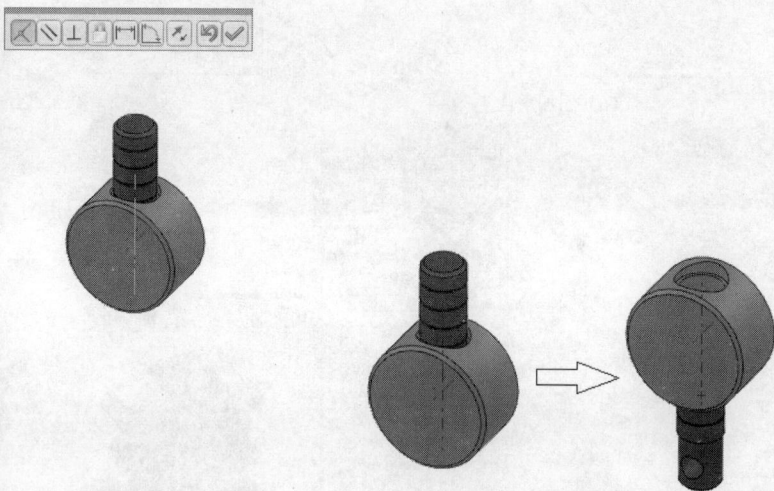

图 11-88 移动柱塞

单击"装配体"工具栏中的"配合"命令按钮，属性管理区出现【配合属性管理器】，选择圆盘轴的基准轴与泵体 $\Phi70$ 内孔的基准轴，软件自动配置重合关系，如图 11-89（a）所示。单击【配合弹出工具栏】中的按钮，完成圆盘与泵体配合关系的添加。

左键单击选择柱塞孔的基准轴与曲轴的基准轴，软件自动配置重合关系，如图 11-89（b）所示。单击【配合弹出工具栏】中的按钮，完成柱塞与曲轴配合关系的添加。

左键单击选择圆盘右端面与泵体内孔端面，软件自动配置重合关系，如图 11-89（c）所示。单击【配合弹出工具栏】中的按钮，再单击属性管理器上的按钮，完成圆盘与泵体配合关系的再次添加。

（8）插入垫片

单击"装配体"工具栏中的"插入零部件"命令按钮，单击【插入零部件属性管理器】中

的按钮 浏览(B)... ，打开"光盘/第十一章/偏心柱塞泵零部件"文件夹，选择"垫片.SLDPRT"文
件。在图形区中任意空白处单击左键放置，完成垫片的插入。

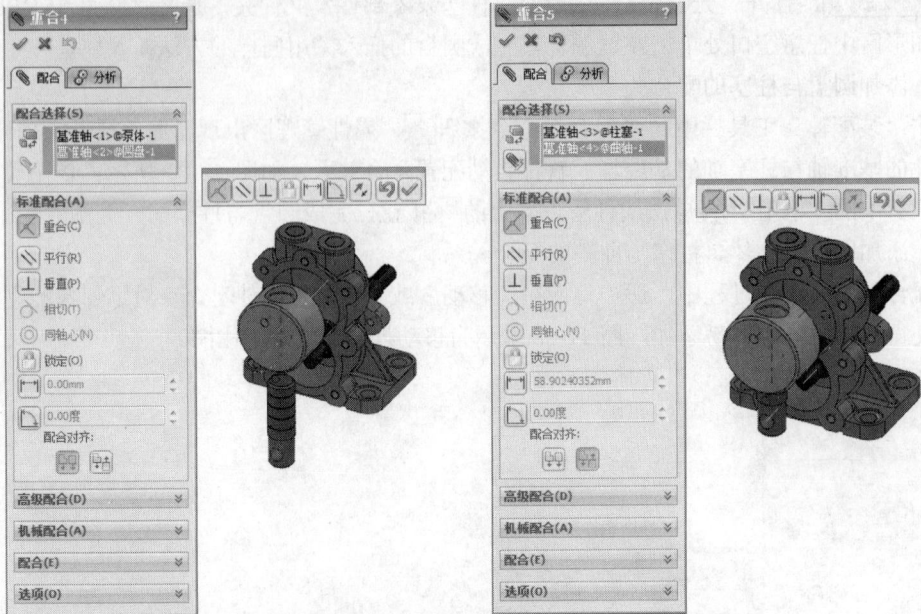

（a）添加重合 4　　　　　　　　　　　　　　　（b）添加重合 5

（c）添加重合 6

图 11-89　圆盘与泵体、柱塞与曲轴配合关系的添加

（9）添加垫片与泵体的配合关系

单击"装配体"工具栏中的"配合"命令按钮 ，属性管理区出现【配合属性管理器】，选择垫片

$\Phi70$ 内孔的基准轴与泵体 $\Phi70$ 内孔的基准轴，软件自动配置重合关系，如图 11-90（a）所示。单击【配合弹出工具栏】中的 ☑ 按钮，继续添加配合关系，选择垫片 $\Phi60$ 内孔的基准轴与泵体 $\Phi60$ 内孔的基准轴，软件自动配置重合关系，如图 11-90（b）所示。单击【配合弹出工具栏】中的 ☑ 按钮，继续添加配合关系，选择垫片右端面与泵体左端面，软件自动配置重合关系，如图 11-90（c）所示。单击【配合弹出工具栏】中的 ☑ 按钮，再单击属性管理器上的 ☑ 按钮，完成垫片与泵体配合关系的添加。

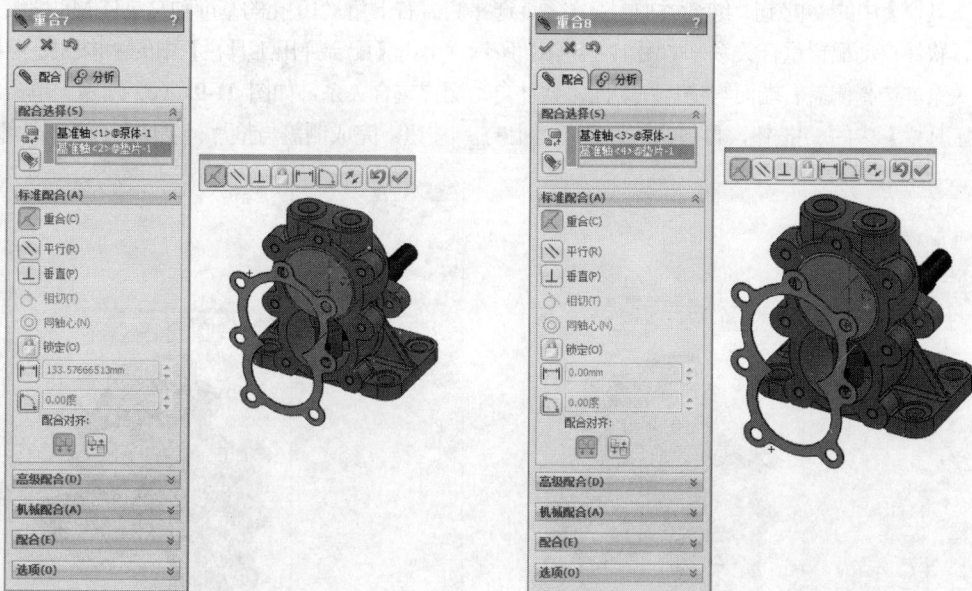

（a）添加重合 7　　　　　　　　　　　　（b）添加重合 8

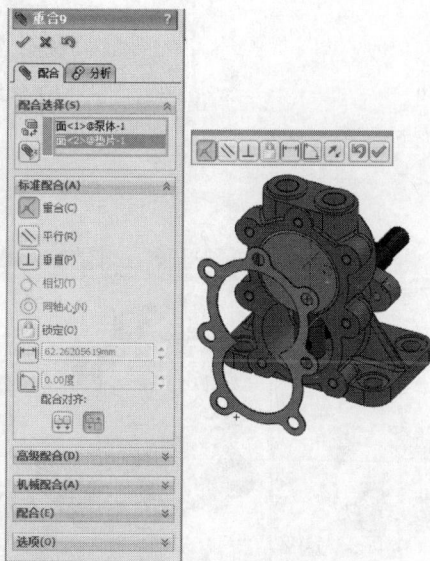

（c）添加重合 9

图 11-90　垫片与泵体配合关系的添加

（10）插入侧盖

单击"装配体"工具栏中的"插入零部件"命令按钮 🖳，单击【插入零部件属性管理器】中

的按钮 浏览(B)... ，打开"光盘/第十一章/偏心柱塞泵零部件"文件夹，选择"侧盖.SLDPRT"文件。在图形区中任意空白处单击左键放置，完成侧盖的插入。

（11）添加侧盖与垫片、泵体的配合关系

单击"装配体"工具栏中的"配合"命令按钮，属性管理区出现【配合属性管理器】，选择侧盖$\Phi 86$轴的基准轴与泵体$\Phi 70$内孔的基准轴，软件自动配置重合关系，如图 11-91（a）所示。单击【配合弹出工具栏】中的按钮，继续添加配合关系，选择侧盖右下角$\Phi 10$孔的基准轴与泵体 M8 螺纹孔的基准轴，软件自动配置重合关系，如图 11-91（b）所示。单击【配合弹出工具栏】中的按钮，继续添加配合关系，选择侧盖右端面与垫片左端面，软件自动配置重合关系，如图 11-91（c）所示。单击【配合弹出工具栏】中的按钮，再单击属性管理器上的按钮，完成侧盖与垫片、泵体配合关系的添加。

（a）添加重合 10

（b）添加重合 11

（c）添加重合 12

图 11-91 侧盖与垫片、泵体配合关系的添加

（12）插入螺栓 M8×20

单击"装配体"工具栏中的"插入零部件"命令按钮，单击【插入零部件属性管理器】中的按钮 浏览(B)...，打开"光盘/第十一章/偏心柱塞泵零部件"文件夹，选择"螺栓 M8×20.SLDPRT"文件。在图形区中任意空白处单击左键放置，完成螺栓 M8×20 的插入。

（13）添加螺栓 M8×20 与侧盖的配合关系

单击"装配体"工具栏中的"配合"命令按钮，属性管理区出现【配合属性管理器】，选择螺栓轴的基准轴与侧盖最上端 Φ10 孔的基准轴，软件自动配置重合关系，如图 11-92（a）所示。单击【配合弹出工具栏】中的✓按钮，继续添加配合关系，选择侧盖外端面与螺栓第二端面，软件自动配置重合关系，如图 11-92（b）所示。单击【配合弹出工具栏】中的✓按钮，再单击属性管理器上的✓按钮，完成螺栓 M8×20 与侧盖配合关系的添加。

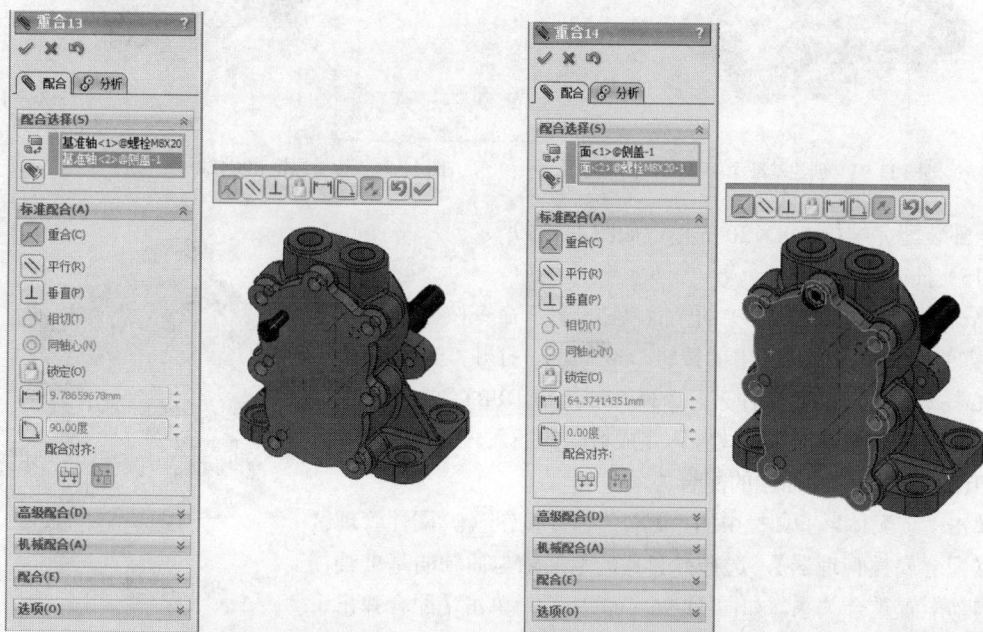

（a）添加重合 13 　　　　　　　（b）添加重合 14

图 11-92　螺栓 M8×20 与侧盖配合关系的添加

（14）其余 6 个螺栓 M8×20

对于其余 6 个螺栓 M8×20，首先装配左端 3 个螺栓，其次应用零部件的镜像命令创建右端 3 个螺栓。

按住键盘 Ctrl 键，在特征管理设计树中按住左键拖动螺栓 M8×20，数量为 3，添加步骤 13 中的螺栓与侧盖的配合关系。

单击"特征"工具栏中的"参考几何体"中的"基准面"命令按钮，第一、第二参考分别选择位于模型中心的中心线，创建基准面 1，如图 11-93 所示。

单击"特征"工具栏中的"线性零部件"下标中的"镜像"命令，在【镜像属性管理器】中的步骤 1"镜像基准面"中选择"基准面 1"，"要镜像的零部件"选择侧盖左端的 3 个螺栓，步骤 2 中的选项为默认，如图 11-94 所示。单击【镜像属性管理器】中的✓按钮，完成螺栓的镜像。

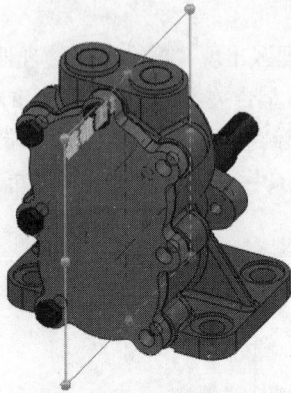

图 11-93　创建基准面 1

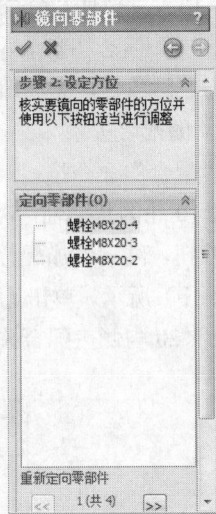

图 11-94　镜像螺栓 M8×20

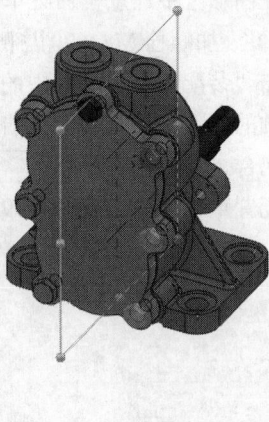

全部装配完螺栓 M8×20 的模型如图 11-95 所示。

（15）插入衬套

单击"装配体"工具栏中的"插入零部件"命令按钮 ，单击
【插入零部件属性管理器】中的按钮 浏览(B)... ，打开"光盘/第十一
章/偏心柱塞泵零部件"文件夹，选择"衬套.SLDPRT"文件。在图
形区中任意空白处单击左键放置，完成衬套的插入。

（16）添加衬套与曲轴的配合关系

单击"装配体"工具栏中的"配合"命令按钮 ，属性管理区
出现【配合属性管理器】，选择衬套孔的基准轴与曲轴的基准轴，
软件自动配置重合关系，如图 11-96（a）所示。单击【配合弹出工

图 11-95　装配所有螺栓 M8×20

具栏】中的 按钮，继续添加配合关系，选择衬套平面与曲轴最大直径圆周端面，软件自动配置
重合关系，如图 11-96（b）所示。单击【配合弹出工具栏】中的 按钮，再单击属性管理器上的
 按钮，完成衬套与曲轴配合关系的添加。

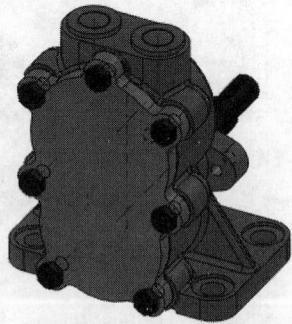

（17）插入填料

单击"装配体"工具栏中的"插入零部件"命令按钮 ，单击【插入零部件属性管理器】中
的按钮 浏览(B)... ，打开"光盘/第十一章/偏心柱塞泵零部件"文件夹，选择"填料.SLDPRT"文
件。在图形区中任意空白处单击左键放置，完成填料的插入。

（18）添加填料与曲轴、衬套的配合关系

单击"装配体"工具栏中的"配合"命令按钮 ，属性管理区出现【配合属性管理器】，选
择填料孔的基准轴与曲轴的基准轴，软件自动配置重合关系，如图 11-97（a）所示。单击【配合
弹出工具栏】中的 按钮，继续添加配合关系，选择填料锥形面与衬套锥形面，选择重合关系，
如图 11-97（b）所示。单击【配合弹出工具栏】中的 按钮，再单击属性管理器上的 按钮，完
成填料与曲轴、衬套配合关系的添加。

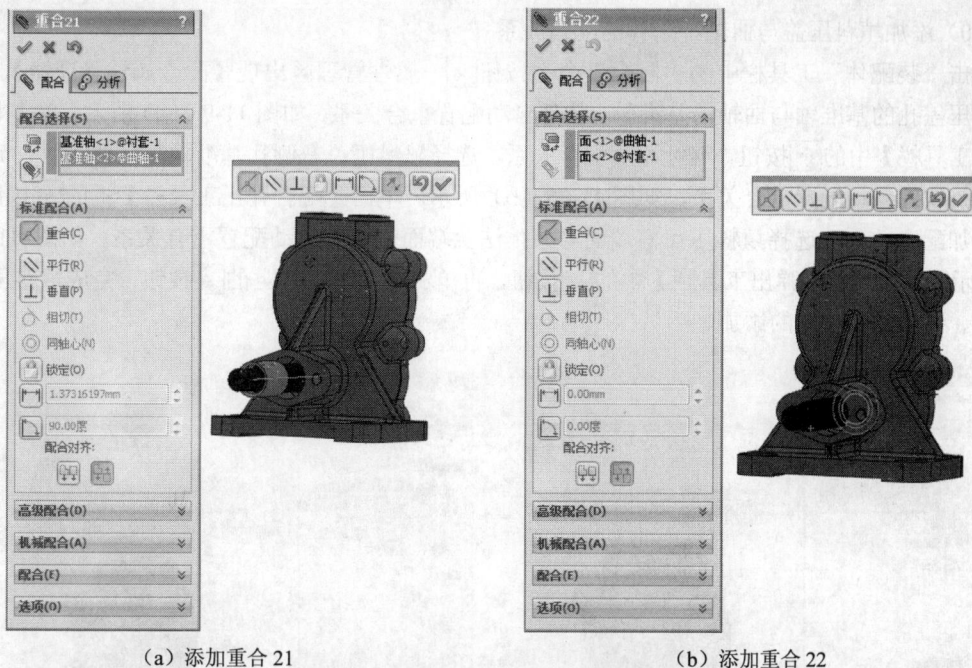

（a）添加重合 21

（b）添加重合 22

图 11-96 衬套与曲轴配合关系的添加

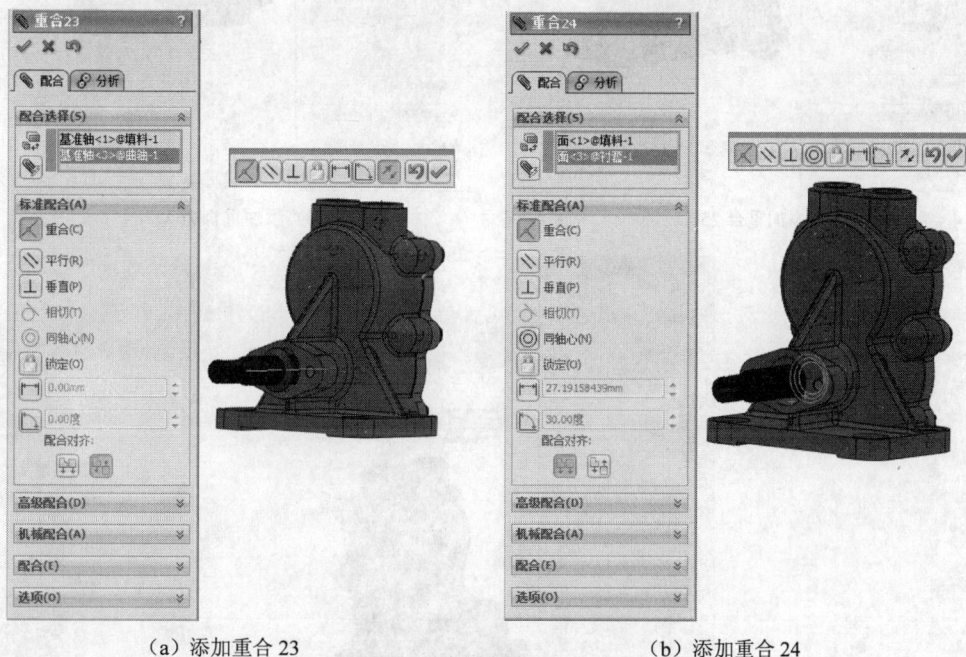

（a）添加重合 23

（b）添加重合 24

图 11-97 填料与曲轴、衬套配合关系的添加

（19）插入填料压盖

单击"装配体"工具栏中的"插入零部件"命令按钮，单击【插入零部件属性管理器】中的按钮 [浏览(B)...]，打开"光盘/第十一章/偏心柱塞泵零部件"文件夹，选择"填料压盖.SLDPRT"文件。在图形区中任意空白处单击左键放置，完成填料压盖的插入。

（20）添加填料压盖与曲轴、泵体的配合关系

单击"装配体"工具栏中的"配合"命令按钮，属性管理区出现【配合属性管理器】，选择填料压盖孔的基准轴与曲轴的基准轴，软件自动配置重合关系，如图 11-98（a）所示。单击【配合弹出工具栏】中的按钮，继续添加配合关系，选择填料压盖右侧孔基准轴与泵体法兰右侧孔基准轴，软件自动配置重合关系，如图 11-98（b）所示。单击【配合弹出工具栏】中的按钮，继续添加配合关系，选择填料压盖右端面与泵体法兰端面，软件自动配置重合关系，如图 11-98（c）所示。单击【配合弹出工具栏】中的按钮，再单击属性管理器上的按钮，完成填料压盖与曲轴、泵体配合关系的添加。

（a）添加重合 25　　　　　　　　　　　　　　（b）添加重合 26

（c）添加重合 27

图 11-98　填料压盖与曲轴、泵体配合关系的添加

（21）插入螺柱 M8×40

单击"装配体"工具栏中的"插入零部件"命令按钮 ，单击【插入零部件属性管理器】中的按钮 浏览(B)... ，打开"光盘/第十一章/偏心柱塞泵零部件"文件夹，选择"螺柱 M8×40.SLDPRT"文件。在图形区中任意空白处单击左键放置，完成螺柱 M8×40 的插入。

（22）添加螺柱 M8×40 与填料压盖、泵体的配合关系

单击"装配体"工具栏中的"配合"命令按钮 ，属性管理区出现【配合属性管理器】，选择螺柱 M8×40 轴的基准轴与填料压盖左端孔的基准轴，软件自动配置重合关系，如图 11-99（a）所示。单击【配合弹出工具栏】中的 按钮，继续添加配合关系，选择螺柱 M8×40 一个端面与泵体法兰后端面，软件自动配置重合关系，如图 11-99（b）所示。单击【配合弹出工具栏】中的 按钮，再单击属性管理器上的 按钮，完成螺柱 M8×40 与泵体配合关系的添加。

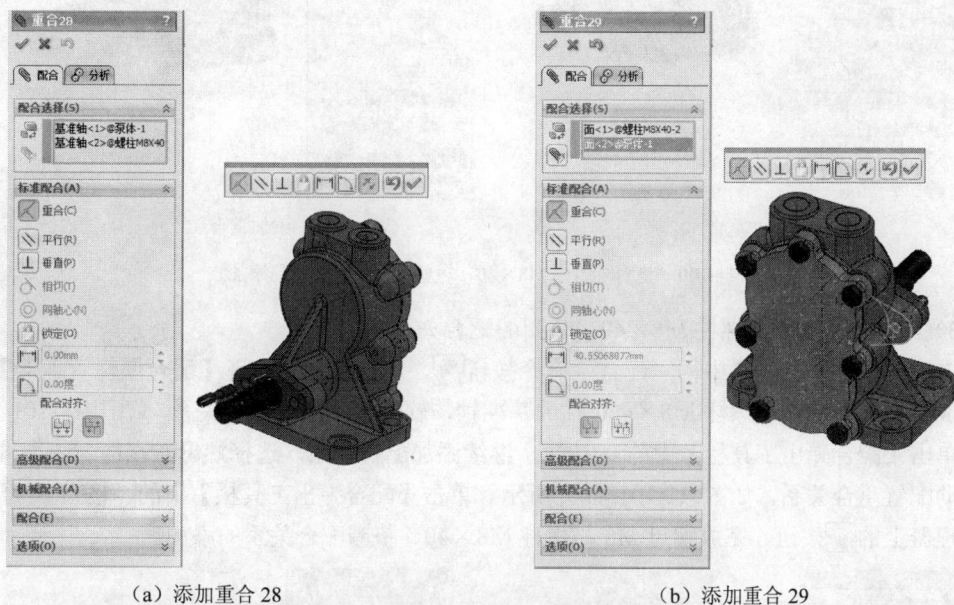

（a）添加重合 28   （b）添加重合 29

图 11-99　螺柱 M8×40 与泵体配合关系的添加

（23）插入垫圈

单击"装配体"工具栏中的"插入零部件"命令按钮 ，单击【插入零部件属性管理器】中的按钮 浏览(B)... ，打开"光盘/第十一章/偏心柱塞泵零部件"文件夹，选择"螺垫.SLDPRT"文件。在图形区中任意空白处单击左键放置，完成垫圈的插入。

（24）添加垫圈与螺柱 M8×40、填料压盖的配合关系

单击"装配体"工具栏中的"配合"命令按钮 ，属性管理区出现【配合属性管理器】，选择垫圈孔的基准轴与螺柱 M8×40 轴的基准轴，软件自动配置重合关系，如图 11-100（a）所示。单击【配合弹出工具栏】中的 按钮，继续添加配合关系，选择垫圈一个端面与填料压盖端面，软件自动配置重合关系，如图 11-100（b）所示。单击【配合弹出工具栏】中的 按钮，再单击属性管理器上的 按钮，完成垫圈与螺柱 M8×40、填料压盖配合关系的添加。

（25）插入螺母 M8

单击"装配体"工具栏中的"插入零部件"命令按钮 ，单击【插入零部件属性管理器】中

的按钮 [浏览(B)...]，打开"光盘/第十一章/偏心柱塞泵零部件"文件夹，选择"螺母 M8.SLDPRT"文件。在图形区中任意空白处单击左键放置，完成螺母 M8 的插入。

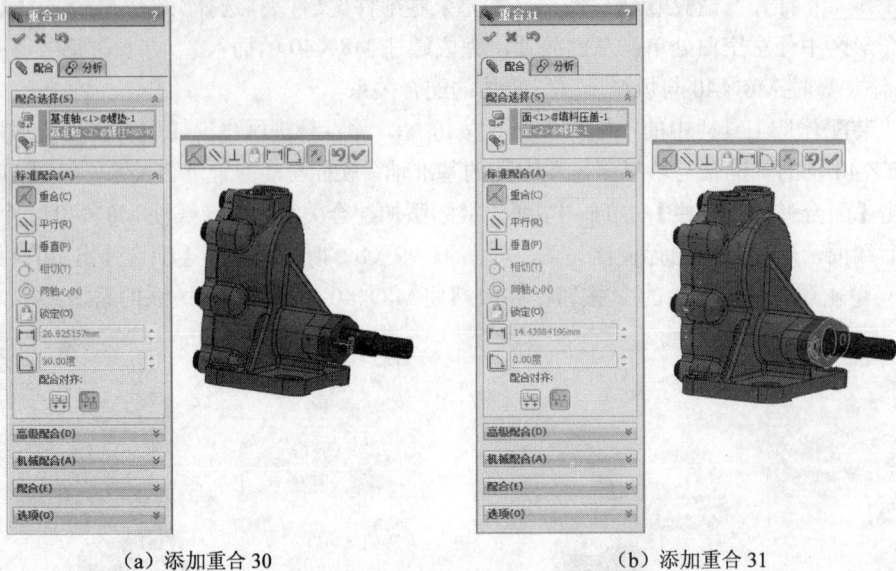

（a）添加重合 30　　　　　　　　　　　　（b）添加重合 31

图 11-100　垫圈与螺柱 M8×40、填料压盖配合关系的添加

（26）添加螺母 M8 与螺柱 M8×40、垫圈的配合关系

单击"装配体"工具栏中的"配合"命令按钮 🔧，属性管理区出现【配合属性管理器】，选择螺母 M8 孔的基准轴与螺柱 M8×400 轴的基准轴，软件自动配置重合关系，如图 11-101（a）所示。单击【配合弹出工具栏】中的 ✓ 按钮，继续添加配合关系，选择螺母左端面与垫圈端面，软件自动配置重合关系，如图 11-101（b）所示。单击【配合弹出工具栏】中的 ✓ 按钮，再单击属性管理器上的 ✓ 按钮，完成螺母 M8 与螺柱 M8×40、垫圈配合关系的添加。

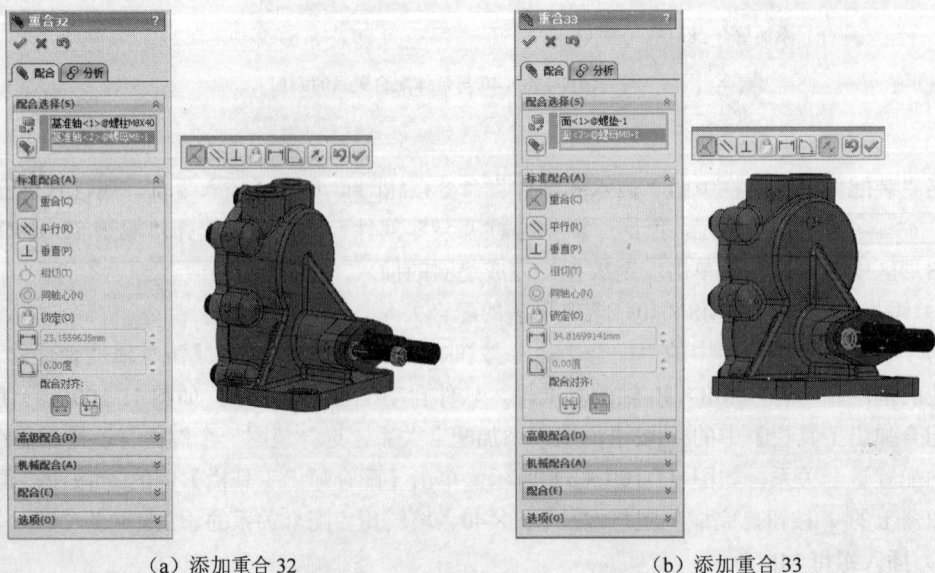

（a）添加重合 32　　　　　　　　　　　　（b）添加重合 33

图 11-101　螺母 M8 与螺柱 M8×40、垫圈配合关系的添加

（27）镜像螺柱 M8×40、垫圈及螺母 M8

单击选择"特征"工具栏中的"线性零部件"下标 ▾ 中的"镜像"命令 ﹐ 在【镜像属性管理器】中的步骤 1 中"镜像基准面"选择"基准面 1"，"要镜像的零部件"选择"螺柱 M8×40"、"垫圈"及"螺母 M8"，步骤 2 中的选项为默认，如图 11-102 所示。单击【镜像属性管理器】中的 ✓ 按钮，完成螺柱 M8×40、垫圈及螺母 M8 的镜像。

关闭"临时轴"，创建的偏心柱塞泵模型如图 11-103 所示。左键单击"保存"按钮 ﹐ 保存文件夹选择"光盘/第十一章/偏心柱塞泵零部件"文件夹，文件名输入"装配体"，单击 保存(S) 按钮，完成偏心柱塞泵装配体的保存。

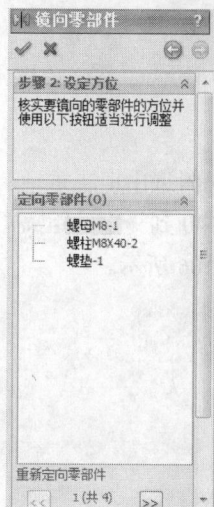

图 11-102 镜像螺柱 M8×40、垫圈及螺母 M8

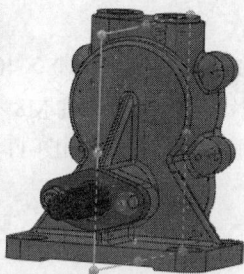

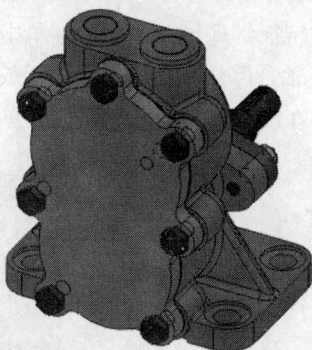

图 11-103 偏心柱塞泵模型

3. 创建偏心柱塞泵的爆炸视图

界面仍为偏心柱塞泵装配体，根据装配顺序完成爆炸视图的创建。

（1）爆炸步骤 1

在特征管理设计树中左键单击选择两个螺母 M8，螺母 M8 附近出现三重轴。左键单击 Z 轴，爆炸方向选定。鼠标放在 Z 轴上按住左键不放拖动螺母 M8 到一定的距离，松开左键，在图形区的任意空白位置单击，完成爆炸步骤 1 的创建，如图 11-104 所示。

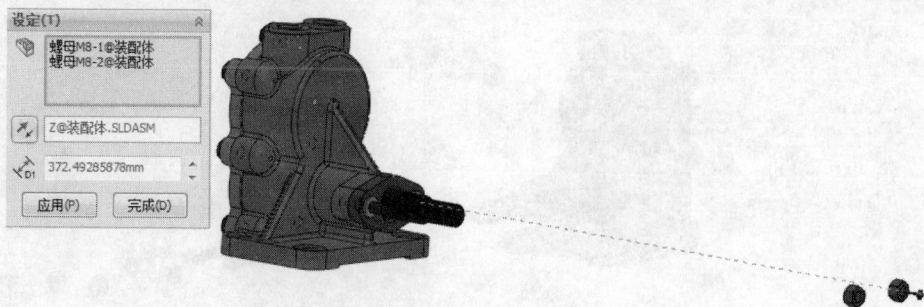

图 11-104 爆炸步骤 1

（2）爆炸步骤 2

在特征管理设计树中左键单击选择两个垫圈，垫圈附近出现三重轴。左键单击 Z 轴，爆炸方向选定。鼠标放在 Z 轴上按住左键不放拖动垫圈到一定的距离，松开左键，在图形区的任意空白位置单击，完成爆炸步骤 2 的创建，如图 11-105 所示。

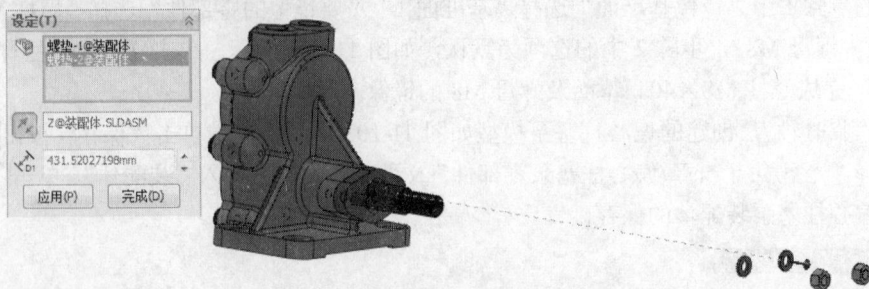

图 11-105　爆炸步骤 2

（3）爆炸步骤 3

在特征管理设计树中左键单击选择两个螺柱 M8×40，螺柱 M8×40 附近出现三重轴。左键单击 Z 轴，爆炸方向选定。鼠标放在 Z 轴上按住左键不放拖动螺柱 M8×40 到一定的距离，松开左键，在图形区的任意空白位置单击，完成爆炸步骤 3 的创建，如图 11-106 所示。

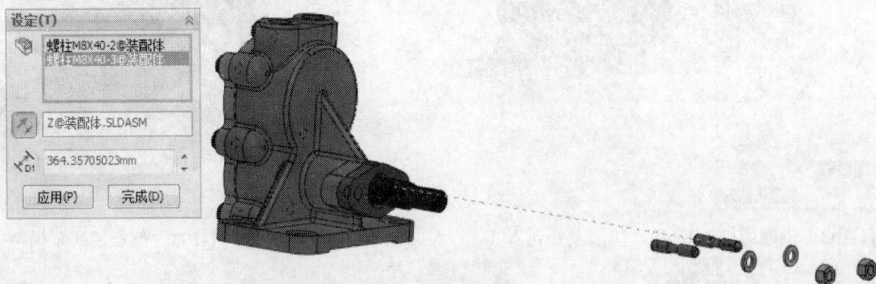

图 11-106　爆炸步骤 3

（4）爆炸步骤 4

在特征管理设计树中左键单击选择填料压盖，填料压盖附近出现三重轴。左键单击 Z 轴，爆炸方向选定。鼠标放在 Z 轴上按住左键不放拖动填料压盖到一定的距离，松开左键，在图形区的任意空白位置单击，完成爆炸步骤 4 的创建，如图 11-107 所示。

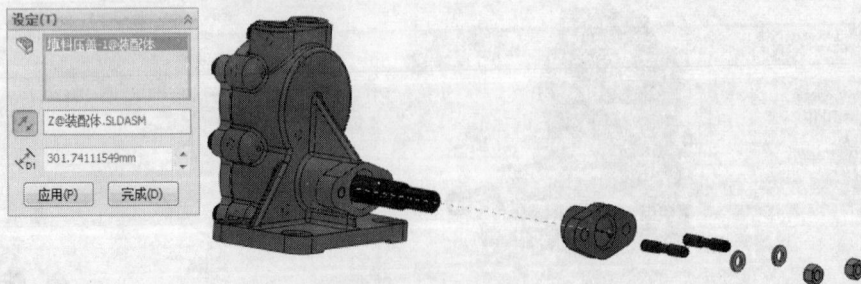

图 11-107　爆炸步骤 4

（5）爆炸步骤 5

在特征管理设计树中左键单击选择填料，填料附近出现三重轴。左键单击 Z 轴，爆炸方向选定。鼠标放在 Z 轴上按住左键不放拖动填料到一定的距离，松开左键，在图形区的任意空白位置单击，完成爆炸步骤 5 的创建，如图 11-108 所示。

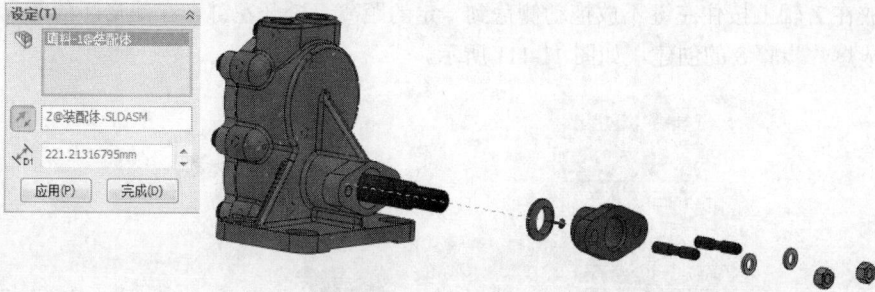

图 11-108　爆炸步骤 5

（6）爆炸步骤 6

在特征管理设计树中左键单击选择衬套，衬套附近出现三重轴。左键单击 Z 轴，爆炸方向选定。鼠标放在 Z 轴上按住左键不放拖动衬套到一定的距离，松开左键，在图形区的任意空白位置单击，完成爆炸步骤 6 的创建，如图 11-109 所示。

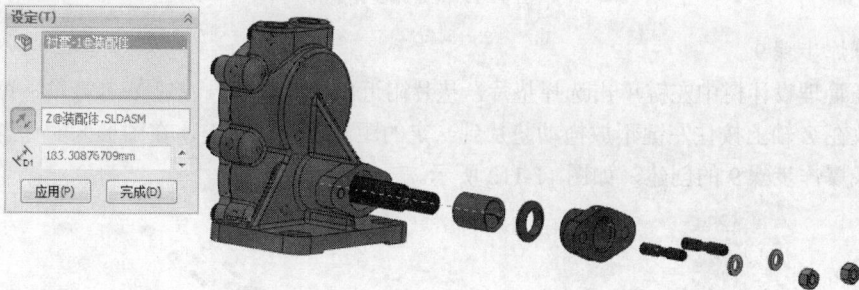

图 11-109　爆炸步骤 6

（7）爆炸步骤 7

在特征管理设计树中左键单击选择 7 个螺栓 M8×20，螺栓 M8×20 附近出现三重轴。左键单击 Z 轴，爆炸方向选定。鼠标放在 Z 轴上按住左键不放拖动螺栓 M8×20 到一定的距离，松开左键，在图形区的任意空白位置单击，完成爆炸步骤 7 的创建，如图 11-110 所示。

图 11-110　爆炸步骤 7

（8）爆炸步骤 8

在特征管理设计树中左键单击选择侧盖，侧盖附近出现三重轴。左键单击 Z 轴，爆炸方向选定。鼠标放在 Z 轴上按住左键不放拖动侧盖到一定的距离，松开左键，在图形区的任意空白位置单击，完成爆炸步骤 8 的创建，如图 11-111 所示。

图 11-111　爆炸步骤 8

（9）爆炸步骤 9

在特征管理设计树中左键单击选择垫片，垫片附近出现三重轴。左键单击 Z 轴，爆炸方向选定。鼠标放在 Z 轴上按住左键不放拖动垫片到一定的距离，松开左键，在图形区的任意空白位置单击，完成爆炸步骤 9 的创建，如图 11-112 所示。

图 11-112　爆炸步骤 9

（10）爆炸步骤 10

在特征管理设计树中左键单击选择圆盘和柱塞装配体，圆盘和柱塞装配体附近出现三重轴。左键单击 Z 轴，爆炸方向选定。鼠标放在 Z 轴上按住左键不放拖动圆盘和柱塞装配体到一定的距离，松开左键，在图形区的任意空白位置单击，完成爆炸步骤 10 的创建，如图 11-113 所示。

（11）爆炸步骤 11

在特征管理设计树中左键单击选择柱塞，柱塞附近出现三重轴。左键单击 Y 轴，爆炸方向选定。鼠标放在 Y 轴上按住左键不放拖动柱塞到一定的距离，松开左键，在图形区的任意空白位置单击，完成爆炸步骤 11 的创建，如图 11-114 所示。

图 11-113　爆炸步骤 10

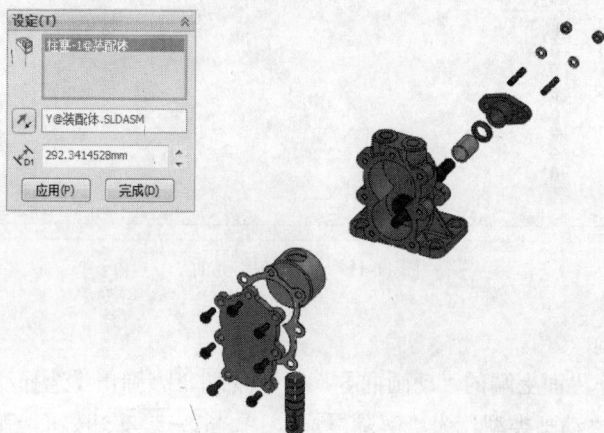

图 11-114　爆炸步骤 11

（12）爆炸步骤 12

在特征管理设计树中左键单击选择曲轴，曲轴附近出现三重轴。左键单击 Z 轴，爆炸方向选定。鼠标放在 Z 轴上按住左键不放拖动曲轴到一定的距离，松开左键，在图形区的任意空白位置单击，完成爆炸步骤 12 的创建，如图 11-115 所示。

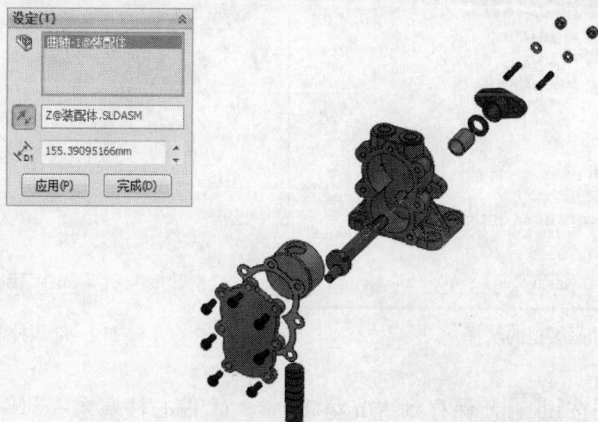

图 11-115　爆炸步骤 12

创建的偏心柱塞泵装配体爆炸视图如图 11-116 所示，单击菜单栏的"保存"按钮 ，爆炸视图保存在装配体中。

4．动画制作

界面停留在偏心柱塞泵的爆炸视图，制作装配体的解除爆炸的动画，实现偏心柱塞泵的自动安装过程。

（1）打开动画制作界面

左键单击装配体界面状态栏左侧"模型"右端的"运动算例 1"按钮 运动算例 1 ，界面下端弹出动画制作界面，如图 11-117 所示。

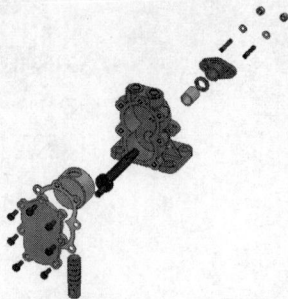

图 11-116　偏心柱塞泵装配体爆炸视图

图 11-117　动画制作界面

（2）制作爆炸动画

左键单击动画制作界面上端的"动画向导"命令按钮 ，弹出【选择动画类型】对话框，如图 11-118 所示。选择"动画类型"为"解除爆炸"，单击 下一步(N) > 按钮，弹出【动画控制选项】对话框，设置动画的"时间步长"为"15"，"开始时间"为"1"，如图 11-119 所示。单击 完成 按钮，动画界面显示动画的时间步长控制，如图 11-120 所示。单击界面上端的播放按钮 ，即可观看截止阀爆炸动画。

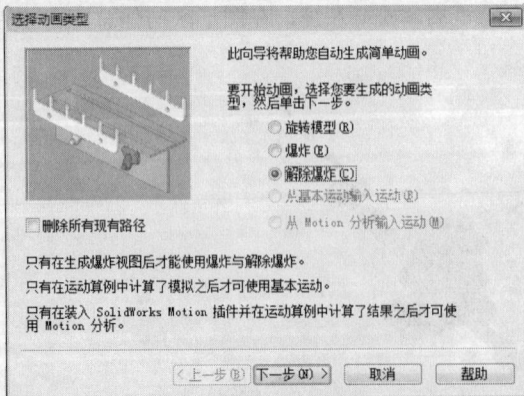

图 11-118　动画类型的选择

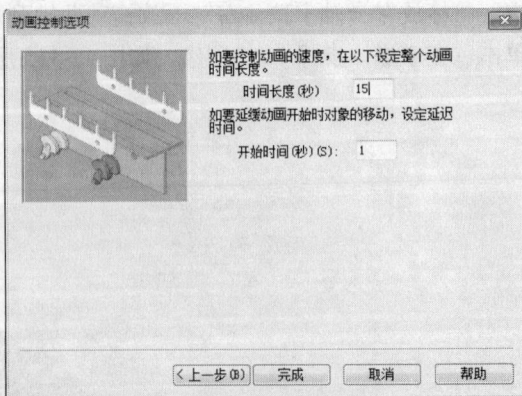

图 11-119　动画控制选项的设置

单击"保存"动画按钮 ，保存到"光盘/第十一章/偏心柱塞泵零部件"文件夹，文件名输入"装配体"，单击 保存(S) 按钮，完成该动画 AVI 格式的保存。

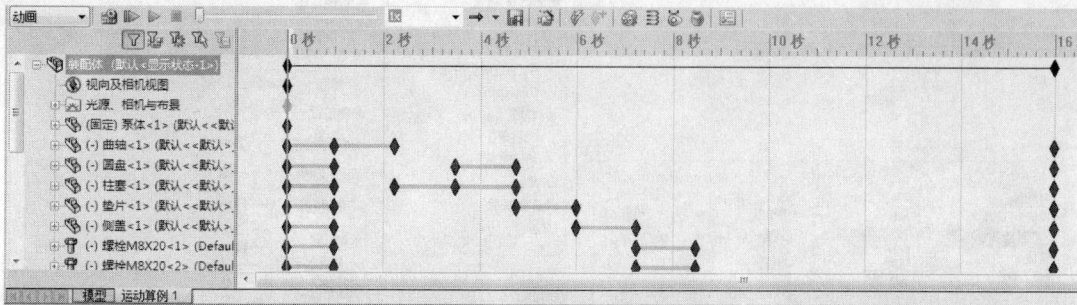

图 11-120 解除爆炸动画的生成

5. 偏心柱塞泵装配体工程图的生成

采用 SolidWorks 2013 "工程图"命令生成偏心柱塞泵装配体的工程图，界面仍为偏心柱塞泵装配体界面。单击"新建"命令按钮□下标▾中的"从零件/装配体制作工程图"命令，界面进入工程图环境，如图 11-121 所示。弹出【图纸格式/大小】选择框，左键单击选择 A1 图纸，单击 确定(O) 按钮，软件输入图纸，开始偏心柱塞泵工程图的生成。

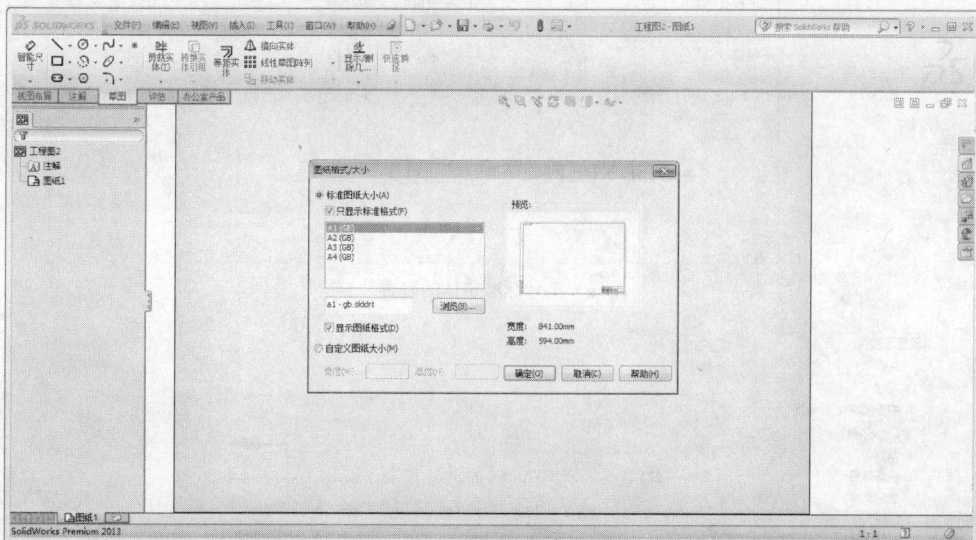

图 11-121 工程图界面

（1）设置工程图选项

左键单击菜单栏中的"选项"命令按钮▦，选择文档属性，进行以下绘图标准的修改。

① 注解。

左键单击选择"注解"标准，单击"文本"下的 字体(F)... 按钮，弹出【选择字体】对话框，设置如图 11-122（a）所示。单击 确定 按钮完成字体的设置；改变依附位置中所有箭头形式，单击下标▾，选择如图 11-122（b）所示的箭头类型。

② 尺寸。

修改尺寸标准中的字体及箭头，字体的修改如图 11-123（a）所示，箭头类型选择实心黑色➤，如图 11-123（b）所示。

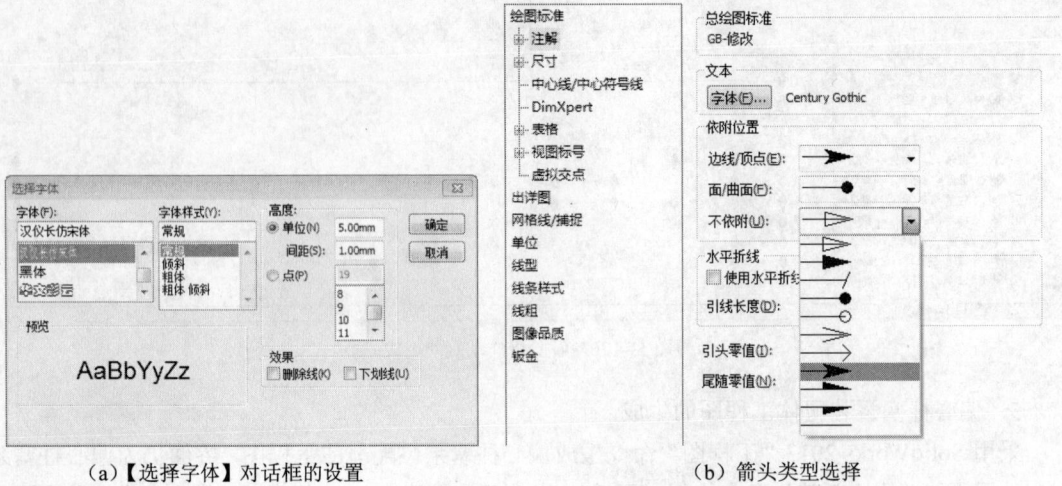

（a）【选择字体】对话框的设置　　　　　　（b）箭头类型选择

图 11-122　注解标准的设置

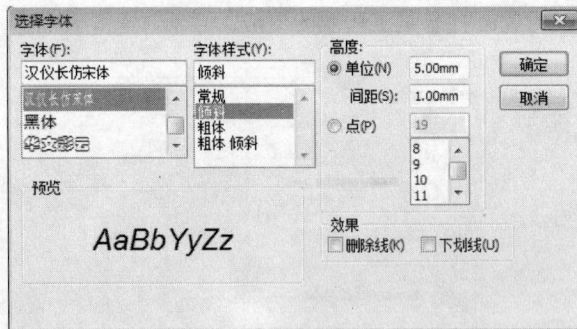

（a）尺寸标准字体的设置

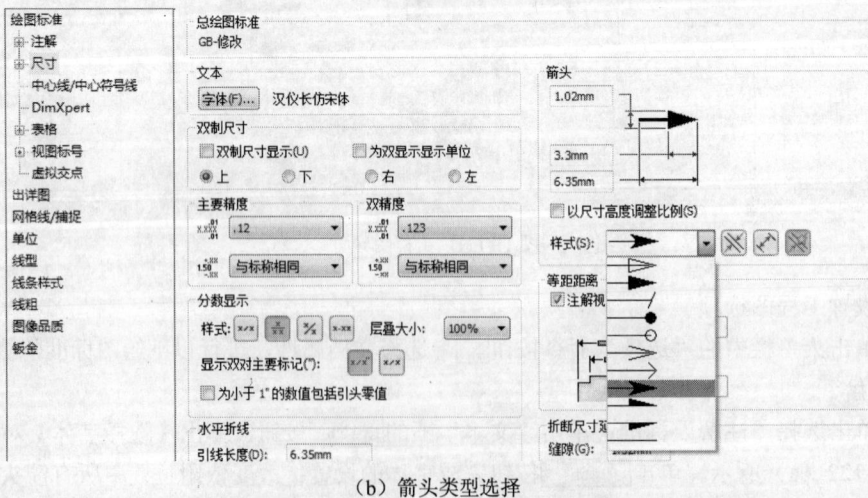

（b）箭头类型选择

图 11-123　尺寸标准的修改

③ 视图标号。

展开视图标号，左键单击选择"剖面视图"，修改右端中样式箭头为实心黑色。

④ 出详图。

左键单击选择"出详图"，勾选"视图生成时自动插入中心线"选项，在生成工程图时，中心线及中心符号将自动添加，方便绘图。

⑤ 线型。

"边线类型"中选中"可见边线"，样式为实线，线粗选择下标 ▾ 中的 0.35mm，如图 11-124 所示。同样依次设置构造性曲线线粗 0.18mm，区域剖面线/填充线粗 0.18mm，装饰螺纹线样式选择实线、线粗为 0.18mm。

⑥ 单击 确定 按钮，完成工程图选项的设置。

（2）标准三视图

图 11-124 线型标准的设置

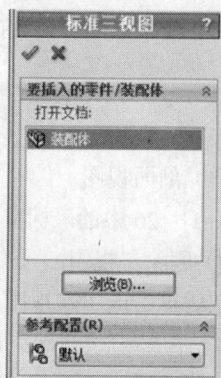

图 11-125 【标准三视图属性管理器】

单击命令管理器中的"视图布局"工具栏，选择"标准三视图"命令按钮 📷，属性管理器如图 11-125 所示。单击 浏览(B)… 按钮，软件自动加载偏心柱塞泵装配体，如图 11-126（a）所示。单击【标准三视图属性管理器】中的 ✅ 按钮，完成三视图的创建。左键单击主视图，在属性管理器中修改比例，选择使用自定义比例，比例选择"1:1"。软件自动生成的中心线不满足实际要求，对其进行修改，采用"注解"工具栏中的"中心线符号"命令按钮 ⊕，修改后的"标准三视图"如图 11-126（b）所示。

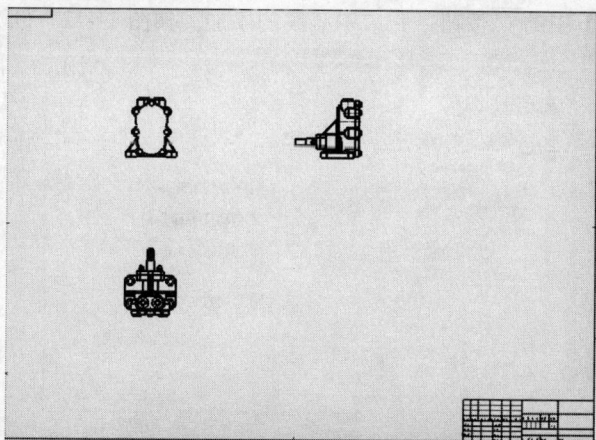

（a）软件自动生成的"标准三视图"

图 11-126 偏心柱塞泵装配体"标准三视图"的创建

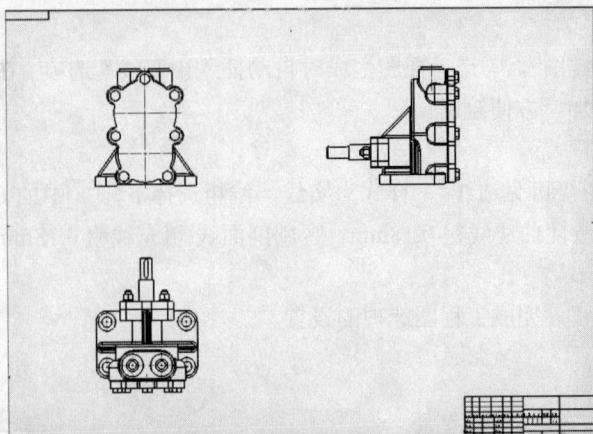

（b）修改中心线

图 11-126　偏心柱塞泵装配体"标准三视图"的创建（续）

（3）剖面视图

图 11-126 中的"标准三视图"还不足以将偏心柱塞泵装配体表达清楚，左视图应为剖面视图。

① 删除左视图。

左键单击选中左视图，单击右键，在弹出菜单中选择"删除"命令，弹出【确认删除】对话框，单击 是(Y) 按钮，完成左视图的删除。

② 创建剖面视图。

在工程图界面中双击鼠标中键，整屏显示全图。单击"视图布局"工具栏中的"剖面视图"命令按钮 ，属性管理区提示绘制一条直线确定剖切位置，即为剖面视图中剖切符号（粗短画和箭头）的放置位置。在主视图的竖直中心线位置绘制剖切位置线后，弹出【剖面视图】对话框，勾选"自动打剖面线"，在特征管理设计树中选择曲轴和最上端螺栓为不剖零件，【剖面视图】对话框的设置如图 11-127（a）所示，单击 确定 按钮，生成剖面视图，移动并按住鼠标左键将其拖放在左视图的位置；由于左视图是全剖视图，因此可以删除剖切符号，隐藏其剖切箭头。单击"注解"工具栏中的"中心线"命令按钮 ，添加左视图的中心线，选中中心线两端点调整长度。单击【中心线属性管理器】中的 按钮，完成中心线的添加，如图 11-127（b）所示。

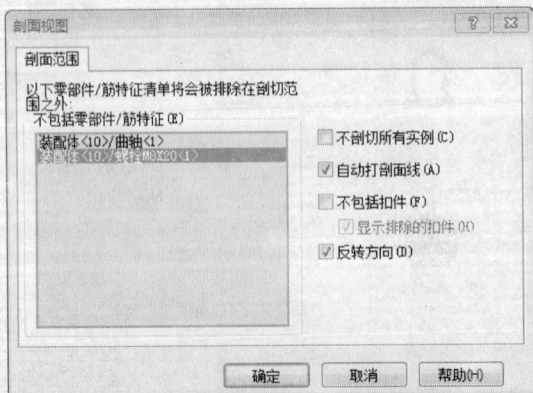

（a）设置【剖面视图】对话框

图 11-127　重新创建的左视图

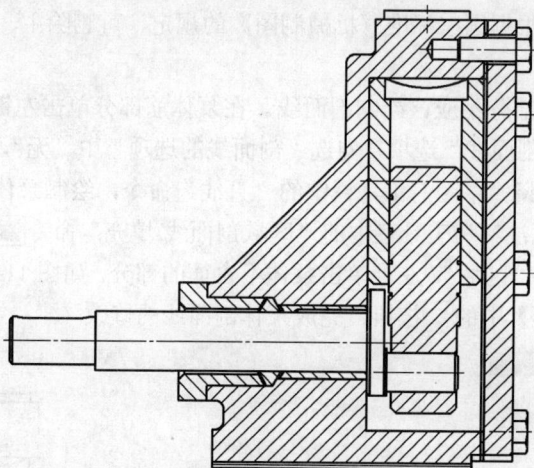

（b）修改后的主视图

图 11-127　重新创建的左视图（续）

③ 修改主视图。

图 11-127 中螺栓 M8×20 与泵体螺纹孔的螺纹连接结构未表达清楚，装饰螺纹线未显示，对于这些细节需要进行相应的修改。

a）显示装饰螺纹线。

单击选择"注解"工具栏中的"模型项目"命令按钮 ，属性管理器出现【模型项目属性管理器】，在"注解"一栏中左键单击选择装饰螺纹线，其他选项为默认，如图 11-128（a）所示。单击【模型项目属性管理器】中的 按钮，软件会弹出警告栏，单击 是(Y) 完成装饰螺纹线的显示，修改螺纹副的剖面表达，并采用"草图"工具栏中的"直线"命令绘制缺失螺纹线及其终止线，如图 11-128（b）所示。

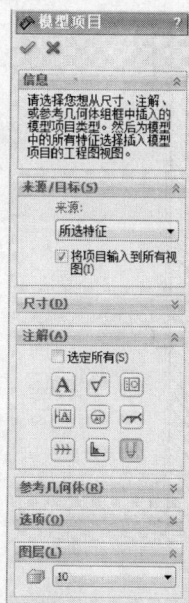

（a）装饰螺纹线的显示

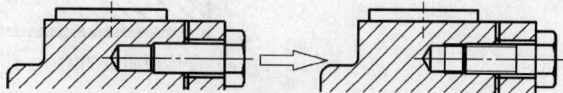

（b）显示装饰螺纹线的主视图

图 11-128　左视图显示装饰螺纹线

左视图为全剖视图，根据国家标准《机械制图》的规定，可删除主、左视图的剖切符号。

b）修改剖面线。

左视图中的泵体筋板部分不应该绘制剖面线。在泵体筋部分单击左键，【区域剖面线/填充属性管理器】中取消"材质剖面线"选项，勾选"剖面线的选项"中"无"，如图 11-129（a）所示，泵体的剖面线被删除；选择"草图"工具栏中的"直线"命令，绘制泵体筋板的轮廓草图，如图 11-129（b）所示；选择"注解"工具栏中的"区域剖面线/填充"命令，为泵体添加剖面线，"加剖面线的区域"下选择"区域"，左键单击泵体不含筋的部分，如图 11-129（c）所示。单击【区域剖面线/填充属性管理器】中的 按钮，完成泵体剖面线的修改。

（a）取消剖面线的设置

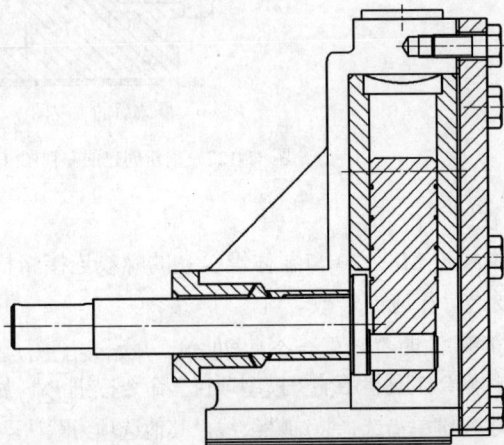

（b）泵体筋草图

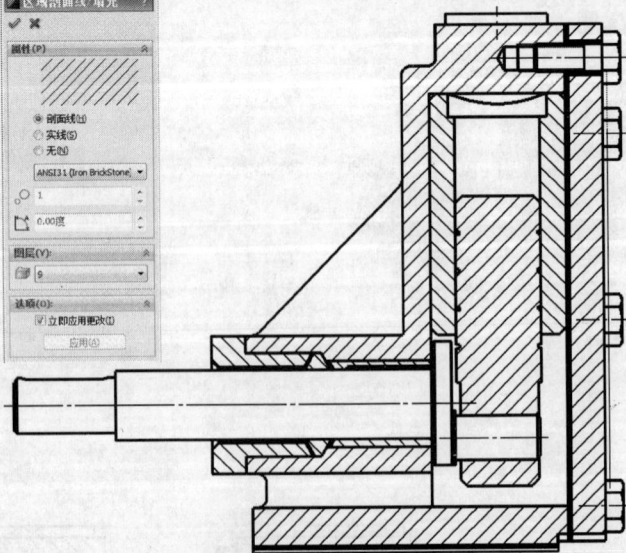

（c）泵体剖面线的添加

图 11-129 修改泵体剖面线

从图 11-129 中可以看出，侧盖、垫片、衬套以及填料的剖面线之间没有明显的区别，因此修改剖面线以区分零部件，修改剖面线后的左视图如图 11-130 所示。

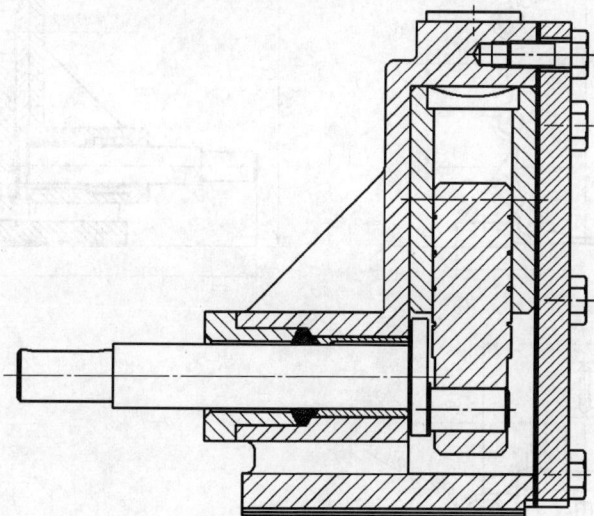

图 11-130 剖面线修改后的左视图

（4）标注尺寸

标注装配图上的性能尺寸、装配尺寸、外形尺寸、安装尺寸及其他重要尺寸。单击选择"注解"工具栏中的"智能尺寸"命令按钮 ◇ ，开始装配图尺寸的标注。单击【尺寸属性管理器】中的 ✓ 按钮，完成尺寸的标注。

① 性能尺寸。

俯视图中标注泵体上端螺纹孔直径 2×M18×1.5，在【尺寸属性管理器】中的标注尺寸文字中修改数值显示，该尺寸为选择偏心柱塞泵的依据。

② 装配尺寸。

配合尺寸：左视图中标注泵体与螺栓 M8×20 螺纹副 7×M8H7/g6，圆盘与柱塞 Φ25H7/f6；俯视图中标注螺柱 M8×40 与填料压盖螺纹副 2×M8H7/g6。

相对位置尺寸：偏心柱塞泵主视图中水平的两条中心线之间的距离为 55，第一条水平中心线（从上往下）与顶端螺栓中心距离为 45，第二条水平中心线与底座距离为 43；俯视图中泵体底座阶梯孔的中心距尺寸为 100 及 60。

③ 外形尺寸。

在俯、左视图中分别标注截止阀的总长"140"、总宽"180"及总高"156"，在【尺寸属性管理器】中设置公差/精度，此处均选择"无"。

④ 安装尺寸。

标注偏心柱塞泵泵体底座阶梯孔 4×Φ14 锪平 Φ24 深 2。

⑤ 其他重要尺寸。

偏心柱塞泵中无其他重要尺寸，不进行标注，标注完尺寸的偏心柱塞泵三视图如图 11-131 所示。

（5）插入零件序号

单击"注解"工具栏中的"自动零件序号"命令按钮，属性管理区出现【自动零件序号属性管理器】，在"零件序号布局"的"阵列类型"中选择布置零件序号到方形按钮 □ ，在"零件序号设定"中"样式"下标 ▾ 中选择"圆形"，其他选项为默认。左键单击选择左视图为零件序号放置视图，如图 11-132 所示。

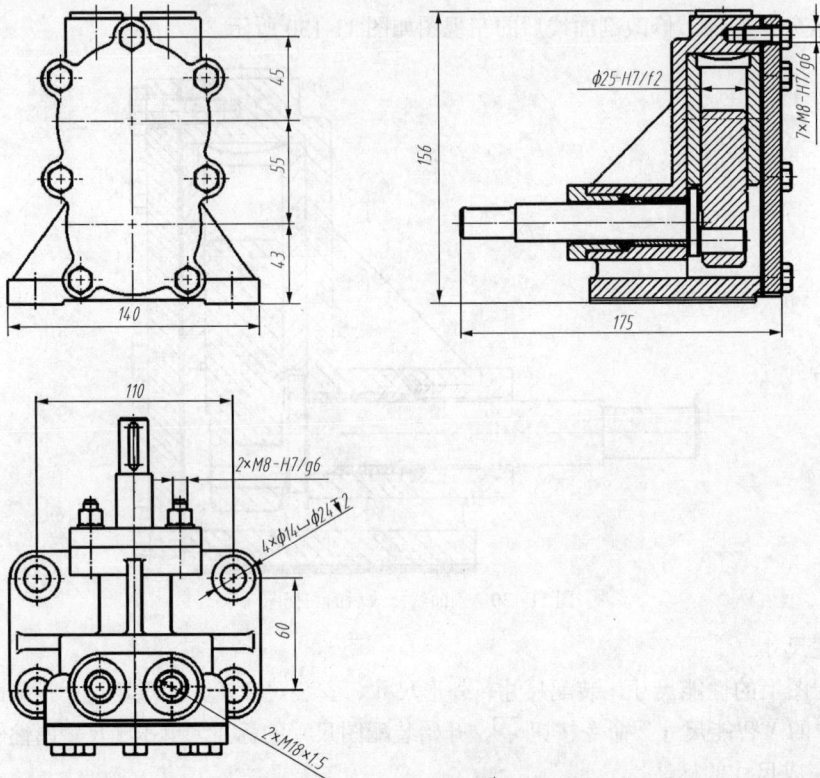

图 11-131 偏心柱塞泵尺寸的标注

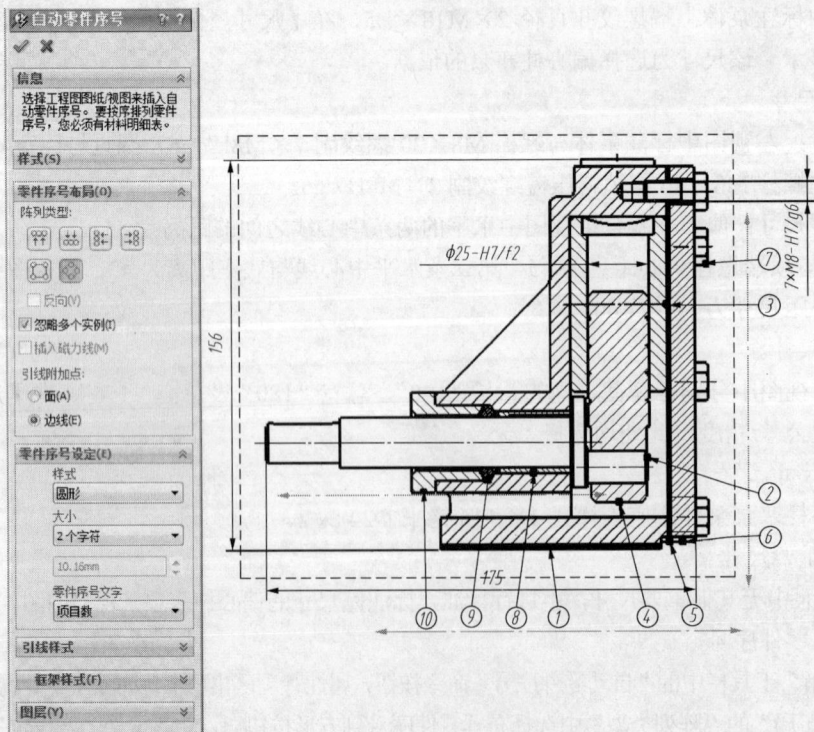

图 11-132 偏心柱塞泵自动添加零件序号

从图 11-132 看出，软件自动添加的零件序号不符合装配图零件序号的要求，对其进行调整，满足零件序号完整、顺序按照顺时针或逆时针排列的要求。

偏心柱塞泵零件序号按照顺时针排列，对齐零件序号，调节前后的零件序号如图 11-133 所示。

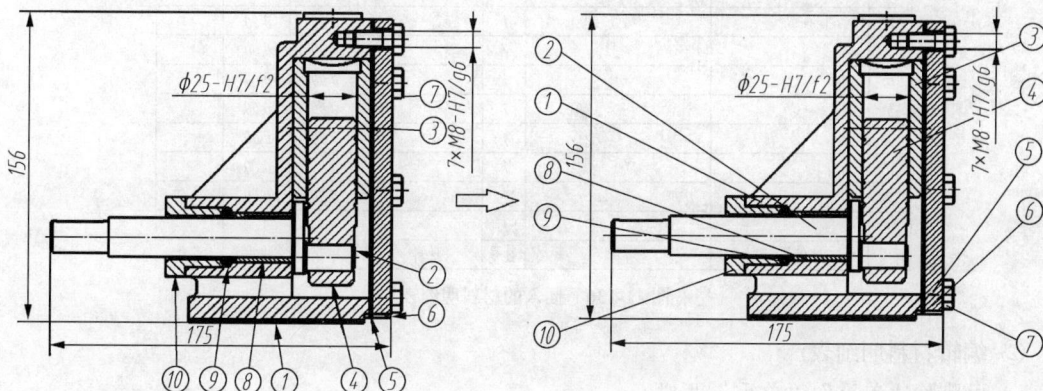

图 11-133　零件序号的调整

偏心柱塞泵共 13 个零件，左视图不能完全显示零件序号。应用左视图零件序号生成的方法，在俯视图中生成其余 3 个零件序号。

（6）材料明细表

① 插入材料明细表。

单击"注解"工具栏中的"表格"下标中的"材料明细表"命令按钮，在【材料明细表属性管理器】的"表格模板"中单击按钮，弹出【打开】对话框，如图 11-134 所示。在软件文件夹中选择 gb-bom-material.sldbomtbt 文件，单击按钮，打开该模板；在边界选项中"材料明细表"的"框边界"的"边界厚度"下标中选择"0.25mm"，"网络边界"的"边界厚度"下标中选择"0.18mm"，其他选项为默认，如图 11-135 所示。在工程图图纸任意空白位置单击左键完成材料明细表的插入，如图 11-136 所示。

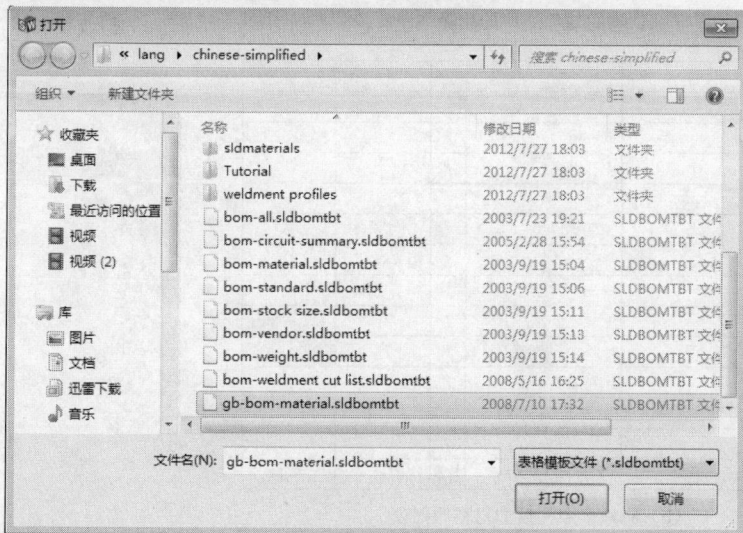

图 11-134　材料明细表表格模型的选择

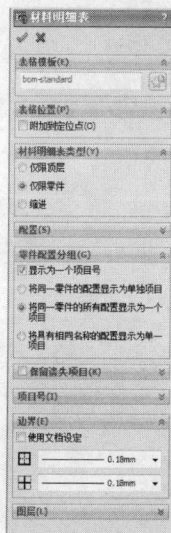

图 11-135　【材料明细表属性管理器】

序号	代号	名称	数量	材料	单重	总重	备注
13			2		0.00	0.00	
12			2		0.00	0.00	
11			2		0.00	0.00	
10			1		0.00	0.00	
9			1		0.00	0.00	
8			1		0.00	0.00	
7			7		0.00	0.00	
6			1		0.00	0.00	
5			1		0.00	0.00	
4			1		0.00	0.00	
3			1		0.00	0.00	
2			1		0.00	0.00	
1			1		0.00	0.00	

图 11-136　插入的材料明细表

② 编辑材料明细表。

a）可删除"单重"、"总重"两栏。

鼠标放于材料明细表时，上端出现字母标示，左键单击选中 G 栏，单击鼠标右键选择"删除"中的"列"命令，如图 11-137（a）所示，完成"总重"一栏的删除。用同样的方法删除"单重"栏，删除多余栏后的材料明细表如图 11-137（b）所示。

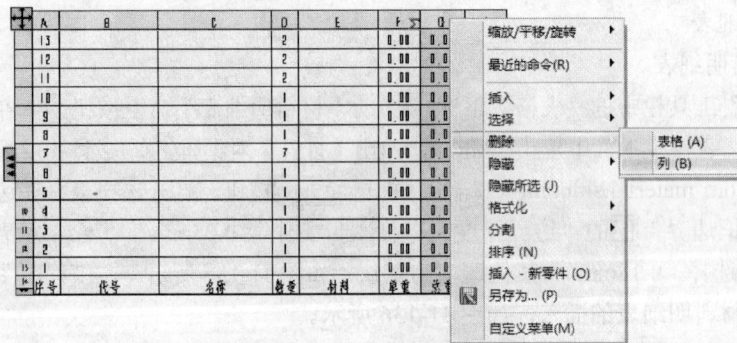

（a）"总重"一栏的删除

序号	代号	名称	数量	材料	备注
13			2		
12			2		
11			2		
10			1		
9			1		
8			7		
7			1		
6			1		
5			1		
4			1		
3			1		
2			1		
1			1		

（b）删除多余栏后的材料明细表

图 11-137　材料明细表多余栏的删除

b）修改字体。

左键单击 A 栏，出现【文字编辑】对话框，单击"使用文档字体"按钮，弹出【字体修改】对话框，如图 11-138 所示。单击"倾斜"按钮，此时该栏均为斜体字；单击"序号"名称框，取消倾斜按钮；用同样的方法修改"数量"一栏的字体，左键单击图纸空白处，完成字体的修改。

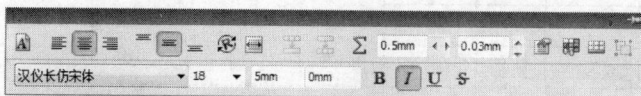
图 11-138 【字体修改】对话框

c）修改"名称"一栏的文字。

将"名称"修改为"零件名称"，左键双击"名称"一栏出现输入框，"名称"前输入零件，如图 11-139 所示，左键单击图纸空白处，完成文字的修改。

图 11-139 修改文字

d）添加材料明细表内容。

左键双击序号 1 对应的零件名称栏，软件弹出【属性连接】对话框，如图 11-140 所示。单击 保持连接(P) 按钮，输入"零件 1 名称—泵体"，左键单击图纸空白处完成零件名称的添加；用相同的方法输入其余零件名称、材料及其备注信息，并修改字体格式，满足文字均为直体、数字与字母均为斜体的要求，修改后的材料明细表如图 11-141 所示。

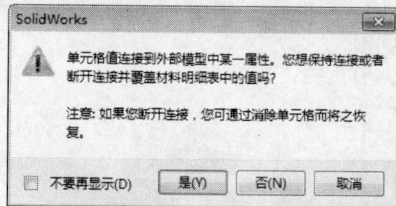
图 11-140 属性连接提示框

13		螺母 M8	2	A3	GB6170—86
12		螺垫	2	A3	GB972—85
11		螺柱 M8×40	2	A3	GB/T 897—1988
10		填料压盖		H62	
9		填料	1	橡胶	
8		衬套	1	45	
7		螺栓 M8×20	7	A3	GB/T 5782—2000
6		侧盖	1	H62	
5		垫片	1	A3	
4		柱塞	1	45	
3		圆盘	1	45	
2		曲轴	1	45	
1		泵体	1	H62	
序号	代号	零件名称	数量	材料	备注

图 11-141 材料明细表

（7）编辑图纸格式

特征管理设计树中右键单击"图纸格式 1"，在弹出菜单中选择"编辑图纸格式"命令，图纸进入编辑状态，图纸格式主要对其标题栏进行修改。

SolidWorks 2013 给定的 GB 标准的标题栏如图 11-142（a）所示，针对偏心柱塞泵装配图，修改细节使其满足我国国家标准要求的标题栏格式，如图 11-142（b）所示。

在特征管理设计树中右键单击“图纸格式 1”，在弹出菜单中选择“编辑图纸”，如图 11-143 所示，即为恢复的截止阀装配图界面。

左键单击“注解”工具栏中的“注释”命令按钮A，输入技术要求，如图 11-144 所示。

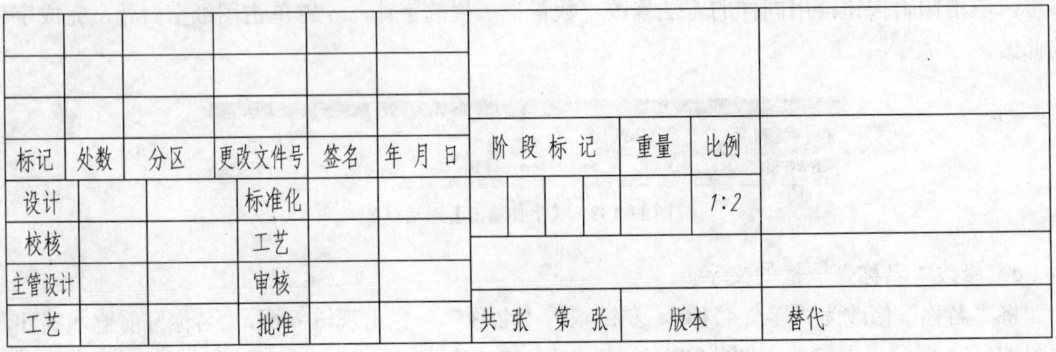
标记 处数 分区 更改文件号 签名 年 月 日
阶 段 标 记
重量
比例
设计
标准化
1:2
校核
工艺
主管设计
审核
工艺
批准
共 张 第 张
版本
替代

（a）软件自带的 GB 标准标题栏

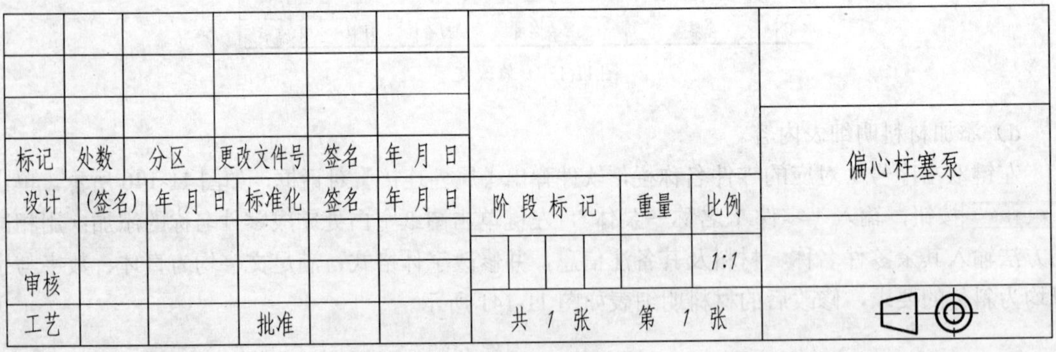
标记 处数 分区 更改文件号 签名 年 月 日
偏心柱塞泵
设计 (签名) 年 月 日 标准化 签名 年 月 日
阶 段 标 记
重量
比例
1:1
审核
工艺
批准
共 1 张 第 1 张

（b）修改后的标题栏

图 11-142 标题栏的修改

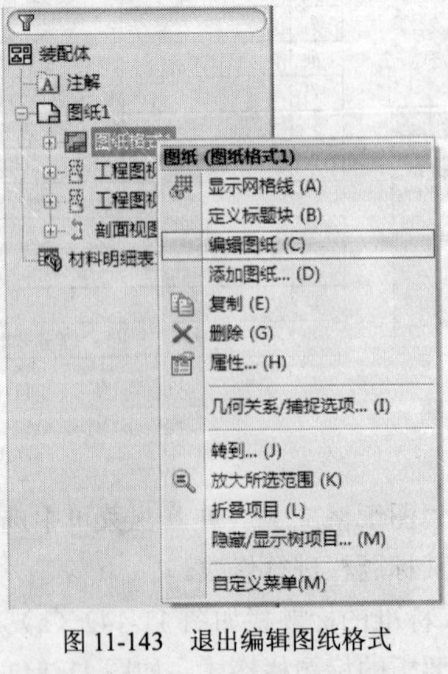
装配体
注解
图纸1
图纸格式
工程图视
工程图视
剖面视图
材料明细表
图纸 (图纸格式1)
显示网格线 (A)
定义标题块 (B)
编辑图纸 (C)
添加图纸... (D)
复制 (E)
删除 (G)
属性... (H)
几何关系/捕捉选项... (I)
转到... (J)
放大所选范围 (K)
折叠项目 (L)
隐藏/显示树项目... (M)
自定义菜单(M)

图 11-143 退出编辑图纸格式

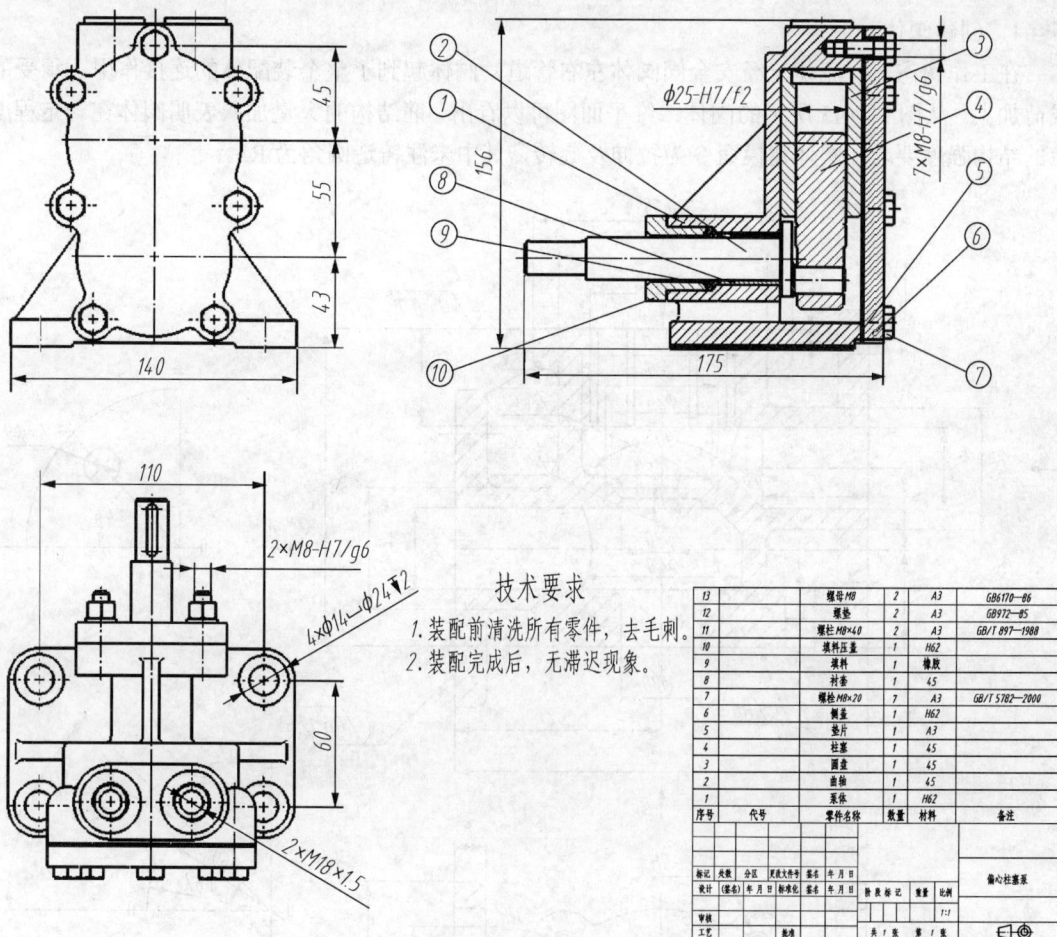

图 11-144 偏心柱塞泵工程图

13		螺母M8	2	A3	GB6170—86
12		螺垫	2	A3	GB972—85
11		螺柱M8×40	2	A3	GB/T 897—1988
10		填料压盖	1	H62	
9		填料	1	橡胶	
8		衬套	1	45	
7		螺栓M8×20	2	A3	GB/T 5782—2000
6		侧盖	1	H62	
5		垫片	1	A3	
4		柱塞	1	45	
3		圆盘	1	45	
2		曲轴	1	45	
1		泵体	1	H62	
序号	代号	零件名称	数量	材料	备注

技术要求

1. 装配前清洗所有零件，去毛刺。
2. 装配完成后，无滞迟现象。

最终生成的偏心柱塞泵装配体的工程图如图 11-144 所示，单击菜单栏中的"保存"按钮，保存到"光盘/第十一章/偏心柱塞泵零部件"文件夹，文件名输入"装配体"。单击 保存(S) 按钮，完成偏心柱塞泵工程图的保存。

11.4 综合实例三——安全阀

侧重点：阀体零件的建模

安全阀（safety valve）根据压力系统的工作压力自动启闭，一般安装于封闭系统的设备或管道上保护系统安全。当设备或管道内压力超过安全阀设定压力时，即自动开启泄压，保证设备和管道内介质压力在设定压力之下，保护设备和管道正常工作，防止发生意外，减少损失。安全阀是锅炉、压力容器和其他受压力设备上重要的安全附件。其动作可靠性和性能好坏直接关系到设备和人身的安全，并与节能和环境保护紧密相关。

1. 创建阀体

在工作状态下，流体流经安全阀阀体左右管道，阀体起到了整个装配体的连接作用，承受的载荷加大。从图 11-145 所示的阀体二维平面图可以看出，筋结构的大量加入表明阀体在一定程度上的结构强度要求，阀体建模命令为拉伸及旋转，其中未注铸造圆角为 R3。

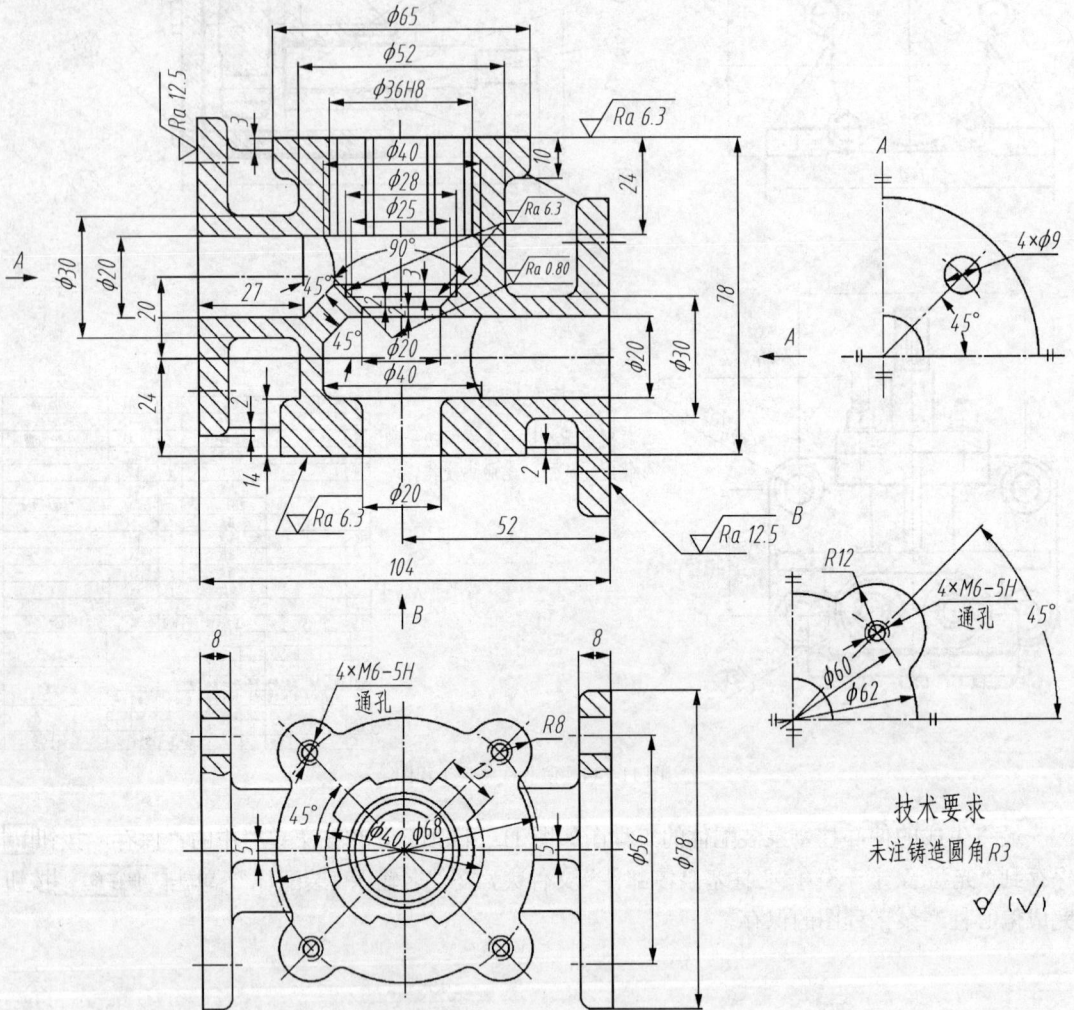

图 11-145　阀体的二维平面图

（1）阀体创建思路

分析阀体的二维平面图，创建思路如下。

① 以主视图中 104 尺寸的中心轴线和 24 尺寸处的中心线的交点为原点，基准面相对于该原点分布。

② 左键单击选择上视基准面为草图绘制平面，用"拉伸凸台/基体"命令创建两个终止方向的 $\Phi52$ 圆柱（主视图）。

③ 以 $\Phi52$ 圆柱上端面为草图绘制平面，采用"拉伸凸台/基体"命令创建主视图中的 $\Phi65$ 圆柱及俯视图中的 R8 凸台。

④ 以 $\Phi52$ 圆柱下端面为草图绘制平面，采用"拉伸凸台/基体"命令创建向视图 B 中的 $\Phi62$ 圆柱及 R12 凸台。

⑤ 以右视基准面为草图绘制平面，采用"拉伸凸台/基体"命令创建主视图中左端 $\Phi30$ 圆柱。

⑥ 以左端面为草图绘制平面，采用"拉伸凸台/基体"命令创建俯视图中的 $\Phi78$ 圆柱。

⑦ 同步骤 5、6 中的方法，创建右端 $\Phi30$、$\Phi78$ 两圆柱，左右两端圆柱圆心数值距离为 20。

⑧ 以前视基准面为草图绘制平面，采用"旋转切除"命令创建主视图中竖直方向的阶梯孔。

⑨ 以上端面为草图绘制平面，采用"拉伸切除"命令创建主视图中 $\Phi35H8$ 孔及槽，形状和尺寸由俯视图决定。

⑩ 以前视基准面为草图绘制平面，采用"旋转切除"命令创建右端 $\Phi20$ 孔。

⑪ 添加竖直阶梯孔与左端 $\Phi20$ 孔的连接部分，避免零厚度的特征出现。

⑫ 以前视基准面为草图绘制平面，采用"旋转切除"命令创建左端 $\Phi20$ 孔。

⑬ 完善左端 $\Phi20$ 孔与竖直阶梯孔的连接部分。

⑭ 采用"异型孔向导"命令创建上、下端面上的 $4\times M6\text{-}5H$ 通孔。

⑮ 创建筋。

⑯ 添加圆角，保存零件。

（2）阀体创建过程

根据阀体创建思路创建阀体特征。

① 新建文件。

单击菜单栏的"新建"命令按钮，弹出【新建 SolidWorks 文件】对话框。选择零件，单击 确定 按钮。

② $\Phi52$ 圆柱。

左键单击选择上视基准面，单击"草图"工具栏中的"草图"绘制命令，单击"正视于"按钮，绘制圆心在原点的 $\Phi52$ 圆，选择"特征"工具栏中的"拉伸凸台/基体"命令，属性管理器设置如图 11-146 所示。单击【凸台—拉伸属性管理器】中的按钮，完成 $\Phi52$ 圆柱的创建。

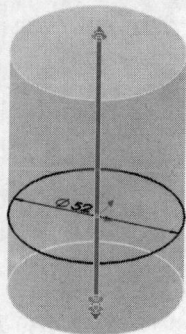

③ $\Phi65$ 圆柱及 R8 凸台。

左键单击选择 $\Phi52$ 圆柱上端面，单击"草图"工具栏中的"草图绘制"命令，单击"正视于"按钮，绘制 $\Phi65$ 圆柱及 R8 凸台草图。选择"特征"工具栏中的"拉伸凸台/基体"命令，属性管理器设置如图 11-147 所示。单击【凸台—拉伸属性管理器】中的按钮，完成 $\Phi65$ 圆柱及 R8 凸台的创建。

④ $\Phi62$ 圆柱及 R12 凸台。

左键单击选择 $\Phi52$ 圆柱下端面，单击"草图"工具栏中的"草图绘制"命令，单击"正视于"按钮，绘制 $\Phi62$ 圆柱及 R12 凸台草图。选择"特征"工具栏中的"拉伸凸台/基体"命令，属性管理器设置如图 11-148 所示。单击【凸台—拉伸属性管理器】中的按钮，完成 $\Phi62$ 圆柱及 R12 凸台的创建。

图 11-146 创建 $\Phi52$ 圆柱

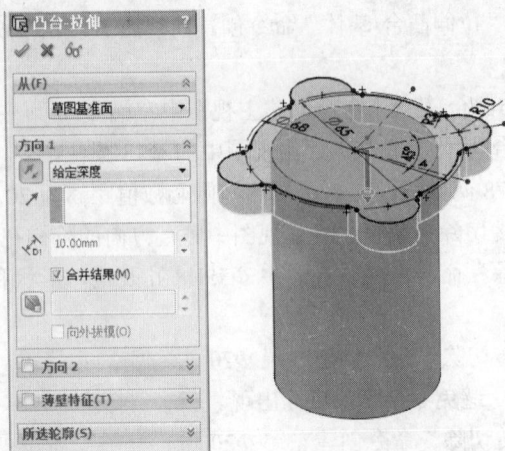

图 11-147　创建 Φ65 圆柱及 R8 凸台

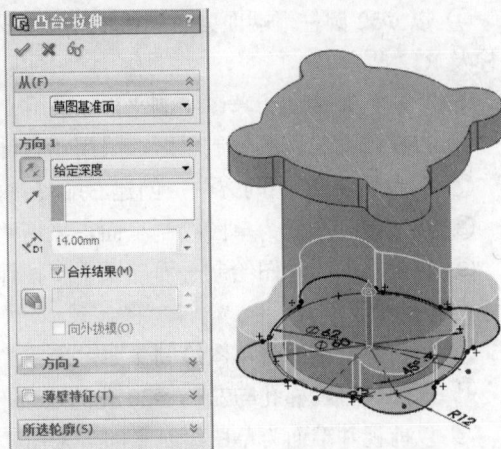

图 11-148　创建 Φ62 圆柱及 R12 凸台

⑤ 左端 Φ30 圆柱。

左键单击选择右视基准面，单击"草图"工具栏中的"草图绘制"命令，单击"正视于"按钮 ⊥，绘制 Φ30 草图。选择"特征"工具栏中的"拉伸凸台/基体"命令，属性管理器设置如图 11-149 所示。单击【凸台—拉伸属性管理器】中的 ✓ 按钮，完成左端 Φ30 圆柱的创建。

⑥ 左端 Φ78 圆柱。

左键单击选择左端 Φ30 圆柱端面，单击"草图"工具栏中的"草图绘制"命令，单击"正视于"按钮 ⊥，绘制 Φ78 草图。选择"特征"工具栏中的"拉伸凸台/基体"命令，属性管理器设置如图 11-150 所示。单击【凸台—拉伸属性管理器】中的 ✓ 按钮，完成左端 Φ78 圆柱的创建。

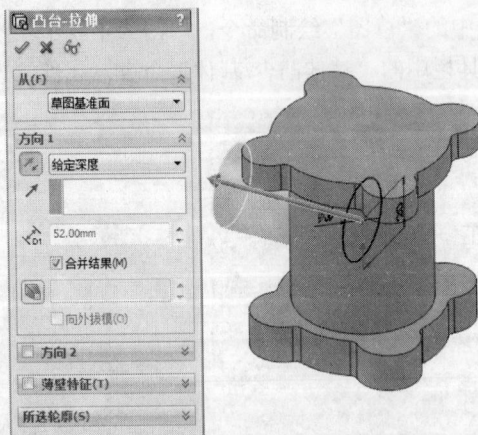

图 11-149　创建左端 Φ30 圆柱

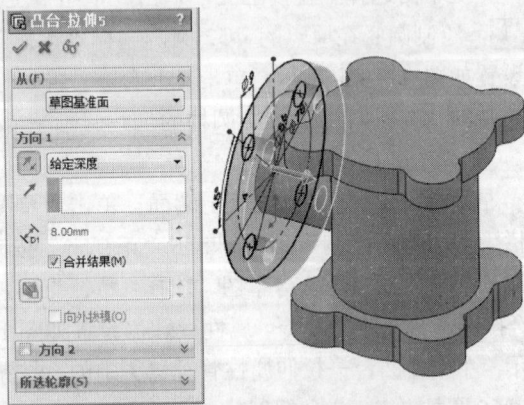

图 11-150　创建左端 Φ78 圆柱

⑦ 右端 Φ30 及 Φ78 圆柱。

应用步骤 5、6 的方法，创建右端 Φ30 及 Φ78 圆柱，如图 11-151 所示。

⑧ 主视图阶梯孔。

左键单击选择前视基准面，单击"草图"工具栏中的"草图绘制"命令，单击"正视于"按钮 ⊥，绘制 Φ40、Φ28、Φ25、Φ20 阶梯孔草图。选择"特征"工具栏中的"旋转切除"命令，属性管理器设置如图 11-152 所示。单击【切除—旋转属性管理器】中的 ✓ 按钮，完成主视图阶梯孔的创建。

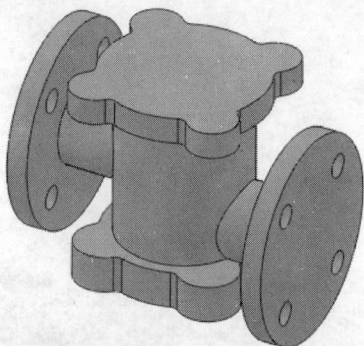

图 11-151　创建右端 $\Phi30$ 及 $\Phi78$ 圆柱

图 11-152　创建主视图阶梯孔

⑨ $\Phi35H8$ 孔。

左键单击选择上端面，单击"草图"工具栏中的"草图绘制"命令，单击"正视于"按钮，根据俯视图绘制 $\Phi35H8$ 孔草图。选择"特征"工具栏中的"拉伸切除"命令，属性管理器设置如图 11-153 所示。单击【切除—拉伸属性管理器】中的✓按钮，完成 $\Phi35H8$ 孔的创建。

⑩ 右端 $\Phi20$ 孔。

左键单击选择右端面，单击"草图"工具栏中的"草图绘制"命令，单击"正视于"按钮，绘制 $\Phi20$ 孔草图。选择"特征"工具栏中的"拉伸切除"命令，属性管理器设置如图 11-154 所示。单击【切除—拉伸属性管理器】中的✓按钮，完成右端 $\Phi20$ 孔的创建。

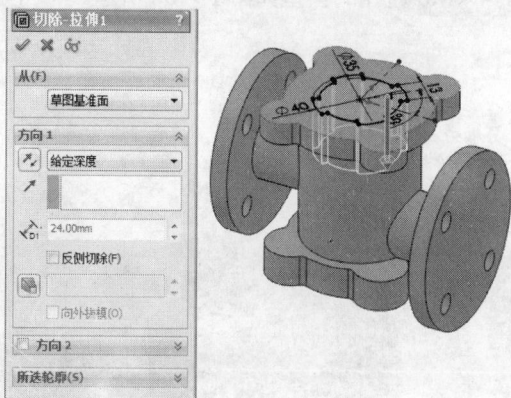

图 11-153　创建 $\Phi35H8$ 孔

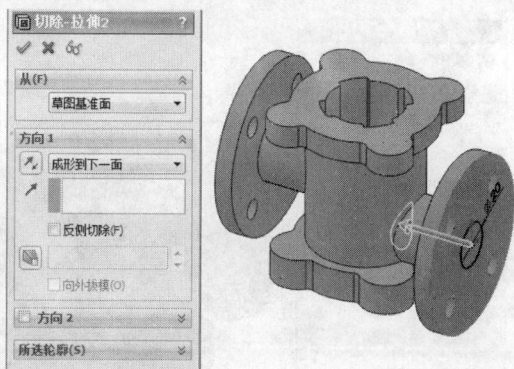

图 11-154　创建右端 $\Phi20$ 孔

⑪ 连接部分。

左键单击选择前视基准面，单击"草图"工具栏中的"草图绘制"命令，单击"正视于"按钮，绘制竖直阶梯孔与左端 $\Phi20$ 孔的连接部分草图。选择"特征"工具栏中的"拉伸凸台/基体"命令，属性管理器设置如图 11-155 所示。单击【凸台—拉伸属性管理器】中的✓按钮，完成连接部分的创建。

⑫ 左端 $\Phi20$ 孔。

左键单击选择左端面，单击"草图"工具栏中的"草图绘制"命令，单击"正视于"按钮，绘制 $\Phi20$ 孔草图。选择"特征"工具栏中的"拉伸切除"命令，属性管理器设置如图 11-156 所示。单击【切除—拉伸属性管理器】中的✓按钮，完成左端 $\Phi20$ 孔的创建。

⑬ 左端 $\Phi20$ 孔与竖直阶梯孔的连接部分。

图 11-155　创建连接部分

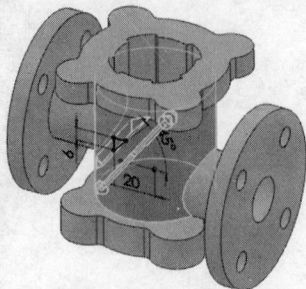

图 11-156　创建左端 Φ20 孔

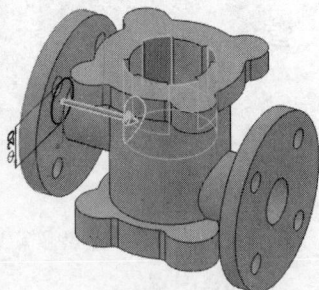

左键单击选择前视基准面，单击"草图"工具栏中的"草图绘制"命令，单击"正视于"按钮 ⬆，绘制左端 Φ20 孔与竖直阶梯孔草图。选择"特征"工具栏中的"拉伸凸台/基体"命令，属性管理器设置如图 11-157 所示。单击【凸台—拉伸属性管理器】中的 ✅ 按钮，完成连接部分的创建。

⑭　4×M6 通孔。

单击左键分别选择阀体上、下端面，采用"异型孔向导"命令创建 4×M6 通孔，孔中心均位于 R8 圆弧圆心及 R12 圆弧圆心，创建后上、下端面 4×M6 通孔的模型如图 11-158 所示。

图 11-157　创建连接部分

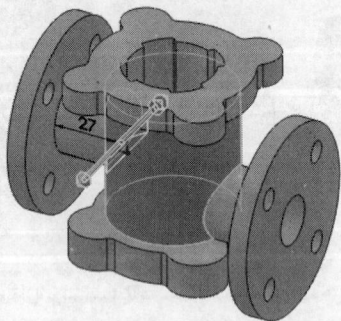

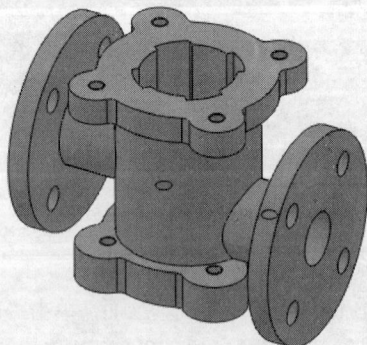

图 11-158　创建 4×M6 通孔

⑮　筋。

根据阀体二维平面中的主视图，筋特征共 4 处。单击"特征"工具栏中的"筋"命令按钮 🔲，左键单击选择前视基准面绘制筋草图，【筋属性管理器】的设置如图 11-159 所示。单击【筋属性管理器】中的 ✅ 按钮，完成筋的创建。用同样的方法创建其余 3 处筋特征，创建筋后的阀体模型如图 11-160 所示。

图 11-159　创建筋 1　　　　　　　　　　图 11-160　创建筋特征后阀体模型

⑯ 圆角。

给阀体添加适当的圆角特征，单击"特征"工具栏中的"圆角"命令，属性管理器设置如图 11-161 所示，最终阀体模型如图 11-162 所示。单击菜单栏中的"保持"按钮，保存到"光盘/第十一章/安全阀零部件"文件夹，文件名输入"阀体"，单击　保存(S)　按钮，完成阀体零件的保存。

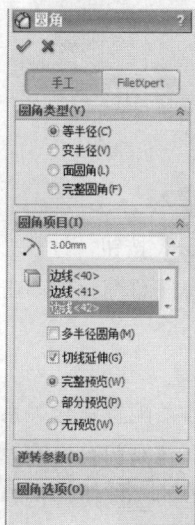

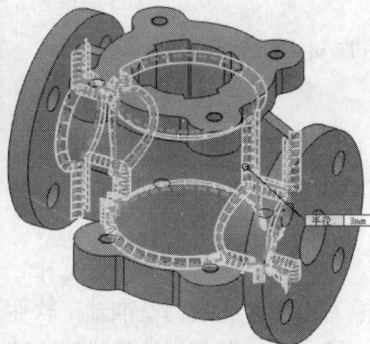

图 11-161　添加圆角　　　　　　　　　　　图 11-162　阀体模型

2．创建安全阀装配体

安全阀包含 13 个零件，装配顺序为上下结构，配合关系为重合。创建安全阀装配体的过程如下。

（1）新建文件

左键单击选择菜单栏的"新建"命令按钮，弹出【新建 SolidWorks 文件】对话框。单击选择装配体，单击　确定　按钮。

（2）插入阀体

单击【开始装配体属性管理器】中的　浏览(B)...　按钮，打开"光盘/第十一章/安全阀零部件"文件夹，选择"阀体.SLDPRT"文件，在图形区中任意空白处单击左键放置阀体，完成阀体的插入。

（3）插入阀门

选择"装配体"工具栏中的"插入零部件"命令，单击　浏览(B)...　按钮，打开"光盘/第十一章/安全阀零部件"文件夹，选择"阀门.SLDPRT"文件，在图形区中任意空白处单击左键放置阀门，完成阀门的插入。

　　（4）添加阀门与阀体的配合关系

　　选择"配合"命令 ⬛，打开"临时轴"按钮 ⬛，选择阀门基准轴与阀体竖直基准轴，软件配置重合关系，如图 11-163（a）所示，单击【配合弹出工具栏】中的 ☑ 按钮。选择阀门下锥面与阀体阶梯孔中的锥面，单击【配合弹出工具栏】中的重合关系，如图 11-163（b）所示。单击【配合弹出工具栏】中的 ☑ 按钮，再单击属性管理器中的 ☑ 按钮，完成阀门与阀体配合关系的添加。

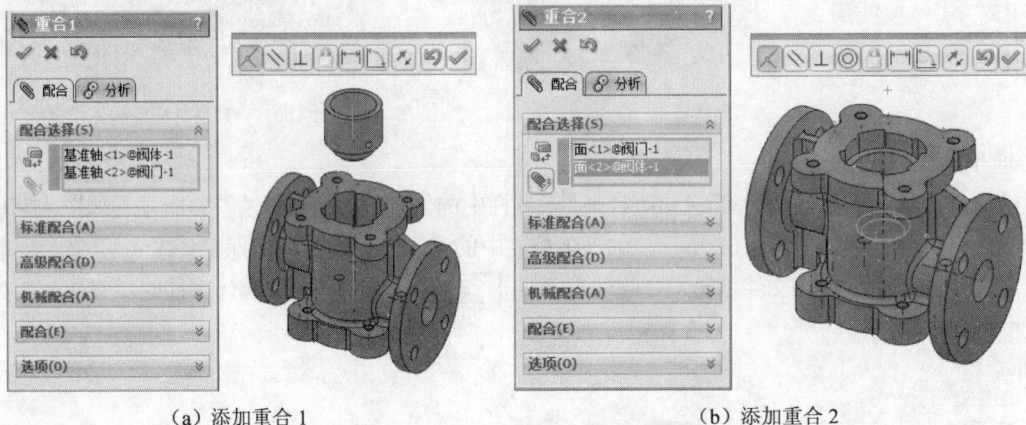

（a）添加重合 1　　　　　　　　　　　　（b）添加重合 2

图 11-163　阀门与阀体配合关系的添加

　　（5）插入弹簧

　　左键单击选择"装配体"工具栏中的"插入零部件"命令 ⬛，单击 浏览(B)... 按钮，打开"光盘/第十一章/安全阀零部件"文件夹，选择"弹簧.SLDPRT"文件，在图形区中任意空白处单击左键放置弹簧，完成弹簧的插入。

　　（6）添加弹簧与阀门的配合关系

　　左键单击"配合"命令按钮 ⬛，选择弹簧基准轴 1 与阀门基准轴，软件自动配置重合关系，如图 11-164（a）所示，单击【配合弹出工具栏】中的 ☑ 按钮。选择弹簧下端面与阀门孔内端面，软件自动配置重合关系，如图 11-164（b）所示。单击【配合弹出工具栏】中的 ☑ 按钮，再单击属性管理器中 ☑ 按钮，完成弹簧与阀门配合关系的添加。

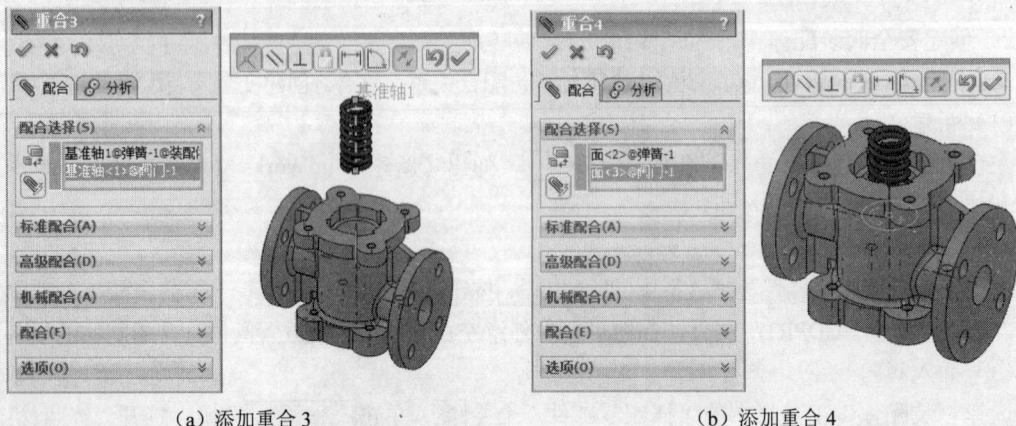

（a）添加重合 3　　　　　　　　　　　　（b）添加重合 4

图 11-164　弹簧与阀门配合关系的添加

（7）插入托盘

左键单击选择"装配体"工具栏中的"插入零部件"命令 📷，单击 浏览(B)... 按钮，打开"光盘/第十一章/安全阀零部件"文件夹，选择"托盘.SLDPRT"文件，在图形区中任意空白处单击左键放置托盘，完成托盘的插入。

（8）添加托盘与弹簧的配合关系

左键单击选择"配合"命令 🖉，选择托盘基准轴与弹簧基准轴 1 基准轴，软件自动配置重合关系，如图 11-165（a）所示。单击【配合弹出工具栏】中的 ✅ 按钮，选择托盘凹槽端面与弹簧上端面，软件配置重合关系，如图 11-165（b）所示。单击【配合弹出工具栏】中的 ✅ 按钮，再单击属性管理器中的 ✅ 按钮，完成托盘与弹簧配合关系的添加。

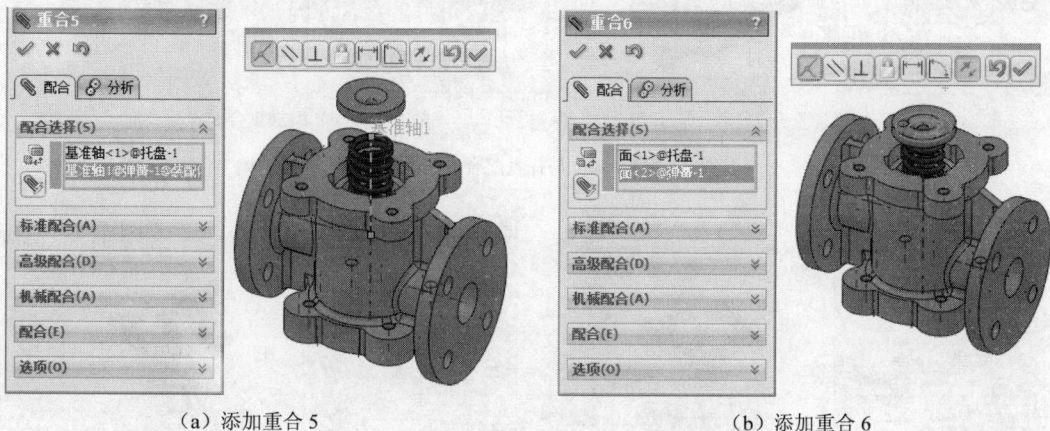

（a）添加重合 5　　　　　　　　　　　　　　　（b）添加重合 6

图 11-165　托盘与弹簧配合关系的添加

（9）插入阀杆

左键单击选择"装配体"工具栏中的"插入零部件"命令 📷，单击 浏览(B)... 按钮，打开"光盘/第十一章/安全阀零部件"文件夹，选择"阀杆.SLDPRT"文件，在图形区中任意空白处单击左键放置阀杆，完成阀杆的插入。

（10）添加阀杆与托盘的配合关系

左键单击选择"配合"命令 🖉，选择阀杆基准轴与托盘基准轴，软件自动配置重合关系，如图 11-166（a）所示，单击【配合弹出工具栏】中的 ✅ 按钮。选择托盘上端锥面与阀杆锥面，选择重合关系，如图 11-166（b）所示。单击【配合弹出工具栏】中的 ✅ 按钮，再单击属性管理器中的 ✅ 按钮，完成阀杆与托盘配合关系的添加。

（11）插入垫片

左键单击选择"装配体"工具栏中的"插入零部件"命令 📷，单击 浏览(B)... 按钮，打开"光盘/第十一章/安全阀零部件"文件夹，选择"垫片.SLDPRT"文件，在图形区中任意空白处单击左键放置垫片，完成垫片的插入。

（12）添加垫片与阀体的配合关系

左键单击选择"配合"命令 🖉，选择垫片中心孔基准轴与阀体竖直中心基准轴，软件配置重合关系，如图 11-167（a）所示，单击【配合弹出工具栏】中的 ✅ 按钮。选择垫片四周一条小孔基准轴与阀体对应螺纹孔基准轴，软件配置重合关系，如图 11-167（b）所示，单击【配合弹出工具栏】中的 ✅

按钮。选择垫片下端面与阀体上端面，软件配置重合关系，如图 11-167（c）所示，单击【配合弹出工具栏】中的☑按钮，再单击属性管理器中☑按钮，完成垫片与阀体配合关系的添加。

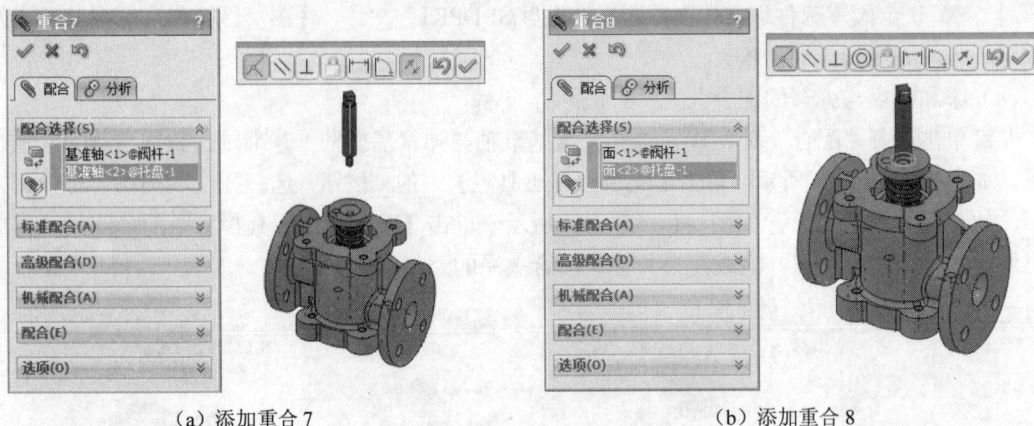

（a）添加重合 7 　　　　　　　　　　　　　　（b）添加重合 8

图 11-166　阀杆与托盘配合关系的添加

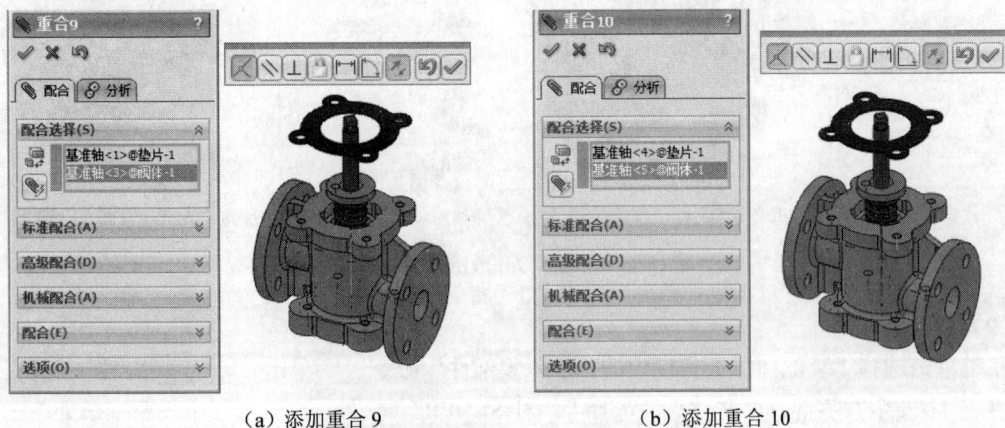

（a）添加重合 9 　　　　　　　　　　　　　　（b）添加重合 10

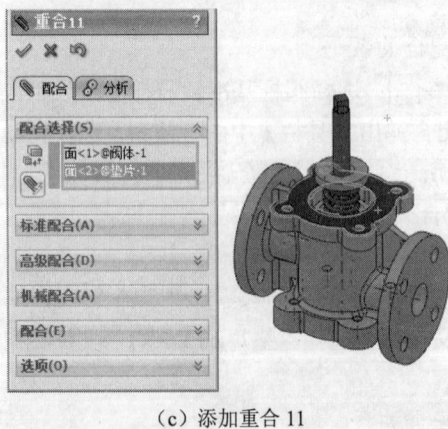

（c）添加重合 11

图 11-167　垫片与阀体配合关系的添加

（13）插入阀盖

左键单击选择"装配体"工具栏中的"插入零部件"命令，单击 浏览(B)... 按钮，打开"光盘/第十一章/安全阀零部件"文件夹，选择"阀盖.SLDPRT"文件，在图形区中任意空白处单击左键放置阀盖，完成阀盖的插入。

（14）添加阀盖与阀杆、垫片的配合关系

左键单击选择"配合"命令，选择阀盖中心孔基准轴与阀杆基准轴，软件配置重合关系，如图 11-168（a）所示，单击【配合弹出工具栏】中的按钮。选择阀盖四周一条螺纹孔基准轴与垫片对应孔基准轴，软件配置重合关系，如图 11-168（b）所示，单击【配合弹出工具栏】中的按钮。选择阀盖下端面与垫片上端面，软件配置重合关系，如图 11-168（c）所示。单击【配合弹出工具栏】中的按钮，再单击属性管理器中按钮，完成阀盖与阀杆、垫片配合关系的添加。

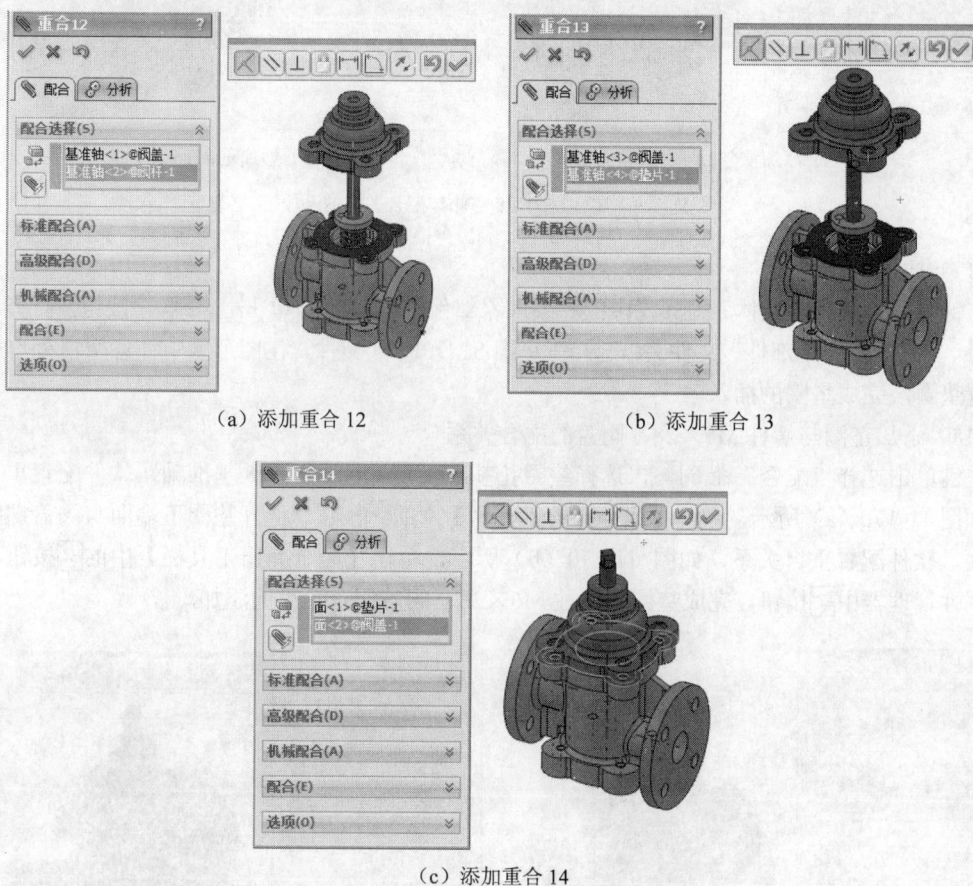

（a）添加重合 12　　　　　　　　　　（b）添加重合 13

（c）添加重合 14

图 11-168　阀盖与阀杆、垫片配合关系的添加

（15）插入螺柱 M6×28

左键单击选择"装配体"工具栏中的"插入零部件"命令，单击 浏览(B)... 按钮，打开"光盘/第十一章/安全阀零部件"文件夹，选择"螺柱 M6×28.SLDPRT"文件，在图形区中任意空白处单击左键放置螺柱 M6×28，完成螺柱 M6×28 的插入。

（16）添加螺柱 M6×28 与阀体的配合关系

左键单击选择配合命令，选择螺柱 M6×28 基准轴与阀体对应螺纹孔基准轴，软件配置重合关系，如图 11-169（a）所示，单击【配合弹出工具栏】中的按钮。选择螺柱 M6×28 下端面与阀体上端螺纹孔下端面，软件配置重合关系，如图 11-169（b）所示，单击【配合弹出工具栏】中的☑按钮，再单击属性管理器中☑按钮，完成螺柱 M6×28 与阀体配合关系的添加。

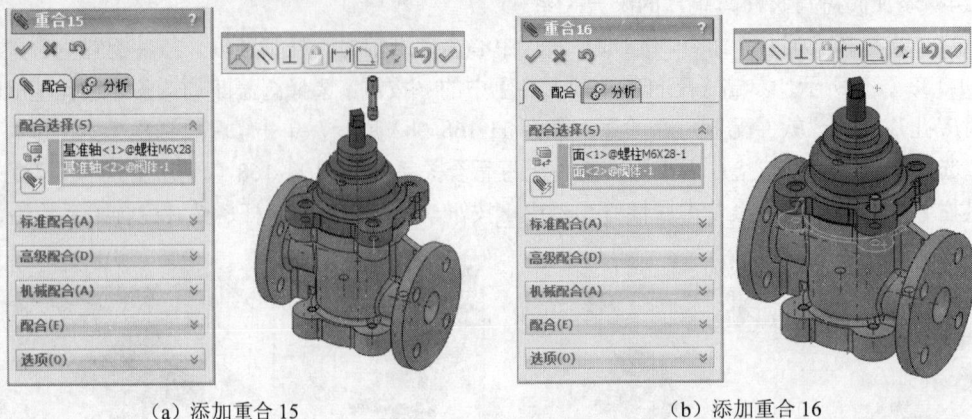

（a）添加重合 15　　　　　　　　　　（b）添加重合 16

图 11-169　螺柱 M6×28 与阀体配合关系的添加

（17）插入垫圈

左键单击选择"装配体"工具栏中的"插入零部件"命令📎，单击 浏览(B)... 按钮，打开"光盘/第十一章/安全阀零部件"文件夹，选择"垫圈.SLDPRT"文件，在图形区中任意空白处单击左键放置垫圈，完成垫圈的插入。

（18）添加垫圈与螺柱 M6×28、阀盖的配合关系

左键单击选择"配合"命令📎，选择垫圈孔基准轴与螺柱 M6×28 基准轴，软件配置重合关系，如图 11-170（a）所示，单击【配合弹出工具栏】中的☑按钮。选择垫圈下端面与阀盖螺纹孔上端面，软件配置重合关系，如图 11-170（b）所示，单击【配合弹出工具栏】中的☑按钮，再单击属性管理器中☑按钮，完成垫圈与螺柱 M6×28、阀盖配合关系的添加。

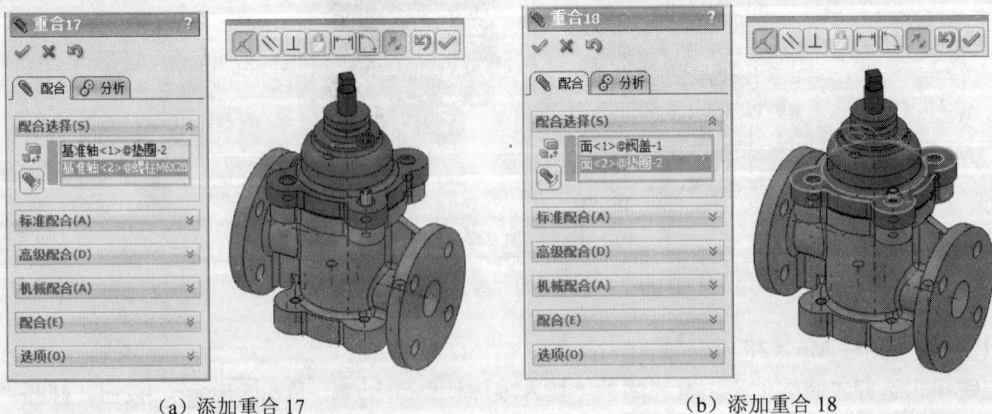

（a）添加重合 17　　　　　　　　　　（b）添加重合 18

图 11-170　垫圈与螺柱 M6×28、阀盖配合关系的添加

（19）插入螺母 M6

左键单击选择"装配体"工具栏中的"插入零部件"命令📎，单击 浏览(B)... 按钮，打开"光盘/第十一章/安全阀零部件"文件夹，选择"螺母 M6.SLDPRT"文件，在图形区中任意空白处单

击左键放置螺母 M6，完成螺母 M6 的插入。

（20）添加螺母 M6 与螺柱 M6×28、垫圈的配合关系

左键单击选择"配合"命令🔧，选择螺母 M6 孔基准轴与螺柱 M6×28 基准轴，软件配置重合关系，如图 11-171（a）所示，单击【配合弹出工具栏】中的✔按钮。选择螺母 M6 下端面与垫圈上端面，软件配置重合关系，如图 11-171（b）所示。单击【配合弹出工具栏】中的✔按钮，再单击属性管理器中✔按钮，完成螺母 M6 与螺柱 M6×28、垫圈配合关系的添加。

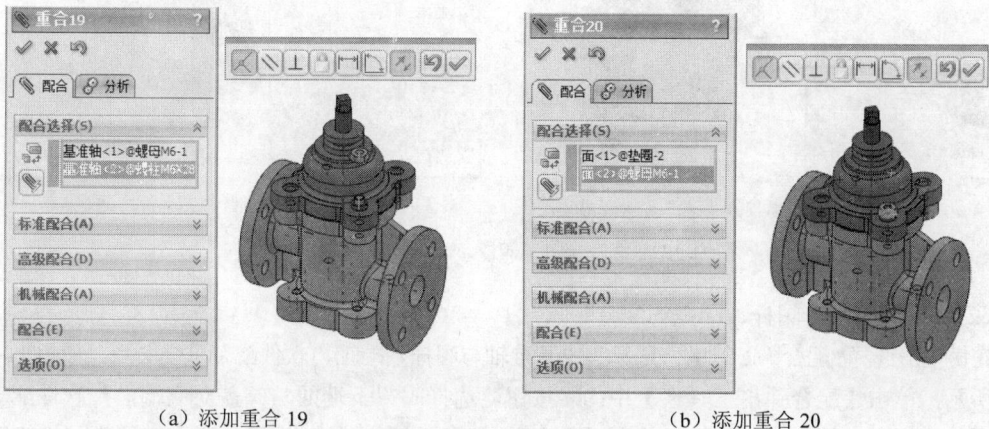

（a）添加重合 19　　　　　　　　　　（b）添加重合 20

图 11-171　螺母 M6 与螺柱 M6×28、垫圈配合关系的添加

（21）圆周阵列螺柱 M6×28、垫圈及螺母 M6

左键单击选择"线性零部件"下标▼中的"圆周零部件阵列"命令，属性管理器的设置如图 11-172 所示。单击【圆周阵列属性管理器】中的✔按钮，完成阀盖上其余螺柱 M6×28、垫圈及螺母 M6 的添加。

（22）插入螺母 M10

左键单击选择"装配体"工具栏中的"插入零部件"命令🗔，单击 浏览(B)... 按钮，打开"光盘/第十一章/安全阀零部件"文件夹，选择"螺母M10.SLDPRT"文件，在图形区中任意空白处单击左键放置螺母 M10，完成螺母 M10 的插入。

（23）添加螺母 M10 与阀杆、阀盖的配合关系

左键单击选择"配合"命令🔧，选择螺母 M10

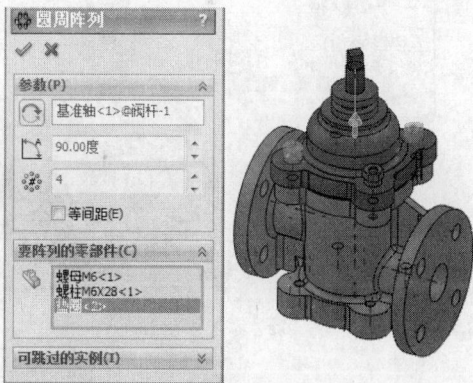

图 11-172　圆周阵列螺柱 M6×28、垫圈及螺母 M6

孔基准轴与阀杆基准轴，软件配置重合关系，如图 11-173（a）所示，单击【配合弹出工具栏】中的✔按钮。选择螺母 M10 下端面与阀盖上端面，软件配置重合关系，如图 11-173（b）所示。单击【配合弹出工具栏】中的✔按钮，再单击属性管理器中✔按钮，完成螺母 M10 与阀杆、阀盖配合关系的添加。

（24）插入阀罩

左键单击选择"装配体"工具栏中的"插入零部件"命令🗔，单击 浏览(B)... 按钮，打开"光盘/第十一章/安全阀零部件"文件夹，选择"阀罩.SLDPRT"文件，在图形区中任意空白处单击左

键放置阀罩，完成阀罩的插入。

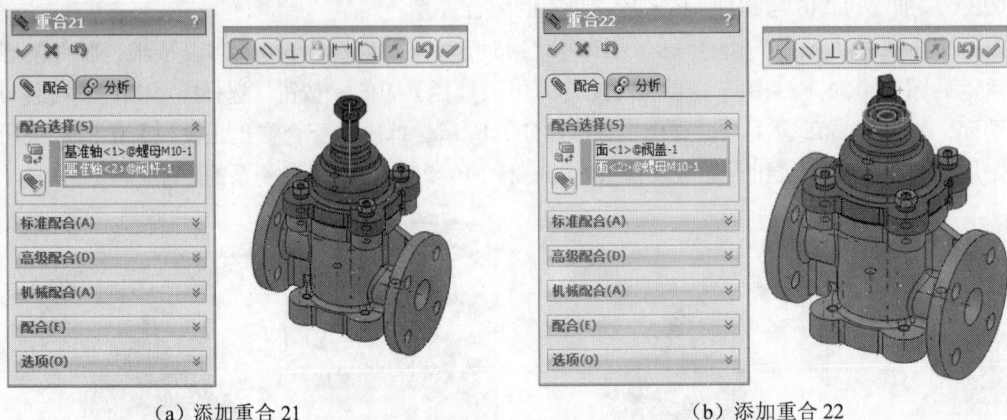

(a) 添加重合 21　　　　　　　　　　　　　　(b) 添加重合 22

图 11-173　螺母 M10 与阀杆、阀盖配合关系的添加

（25）添加阀罩与阀杆、阀盖的配合关系

左键单击选择"配合"命令，选择阀罩基准轴与阀杆基准轴，软件配置重合关系，如图 11-174 （a）所示，单击【配合弹出工具栏】中的按钮。选择阀罩下端面与阀盖对应端面，软件配置重合关系，如图 11-174（b）所示。单击【配合弹出工具栏】中的按钮，再左键单击属性管理器中的按钮，完成阀罩与阀杆、阀盖配合关系的添加。

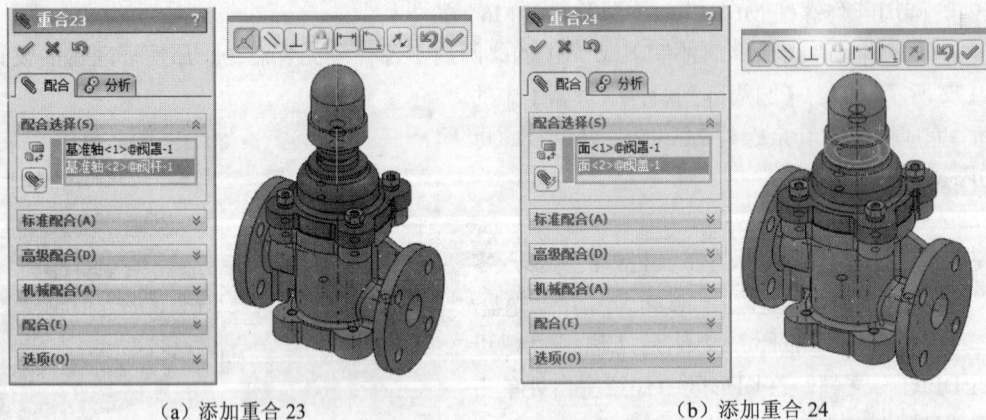

(a) 添加重合 23　　　　　　　　　　　　　　(b) 添加重合 24

图 11-174　阀罩与阀杆、阀盖配合关系的添加

（26）插入螺钉 M5×8

左键单击选择"装配体"工具栏中的"插入零部件"命令，单击 浏览(B)... 按钮，打开"光盘/第十一章/安全阀零部件"文件夹，选择"螺钉 M5×8.SLDPRT"文件，在图形区中任意空白处单击左键放置螺钉 M5×8，完成螺钉 M5×8 的插入。

（27）添加螺钉 M5×8 与阀罩、阀盖的配合关系

左键单击选择"配合"命令，选择螺钉 M5×8 基准轴与阀罩侧孔基准轴，软件配置重合关系，如图 11-175（a）所示，单击【配合弹出工具栏】中的按钮。选择阀罩右端面与阀盖对应圆周面，软件配置相切关系，如图 11-175（b）所示。单击【配合弹出工具栏】中的按钮，再

单击属性管理器中的☑按钮，完成螺钉 M5×8 与阀罩、阀盖配合关系的添加。

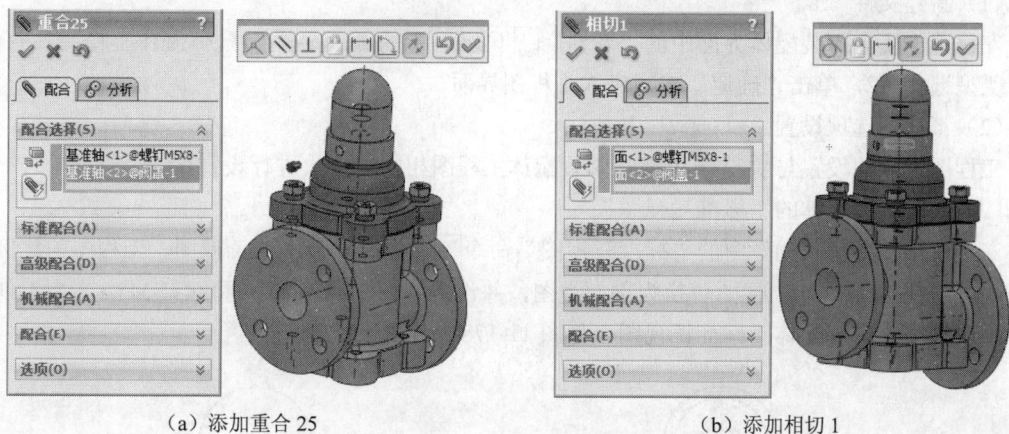

（a）添加重合 25　　　　　　　　　　　　　　（b）添加相切 1

图 11-175　螺钉 M5×8 与阀罩、阀盖配合关系的添加

关闭"临时轴"按钮▢，创建的安全阀装配体模型如图 11-176 所示，单击"保存"按钮▢，保存到"光盘/第十一章/安全阀零部件"文件夹，文件名输入"装配体"，单击 保存(S) 按钮，完成安全阀装配体的保存。

3．创建安全阀装配体爆炸视图

根据 11.2 节和 11.3 节中爆炸视图创建方法，单击"特征"工具栏中的"爆炸视图"命令▨，开始创建安全阀装配体爆炸视图。创建完毕后，单击【爆炸视图属性管理器】中的☑按钮，完成安全阀装配体爆炸视图的创建，如图 11-177 所示。单击"保存"按钮▢，爆炸视图保存在装配体中。

图 11-176　安全阀装配体模型

图 11-177　安全阀装配体的爆炸视图

4. 创建安全阀装配体工程图

（1）新建文件

左键单击安全阀装配体界面中的"新建" 🔲 下标 ⬇ 中的"从零件/装配体制作工程图"命令，图纸类型选择 A2，单击"确定"按钮进入工程图界面。

（2）工程图选项设置

工程图选项的设置与 11.2 节中截止阀装配体工程图相同，依次进行设置。

（3）安全阀装配体的"标准三视图"

左键单击"视图布局"中的"标准三视图"命令 🔳，生成安全阀的三视图。工程图的比例为 1:1，添加中心符号线，主视图替换为剖面视图，并设定阀杆、螺母 M10 和螺钉 M5×8 为不剖零件，生成的安全阀装配体"标准三视图"如图 11-178 所示。

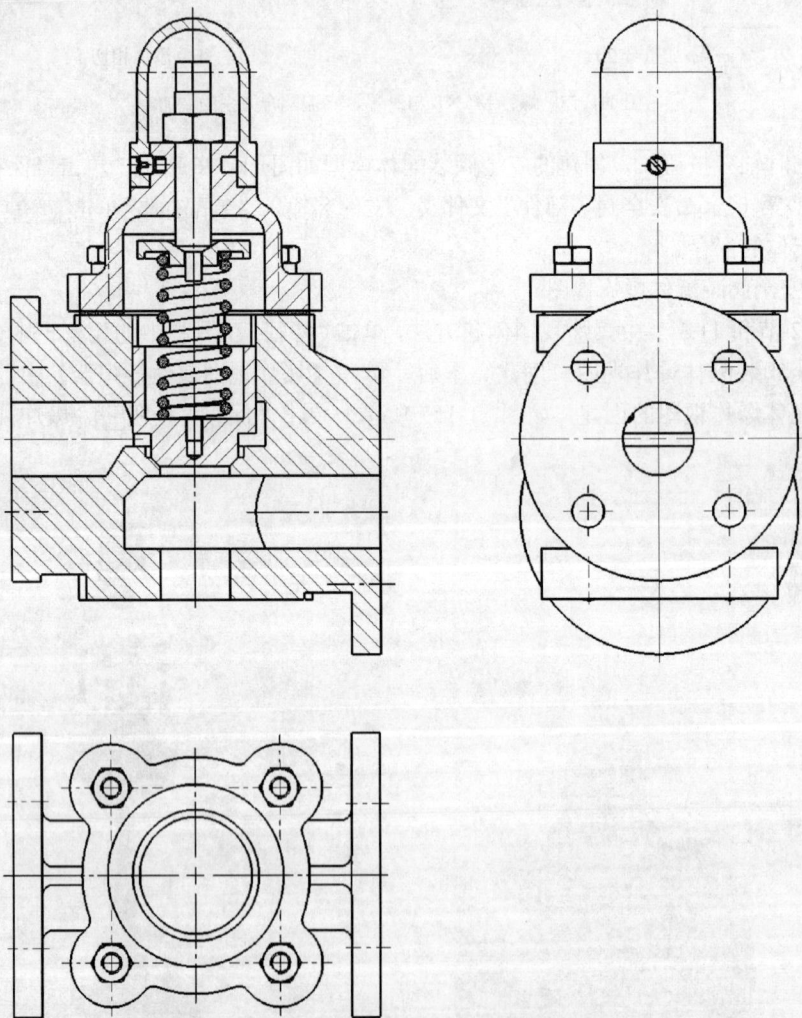

图 11-178　安全阀装配体的"标准三视图"

（4）标注尺寸

分别标注安全阀装配体工程图的性能、装配、外形、安装及其他重要尺寸，标注完尺寸的工程图如图 11-179 所示。

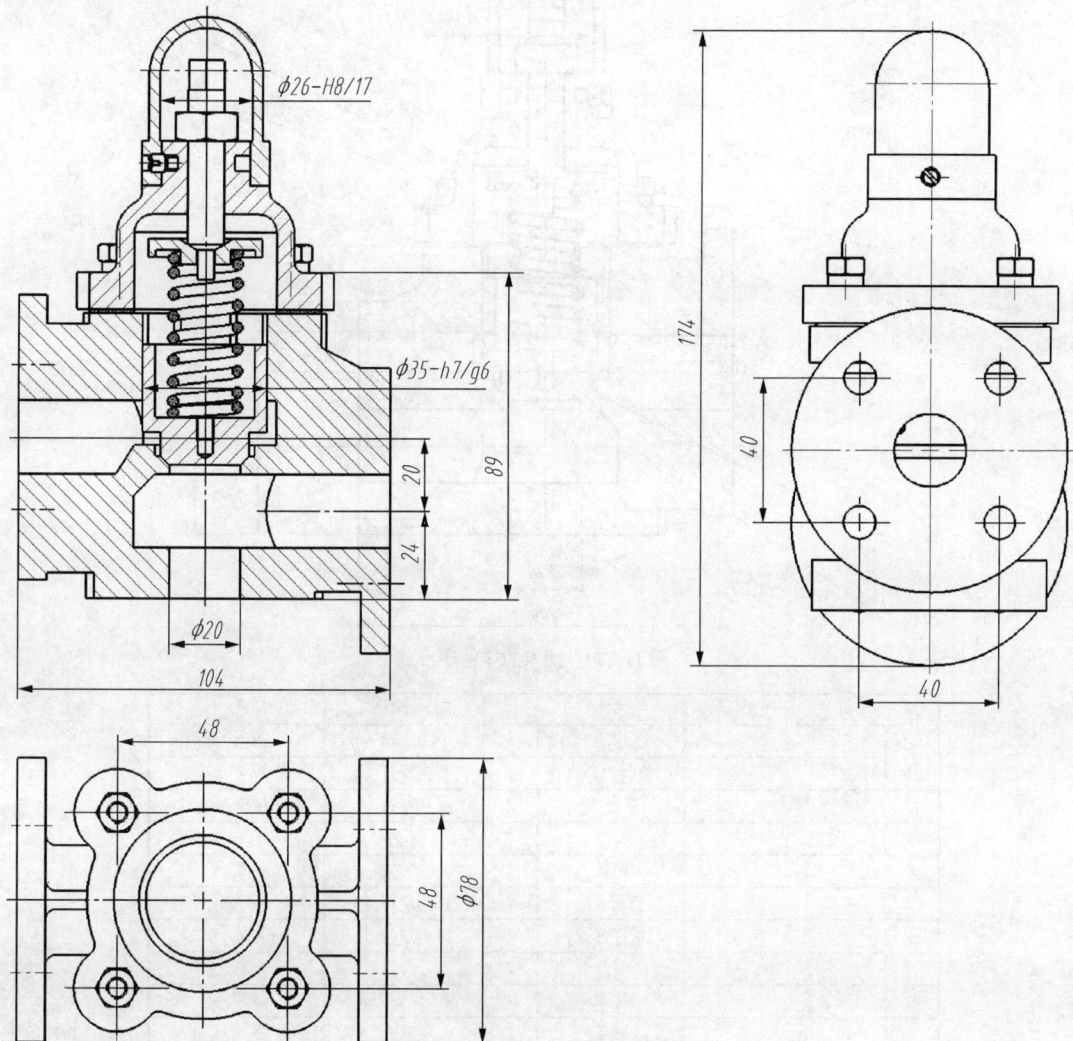

图 11-179 工程图的尺寸标注

（5）插入零件序号

左键单击"注解"工具栏中的"零件序号"命令，在主视图中手动添加零件序号🔎。零件的序号并非装配体的零件装配顺序，按照顺时针的顺序，自定义零件序号，如图 11-180 所示。

（6）插入材料明细表

单击"注解"工具栏中的"表格"下标⬚中的"材料明细表"命令，选择主视图，插入安全阀装配体工程图的材料明细表。材料明细表中数字及文字的修改方法同 11.2 节，修改后的材料明细表如图 11-181 所示。

（7）编辑图纸格式

右键单击特征管理设计树中的"图纸格式 1"，在弹出菜单中选择"编辑图纸格式"，编辑后的标题栏如图 11-182 所示。

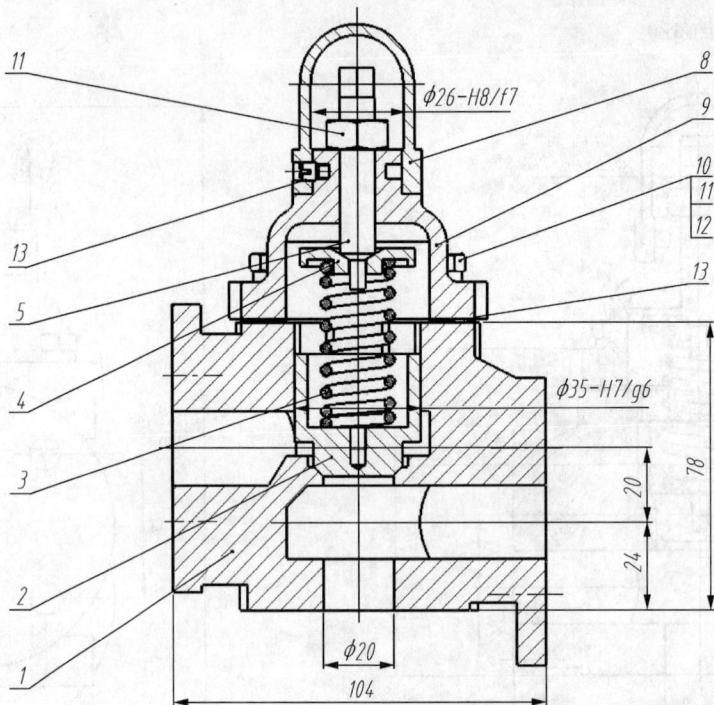

图 11-180 插入的零件序号

13		垫片	1	纸	厚度为1
12		垫圈	4	65Mo	GB93—85
11		螺柱 M6×20	4	Q235	GB/T898—2000
10		螺母 M6	4	Q235	GB/T6170—2000
9		阀盖	1	ZH62	
8		阀罩	1	ZH62	
7		螺母 M10	1	Q235	GB/T6170—2000
6		螺钉 M5×8	1	Q235	GB76—85
5		阀杆	1	35	
4		托盘	1	ZH62	
3		弹簧	1	65Mo	
2		阀门	1	ZH62	
1		阀体	1	ZQ45	
序号	代号	零件名称	数量	材料	备注

图 11-181 插入的材料明细表

						明日之星公司		
标记	处数	分区	更改文件号	签名	年 月 日		安全阀	
设计	(签名)	年 月 日	标准化	签名	年 月 日	阶段标记	重量	比例
								1:1
工艺			批准			共 张 第 张		

图 11-182 编辑后的标题栏

生成的安全阀装配体的工程图如图 11-183 所示，单击菜单栏中的"保存"按钮 🖫，保存到"光盘/第十一章/安全阀零部件"文件夹，文件名输入"装配体"，单击 保存(S) 按钮，完成安全阀工程图的保存。

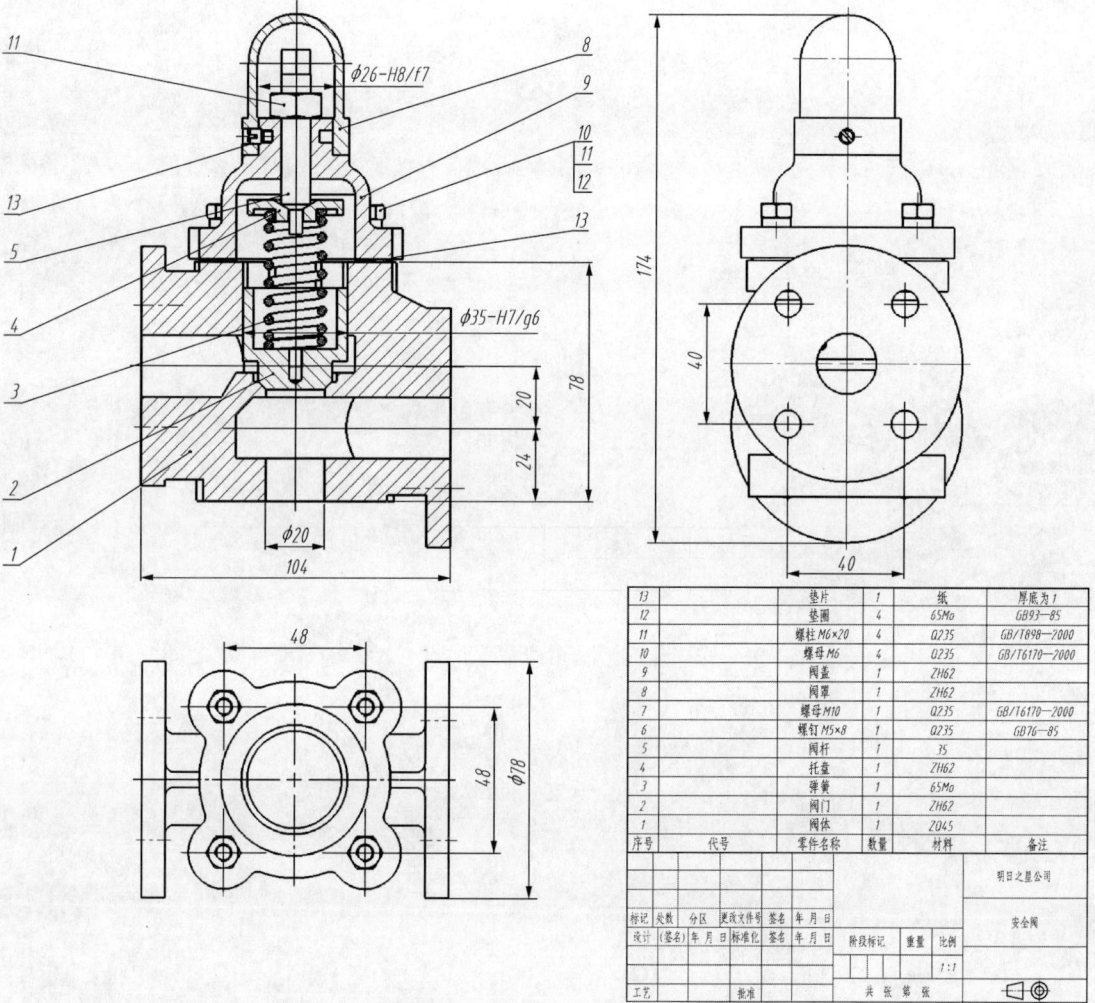

13		垫片	1	纸	厚底为1
12		垫圈	4	65Mn	GB93—85
11		螺柱 M6×20	4	Q235	GB/T898—2000
10		螺母 M6	4	Q235	GB/T6170—2000
9		阀盖	1	ZH62	
8		阀罩	1	ZH62	
7		螺母 M10	1	Q235	GB/T6170—2000
6		螺钉 M5×8	1	Q235	GB76—85
5		阀杆	1	35	
4		托盘	1	ZH62	
3		弹簧	1	65Mn	
2		阀门	1	ZH62	
1		阀体	1	ZQ45	
序号	代号	零件名称	数量	材料	备注

标记	处数	分区	更改文件号	签名	年 月 日		明日之星公司
设计		(签名)	年 月 日	标准化	签名	年 月 日	安全阀
				阶段标记	重量	比例	
						1:1	
工艺			批准			共 张 第 张	

图 11-183　生成的安全阀装配体工程图